# 考前充分準備　臨場沉穩作答

千華數位文化
Chien Hua Learning Resources Network

# 無形資產評價管理師
# 能力鑑定(初級、中級)

完整考試資訊
立即了解更多

- **目的**：經濟部為建構教訓考用創新模式正向循環帶動人才發展，充裕產業創新所需專業人才，運用專案推動產業人才能力鑑定業務，整合產官學研共同能量，建立能力鑑定體制及擴大辦理考試項目，由經濟部核發能力鑑定證書，並促進企業優先面試/聘用及加薪獲證者。

- **鑑定定位**：

| 專業級等 | 建議報考對象說明 |
|---|---|
| 初級 | 1.大三以上學歷<br>2.曾修習會計學、財務報表分析、智慧財產權法，及財務管理等學科。 |
| 中級 | 1.工商企業負責人、經營團隊、財務會計部門主管<br>2.金融機構高階管理人員及從事企金、消金、徵授信、估價、法務相關業務人員<br>3.目的事業主管機關從業人員<br>4.專業事務所從業人員<br>5.對於無形資產評價具有高度興趣者 |

- **報名及考試日期**：

| 專業級等 | 梯次 | 報名日期 | 考試日期 |
|---|---|---|---|
| 初級 | 第一次 | 2023.2~4月 | 2023.5月 |
| | 第二次 | 2023.4~10月 | 2023.11月 |

| 專業級等 | 梯次 | 報名日期 | 考試日期 |
|---|---|---|---|
| 中級 | — | 2023.5~7月 | 2023.8月 |

## ■ 測驗科目、時間及內容

考試為紙筆測驗,題型為單選題。

| 專業級等 | 時 間 | 科 目 |
|---|---|---|
| 初級 | 09:00~10:15 | 無形資產評價概論(一) |
|  | 10:45~12:00 | 智慧財產概論及評價職業道德 |
| 中級 | 09:00~10:15 | 評價概論及評價準則 |
|  | 10:45~12:00 | 智慧財產權法 |
|  | 13:00~14:15 | 無形資產評價概論(二) |

## ■ 合格標準:

1. 每科100分,該科達70分為及格(成績計算以四捨五入方式取整數)。
2. 同時報考同一級等之所有考科,平均達70分得視為及格,但單科成績不得低於50分。

～以上資訊僅供參考,詳細內容請參閱招考簡章～

# 目 次

**CHAPTER**
## 01 無形資產評價基本觀念

**CHAPTER**
## 02 無形資產評價財務觀念

**CHAPTER**
## 03 評價模型及產業分析

# CHAPTER 04 無形資產相關法規概述

# CHAPTER 05 評價職業道德與行為準則

# CHAPTER 06 相關法規

**CHAPTER**

## 07 近年試題及解析

# 準備方法

現代企業和以往以有形資產為主的傳統產業已顯不相同，現代的商業模式是智慧的競爭，且企業智慧財產的價值，往往是其帳列有形資產價值之三到四倍財產的價值，財務報表因未考慮智慧財產之故而常不能允當表達其價值。

身處資訊時代的台灣企業而言，這種企業價值未能於資產負債表顯示問題，也日益嚴重，這時就有賴無形資產的評價。而本書以簡潔好記的文字說明，幫助考生們快速的、有效率的弄懂本科。

由於本書適用初、中級的考生，加上考試科目一脈相承，為明確區分初、中級的章節，於相關段落旁標有「中級必讀」，請應試中級的考生讀完全書後，務必針對這些地方再做加強。而應試初級的考生遇到這些地方也不要直接跳過，行有餘力也可約略讀過，作為增長應試知識的途徑。

以下為各位考生歸納無形資產評價初（中）級的準備方法：

## 一、擬定計畫表

擬定讀書計畫表，配合本書，循序漸進。準備考試這條路真的像馬拉松競賽一樣，要比誰有耐力、有恆心，考生們一定要擬定計畫表，持之以恆，相信成功一定會到來的！

## 二、試題演練

演算題目是測量自己是否吸收的一個很好的方式，所以本書在各章後面，均附有精選試題，幫助各位考生熟悉題型外，更可以慢慢累積解題的方法、速度等，幫助各位考生了解自己對該章節的了解度。

## 三、考前複習及模擬

參加任何考試皆然，考生們一定要在考前一個半月的時間內，挪出一至二星期的時間，快速的複習重點，並配合試題來模擬演練，以讓自己的記憶保持在最佳狀態。

總而言之，只有計畫性的讀書計畫，並持之以恆，才能得到勝利的甜美果實，

祝各位考生　　　　金榜題名

# 近年命題分析

## 一、112年第2次無形資產評價管理師能力鑑定

## 科目1 無形資產評價概論(一)

| 單元 | 題數合計 | 命題比率 |
|---|---|---|
| 第一單元　可辨認無形資產與商譽 | 8 | 16% |
| 第二單元　無形資產評價基本概念 | 5 | 10% |
| 第三單元　無形資產財務規範 | 30 | 60% |
| 第四單元　無形資產評價準則 | 7 | 14% |
| 合計 | 50 | 100% |

112年第2次初級無形資產評價管理師能力鑑定科目一，可歸納出命題重點落在以下單元：

### 1.無形資產財務規範（60%）

(1)國際會計準則第三十八號「無形資產」認列及衡量：無形資產取得成本如何計算：單獨取得、政府補助或資產交換；研究階段及發展段之支出，是否費用化或是符合無形資產認列之要件？無形資產後續衡量採成本模式或重估價模式？耐用年限之決定。

(2)財務管理與證券評價：名目利率之計算、貨幣時間價值與折現率關係、永續年金折現、資本資產定假模式（CAPM）之期望報酬率、貝他值及投資組合之計算、內部報酬率法之觀念、投資報酬率與變異數、標準差之關係。

(3)會計學與財務比率分析計算：費用、進貨漏記對財務報表之影響；股東權益報酬率與自由現金流量之定義；存貨週轉率、應收帳款週轉率、權益報酬率及本益比計算與營運資金之計算；交易事項對流動比率與速動比率之影響。

## 2. 可辨認無形資產與商譽（16%）

(1)無形資產之定義：無形資產定義及具備的條件－可辨認性之定義。有價證券投資是否符合無形資產之定義？

(2)無形資產之特性：可辨認無形產資之類型有哪些，其界定準則為何？電腦軟體與作業系統之關係，是否具有可辨認性及可分離？

(3)無形資產之種類：無實體形式之無形資產分為哪幾種？非貨幣資產之無形資產的種類有哪些，其界定準則為何？配方、未履行訂單、品牌商標與音樂作品分別為哪些種類之無形資產。

## 3. 無形資產評價準則（14%）

(1)國際財務報導準則第三號「企業合併」：企業合併應依照公允價值衡量被收購公司之可辨認資產及負債；由於企業合併取得被收購者之研究發展計畫該如何入帳，無形資產或是商譽？企業合併所認列之商譽價值如何計算。

(2)評價準則公報第七號評價時採用市場價值以外之價值為價值標準之情況有哪些（第10條）？評價人員所採用之評價方法之理由是否要於報告中說明（第14條、第15條）？商譽之價值要如何評價，通常包括哪些要素？（第18條）

## 4. 無形資產評價基本概念（10%）

(1)無形資產評價之概念：何謂租稅攤銷利益及貢獻性資產（第5條）？何謂利益流量？

(2)無形資產評價之目的：無形資產評價之目的包括哪些(第3條)？繼承藝術品之遺產稅、技術作價、企業合併收購與企業聲請破產之價值評價分別為哪種目的？

由以上之命題分析得知，本次的考試在無形資產財務規範有相當的比重，須熟悉國際會計準則公報第三十八號「無形資產」：關於認列衡量及評價之會計處理與財務報表比率之計算與財務管理之計算，故需熟記公式並多做練習。此外，無形資產的定義、特性、種類及評價概念和準則，可透過條列式的筆記，並於每個章節結束後找相關的題型練習及勤做考古題以加深學習印象，如此一來即能順利通過測驗。

## 科目2 智慧財產概論及評價職業道德

| 單元 | 題數合計 | 命題比率 |
|---|---|---|
| 第一單元　專利法 | 10 | 20% |
| 第二單元　商標法 | 10 | 20% |
| 第三單元　著作權法 | 10 | 20% |
| 第四單元　營業秘密法 | 11 | 22% |
| 第五單元　評價人員之職業道德準則 | 9 | 18% |
| 合計 | 50 | 100% |

112年第2次初級無形資產評價管理師能力鑑定科目二，可歸納出命題重點落在以下單元：

### 1. 營業秘密法（22%）

營業秘密的定義、要件及其歸屬為何？營業秘密法對於數人共同研究或開發之情形？營業秘密的侵權有無刑事責任的處罰？各項智慧財產權的法律規範的先後順序，以及其在受到侵害時所面臨刑事處罰的嚴重性？營業秘密的要件？我國的規範下的營業秘密要件與其年限？

### 2. 專利法（20%）

發行專利與新型專利的定義？專利專責機關將申請案公開之時間為何？專利申請案的要件？發明專利、新型專利及設計專利之權利期限自何時起算？專

利法所指之發明規定？新穎性要件規定？專利之國際優先權的定義？兩間公司同時向智慧財產局申請相同專利該如何處理？專利權之延長？

## 3. 商標法（20%）

商標的型態與定義？註冊申請商標的注意事項？申請人於本國取得商標權後，商標權人取得之權利有哪些？商標法保護之權利為哪些？商標之標示須具備何種特性？商標權的保護期間？商標法的識別性？申請註冊商標，要主張國際優先權的申請？

## 4. 著作權法（20%）

從何時開始享有著作權？著作人格權之定義範圍？著作權的保護範圍？受雇人於職務上完成之著作，其著作人和著作財產權如何界定？著作人格權包含之權利有哪些？

## 5. 評價人員之職業道德準則（18%）

評價人員應以何種執行業務之態度？評價人員應遵循之評價一般職業道德有哪些？評價人員如與評價標的或委任人涉有非重大財務利益之規定；評價人員不得承接或執行何種案件？評價人員承接案件應注意項目？評價人採用委任人所提供之資料如何進行評估？評價之限制條件之定義？評價報告日？評價人員之保密原則有哪些要點？評價人員若面臨獨立性可能受損時，應如何處理？評價人員若接受其他外部專家之協助，應如何處理？評價人員及其所隸屬之評價機構應對工作底稿盡善良保管之責任；未參與執行評價工作之評價人員，可否於評價報告簽章？

由以上之命題分析得知，本次的考試在各章節主要是分布較為平均，因此在科目二的準備上建議還是不可偏廢，其中評價人員之職業道德，基本得分題不少，所以熟記基本定義較能避免失分；而智慧財產相關法則比例相差不大，專利法、商標法、著作權法是大眾耳熟能詳的法規，而專利法和營業秘密法的差異為何？故考生需了解各個法規的立法之目的，其保護之期限，及專有名詞之定義、要件等。建議除了研讀法規內容，需再練習相關的案例題型，即可對法規有更透澈的理解。

# 01 無形資產評價基本觀念

## 第一節　可辨認無形資產與商譽

### 一、無形資產的定義

企業於取得、發展、維護或強化無形資源時，通常會消耗資源或發生負債。此類無形資源可能包括科學或技術知識、新程序或系統之設計與操作、許可權、智慧財產權、市場知識及商標（包含品牌名稱及出版品名稱）。該等無形資源常見之項目，例如電腦軟體、專利權、著作權、電影動畫、客戶名單、擔保貸款服務權、漁業權、進口配額、特許權、客戶或供應商關係、客戶忠誠度、市場占有率及行銷權。簡言之，無形資產係指無實體形式之非貨幣性資產，大致可分為下列二大類：

| *1* 商譽 | *2* 商譽以外之無形資產 |
|---|---|
| 係指自企業合併取得之不可辨認及未單獨認列未來經濟效益之無形資產。 | 係指同時符合具有可辨認性、可被企業控制及具有未來經濟效益之無形資產。例如：商標權及專利權等。 |

### 二、無形資產的特性

所謂無形資產係指符合下列三項條件，而無實體形式的非貨幣性資產：

**(一)具有可辨認性：** 無形資產之定義規定無形資產須可辨認，以便與商譽區分。企業合併所認列之商譽，代表自企業合併所收購之其他資產所產生之未來經濟效益，其無法個別辨認及分別認列。前述未來經濟效益可能

歸因於所收購可辨認資產間產生之綜效，亦可能歸因於不符合財務報表個別認列條件之資產。資產符合下列條件之一時，係可辨認：

1. **可分離**：即可與企業分離或劃分，且可個別或隨相關合約、可辨認資產或負債出售、移轉、授權、租賃或交換，而不論企業是否有意圖進行此項交易。

2. **由合約或其他法定權利所產生**：而不論該等權利是否可移轉或是否可與企業或其他權利及義務分離。

(二)**可被企業控制**：企業有能力取得標的資源所產生之未來經濟效益，且能限制他人使用該效益時，則企業可控制該資產。企業控制無形資產所產生未來經濟效益之能力，通常源自於法律授與之權利。若缺乏法定權利，企業較難證明能控制該項資產。然而，具備執行效力之法定權利並非控制之必要條件，因為企業可採用其他方式控制資產之未來經濟效益。

市場知識與技術知識可能產生未來經濟效益。若該等知識受到如著作權、貿易協議之限制（若允許）或員工保密之法定責任等法定權利之保護，則企業可控制該效益。企業可能擁有具備專業技能之團隊，並能辨認經訓練後所提升之員工技能，從而產生未來經濟效益。企業亦可能預期員工將繼續提供專業技能予企業。然而，企業通常無法充分控制自該具備專業技能之團隊及訓練所產生之預期未來經濟效益，致使此類項目不符合無形資產之定義。基於類似理由，特定之管理或技術能力不可能符合無形資產之定義，除非使用及自其取得未來經濟效益係受法定權利保護，且亦同時符合無形資產定義之其他條件。

企業可能擁有客戶族群或市場占有率，並因致力於建立客戶關係及忠誠度，而預期客戶將持續與企業進行交易。然而，於缺乏法定權利以保護或缺乏其他方式以控制企業之客戶關係及客戶忠誠度情況下，企業通常無法充分控制自客戶關係及忠誠度所產生之預期經濟效益，致使該等項目（例如客戶族群、市場占有率、客戶關係及客戶忠誠度）不符合無形資產之定義。於缺乏法定權利以保護客戶關係之情況下，企業透過交換交易取得相同或相似無合約之客戶關係（作為企業合併之一部分者除外），可對企業能控制自客戶關係所產生之預期未來經濟效益提供證據。因該交換交易亦可證明該客戶關係可分離，故該等客戶關係符合無形資產之定義。

**(三)具未來經濟效益：**無形資產所產生之未來經濟效益，可能包括銷售商品或提供勞務之收入、成本之節省或因企業使用該資產而獲得之其他效益。例如在生產過程中使用智慧財產權，雖不能增加未來收入但可能降低未來生產成本。

## 三、無形資產的種類

有關無形資產的種類有專利權、商標權、特許權、電腦軟體成本等，茲整理如下表：

| 種類 | 定義 |
|---|---|
| 專利權 | 為政府授予發明者在特定期間，排除他人模仿、製造、銷售的權利。 |
| 特許權 | 政府或企業授予其他企業，在特定地區經營某種業務或銷售某種產品的特殊權利。 |
| 商標權 | 用以表彰自己產品之標記、圖樣或文字。 |
| 著作權 | 政府授予著作人就其所創作之文學、藝術、音樂、電影…等，享有出版、銷售、表演或演唱的權利。 |
| 顧客名單 | 客戶群的資料可助於銷售產品，具有價值。 |
| 商譽 | 凡無法歸屬於有形資產和可個別辨認無形資產的獲利能力，稱為商譽。 |
| 電腦軟體成本 | 為了開發供銷售、出租或以其他方式行銷的電腦軟體所發生的各項支出。 |

## 牛刀小試

（　　）**1** 開辦費是屬於：　(A)營業費用　(B)無形資產　(C)營業外支出 (D)股東權益。

（　　）**2** 下列何者不屬於「無形資產」？　(A)專利權　(B)商標權 (C)開辦費　(D)著作權。

（　　）**3** 下列何項敘述與無形資產的定義無關？　(A)可被企業控制 (B)不具實體存在性　(C)成本能可靠衡量　(D)具有未來經濟效 益。

### 解答與解析

**1 (A)**。開辦費指企業在企業批准籌建之日起，到開始生產、經營（包括試生 產、試營業）之日止的期間（即籌建期間）發生的費用支出。包括籌 建期人員工資、辦公費、培訓費、差旅費、印刷費、註冊登記費等， 財務會計準則第19號公報修訂，企業創業期間因設立所發生之必要支 出，作當期營業費用處理。

**2 (C)**。開辦費指企業在企業批准籌建之日起，到開始生產、經營（包括試 生產、試營業）之日止的期間（即籌建期間）發生的費用支出。包括 籌建期人員工資、辦公費、培訓費、差旅費、印刷費、註冊登記費 等，財務會計準則第19號公報修訂，企業創業期間因設立所發生之必 要支出，作當期營業費用處理），開辦費不屬於「無形資產」。

**3 (C)**。1.所謂無形資產係指除金融商品以外，具備下列要件的非貨幣性資 產：(1)可被企業控制。(2)欠缺實體存在。(3)可以長期提供經濟效 益。(4)直接供營業使用。(5)正常程序下無意出售。 2.故「成本能可靠衡量」這一項與無形資產的定義無關。

# 第二節　無形資產評價基本概念

## 一、無形資產評價之目的

**(一)交易目的：**

  1. 企業全部或部分業務之收購或出售。
  2. 無形資產之買賣或授權，包括作價投資。
  3. 無形資產之質押或投保。

**(二)稅務目的：**例如規劃或申報。

**(三)法務目的：**例如訴訟、仲裁、調處、清算、重整或破產程序。

**(四)財務報導目的。**

**(五)管理目的。**

## 二、無形資產評價之重要名詞解釋

**(一)無形資產：**無形資產係指：

  1. 無實際形體、可辨認及具經濟效益之非貨幣性資產。
  2. 商譽。

**(二)商譽：**指源自企業或資產群組之未來經濟效益，且無法與企業或資產群組分離者。此一定義係用於評價案件，可能與會計及稅務上對商譽之定義有所不同。

**(三)貢獻性資產：**與標的無形資產共同使用以實現與標的無形資產有關之展望性利益流量之資產。

**(四)貢獻性資產之計提回收與報酬：**貢獻性資產對於與標的無形資產共同使用而創造之利益流量之貢獻，簡稱貢獻性資產計提回報。貢獻性資產計提回報係貢獻性資產價值之合理報酬，而於某些情況下，亦須考量貢獻性資產之回收。貢獻性資產之合理報酬係參與者對該資產所要求之投資報酬，而貢獻性資產之回收係該資產原始投資之回收。

(五)**可辨認淨資產價值**：採用評價方法所估計之所有可辨認之有形、無形及貨幣性資產減除採用評價方法所估計之所有實際負債及潛在負債後之價值。

(六)**確定性等值**：係足以補償投資者參與一項結果不確定之風險事項之最低金額。確定性等值之概念係將某一風險事項（例如收到未來不確定收益）之報酬，以無風險事項（例如收到確定金額現金）予以表述。確定性等值可能因每個人對風險之態度不同而異。

(七)**租稅攤銷利益**：攤銷無形資產而產生之租稅利益。

(八)**權利金率**：係指有意願之授權者與被授權者間，於標的無形資產經濟效益年限內，得以達成授權協議中計算權利金金額所依據之比率（例如營業額之百分比）或每單位金額（例如每銷售單位之權利金金額）。

## 三、無形資產評價之基本準則

(一)**確認無形資產屬可辨認或不可辨認**：評價人員評價無形資產時，應確認標的無形資產屬可辨認或不可辨認。無形資產若符合下列條件之一者，則屬可辨認：

1. **可分離**：即可與企業分離或區分，且可個別或隨相關合約、可辨認資產或負債出售、移轉、授權、出租或交換，而不論企業是否有意圖進行此項交易。

2. **由合約或其他法定權利所產生**：不論該等權利是否可移轉或是否可與企業或其他權利及義務分離。與某一企業或資產群組相關之不可辨認無形資產，通常稱為商譽。

(二)**確認無形資產之類型**：無形資產通常可歸屬於下列一種或多種類型，或歸屬於商譽：

1. **行銷相關之無形資產**：行銷相關之無形資產主要用於產品或勞務之行銷或推廣，例如：
   (1) 商標　(2) 營業名稱　(3) 獨特之商業設計　(4) 網域名稱。

2. **客戶相關**：客戶相關之無形資產包括：
   (1) 客戶訂單。　　　　　(2) 尚未履約訂單。
   (3) 客戶合約。　　　　　(4) 合約性及非合約性客戶關係。

3. **文化創意相關：**文化創意相關之無形資產源自於對文化藝術創意作品（例如戲劇、書籍、電影及音樂）所產生收益之權利，以及非合約性之著作權保護。

4. **合約相關：**合約相關之無形資產代表源自於合約性協議之權利價值。例如授權及權利金協議、勞務或供應合約、租賃協議、許可證、廣播權、服務合約、聘僱合約、競業禁止合約，以及對自然資源之權利。

5. **技術相關：**技術相關之無形資產源自於使用專利技術、非專利技術、資料庫、配方、設計、軟體、流程或處方之合約性或非合約性權利等。

(三)**界定及描述無形資產之特性：**評價人員評價可辨認無形資產時，應界定及描述標的無形資產之特性。無形資產之特性包括：

1. **權利以外的狀態：**如功能、市場定位、全球化程度、市場概況、能耐（capability）及形象（印象）（image）等。

2. **權利狀態：**所有權或特定權利及其狀態。

(四)**無形資產評價應特別考量之事項：**評價人員承接無形資產之評價案件時，除應遵循相關評價準則公報與委任人確認必要事項外，應特別與委任人確認標的無形資產將單獨評價或與其他資產合併評價，亦應特別注意標的無形資產之下列相關事項：

1. **權利狀態及法律關係：**例如產權歸屬、是否受相關法令保護及是否曾涉及爭訟。

2. **經濟效益：**例如獲利能力、成本因素、風險因素及市場因素。

3. **剩餘耐用年限。**

(五)**價值標準之決定：**評價人員評價無形資產時，應依評價案件之委任內容及目的，決定採用公允市場價值或公允市場價值以外之價值為價值標準。採用市場價值以外之價值為價值標準之情況，可能包括：

1. 作為投資決策之依據。

2. 作為處理稅務及法務相關事務之依據。

3. 依一般公認會計原則之規定，以使用價值測試無形資產是否減損。

4. 評估資產之使用效益。

(六)**企業特定因素之排除**：當評價人員採用公允市場價值為價值標準時，應排除一般市場參與者未能具備之企業特定因素。企業特定因素可能包括：

1. 源自既有或新增之類似資產組合之額外價值。
2. 當資產單獨評價時，該資產與企業其他資產間之綜效。
3. 法定權利或限制。
4. 租稅利益或租稅負擔。
5. 企業運用資產之獨特能力。

(七)**企業特定因素之考量**：當評價人員採用市場價值以外之價值為價值標準，且標的無形資產涉及某一企業特定因素時，應將該企業特定因素納入考量。

(八)**評價方法之適當性**：評價人員於決定無形資產評價方法及評價特定方法時，應考量其適當性及評價輸入值之穩健性，並應將所採用之評價特定方法及理由於評價報告中敘明。

(九)**評價結果之權衡**：評價人員如擬僅採用單一之評價方法或評價特定方法評價無形資產，應取得足以充分支持該方法之事實或可觀察輸入值，否則應採用多種之評價方法或評價特定方法。評價人員如採用兩種以上之評價方法或評價特定方法時，應對採用不同評價方法所得之價值估計間之差異予以分析並調節，即評價人員應綜合考量不同評價方法（或評價特定方法）與價值估計之合理性及所使用資訊之品質與數量，據以形成合理之價值結論。若評價人員選擇以對每一價值估計給予權重之方式分析並調節不同價值估計間之差異，評價人員應於評價報告中敘明所給予之權重及其理由。

(十)**評價輸入值及結果之檢驗與分析**：評價人員不論採用何種評價特定方法評價無形資產，均應對各評價特定方法之輸入值進行交互檢驗及對結果進行合理性檢驗，必要時進行敏感性分析，並應將分析之方法與結果記錄於工作底稿。

(十一)**剩餘耐用年限及殘值之估計**：
　　評價人員評價無形資產時，應估計其剩餘耐用年限及殘值，並於評價報告中敘明如何估計。

**(十二)商譽價值評估之處理：**

　　商譽之價值為採用評價方法所估計之企業權益價值減除可辨認淨資產價值後之剩餘金額。若評價標的為業務或資產群組時，應採用前項規定處理。商譽通常包括下列要點：

1. 兩個或多個企業合併所產生之專屬綜效（例如營運成本之減少、規模經濟及產品組合之動態調整等）。
2. 企業擴展業務至不同市場之機會。
3. 人力團隊所產生之效益（但通常不包括該人力團隊成員所發展之任何智慧財產）。
4. 未來資產所產生之效益，例如新客戶及未來技術。
5. 組合及繼續經營價值。

## 四、無形資產之評價方法　　中級必讀

評價人員評價無形資產時，常用之評價特定方法包括：

**(一)收益法：** 評價人員採用收益法評價無形資產時，未來利益流量之風險應反映於利益流量之估計、折現率之估計或兩者之估計，惟不得重複反映或遺漏。評價人員採用收益法評價無形資產時，應蒐集展望性財務資訊作為收益法之輸入值。展望性財務資訊應包括與收入、營業利潤或現金流量等有關之利益流量之金額、時點及不確定性之資訊。收益法下又可分為超額盈餘法、增額收益法及權利金節省法等，分述如下：

1. **超額盈餘法：** 係排除可歸屬於貢獻性資產之利益流量後，計算可歸屬於標的無形資產之利益流量並將其折現，以決定標的無形資產之價值。超額盈餘法通常用於對利益流量有最大影響之無形資產，且貢獻性資產不確定因素對利益流量之影響微小。例如：適用於客戶合約、客戶關係、技術或進行中之研究及發展計畫之評價。
2. **增額收益法：** 係比較企業使用與未使用標的無形資產所賺取之未來利益流量，以計算使用該無形資產所產生之預估增額利益流量並將其折現，以決定標的無形資產之價值。

3. **權利金節省法**：係經由估計因擁有標的無形資產而無須支付之權利金並將其折現，以決定標的無形資產之價值。前項之權利金係指在假設性之授權情況下，被授權者在經濟效益年限內須支付予授權者之全部權利金，並經適當調整相關稅負與費用後之金額。

(二)**市場法**：評價人員採用市場法評價無形資產時，應特別注意與可類比資產之相似程度，詳細分析可類比項目及可類比程度，並就可類比性不足之部分進行必要之調整。可類比交易法為市場法下之評價特定方法，係參考相同或相似資產之成交價格。該等價格所隱含之價值乘數及相關交易資訊，以決定標的資產之價值。

(三)**成本法**：成本法主要用於評價不具可辨認利益流量之無形資產。該等無形資產通常係由企業內部產生並用於企業內部，例如管理資訊系統、企業網站及人力團隊。若無形資產之評價得採用市場法或收益法時，不得以成本法為唯一評價方法。

(四)**其他適當方法**：評價人員於必要時應考量是否可採用其他適當方法評價無形資產，例如實質選擇權評價模式。

## 五、無形資產適用之評價方法　　中級必讀

無形資產種類多樣，各個適用的評價方法也各異，須視無形資產的種類，採用適當的評價方法評價，才能適切表達該項無形資產的價值，而常見無形資產適用之評價方法彙整如下：

| 無形資產種類 | 最佳評價方法 | 次佳評價方法 | 最差評價方法 |
|---|---|---|---|
| 專利權 | 收益法 | 市場法 | 成本法 |
| 專門技術 | 收益法 | 市場法 | 成本法 |
| 商標 | 收益法 | 市場法 | 成本法 |
| 品牌 | 收益法 | 市場法 | 成本法 |
| 版權 | 收益法 | 市場法 | 成本法 |

| 無形資產種類 | 最佳評價方法 | 次佳評價方法 | 最差評價方法 |
|:---:|:---:|:---:|:---:|
| 特許權 | 收益法 | 市場法 | 成本法 |
| 資訊軟體 | 成本法 | 市場法 | 收益法 |
| 商譽 | 市場法 | 收益法 | 成本法 |

## 牛刀小試

(　　) 1 下列何者是不具有可辨認性的無形資產？　(A)專利權　(B)商標權　(C)著作權　(D)商譽。

(　　) 2 企業進行併購時，當收購價金高於被併企業所有可辨認淨資產之公允價值時，將產生哪一項資產？　(A)客戶名單　(B)特許權　(C)商業機密　(D)商譽。

(　　) 3 下列何者屬於企業的無形資產？　(A)專利　(B)品牌　(C)商譽　(D)以上皆是。

### 解答與解析

1 **(D)**。無形資產之定義規定無形資產須可辨認，以便與商譽區分。企業合併所認列之商譽，代表自企業合併所收購之其他資產所產生之未來經濟效益，其無法個別辨認及分別認列，故商譽是不具有可辨認性的無形資產。

2 **(D)**。1.依照國際財務報導準則第3號公報「企業合併」規定，收購公司收購成本大於所取得可辨認淨資產的公允價值時，該超額部分應認列為商譽。
　　2.企業進行併購時，當收購價金高於被併企業所有可辨認淨資產之公允價值時，將產生「商譽」。

3 **(D)**。專利、品牌、商譽皆屬於企業的無形資產。

# 精選試題

(　　) **1** 下列何者屬於不可辨認之無形資產？　(A)專利權　(B)著作權　(C)商譽　(D)特許權。

(　　) **2** 下列敘述，何者錯誤？　(A)不確定年限之無形資產，年底不須提列攤銷　(B)確定年限之無形資產，年底應提列攤銷　(C)商譽必定為不確定年限無形資產，年底須作減損測試　(D)可辨認無形資產，年底必定須提列攤銷，但不須作減損測試。

(　　) **3** 以下何項為無形資產定義的條件？　(A)供營業或出售用　(B)未來經濟效益不確定　(C)被其他企業控制　(D)具有可辨認性。

(　　) **4** 企業有商譽，乃因：　(A)過去經營有超額盈餘　(B)預測未來有利潤　(C)預測未來股價會上漲　(D)預測未來有超額盈餘。

(　　) **5** 依據IAS38規定，關於無形資產可辨認性，下列何者為非：　(A)可分離　(B)由合約或其他法定權力所產生　(C)為無形資產的定義條件　(D)合併生產商譽具可辨認性。

(　　) **6** 下列屬於可明確辨認之無形資產有幾項：(1)專利權、(2)特許權、(3)商標權、(4)商譽、(5)開辦費　(A)五項　(B)四項　(C)三項　(D)二項。

(　　) **7** 以下何項非無形資產的特色？　(A)無實體存在　(B)供營業使用　(C)效益期限超過一年　(D)未來經濟效益具不確定性。

(　　) **8** 所謂某公司有商譽，指的是其為：　(A)知名度高　(B)有超額盈餘　(C)每年皆有正的盈餘　(D)百年老店。

(　　) **9** 若一無形項目不符合無形資產之定義（國際會計準則公報第38號「無形資產」之定義），該無形項目相關之取得或內部發展支出均宜於發生時認列為費用，惟該無形項目如係於企業合併時所取得者，則屬何者之一部分？　(A)費用　(B)收入　(C)商譽　(D)資本公積。

（　） **10** 下列有關無形資產的各項敘述，何者為真？　(A)應收帳款歸屬於無形資產　(B)商標是有形資產　(C)麥當勞之特許權是無形資產　(D)租賃權不是無形資產。

（　） **11** 企業本身之研究發展費，應列計為：　(A)費用　(B)固定資產　(C)流動資產　(D)負債。

（　） **12** 下列敘述何者正確？　(A)因合併產生的商譽因不具可辨認性，因此不屬於無形資產　(B)無實體的各種權利，均屬無形資產　(C)無法量化的項目必定不得認列為無形資產　(D)無形資產不一定具有未來經濟效益。

（　） **13** 所謂技術的Know-how具有什麼特性？　(A)有形資源　(B)無形資源　(C)有形資產　(D)無形資產。

（　） **14** 下列何者不屬於「無形資產」？　(A)專利權　(B)商標權　(C)開辦費　(D)著作權。

（　） **15** 企業進行併購時，當收購價金高於被併企業所有可辨認淨資產之公允價值時，將產生哪一項資產？　(A)客戶名單　(B)特許權　(C)商業機密　(D)商譽。

（　） **16** 下列關於無形資產之敘述何者正確？　(A)應逐期攤銷為費用　(B)企業之研發支出均不得認列為無形資產　(C)得選擇以成本或市場價值衡量　(D)企業之開辦成本應認列為無形資產。

（　） **17** 企業在進入全球市場時，透過無形資產轉移給另一家海外企業使用的方式稱為：　(A)出口　(B)加盟　(C)授權　(D)合資。

（　） **18** 下列何者屬於「無形資產」？　(A)商標　(B)銀行貸款　(C)未開發土地　(D)股票。

（　） **19** 下列有關無形資產的特徵敘述，何者最不適當？　(A)無形資產的價值是潛在的　(B)無形資產的價值是直接的　(C)無形資產的價值是間接的　(D)無形資產的價值與組織所處的情境系絡有關。

(　　) **20** 下列何者不是無形資產？　(A)商標　(B)專利權　(C)未開發土地
(D)一批優秀業務員。

(　　) **21** 下列何項敘述與無形資產的定義無關？　(A)可被企業控制　(B)不
具實體存在性　(C)成本能可靠衡量　(D)具有未來經濟效益。

(　　) **22** 下列何者屬於無形資產型態？　(A)設備　(B)品牌　(C)廠房　(D)家
具。

(　　) **23** 有關企業無形資產的敘述，以下何者正確？　(A)無形資產通常都是
標準化資產，容易評估其市場價值　(B)專利權、商標、商譽、特許
權等都屬於無形資產　(C)無形資產在法定年限內，不需要如固定資
產逐年攤銷其價值　(D)無形資產不具有專用權，容易消逝且只有短
暫的經濟效益。

(　　) **24** 下列有關無形資產的敘述，何者正確？　(A)凡無實體形式的資產，
皆歸類為無形資產　(B)商譽不具可辨認性，但仍歸類為無形資產
(C)企業自行發展之商譽，可依公平價值認列入帳　(D)商標權是有
限耐用年限之無形資產。

(　　) **25** 下列有關商譽之敘述，何者正確？　(A)企業內部自行發展之商譽不
得入帳　(B)企業向外購買之商譽不得入帳　(C)商譽入帳後可以攤銷，
但每年須作減損測試　(D)企業清算解散時，商譽可以個別出售。

(　　) **26** 查核人員對於企業因購併而發生之商譽查核，下列何者是較攸關之
證據？　(A)購入資產之公正鑑價　(B)購入資產之保險價值　(C)購
入資產之帳面價值　(D)購入資產之課稅價值。

(　　) **27** 下列那一項支出可列企業之無形資產？　(A)內部自行發展之商譽
(B)自外部購買之產品配方　(C)在創業時所發生之開辦費　(D)供出
售之電腦軟體在建立技術可行性前所發生之成本。

(　　) **28** 下列有關無形資產之敘述何者錯誤？　(A)無形資產由合約或其他
法定權利所產生，且該等權利必須可移轉或可與企業或其他權利義
務分離　(B)可個別辨認之無形資產須與商譽分別認列　(C)企業透

過交換交易取得無合約之顧客關係（作為企業合併之一部分者除外），可作為企業能控制自顧客關係所產生之預期未來經濟效益之證據，該等顧客關係符合無形資產之定義　(D)企業在生產過程中使用智慧財產權，雖不能增加未來收入但可能降低未來生產成本，故具未來經濟效益。

(　) **29** 麥當勞連鎖店取得使用麥當勞商標及銷售麥當勞商品的權利，麥當勞連鎖店應將此項權利列於下列何項資產？　(A)商譽　(B)租賃權　(C)商標權　(D)特許權。

(　) **30** 有關「商譽」的描述，何者正確？　(A)投資成本大於取得淨資產帳面值，其差額即為商譽　(B)商譽應該逐年攤銷　(C)商譽價值不一定會逐年下降　(D)以上皆非。

(　) **31** 下列何者不是無形資產？　(A)整批購買的著作權　(B)加盟店所支付的權利金　(C)為取得專利權而支付之法律費用　(D)為研發新產品而產生之研究發展支出。

(　) **32** 當評價人員採用公平市場價值為價值標準時，應排除一般市場參與者未能具備之企業特定因素，下列何者不屬於該特定因素？　(A)租稅利益　(B)特定之能力　(C)法定權利或限制　(D)以上皆是。

(　) **33** 下列何者是專利權的最佳評價方法？　(A)收益法　(B)市場法　(C)成本法　(D)實質選擇權評價模式。

(　) **34** 下列何者是資訊軟體的最佳評價方法？　(A)收益法　(B)市場法　(C)成本法　(D)實質選擇權評價模式。

(　) **35** 下列何者是商譽的最佳評價方法？　(A)收益法　(B)市場法　(C)成本法　(D)實質選擇權評價模式。

(　) **36** 下列何者是特許權的最佳評價方法？　(A)收益法　(B)市場法　(C)成本法　(D)實質選擇權評價模式。

(　) **37** 下列何者是品牌的最佳評價方法？　(A)收益法　(B)市場法　(C)成本法　(D)實質選擇權評價模式。

( 　 ) **38** 下列何者不是無形資產評價之交易目的？　(A)企業全部或部分業務之收購或出售　(B)無形資產之買賣或授權　(C)無形資產之質押或投保　(D)訴訟、仲裁、調處、清算、重整或破產程序。

( 　 ) **39** 下列何者不是屬於行銷相關之無形資產？　(A)商標　(B)網域名稱　(C)營業名稱　(D)授權及權利金協議。

( 　 ) **40** 評價人員承接無形資產之評價案件時，除應遵循相關評價準則公報與委任人確認必要事項外，應特別與委任人確認標的無形資產將單獨評價或與其他資產合併評價，亦應特別注意標的無形資產應特別考量之事項，下列何者不是無形資產應特別考量之事項？　(A)權利狀態及法律關係　(B)經濟效益　(C)剩餘耐用年限　(D)殘值。

( 　 ) **41** 下列何者是無形資產適用公允市場價值以外之價值為價值標準之情況？　(A)依一般公認會計原則之規定　(B)作為投資決策之依據　(C)評估資產之使用效益　(D)以上皆是。

( 　 ) **42** 當評價人員採用公允市場價值為價值標準時，應排除一般市場參與者未能具備之企業特定因素。下列何者是企業特定因素？　(A)租稅利益　(B)特定之能力　(C)法定權利或限制　(D)以上皆是。

( 　 ) **43** 下列何者是評價人員評估商譽之價值時，應辨認商譽價值之來源因素？　(A)公司專屬綜效　(B)組織資本　(C)成長機會　(D)以上皆是。

---

### 解答與解析

**1 (C)**。無形資產之定義規定無形資產須可辨認，以便與商譽區分。企業合併所認列之商譽，代表自企業合併所收購之其他資產所產生之未來經濟效益，其無法個別辨認及分別認列，故商譽是不具有可辨認性的無形資產。

**2 (D)**。可辨認無形資產，年底必定須提列攤銷，且須作減損測試。

**3 (B)**。無形資產定義的三項條件：1.具有可辨認性（即可分離及由合約或其他法定權利產生）。2.可被企業控制。3.具有未來經濟效益。選項(B)未來經濟效益不確定性非屬無形資產定義的條件。

**4 (D)**。企業有商譽，乃因預測未來有超額盈餘。

**5 (D)**。合併生產商譽不具可辨認性。

**6 (C)**。可明確辨認之無形資產有專利權、特許權、商標權等共三項。

**7 (D)**。無形資產所產生之未來經濟效益具有確定性，才能估列入帳，即其未來經濟效益不具確定性者，則不會估列入帳。

**8 (B)**。所謂某公司有商譽，並不是因為一家公司知名度高或是百年老店，即代表有商譽的存在，必是其存在能產生未來的超額盈餘，才有可能被估列入帳。

**9 (C)**。無形項目並非均符合本公報之無形資產定義，亦即並非所有無形項目均符合可辨認性、可被企業控制及具有未來經濟效益等三項特性。若一無形項目不符合無形資產之定義，該無形項目相關之取得或內部發展支出均宜於發生時認列為費用，惟該無形項目如係於企業合併時所取得者，則屬商譽之一部分。

**10 (C)**。1.應收帳款歸不屬於無形資產。2.商標是無形資產。3.麥當勞之特許權是無形資產。4.租賃權是無形資產。

**11 (A)**。企業本身之研究發展費，尚未達到具未來效益前，應列計為費用。

**12 (C)**。要列為無形資產必定可以量化，無法量化的項目必定不得認列為無形資產。

**13 (D)**。技術秘密（Know-How）又稱為專有技術、技術訣竅或者非專利技術，是一種處於保密狀態的、能夠解決特定實際問題的、可以傳播和轉移的技術。作為一種能夠解決某一實際問題的訣竅或方法，技術秘密具有技術價值和經濟價值。技術的Know-how為無形資產。

**14 (C)**。開辦費指企業在企業批准籌建之日起，到開始生產、經營（包括試生產、試營業）之日止的期間（即籌建期間）發生的費用支出。包括籌建期人員工資、辦公費、培訓費、差旅費、印刷費、註冊登記費等，國際會計準則第38號公報規定，企業創業期間因設立所發生之必要支出，作當期營業費用處理），開辦費不屬於「無形資產」。

**15 (D)**。1.依照國際財務報導準則第3號公報「企業合併」規定，收購公司收購成本大於所取得可辨認淨資產的公平價值時，該超額部分應認列為商譽。2.企業進行併購時，當收購價金高於被併企業所有可辨認淨資產之公允價值時，將產生「商譽」。

**16 (C)**。1.得逐期攤銷為費用。2.企業之研發支出得認列為無形資產。3.無形資產之評價得選擇以成本或市場價值衡量。4.企業之開辦成本應認列為費用。

**17 (C)**。企業在進入全球市場時，透過無形資產轉移給另一家海外企業使用的方式稱為「授權」。

**18 (A)**。1.商標者屬於無實體形式而能產生未來超額盈餘的「無形資產」。2.其餘三個選項皆是有實體形式的資產。

**19 (B)**。由於無形資產對企業淨利與直接報酬的影響不若有形資產般直接，其對企業淨利或與直接報酬的影響可能係透過企業價值等面向去影響，本題選項(B)最不適當。

**20 (C)**。未開發土地屬於有形資產。

**21 (C)**。無形資產的定義：1.可被企業控制。2.不具實體存在性。3.具有未來經濟效益。

**22 (B)**。1.品牌屬於無實體形式而能產生未來超額盈餘的「無形資產」。2.其餘三個選項皆是有實體形式的資產。

**23 (B)**。1.無形資產通常是不容易評估其市場價值。2.專利權、商標、商譽、特許權等都屬於無形資產。3.無形資產在法定年限內，需要逐年攤銷其價值。4.無形資產具有專用權。

**24 (B)**。1.無實體形式的資產，不是都可歸類為無形資產。2.商譽不具可辨認性，但仍歸類為無形資產。3.企業自行發展之商譽，不可入帳。4.商標權是有限無耐用年限之無形資產。

**25 (A)**。1.企業內部自行發展之商譽不得入帳。2.企業向外購買之商譽得入帳。3.根據現今一般公認會計原則，商譽之會計處理，期末進行資

產減損評估，無需攤銷。4.企業清算解散時，商譽不可以個別出售。

**26 (A)**。查核人員對於企業因購併而發生之商譽查核，經由公正人士鑑價的鑑價報告較具公信力，故本題購入資產之公正鑑價是較攸關之證據。

**27 (B)**。1.內部自行發展之商譽，不能估列入帳。2.自外部購買之產品配方，可列企業之無形資產。3.開辦費指企業在企業批准籌建之日起，到開始生產、經營（包括試生產、試營業）之日止的期間（即籌建期間）發生的費用支出。包括籌建期人員工資、辦公費、培訓費、差旅費、印刷費、註冊登記費等，國際會計準則第38號公報規定，企業創業期間因設立所發生之必要支出，作當期營業費用處理。4.供出售之電腦軟體在建立技術可行性前所發生之成本，列為研究發展費用。

**28 (A)**。1.資產符合下列條件之一時，係可辨認：(1)係可分離，即可與企業分離或區分，且可個別或隨相關合約、可辨認資產或負債出售、移轉、授權、出租或交換，而不論企業是否有意圖進行此交易。(2)由合約或其他法定權利所產生，而不論該等權利是否可移轉或是否可與企業或其他權利及義務分離。2.無形資產的要件是無論是否可移轉或與企業分離。選項(A)有誤。

**29 (D)**。經營某種行業,使用某種方法,技術或名稱,或在某特定地區經營事業等的權利,為「特許權」,屬於企

業無形資產的一種。麥當勞連鎖店取得使用麥當勞商標及銷售麥當勞商品的權利，麥當勞連鎖店應將此項權利列於「特許權」。

**30 (C)**。1.投資成本大於取得淨資產帳面值，其差額不一定是商譽。2.商譽沒有耐用年限，不應該逐年攤銷。3.商譽價值不一定會逐年下降。

**31 (D)**。研究階段的支出，因尚未能為企業帶來經濟效益，故應於發生時認為為「研究發展費用」。

**32 (D)**。當評價人員採用公平市場價值為價值標準時，應排除一般市場參與者未能具備之企業特定因素。企業特定因素可能包括：1.自類似無形資產組合之存在或產生而衍生之額外價值。2.當資產單獨評價時，該資產與企業其他資產間之綜效。3.法定權利或限制。4.租稅利益或租稅負擔。5.企業運用資產之獨特能力。

**33 (A)**。

| 無形資產種類 | 最佳評價方法 | 次佳評價方法 | 最差評價方法 |
|---|---|---|---|
| 專利權 | 收益法 | 市場法 | 成本法 |

**34 (C)**。

| 無形資產種類 | 最佳評價方法 | 次佳評價方法 | 最差評價方法 |
|---|---|---|---|
| 資訊軟體 | 成本法 | 市場法 | 收益法 |

**35 (B)**。

| 無形資產種類 | 最佳評價方法 | 次佳評價方法 | 最差評價方法 |
|---|---|---|---|
| 商譽 | 市場法 | 收益法 | 成本法 |

**36 (A)**。

| 無形資產種類 | 最佳評價方法 | 次佳評價方法 | 最差評價方法 |
|---|---|---|---|
| 特許權 | 收益法 | 市場法 | 成本法 |

**37 (A)**。

| 無形資產種類 | 最佳評價方法 | 次佳評價方法 | 最差評價方法 |
|---|---|---|---|
| 品牌 | 收益法 | 市場法 | 成本法 |

**38 (D)**。訴訟、仲裁、調處、清算、重整或破產程序是無形資產評價之法務目的。

**39 (D)**。行銷相關之無形資產，此類無形資產主要用於產品或勞務之行銷或推廣，例如：1.商標。2.營業名稱。3.獨特之商業設計。4.網域名稱。

**40 (D)**。評價人員承接無形資產之評價案件時，除應遵循相關評價準則公報與委任人確認必要事項外，應特別與委任人確認標的無形資產將單獨評價或與其他資產合併評價，亦應特別注意標的無形資產之下列相關事項：1.權利狀態及法律關係：例如產權歸屬、是否受相關法令保護及是否曾涉及爭訟。2.經濟效益：例如獲利能力、成本因素、風險因素及市場因素。3.剩餘耐用年限。

**41 (D)**。評價人員評價無形資產時，應依評價案件之委任內容及目的，決定採用市場價值或市場價值以外之價值為價值標準。適用公允市場價值以外之價值為價值標準之情況，可能包括：1.作為投資決策之依據。2.作為處理稅務及法務相關事務之依據。3.依一般公認會計原則之規定，以使用價值測試無形資產是否減損。4.評估資產之使用效益。

**42 (D)**。當評價人員採用公允市場價值為價值標準時，應排除一般市場參與者未能具備之企業特定因素。企業特定因素可能包括：1.源自既有或新增之類似資產組合之額外價值。2.當資產單獨評價時，該資產與企業其他資產間之綜效。3.法定權利或限制。4.租稅利益或租稅負擔。5.企業運用資產之獨特能力。

**43 (D)**。評價人員評估商譽之價值時，應辨認商譽價值之來源，例如：1.兩個或多個企業合併所產生之專屬綜效（例如營運成本之減少、規模經濟及產品組合之動態調整等）。2.企業擴展業務至不同市場之機會。3.人力團隊所產生之效益（但通常不包括該人力團隊成員所發展之任何智慧財產）。4.未來資產所產生之效益，例如新客戶及未來技術。5.組合及繼續經營價值。

# ⓃⓄⓉⒺ

# 02 無形資產評價財務觀念

本章依據出題頻率區分，屬：**A** 頻率高

## 第一節　無形資產財務規範

### 一、無形資產的定義

所謂無形資產係指符合下列三項條件，而無實體形式的非貨幣性資產：

**(一)具有可辨認性**：無形資產於具下列條件之一時，符合無形資產定義中之可辨認性條件：

　1. **係可分離：**
　　即可與企業分離或區分，且可個別或隨相關合約、可辨認資產或負債出售、移轉、授權、租賃或交換。

　2. **或係由合約或其他法定權利所產生：**
　　係由合約或其他法定權利所產生，而不論該等權利是否可移轉或是否可與企業或其他權利及義務分離。

**(二)經濟效益可被企業控制：**

| 對資源無控制之情況 |
|---|
| **1** 具備專業技能之團隊（skilled staff） |
| **2** 管理或技術能力（management or technical talent） |
| **3** 顧客關係及忠誠度（customer relationships and loyalty） |

企業有能力取得標的資源所流入之未來經濟效益，且能限制他人使用該效益時，則企業控制該資產通常源自於法律授與之權利（非控制之必要條件），亦可能以其他方式控制資產之未來經濟效益。

(三)**具有未來經濟效益**：無形資產未來經濟效益之流入可能包括：

1. 銷售商品或提供勞務之收入。
2. 成本之節省。
3. 其他利益（例如，在生產過程中使用智慧財產，可降低未來生產成本，而不是增加未來收入）。

## 二、分類指標

(一)**取得方式**：無形資產可經由購買從別家公司手中取得，如：購買特許權與專利權；也可以由公司自行研發產生：如：專利權研發、商標的研發等。

(二)**可否明確辨認**：某些資產是可以明確從公司之資產中分離出來的，如：專利權、商標權、特許權等等。但某些資產並無法將其價值從公司中抽離出來，如：商譽。商譽通常是來自於客戶對產品的忠誠度，或該公司所生產之產品以及所聘僱之員工品質優良所致。無法單獨將商譽從資產中辨認出其應有之價值。

(三)**可否交換**：某些可明確辨認之無形資產可經由交易的程序出售給其他公司，使該無形資產與原企業分離（Separability），如：商標權、專利權、特許權等等。但部分無形資產則否，如：開辦費（organization cost）。另外，商譽則為無法明確辨認，亦無法單獨交易之無形資產，商譽之產生僅能經由合併其他公司所產生。

(四)**受益期間長短**：有些無形資產，如：開辦費，其受益期間幾近無窮遠；但其他無形資產則大都受到法令相關的限制，有其經濟年限。

## 三、無形資產取得之會計評價

(一)**單獨取得之無形資產**：

1. **符合無形資產認列條件**：
   (1) 未來經濟效益很有可能流入企業。
   (2) 成本能可靠衡量。

2. **單獨取得無形資產之成本**：單獨取得無形資產之成本包括：
   (1) 購買價格（包括進口稅捐及不可退還之稅捐），減去商業折扣與讓價。
   (2) 為使該資產達到預定使用狀態之直接可歸屬成本。

(二)**合併取得之無形資產**：企業合併取得的可辨認無形資產，其成本應以收購日之公允價值衡量，例如，合併取得之專利權、客戶名單等。合併取得的無形資產未必在被合併公司帳上列為資產，如進行中之研究發展計劃等。

(三)**交換取得**：
   1. 原則上：以非貨幣性資產取得無形資產，應以公允價值衡量。除非：
      (1) 該項交換交易缺乏商業實質。
      (2) 換入資產及換出資產之公允價值均無法可靠衡量。
   2. 當不以公允價值衡量時，則換入之無形資產應以換出資產的帳面價值作為成本。
   3. 換入資產或換出資產之公允價值若能可靠衡量時，換入資產之成本應以換出資產之公允價值衡量，但換入資產之公允價值較為明確時，應以換入資產之公允價值衡量。

(四)**自行發展**：
   1. 研究階段的支出，因尚未能為企業帶來經濟效益，故應於發生時認為為「研究發展費用」。
   2. 發展階段的支出，若同時符合下列所有條件時，則可將此階段之支出資本化，列為「無形資產」：
      (1) 該無形資產的技術可行性已完成。
      (2) 企業有意圖完成該無形資產，並加以使用或出售。
      (3) 企業有能力使用或出售該無形資產。
      (4) 此項無形資產將很有可能會產生未來經濟效益。
      (5) 具充足的技術、財務及其他資源，以完成此項無形資產的發展專案計畫。
      (6) 發展階段歸屬於無形資產的支出能可靠衡量。

(五)**政府補助而取得之無形資產**：無形資產係因政府補助而取得者，應以收到或可收到該補助之日之公允價值，或以名目金額加計為使該資產達到預定使用狀態之直接可歸屬支出衡量。

## 四、無形資產後續衡量之會計評價　中級必讀

(一)**後續衡量原則**：

1. 無形資產應以成本減去累計攤銷及累計減損後之金額衡量。
2. 企業應評估無形資產之耐用年限，係屬有限年限或非確定年限：
   (1) 有限耐用年限之無形資產→合理有系統之方法於其耐用年限內攤銷。
   (2) 商譽及非確定耐用年限之無形資產：
     A.不得攤銷。
     B.每年定期進行減損測試。
3. 無形資產之攤銷，應反映企業預期資產未來經濟效益之消耗型態，若該型態無法可靠決定時，應採用直線法。

(二)**無形資產之的攤銷及減損**

1. **攤銷**：攤銷之原則及處理方式圖示如下：

| 無形資產 | 有限耐用年限： | 應以成本減去估計殘值的餘額，應在耐用年限內按合理而有系統的方法攤銷，攤銷方法應符合未來經濟效益的消耗型態，若無法決定消耗型態時，應採用直線法攤銷。 |
| | 非確定耐用年限： | 不用攤銷。 |

2. **減損**：減損認列之原則及處理方式圖示如下：

<table>
<tr><td rowspan="2">無形資產</td><td>**有限耐用年限：**</td><td>企業應該於資產負債表日評估是否有跡象顯示，有限耐用年限的無形資產可能發生減損，如有減損跡象存在，應即進行減損測試，認列減損損失，以後年度可回收金額如有回升，於減損範圍內，得認列其回升利益。</td></tr>
<tr><td>**非確定耐用年限：**</td><td>每年不論是否有跡象顯示可能發生減損，都應定期進行減損測試，認列減損損失，以後年度可回收金額如有回升，於減損範圍內，得認列其回升利益。</td></tr>
</table>

**(三)決定無形資產耐用年限的因素：**

1. 法律、規章、或合約可能會限制耐用年限的規定。
2. 更新或延長耐用年限的條款會改變耐用年限的限制。
3. 過時、需求、或其他經濟因素可能會減少耐用年限。
4. 員工個人或團體對服務年限的期望。
5. 預期競爭者的動作及其他可能會削減現在競爭優勢的因素。
6. 無形資產的耐用年限與效益無法合理預期。
7. 無形資產是否為多個個別具有改變耐用年限因素的所構成的。

## 五、無形資產類型

**(一)專利權（patent）**：指政府授與專有製造、銷售或處分其專利品之權利。依據我國專利法之規定，專利權有「新發明專利」、「新型專利」、及「新式樣專利」等三種。專利權如向外購買者，其所支付之代價即為專利權之成本；若係自行研究開發者，其成本僅能包括申請時所繳納之規費、代辦費及模型或圖形之製作費。專利權應按法定年限及經濟年限較短者攤銷。應按取得成本入帳，並以法定年限或經濟年限兩者較短者提列攤銷。

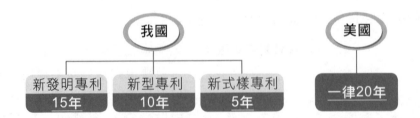

範例

當專利權受侵害而提起訴訟時,不論勝訴或敗訴,訴訟費用均應作為當期費用。如果敗訴,則應評估專利權是否已減損,如減損,則應認列減損損失。

例:1/1公司支付$180,000作為申請專利權之法律費,分18年攤銷。

答　1/1　專利權　　　　　　　180,000
　　　　　　現金　　　　　　　　　　　　　　180,000
　　12/31 專利權攤銷費用　　　10,000
　　　　　　專利權　　　　　　　　　　　　　10,000

範例

甲公司於X4年初以現金$1,000,000取得一新產品之專利權。受此專利權保護之新產品預期可產生現金流入至少十年。乙公司承諾於X7年底前按甲公司專利權取得成本之50%購買該專利權,且甲公司亦有意圖於X7年底前出售該專利權,甲公司將以此衡量專利權殘值,惟此專利權未來經濟效益之消耗型態並無法可靠決定。X4年底,此專利權有減損跡象,估計可回收金額為$850,000。試問甲公司於X4年應認列之專利權減損損失為若干?(101年地三)

答　$1,000,000-(1,000,000-1,000,000\times50\%)\div4=875,000$
　　甲公司於X4年應認列之專利權減損損失$=875,000-850,000=25,000$

範例

方濟公司於1X2年初買入一專利權，成本為\$3,000,000，法定年限為10年，預估經濟年限為6年，無殘值。1X3年初因該專利權受他公司侵害而提起訴訟，故而發生訴訟費\$500,000，方濟公司獲得勝訴，使該專利權之效益得以維持，惟效益僅與當初預期相同，並未增加，該專利權1X3年底之帳面金額為多少？（102年高考）

答　1. 當專利權受侵害而提起訴訟時，不論勝訴或敗訴，訴訟費用均應作為當期費用。如果敗訴，則應評估專利權是否已減損，如減損，則應認列減損損失。

2. 該專利權1X3年底之帳面金額

$$=成本-攤銷=3,000,000-3,000,000\times\frac{2}{6}=2,000,000$$

(二)**版權（著作權，Copyright）**：指對文學、藝術、學術、音樂、電影等創作或翻譯之出版、銷售、表演、演唱之權利。

 死後續存30年，應按受益期間攤銷，最長不得超過20年，營利事業所得稅查核準則規定不得低於15年。

 死後續存50年，取得與保護版權之成本可以資本化，但研究發展成本列為費用。

(三)**商標**：為表彰自己產品之標記、圖樣或文字（如NIKE）。若商標或商業名稱是向外購得，則其可資本化之成本即為購買價格。若商標或商業名稱是自行發展的，則可資本化之成本包括律師費用、登記費、設計成本、諮詢費用、訴訟成功的法律成本以及其他與確定商標權直接相關之支出（研究發展成本除外）。

我國　法定期限10年，每次延期10年，不限次數；最長20年攤銷。

美國　法定期限10年，每次延期10年，不限次數；不必攤銷。

(三)**特許權**：是指授權人授與被授權人於指定區域內銷售某種產品或服務、使用某種商標或商業名稱、或履行某種功能之權利的契約協議。年費作為當期營業費用。

> **我國**　開始時所支付之特許權費應列為特許權成本，最長不得超過20年。

> **美國**　年限有限之特許權成本應在特許權限內攤銷為營業費用。年限不確定或具有永久年限之特許權應按成本入帳，不予攤銷。

(四)**著作權**：政府授予著作人就其所創作之文學、藝術、音樂、電影…等，享有出版、銷售、表演或演唱的權利。應在估計的經濟年限內攤銷。

(五)**顧客名單**：客戶群的資料可助於銷售產品，具有價值。企業購買顧客名單的成本，如果金額重大，應列為無形資產，在預期受益期間內攤銷。至於自行蒐集名單的成本，則應於發生時作「費用」處理。

(六)**創業期間成本**：創業期間的定義：「企業正傾全力從事於創立新事業而具備下二者之一者：1.計畫之主要營業尚未開始，2.計畫之主要營業雖已開始，但尚未產生重要收益。」所有創業期間之公司均應與已開始營業之公司提供同樣的財務報表，適用同樣的會計原則。創業期間公司不得發布特種格式之報表，不得將所有成本均遞延。成本是否應遞延或當作費用，應以其未來效益及可回收性（recoverability）以為判斷。若無未來效益或將來無法收回者，應作為費用。

(七)**開辦費**：指至公司成立之日止，因公司設立所發生的一切支出。公司成立後至開始營業期間發生的支出（又稱為發展階段之支出），不得列為開辦費，而應列為損失，因為不具未來經濟效益。

> **我國**　國際會計準則公報第38號規定：開辦費應於發生時認列為當其費用，不得遞延攤銷之。

> **美國**　最長40年，稅法規定不得低於5年，故一般按5年攤銷。

(八)**遞延借項**：遞延借項是對於一種服務的支出，而此支出將對未來收入的產生有所貢獻。遞延借項又稱遞延資產，會計上通常是指長期預付款項，應於以後分期攤銷者。遞延借項沒有真正的實體，所以很少經由銷貨而實現。例如發行公司債之成本，使公司在其債務存續期間得以享受使用資金的利益，故公司債之發行成本應在公司債存續期間攤銷。又如重新安裝機器之成本，將使機器之效能在以後數年增加，故應分年攤銷。其他如長期預付保險費、遞延所得稅、預付退休金等，均是常見之遞延借項。

(十)**研究發展成本**：研究係指為了新知識的發現所投入的成本，包括為研發目的而購置的材料與設備、研發人員之薪資、用於研發之外購無形資產、研發外包成本、其他應分攤之間接成本。發展係指將研究結果獲得之新知識，轉化為新產品或新技術所投入的成本。在會計處理上列為當期費用，不得資本化。揭露當期之研發費用。受他人委託從事研發工作者，可以將之資本化，以和收益配合。凡以前已將研發成本資本化者，列為遞延資產者，一律以稅後淨額，前額損益調整沖銷之。認列為費用之理由為研發的未來效益有極大的不確定性，和收益之因果關係很難認定。

---

**範例**

忠孝公司於x1年7月1日開始致力於發展一項新生產技術。x1年7月1日至x1年10月31日止共支出$800,000，x1年11月1日至x1年12月31日共支出$200,000。該公司於x1年11月1日能證明該技術符合資本化之相關條件。x1年12月31日上開生產技術之可回收金額估計為$100,000。試作x1年必要分錄。（身三）

**答**

| | | | |
|---|---|---|---|
| x1/10/31 | 研究費用 | 800,000 | |
| | 　　現金 | | 800,000 |
| x1/11/1 | 發展中之無形資產 | 200,000 | |
| | 　　現金 | | 200,000 |
| x1/12/31 | 減損損失 | 100,000 | |
| | 　　發展中之無形資產 | | 100,000 |

(十一) **電腦軟體成本：** 係指為了開發供銷售、出租或以其他方式行銷的電腦軟體所發生的各項支出。在建立技術可行性前所發生之成本列為「費用」，一旦達到技術可行性後的支出，則應資本化，認列為「無形資產」。資本化電腦軟體成本應個別在估計的受益期間內加以攤銷。每年的攤銷比率是比較：1.該軟體產品本期收入占產品本期及以後各期總收入的比率，或2.按該產品的剩餘耐用年限採直線法計算的攤銷比率，取兩者中較大者作為攤銷比率。另電腦軟體成本在資產負債表日，應按「未攤銷成本與淨變現價值孰低」評價。且依據國際財務報導準則的規定，續後年度得認列淨變現價值回升利益。

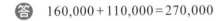
**範例**

> 卑南公司為一商用電腦軟體開發者，開發之軟體用以出售，民國100年相關成本支出如下：程式設計與規劃$400,000，編碼$250,000，產品測試與相關之訓練教材$550,000，產品母版製造$1,800,000，複製軟體$160,000，包裝軟體$110,000。依上述資料，卑南公司民國100年應列入存貨之金額為何？（原三）

**答**　160,000＋110,000＝270,000

(十二) **商譽：**
1. 凡無法歸屬於有形資產和可個別辨認無形資產的獲利能力，稱為商譽。僅購入的商譽可以認列，自行發展的商譽不能認列。一個公司商譽的計算，可以下列公式求得：
   商譽＝購買其他公司支付總成本－(取得的有形及可個別辨認無形資產公平價值總額－承受的負債總額)
2. 商譽之估計：
   (1) 估計所有可辨認資產之公平市價。
   (2) 選擇適當之投資報酬率以計算正常盈餘。
   (3) 預測未來盈餘。
   (4) 計算每年超額盈餘。

(5) 估計超額盈餘之年限。

(6) 將超額盈餘資本化，即為估計之商譽。

3. 因為商譽沒有確定使用年限，所以國際財務報導準則規定商譽不得攤銷。但每年須評估是否已發生減損。如有減損，應認列減損損失或沖銷商譽。但特別須注意的地方，商譽的減損損失不得轉回。

---

**範例**

甲公司擬出價$450,000購買乙公司，其資產負債表及相關市價如下：

| 現金 | $25,000 | 負債 | $55,000 |
|------|---------|------|---------|
| 應收帳款 | 35,000 | 股本 | 100,000 |
| 存貨 | 42,000 | 保留盈餘 | 100,000 |
| 固定資產 | 153,000 | | |
| 合計 | $255,000 | 合計 | $255,000 |

乙公司的相關市價：

| | |
|---|---|
| 現金 | $25,000 |
| 應收帳款 | 35,000 |
| 存貨 | 122,000 |
| 固定資產 | 205,000 |
| 專利權 | 18,000 |
| 負債 | (55,000) |
| 資產淨值之市價 | $350,000 |

**答**　商譽＝$450,000－350,000＝$100,000

本交易之分錄如下：

| 現金 | 25,000 | |
|------|--------|---|
| 應收帳款 | 35,000 | |
| 存貨 | 122,000 | |
| 固定資產 | 205,000 | |
| 專利權 | 18,000 | |
| 商譽 | 100,000 | |
| 　　現金 | | 450,000 |
| 　　負債 | | 55,000 |

# 第二節　無形資產評價準則 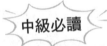中級必讀

## 一、無形資產評價概述

由於知識管理已成為企業永續經營不可忽略的管理重點，而在企業的資產中從以往企業價值最大的不動產已慢慢轉型成無形資產，無形資產在知識爆炸的現在社會裡，儼然已經成為決定企業價值、維持企業競爭優勢的最核心的資產，因為從經濟效用的角度而言，無形資產具有非常低的邊際成本、可同時供多人使用、使用上不受空間與時間限制的特色，無形資產之價值創造與商品化，更是使企業的價值往上不知提高多少倍都有可能，然無論是外部購買或取得授權使用無形資產、對外出售或授權使用無形資產，都必須倚賴對標的無形資產的適當評價方能順利完成。是接下來介紹我國評價準則公報第七號「無形資產之評價」之相關條文，希望對大家辨認、評價程序及評價無形資產的方法，都能有基本的了解與認識。

## 二、無形資產之意義及類型

### (一)無形資產之意義：

1. **無形資產係指：**
   (1) 無實際形體、可辨認及具未來經濟效益之非貨幣性資產。
   (2) 商譽：指源自企業、業務或資產群組之未來經濟效益，且無法與企業、業務或資產群組分離者。

### (二)無形資產之類型：

| 類型 | 內容 |
| --- | --- |
| 1.行銷相關 | 行銷相關之無形資產主要用於產品或勞務之行銷或推廣，例如：<br>(1)商標。　　(2)營業名稱句號。<br>(3)獨特之商業設計句。　(4)網域名稱。 |

| 類型 | 內容 |
| --- | --- |
| 2.客戶相關 | 客戶相關之無形資產包括：<br>(1)客戶訂單。<br>(2)尚未履約訂單。<br>(3)客戶合約。<br>(4)合約性及非合約性客戶關係。 |
| 3.文化創意相關 | 文化創意相關之無形資產源自於對文化藝術創意作品（例如戲劇、書籍、電影及音樂）所產生收益之權利，以及非合約性之著作權保護。 |
| 4.合約相關 | 合約相關之無形資產代表源自於合約性協議之權利價值。例如授權及權利金協議、勞務或供應合約、租賃協議、許可證、廣播權、服務合約、聘僱合約、競業禁止合約，以及對自然資源之權利。 |
| 5.技術相關 | 技術相關之無形資產源自於使用專利技術、非專利技術、資料庫、配方、設計、軟體、流程或處方之合約性或非合約性權利等。 |

## 三、無形資產評價的基本準則

(一)**確認標的無形資產係屬可辨認或不可辨認**：評價人員評價無形資產時，應確認標的無形資產係屬可辨認或不可辨認。無形資產若屬不可辨認者，通常為商譽。無形資產符合下列條件之一者，即屬可辨認：

　1. **係可分離**：即可與企業分離或區分，且可個別或隨相關合約、可辨認資產或負債出售、移轉、授權、出租或交換，而不論企業是否有意圖進行此項交易。

2. **由合約或其他法定權利所產生**：不論該等權利是否可移轉或是否可與企業或其他權利及義務分離。

(二)**確認標的無形資產之類型及是否具有合約關係**：評價人員評價可辨認無形資產時，應確認標的無形資產之類型及是否具有合約關係，以及確認無形資產的類型是屬於上述五大類的哪一類。

(三)**界定及描述標的無形資產之特性**：評價人員評價可辨認無形資產時，應界定及描述標的無形資產之特性。無形資產之特性包括：

1. 功能、市場定位、全球化程度、市場概況、應用能耐及形象等。
2. 所有權或特定權利及其狀態。

(四)**考慮無形資產狀態**：評價人員承接無形資產之評價案件時，除應依相關評價準則公報與委任人確認必要事項外，應特別與委任人確認標的無形資產將單獨評價或與其他資產合併評價，亦應特別考量標的無形資產之下列相關事項：

1. 權利狀態及法律關係，例如產權歸屬、是否受相關法令保護及是否曾涉及爭訟。
2. 經濟效益，例如獲利能力、成本因素、風險因素及市場因素。
3. 剩餘經濟效益年限。

(五)**決定是否採用市場價值評價**：

1. 評價人員評價無形資產時，應依評價案件之委任內容及目的，決定採用市場價值或市場價值以外之價值作為價值標準。
2. 當評價人員採用市場價值以外之價值作為價值標準時，應判斷是否須將企業特定因素納入考量。適用市場價值以外之價值為價值標準之情況，可能包括：
   (1) 作為投資決策之依據。
   (2) 作為處理稅務及法務相關事務之依據。
   (3) 依一般公認會計原則之規定，以使用價值測試無形資產是否減損。
   (4) 評估資產之使用效益。
3. 當評價人員採用市場價值作為價值標準時，應排除一般市場參與者未能具備之企業特定因素。企業特定因素通常包括：

(1) 源自既有或新增之類似無形資產組合之額外價值。

(2) 當資產單獨評價時，該資產與企業其他資產間之綜效。

(3) 法定權利或限制。

(4) 租稅利益或租稅負擔。

(5) 企業運用資產之獨特能力。

**(六)決定評價方法的適當性：**

1. 評價人員於決定無形資產評價方法及其下之評價特定方法時，應考量該等評價特定方法之適當性及評價輸入值之穩健性，並應將所採用之評價特定方法及理由於評價報告中敘明。

2. 評價人員如擬僅採用單一之評價方法或評價特定方法評價無形資產時，應取得足以充分支持所採用方法之可觀察輸入值或事實，否則應採用多種之評價方法或評價特定方法。評價人員如採用兩種以上之評價方法或評價特定方法時，應對採用不同評價方法所得之價值估計間之差異予以分析並調節，即評價人員應綜合考量不同評價方法（或評價特定方法）與價值估計之合理性及所使用資訊之品質與數量，據以形成合理之價值結論。若評價人員選擇以對每一價值估計給予權重之方式分析並調節不同價值估計間之差異，評價人員應於評價報告中敘明所給予之權重及其理由。

3. 評價人員不論採用何種評價特定方法評價無形資產，均應對各評價特定方法之輸入值及結果進行合理性檢驗，必要時進行敏感性分析，並應將分析之方法與結果記錄於工作底稿。

**(七)估計剩餘經濟效益年限及殘值：**評價人員評價無形資產時，應估計其剩餘經濟效益年限及殘值，並於評價報告中敘明如何估計。

**(八)估計商譽價值考慮因素：**商譽之價值為採用評價方法所估計之企業權益價值減除可辨認淨資產價值後之剩餘金額。商譽通常包括下列要素：

1. 兩個或多個企業合併所產生之專屬綜效（例如營運成本之減少、規模經濟及產品組合之動態調整等）。

2. 企業擴展業務至不同市場之機會。

3. 人力團隊所產生之效益（但通常不包括該人力團隊成員所發展之任何智慧財產）。

4. 未來資產所產生之效益，例如新客戶及未來技術。

5. 組合及繼續經營價值。

## 四、無形資產的評價方法

(一)**收益法**：收益法（Income Approach）基於預期原則，以資產在未來有效收益年限內之預期收益流量為基礎，透過資本化或折現過程，將未來預期收益流量轉換為現值以評估資產價值。評價人員採用收益法評價無形資產時，應蒐集展望性財務資訊作為收益法之輸入值。展望性財務資訊應包括利益流量之金額、時點及不確定性之資訊。收益法又可為以下三個評價方法：

1. **超額盈餘法**：超額盈餘法係排除可歸屬於貢獻性資產之利益流量後，計算可歸屬於標的無形資產之利益流量並將其折現，以決定標的無形資產之價值。超額盈餘法通常適用於客戶合約、客戶關係、技術或進行中之研究及發展計畫之評價。評價人員採用超額盈餘法評價無形資產時，至少應進行下列步驟以評估標的無形資產之各期超額盈餘：

   (1) 預估標的無形資產與相關貢獻性資產產生之全部收入及費用。

   (2) 辨認可能存在之各項貢獻性資產。

   (3) 逐項估計貢獻性資產之要求報酬。

   (4) 自預估收入減除相關費用後之淨額，再減除所有貢獻性資產之要求報酬。

2. **增額收益法**：增額收益法係比較企業使用與未使用標的無形資產所賺取之未來利益流量，以計算使用該無形資產所產生之預估增額利益流量並將其折現，以決定標的無形資產之價值。增額收益法之關鍵輸入值為預估增額利益流量。預估增額利益流量為下列兩者之差額：

   (1) 使用標的無形資產可達成之利益流量。

   (2) 未使用標的無形資產可達成之利益流量。

3. **權利金節省法**：權利金節省法係經由估計因擁有標的無形資產而無須支付之權利金並將其折現，以決定標的無形資產之價值。權利金係指在假設性之授權情況下，被授權者在經濟效益年限內須支付予授權者之全部權利金，並經適當調整相關稅負與費用後之金額。評價人員採用權利金節省法評價無形資產時，應估計若該無形資產係被授權使用而應支付之

全部權利金。全部權利金可能包括：

(1) 連結利益流量（例如營業額）或其他參數（例如銷售單位數）之持續性金額。

(2) 未連結利益流量或其他參數之特定金額（例如依研發階段支付者）。

(二)**市場法：**市場法係以可類比標的之交易價格為依據，考量評價標的與可類比標的間之差異，以適當之乘數估算評價標的之價值。評價人員採用市場法評價無形資產時，應特別注意標的無形資產與可類比資產之相似程度，詳細分析可類比項目及可類比程度，並就可類比性不足之部分進行必要之調整。可類比交易法為市場法下之評價特定方法，係參考相同或相似資產之成交價格、該等價格所隱含之價值乘數及相關交易資訊，以決定標的資產之價值。評價人員採用可類比交易法評價無形資產時，應特別注意可類比交易之相關特性，以決定該等交易價格參考之適當性。市場法的邏輯相當簡單，判斷所依據的各項數據以及選用之參考公司皆是公司方相當熟悉的，因此可以達到相輔相成的作用，提升評價報告的品質。可類比交易法之必要輸入值包括：

1. 相同或類似無形資產之價值乘數或交易價格。

2. 對所參考之價值乘數或交易價格所作之調整。

(三)**成本法：**成本法係以取得或製作與評價標的類似或相同之資產所需成本為依據，以評估無形資產價值。由於成本法係以過去之歷史資訊作為評價之參考，故必須作額外之調整，以符合現況。成本法主要用於評價不具可辨認利益流量之無形資產。該等無形資產通常係由企業內部產生並用於企業內部，例如管理資訊系統、企業網站及人力團隊。若無形資產之評價得採用市場法或收益法時，不得以成本法為唯一評價方法。評價人員採用成本法評價無形資產時，應依據標的無形資產之特性採用重置成本法或重製成本法。分述如下：

| *1* **重置成本法** | *2* **重製成本法** |
|---|---|
| 係指評估重新取得與評價標的效用相近之資產之成本。 | 係指評估重新製作與評價標的完全相同之資產之成本。 |

# 五、模型參數的考量

## (一) 展望性財務資訊：

### 1. 收益法下之所有評價特定方法皆高度依賴展望性財務資訊：

(1) 預估之收入。

(2) 預估之毛利及營業利益。

(3) 預估之稅前及稅後淨利。

(4) 預估之息前（後）及稅前（後）之現金流量。

(5) 估計剩餘經濟效益年限。

### 2. 性質：

(1) 當預估利益流量係合約性、已承諾或最可能之利益流量，且尚未反映標的無形資產未來利益流量之風險時，應採用足以反映該利益流量風險之適當折現率，以折現利益流量。

(2) 當應用確定性等值觀念時，評價人員應將未來利益流量風險之假設納入預估利益流量中，俾據以估計確定性等值利益流量；若未能直接估計確定性等值利益流量，則得以期望利益流量減除風險溢酬金額後之風險調整後期望利益流量，間接估計確定性等值利益流量。若該確定性等值利益流量已完全反映標的無形資產之風險，則應以無風險利率折現，以反映其貨幣時間價值。

(3) 當預估利益流量係期望利益流量，且尚未充分反映標的無形資產未來利益流量之風險時，應採用足以反映該期望利益流量風險之適當折現率，以折現利益流量。

### 3. 原則：評價人員評價無形資產時，應確保預估利益流量僅反映評價基準日之標的無形資產所預期產生之利益流量。預期產生之利益流量係指在合理之預期維持性支出情況下可達成之利益流量，不得包括因未來增額投資而可獲得之利益流量。

### 4. 期限：展望性財務資訊之預估期間須與標的無形資產之預期剩餘經濟效益年限一致。該預估期間通常可分為兩階段，第一階段為利益流量成長率成為常數前之期間，並估計各年之展望性財務資訊，第二階段為第一階段後之剩餘期間。評價人員評價無形資產時，在少數情況下，若經濟效益年限經評估為永續且因而以永續基礎預測利益流量，則所採用之利

益流量永續成長率，除可證明採用較高之成長率係屬合理外，不得高於針對下列任何一項所估計之個別預期長期平均成長率：

(1) 使用標的無形資產之產品。　　(2) 使用標的無形資產之市場。

(3) 所屬產業。　　　　　　　　　(4) 所涉及之國家或區域。

5. **估計時應考量因素：**

(1) 使用標的無形資產所創造之預期收入及其市場占有率。

(2) 標的無形資產之歷史性利潤率，及反映市場預期下之預測性利潤率。

(3) 與標的無形資產有關之所得稅支出。

(4) 企業使用標的無形資產所需之營運資金與資本支出。

(5) 預估期間之收益成長率。該收益成長率應反映相關產業、經濟及市場預期。

評價人員應評估管理階層所提供各項估計數之可實現性；若管理階層所提供之估計數不具可實現性，評價人員不得採用。

(二)**折現率：**折現率之採用應視預估利益流量是否已完全反映風險而定。通常採用之折現率係反映貨幣時間價值及包括標的無形資產之特定風險等風險因素。無形資產之折現率通常高於使用該無形資產之企業之整體折現率。前項所稱通常採用之折現率應優先採用堆疊法直接估計，亦即參考市場中觀察到之標的或類似無形資產之折現率，並依標的無形資產之特定風險（例如流動性風險、科技更新風險及訴訟風險等）逐一調整該折現率。若無法採用堆疊法直接估計折現率時，評價人員得參考市場中直接可觀察到僅依賴標的或類似無形資產之企業之資金成本，並作必要之調整。若無法直接觀察到該等企業之資金成本時，得以支應該無形資產之資金成本為基礎進行調整。

實務上，若評價案件包括多於一項無形資產為評價標的，評價人員於決定個別無形資產之折現率時，通常亦考量企業之加權平均資金成本，以檢驗標的無形資產之折現率是否偏低及標的無形資產之折現率與其他各類資產折現率之相對合理性；於業務收購案件時，尚須參考加權平均資金成本以檢驗加權平均資產報酬率是否合理。若評價案件僅有一項無形資產為評價標的，評價人員於決定無形資產之折現率時，仍應檢視該折現率與企業整體折現率之相對合理性。

評價人員對利益流量折現時，應評估及辨認利益流量於各期內發生之時點，並計算適當之折現期間。若利益流量係於每一期內平均發生，則應假設為期中發生。

(三)**資本化率**：評價人員僅於未來永續期間各期利益流量皆按固定比率成長時，始得採用資本化率將該期間利益流量轉換為單一金額。評價人員使用資本化率時，應於評價報告中敘明如何確認未來期間為永續及該成長比率為固定。

(四)**剩餘經濟效益年限**：評價人員評估無形資產之剩餘經濟效益年限時，應至少考量下列因素：

1. 合約。　　　　　　　　　　2. 法令。
3. 技術或功能。　　　　　　　4. 無形資產本身之生命週期。
5. 使用無形資產之產品之生命週期。
6. 經濟因素。

評價人員應於評價報告中敘明無形資產之剩餘經濟效益年限及其依據。

(五)**租稅攤銷利益**：應考量標的無形資產之租稅攤銷利益。

## 六、無形資產鑑價之流程

無形資產鑑價之流程，可分為下列七個步驟：

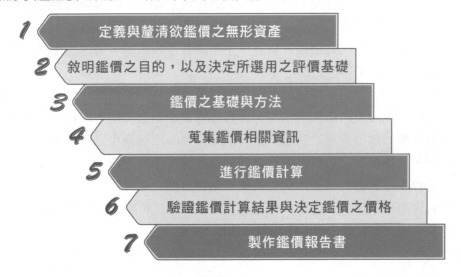

1　定義與釐清欲鑑價之無形資產
2　敘明鑑價之目的，以及決定所選用之評價基礎
3　鑑價之基礎與方法
4　蒐集鑑價相關資訊
5　進行鑑價計算
6　驗證鑑價計算結果與決定鑑價之價格
7　製作鑑價報告書

## 牛刀小試

( 　 ) **1** 評價人員估計商譽之價值時，應考量那些因素以評估其合理性？
(A)兩個或多個企業合併所產生之專屬綜效　(B)企業擴展業務至
不同市場之機會　(C)人力團隊所產生之效益　(D)以上皆是。

( 　 ) **2** 當評價人員採用市場價值作為價值標準時，應排除一般市場參
與者未能具備之企業特定因素。下列那個屬於企業特定因素：
(A)法定權利或限制　(B)當資產單獨評價時，該資產與企業其
他資產間之綜效　(C)租稅利益或租稅負擔　(D)以上皆是。

( 　 ) **3** 無形資產估價有三種基本方式，請問是那三種？　(A)成本法、
市場法、收益法　(B)收益法、價值法、成本法　(C)價值法、比
較法、收益法　(D)價值法、比較法、收益法。

( 　 ) **4** 下列有關收益法估價程序的排列，何者正確？　(1)計算淨收益
(2)推算總費用　(3)計算收益價格　(4)推算有效總收入　(5)決定
收益資本化率　(6)蒐集收入、費用及資本化率等資料
(A)(5)(6)(1)(2)(4)(3)　(B)(5)(6)(4)(2)(1)(3)　(C)(6)(4)(2)(1)(5)(3)
(D)(6)(5)(2)(1)(4)(3)。

( 　 ) **5** 下列有關收益法之敘述，何者有誤？　(A)有效總收入減總費用
即為淨收益　(B)無形資產之總費用應加計營運費用　(C)不應
加計無形資產之攤銷費用　(D)應蒐集與標的相同或相似之總收
入、總費用及收益資本化率或折現率等資料。

---

### 解答與解析

**1 (D)**。評價人員估計商譽之價值時，應考量下列因素：
1. 兩個或多個企業合併所產生之專屬綜效（例如營運成本之減少、規
模經濟及產品組合之動態調整等）。
2. 企業擴展業務至不同市場之機會。
3. 人力團隊所產生之效益（但通常不包括該人力團隊成員所發展之任
何智慧財產）。

　　4.未來資產所產生之效益，例如新客戶及未來技術。
　　5.組合及繼續經營價值。

**2 (D)**。當評價人員採用市場價值作為價值標準時，應排除一般市場參與者未能具備之企業特定因素。企業特定因素通常包括：
　　1.源自既有或新增之類似無形資產組合之額外價值。
　　2.當資產單獨評價時，該資產與企業其他資產間之綜效。
　　3.法定權利或限制。
　　4.租稅利益或租稅負擔。
　　5.企業運用資產之獨特能力。

**3 (A)**。無形資產估價有三種基本方式：成本法、市場法、收益法。

**4 (C)**。估價之程序如下：
　　1.蒐集總收入、總費用及收益資本化率或折現率等資料。
　　2.推算有效總收入。
　　3.推算總費用。
　　4.計算淨收益。
　　5.決定收益資本化率或折現率。
　　6.計算收益價格。

**5 (C)**。收益法係用自由現金流金估算之。應加計無形資產之攤銷費用。

# 精選試題

第1～50題：

(　　) **1** 甲公司於X2年初購入一項專利權，成本$9,000,000，法定年限為10年，估計經濟年限為6年。X4年因該專利權受侵害而提起訴訟並獲得勝訴，使該專利權之效益得以維持，因而於X4年底支付訴訟費$500,000。則該專利權X4年底之帳面金額應為：　(A)$4,500,000　(B)$5,000,000　(C)$6,300,000　(D)$6,800,000。

（　）　**2** 鴻鼎電信於X1年初以$250億元競標價格取得4G電信服務營運特許執照，特許期間為15年，期滿不得展期，該特許權可以移轉。關於鴻鼎取得該營運特許執照之會計處理，下列敘述何者正確：　(A)$250億元應列為開辦費，於X1年全數認列為費用　(B)$250億元應列為無形資產─營運特許執照，因權利可以移轉，故無確定耐用年限，不須攤銷　(C)$250億元應列為無形資產─營運特許執照，採直線法逐年攤銷，且每年均須進行減損評估　(D)$250億元應列為無形資產─營運特許執照，採直線法逐年攤銷，於有減損跡象時進行減損評估。

（　）　**3** 甲公司在X3年12月31日資產負債表上有一項專利權，取得成本為$2,000,000，取得日期為X1年12月31日，取得時估計使用年限為10年；但在X3年底，由於專利權所生產的產品銷路差，公司認為該專利權價值已減損，重估未來使用年限為3年，每年淨現金流入為$500,000（假設在年底發生），設合理的折現率為10%（3年的複利現值因子為0.7513，年金現值因子為2.4868）。請問該公司在X3年底應認列專利權減損損失多少金額？　(A)$356,600　(B)$500,000　(C)$756,600　(D)$1,224,350。

（　）　**4** 企業自行投入的研發，一般視為費用，但於發展階段的支出，符合一定之要件，則可列為無形資產。下列判斷要件的敘述中，何者最為正確？　(A)完成該無形資產已達技術可行性，且該無形資產需限於內部使用之目的　(B)公司只要在技術面可以完成此研發專案即可，財務與資金面則不攸關　(C)發展階段可歸屬於該無形資產的成本，無法有效推估與區別　(D)公司有明確之意圖完成該無形資產，未來將以使用或出售為最終目的。

（　）　**5** 甲公司X5年初以$2,500,000購入一項專利權，該專利權之法定有效期限為10年，而甲公司估計該專利權可產生之經濟效益有8年。於X6年底，由於乙公司研發出一項新的專利，使得此項專利權經濟效益估計只剩2年。假設估計未來兩年該專利權可產生之現金流量分別為$100,000及$80,000，折現值分別為$90,908及$66,116。若甲公司採直線法進行攤銷，試問甲公司X7年底此專利權之攤銷費用應為多少？　(A)$78,512　(B)$90,000　(C)$625,000　(D)$937,500。

(　　) **6** 方濟公司於1X2年初買入一專利權,成本為$3,000,000,法定年限為10年,預估經濟年限為6年,無殘值。1X3年初因該專利權受他公司侵害而提起訴訟,故而發生訴訟費$500,000,方濟公司獲得勝訴,使該專利權之效益得以維持,惟效益僅與當初預期相同,並未增加,該專利權1X3年底之帳面金額為多少?　(A)$2,000,000 (B)$2,200,000　(C)$2,400,000　(D)$2,500,000。

(　　) **7** 有關商譽之敘述,下列何者正確?　(A)商譽屬無形資產,應按直線法攤銷　(B)公司若努力經營致產品品質優良或顧客滿意度提高,得經評估後按公允價值認列商譽　(C)即使沒有減損跡象,商譽仍應每年測試是否減損　(D)商譽減損後,若原有商譽的回復或新商譽產生,應予迴轉。

(　　) **8** 內湖公司102年12月31日之分類帳中有下列資料:商標權$93,000、存出保證金$88,000、應付公司債溢價$36,000、購併他公司淨資產之公允價值低於取得成本之金額$105,000、專利權$68,000,則內湖公司102年底資產負債表上之無形資產總額為何?　(A)$161,000 (B)$217,000　(C)$266,000　(D)$322,000。

(　　) **9** 大大公司自X1年至X3年間進行研究開發新產品,於X3年底研發成功並取得專利權,該產品於研發期間共支出$1,000,000,專利權之申請註冊費為$100,000,則大大公司專利權之入帳成本多少?　(A)0　(B)$100,000　(C)$1,000,000　(D)$1,100,000。

(　　) **10** 金山公司以$800,000之價格購併銀河公司,銀河公司資產及負債之市價分別為$1,020,000及$510,000,其帳面金額分別為$1,000,000及$500,000,則金山公司應入帳之商譽金額為何?　(A)$280,000 (B)$290,000　(C)$300,000　(D)$310,000。

(　　) **11** 下列支出中,應作為當期費用者計有幾項?　1.研究電腦軟體的支出;2.研究專利權的支出;3.向外購入專利權;4.向外購入著作權 (A)一項　(B)二項　(C)三項　(D)四項。

（　　）**12** 甲公司以$2,000,000購入乙公司全部的資產，並允諾承受其負債$160,000，甲公司所取得可辨認資產之公平市價為$1,800,000，則應入帳之商譽為多少金額？　(A)$40,000　(B)$200,000　(C)$360,000　(D)$400,000。

（　　）**13** 乙公司於20X1年初以$500,000向外購入一款專利配方飲品。該專利的法定年限為8年，但乙公司估計效益年限為5年。於20X3年初衛生單位檢驗出飲品內含不利人體的有毒物質，乙公司被要求將此產品全面下架並禁止販售。於20X3年乙公司針對專利配方，應認列費損金額為何？　(A)$128,000　(B)$200,000　(C)$300,000　(D)$372,000。

（　　）**14** 義毫公司於X2年初支付一筆價款購買鄉親公司全部淨資產，鄉親公司可辨認淨資產之公允價值為$2,962,500，其中含廠房設備（淨額）$1,725,000及專利權$250,000，其餘資產均為流動資產。若義毫公司支付之價款為$3,175,000，請計算義毫公司購入鄉親公司之商譽金額？　(A)$0　(B)$212,500　(C)$787,500　(D)$1,200,000。

（　　）**15** 甲公司年初於併購乙公司時支付價金20億元，其中2億元係為取得乙公司某項具潛力之研發計畫，併購後甲公司當年度又為了該項仍處於研究階段中之計畫投入現金5千萬元，請問該年12月31日甲公司對該研究計畫於資產負債表中所應報導之無形資產金額為若干？(A)0，所有支出均應認列為費用　(B)5千萬元　(C)2億元　(D)2億5千萬元。　　　　　　　　　　　　　　　　　（102年輸出入）

（　　）**16** 2010年初購入專利權$70,000，專利期限7年，則2013年初該專利權之帳面價值應為：　(A)$60,000　(B)$50,000　(C)$40,000　(D)$30,000。

（　　）**17** 根據目前國際財務報導準則（IFRSs），企業為維護專利權而發生訴訟之支出，會計上應如何處理？　(A)若勝訴，則資本化；若敗訴，則列為費用　(B)不論勝訴或敗訴，皆列為費用　(C)視公司政策而定　(D)一律資本化。

(　　) **18** 義毫公司於X2年初支付一筆價款購買鄉親公司全部淨資產，鄉親公司可辨認淨資產之公允價值為\$2,962,500，其中含廠房設備（淨額）\$1,725,000及專利權\$250,000，其餘資產均為流動資產。若義毫公司支付之價款為\$3,175,000，
請計算義毫公司購入鄉親公司之商譽金額？　(A)\$0　(B)\$212,500　(C)\$787,500　(D)\$1,200,000。

(　　) **19** 乙公司於20X1年初以\$500,000向外購入一款專利配方飲品。該專利的法定年限為8年，但乙公司估計效益年限為5年。於20X3年初衛生單位檢驗出飲品內含不利人體的有毒物質，乙公司被要求將此產品全面下架並禁止販售。於20X3年乙公司針對專利配方，應認列費損金額為何？　(A)\$128,000　(B)\$200,000　(C)\$300,000　(D)\$372,000。　　　　　　　　　　　　（102年華南）

(　　) **20** 公司專利權官司勝訴，若訴訟支出能增加該專利權的未來經濟效益，則該訟訴支出應借記：　(A)商譽　(B)專利權　(C)訴訟利益　(D)訴訟費用。

(　　) **21** 下列何種方式取得之無形資產並非以其公平價值作為入帳金額？　(A)企業合併取得非商譽類之無形資產　(B)政府贈與企業之無形資產　(C)具商業實質交換所取得之無形資產　(D)內部產生之商譽。

(　　) **22** 下列支出何者列入無形資產？　(A)企業合併採購買法取得的商譽　(B)為發展新產品屬於研究階段的研究發展支出　(C)專利權訴訟，經法院判決勝訴所支付的訴訟費　(D)公司自籌備日起至成立之日止，支付之公司登記費、會計師簽證費用。

(　　) **23** 下列何種評價方法須以繼續經營為前提，以推估重新組成評價標的所需之對價？　(A)資產法　(B)重置成本法　(C)重製成本法　(D)可類比交易法。

(　　) **24** 依商業會計法規定，商業於創業期間發生之發起人酬勞、律師、會計師公費、公司登記執照費、股東會費用、股票印製、股份招募及承銷等費用，應列入那一會計科目項下？　(A)當期損益表上的開辦

費　(B)當期損益表上的損失　(C)資產負債表上的商譽　(D)資產負債表上的開辦費。

( 　) **25** 我國「營利事業所得稅查核準則」第96條規定，無形資產應以出價取得者為限，其中商譽最低的攤折年數為：　(A)不得攤銷　(B)5年　(C)10年　(D)15年。

( 　) **26** 下列有關於商譽的敘述，何者正確？　(A)維持商譽的支出可以認列為商譽　(B)購買企業之成本低於所取得淨資產公允價值之差額可以「負商譽」的科目入帳　(C)商譽可以脫離企業整體而產生獨立之現金流量　(D)商譽的減損損失不得迴轉。

( 　) **27** 有關商譽之敘述，下列何者正確？　(A)商譽屬無形資產，應按直線法攤銷　(B)公司若努力經營致產品品質優良或顧客滿意度提高，得經評估後按公允價值認列商譽　(C)即使沒有減損跡象，商譽仍應每年測試是否減損　(D)商譽減損後，若原有商譽的回復或新商譽產生，應予迴轉。

( 　) **28** 根據現今一般公認會計原則，商譽之會計處理，下列敘述何者為正確？　(A)採用直線法攤銷，最長不得超過20年　(B)採用倍數餘額遞減法攤銷，5年內儘快沖銷　(C)採用生產數量法攤銷，不長於20年之期限內攤銷完畢　(D)期末進行資產減損評估，無需攤銷。

( 　) **29** 下列關於「商譽」的敘述，何者正確？　(A)商譽係屬可辨認無形資產　(B)商譽不需要每年底進行減損測試　(C)自行發展的商譽可入帳　(D)商譽不需要進行攤銷。

( 　) **30** 下列有關無形資產之敘述何者錯誤？　(A)無形資產是無實體形式的長期營業用資產，如專利權、商標權及商譽等　(B)以系統而合理的方法將無形資產成本轉為費用的過程稱為「攤銷」　(C)研究階段的支出因未來經濟效益不易認定，不得認列為無形資產，而應於發生時認列為費用　(D)企業創業期間因設立所發生之必要支出為「開辦費」，開辦費使企業得以成立並營業，其效益長於一年，應資本化並逐年攤。

(　　) **31** 下列有關無形資產會計處理之敘述何者錯誤？　(A)內部產生之商譽不得認列為資產　(B)被收購公司進行中之研究發展專案計畫不得列為無形資產　(C)無形項目已認列為費用者，不得轉列為無形資產　(D)非確定耐用年限之無形資產不得攤銷。

(　　) **32** 依據我國無形資產會計準則公報之規定，下列敘述何者正確？　(A)研究發展支出在會計處理上，一律必須資本化　(B)外購的商譽不能入帳，自行發展的商譽才能入帳　(C)「人力資源」與「顧客忠誠度」均不能列為無形資產　(D)商譽須依直線法以20年期間進行攤銷。

(　　) **33** 依我國現行會計準則之規定，商譽之會計處理：　(A)分年攤銷，最長不得超過40年　(B)分年攤銷，最長不得超過20年　(C)不得攤銷，每年定期做減損測試　(D)不攤銷，依原始成本衡量。

(　　) **34** 根據IAS16規定，無形資產續後衡量應採用下列何種方法？　(A)成本法　(B)重評價法　(C)以上皆非　(D)以上皆是。

(　　) **35** 台積電的股票常常受到外資法人的喜愛，於是負責人張忠謀想要將該公司的商譽加以入帳，請問下列哪一種情況，台積電才有可能將商譽入帳：　(A)只要商譽能合理的加以估計即可入帳　(B)當公司成功申請製程專利時　(C)當公司購併另外一家公司時　(D)當政府開放台積電赴大陸設立晶圓廠時。

(　　) **36** 大福公司於X1年初以$240,000向外購入一款配方飲品專利。該專利的法定年限為10年，但大福公司估計效益年限為8年。於X3年初衛生單位檢驗出飲品內含不利人體的有毒物質，大福公司被要求將此產品全面下架並禁止販售。於X3年大福公司針對此項配方專利，應認列費損金額為何？　(A)$180,000　(B)$192,000　(C)$60,000　(D)$240,000。

(　　) **37** 仁義公司以現金$1,000萬購入忠孝公司，忠孝公司淨資產帳面價值為$800萬，淨資產公允價值為$900萬，則有關商譽之敘述何者正確？　(A)在此交易中，仁義公司認列商譽$100萬　(B)在此交易

中，仁義公司認列商譽$200萬　(C)仁義公司後續應針對商譽做攤銷 (D)若後續發現商譽價值比帳上金額大，應回復認列商譽價值。

(　) **38** 有關商譽之會計處理，下列敘述何者正確？　(A)為了維持商譽價值所產生之訴訟支出，於勝訴後應認列為商譽　(B)併購其他企業所支付之成本若低於所取得淨資產公允價值之差額，應以「負商譽」的科目入帳　(C)商譽應以系統且合理之方法定期攤銷與評估減損 (D)商譽的減損損失，於以後期間不得迴轉。

(　) **39** 下列敘述何者正確？　(A)甲公司為維護其專利權而發生訴訟，甲公司獲得勝訴，訴訟相關支出$1,000,000應認列為專利權資產增加　(B)甲公司擁有A產品40%市場占有率，並致力於建立客戶關係及忠誠度，故估計公允價值$1,000,000認列為無形資產－顧客關係 (C)甲公司估計並認列內部產生之商譽$4,000,000，不攤銷但每年定期進行商譽價值減損測試　(D)甲公司將無形項目支出原始已認列為費用之金額$2,000,000，於達到可資本化條件後不得增加認列為無形資產成本之一部分。

(　) **40** 丙公司於X2年3月1日以$180,000購一組客戶名單，估計該客戶名單資訊之效益年限至少1年，但不會超過3年。因該組客戶名單未來無法更新或新增，故丙公司管理階層對該客戶名單耐用年限之最佳估計為18個月。丙公司無法可靠決定該組客戶名單未來經濟效益之耗用型態，故採用直線法攤銷。丙公司X2年對該組客戶名單應提列的攤銷費用為何？　(A)$60,000　(B)$100,000　(C)$120,000 (D)$180,000。

(　) **41** 乙酉公司進行新產品的開發，自95年至99年間，共支付研究發展費用$800,000，100年初研究成功並支付專利權申請及登記費$150,000，則專利權之入帳成本為：　(A)$650,000　(B)$150,000 (C)$800,000　(D)$950,000。

(　) **42** 正吉公司於20x3年7月1日以$900,000購買一組客戶名單，並預期該名單資訊能產生之效益至少一年，但不會超過三年。該客戶名單將依管理當局對耐用年限之最佳估計18個月予以攤銷。雖然該公司

未來可能意圖於該客戶名單再行增加客戶姓名及其他資訊，惟該次所購買客戶名單之預期效益僅限於購買日之客戶名單所列之客戶有關。請問：20x3年底之分錄為何？ (A)借：攤銷費用300,000，貸：累積攤銷－客戶名單300,000 (B)借：現金300,000，貸：無形資產－客戶名單300,000 (C)借：無形資產－客戶名單300,000，貸：現金300,000 (D)借：攤銷費用450,000，貸：累積攤銷－客戶名單450,000。 （102年中小企銀）

( ) **43** 大大公司自X1年至X3年間進行研究開發新產品，於X3年底研發成功並取得專利權，該產品於研發期間共支出$1,000,000，專利權之申請註冊費為$100,000，則大大公司專利權之入帳成本多少？ (A)0 (B)$100,000 (C)$1,000,000 (D)$1,100,000。

( ) **44** 金山公司以$800,000之價格購併銀河公司，銀河公司資產及負債之市價分別為$1,020,000及$510,000，其帳面金額分別為$1,000,000及$500,000，則金山公司應入帳之商譽金額為何？ (A)$280,000 (B)$290,000 (C)$300,000 (D)$310,000。

( ) **45** 丁公司於20X3及20X4年分別支出$400,000進行新產品研究，20X5年初產品研發成功，並支付$20,000向政府申請專利權註冊，則丁公司之專利權入帳成本為： (A)$20,000 (B)$400,000 (C)$800,000 (D)$820,000。

( ) **46** 「企業按合理而且有系統的方式，將有限耐用年限之無形資產的成本分攤於耐用期間」，此過程稱為： (A)折舊 (B)折耗 (C)攤銷 (D)重估價。

( ) **47** 下列支出中，應作為當期費用者計有幾項？ 1.研究電腦軟體的支出；2.研究專利權的支出；3.向外購入專利權；4.向外購入著作權 (A)一項 (B)二項 (C)三項 (D)四項。 （102年華南）

( ) **48** 甲公司以$2,000,000購入乙公司全部的資產，並允諾承受其負債$160,000，甲公司所取得可辨認資產之公平市價為$1,800,000，則應入帳之商譽為多少金額？ (A)$40,000 (B)$200,000 (C)$360,000 (D)$400,000。

（　　）**49** 有關商譽會計處理之敘述，下列何者正確？　(A)資產負債表之商
譽可區分為併購產生及自行發展產生兩類　(B)企業無須每年認列
商譽之攤銷費用　(C)商譽於出現減損跡象時，始應進行減損測試
(D)商譽之減損應取得外部對商譽之鑑價報告來決定，不得自行核算。

（　　）**50** 大華生物科技公司在X1年為購買一項科技專利，發生下列現金支出
項目，試問大華生物科技公司應認列為無形資產－專利權之金額
為何？
1. 付給原專利權所有人$800,000
2. 向政府機關繳交之專利權過戶註冊規費$3,000
3. 訓練員工操作專利之成本$30,000
4. 為進一步擴大該專利之用途，所購買之原料$100,000
5. 為使該專利達於預計營運狀態而直接產生之員工福利$8,000
6. 總公司因管理、規劃如何使用該專利權所發生之支出$15,000
(A)$803,000　(B)$811,000　(C)$826,000　(D)$926,000。

（103年高考）

---

**解答與解析**

**1 (A)**。1.專利權應按取得成本入帳，
並以法定年限或經濟年限兩者較短
者提列攤銷。當專利權受侵害而提
起訴訟時，不論勝訴或敗訴，訴訟
費用均應作為當期費用。如果敗
訴，則應評估專利權是否已減損，
如減損，則應認列減損損失。

2.X4年底之帳面金額$=9,000,000\times\dfrac{3}{6}$
$=4,500,000$

**2 (D)**。1.特許權係指政府或企業授予
其他企業，在特定地區經營某種業
務或銷售某種產品的特殊權利。取
得特許權時所支付的特許權費應資
本化，並按契約或經濟年限攤銷，

但之後每年所支付的年費則列為當
期費用。並於有減損跡象時進行減
損評估。

2.綜上，鴻鼎取得該營運特許執照
$250億元應列為無形資產—營運特
許執照，採直線法逐年攤銷，於有
減損跡象時進行減損評估。

**3 (A)**。1.當個別資產之可回收金額低
於其帳面價值時，代表資產價值確
已減損，應收其帳面價值降低至可
回收金額。「可回收金額」係指資
產之淨公平價值及其使用價值，二
者較高者。

2.本題X3年底專利權可回收金額
$=500,000\times2.4868=1,243,400$

3.X3年底專利權帳面價值
$= 2,000,000 - 2,000,000 \div 10 \times 2$
$=　1,600,000$

4.該公司在X3年底應認列專利權減損損失
$= 1,600,000 - 1,243,400 = 356,600$

**4 (D)**。發展階段的支出，若同時符合下列所有條件時，則可將此階段之支出資本化，列為「無形資產」：1.該無形資產的技術可行性已完成。2.企業有意圖完成該無形資產，並加以使用或出售。3.企業有能力使用或出售該無形資產。4.此項無形資產將很有可能會產生未來經濟效益。5.發展階段歸屬於無形資產的支出能可靠衡量。

**5 (A)**。1.專利權應按取得成本入帳，並以法定年限或經濟年限兩者較短者提列攤銷。當專利權受侵害而提起訴訟時，不論勝訴或敗訴，訴訟費用均應作為當期費用。如果敗訴，則應評估專利權是否已減損，如減損，則應認列減損損失。
2.本是X6年底應認列資產減損，X7年按減損後價值攤銷。X7年此專利權之攤銷費用=(90,908+66,116)÷2=78,512

**6 (A)**。1.當專利權受侵害而提起訴訟時，不論勝訴或敗訴，訴訟費用均應作為當期費用。如果敗訴，則應評估專利權是否已減損，如減損，則應認列減損損失。
2.該專利權1X3年底之帳面金額=成本－攤銷$=3,000,000-3,000,000 \times \dfrac{2}{6}$
$=2,000,000$

**7 (C)**。1.商譽不得攤銷。選項(A)有誤。2.公司不得經評估後按公允價值認列商譽。選項(B)有誤。3.商譽無論是否有減損跡象，應每年定期進行減損測試。選項(C)正確。4.商譽減損後，就算原有商譽的回復或新商譽產生，不得迴轉。選項(D)有誤。

**8 (C)**。內湖公司102年12月31日商標權93,000、存出保證金88,000、應付公司債溢價36,000、購併他公司淨資產之公允價值低於取得成本之金額105,000、專利權$68,000，則內湖公司102年底資產負債表上之無形資產總額=商標權$93,000+購併他公司淨資產之公允價值低於取得成本之金額105,000+專利權68,000=266,000

**9 (B)**。1.所謂專利權，是指政府授與專有製造、銷售或處分其專利品之權利。專利權屬於企業無形資產的一種，入帳成本包括向他人購買專利所支付的價格，或申請時所繳納給政府的規費。
2.綜上，本題應資本化成本即專利權之入帳成本，僅有專利權之申請註冊費為$100,000一項。

**10 (B)**。1.依據一般公認會計原則，僅購入的商譽（企業合併）可以認列，自行發展的商譽不能認列。
2.金山公司應入帳之商譽金額=購買其他公司支付總成本－(取得的有形及可個別辨認無形資產公平價值總額－承受的負債總額)=800,000－(1,020,000－510,000)=290,000

**11 (B)**。1.研究電腦軟體的支出：在建立技術可行性前所發生之成本列為「研究發展費用」，建立技術可行性至完成產品母版時所發生之支出列為「無形資產」。

2.所謂專利權，是指政府授與專有製造、銷售或處分其專利品之權利。專利權屬於企業無形資產的一種，入帳成本包括向他人購買專利所支付的價格，或申請時所繳納給政府的規費。

3.向外購入著作權列為「無形資產」。

4.綜上，本題應資本化的有：3.向外購入專利權、4.向外購入著作權。而應作為當期費用者有：1.研究電腦軟體的支出、2.研究專利權的支出。

**12 (C)**。1.商譽係指企業未來預期利潤超過正常利潤部分的價值。凡無法規屬於有形資產及可個別辨認無形資產的獲利能力，都稱為商譽。

2.商譽=購買其他公司支付總成本-(取得的有形及可個別辨認無形資產公平價值總額-承受的負債總額)=2,000,000-(1,800,000-160,000)=360,000。

**13 (C)**。1.無形資產有限耐用年限：取得權利一定期間後就喪失效益，例如專利權。此類無形資產若法定年限或經濟年限不同，應取二者間較短者為估計耐用年限。

2.20X1/1/1~20X3/1/1止的累計攤銷數=成本×(X3/10/1~X4/12/31年各年使用年數合計數／效益年限

$=500,000 \times \dfrac{2}{5} = 200,000$。

3.20X3/1/1該專利權帳面價值=500,000-200,000=300,000。

4.20X3年乙公司針對專利配方，應將該專利權帳面價值全數認列費損金額=300,000。

**14 (B)**。1.商譽是企業整體價值的組成部分。在企業合併時，它是購買企業投資成本超過被併企業淨資產公允價值的差額。

2.商譽價值=購入企業投資成本-被併企業淨資產的公允價值=3,175,000-2,962,500=212,500。

**15 (C)**。1.根據國際會計準則第38號無形資產，研究發展費用中屬研究階段所發生之費用不得資本化。至於屬發展階段所發生之費用，除同時符合下列之條件者可予資本化外，應於發生時認列為費用：(1)已達將產品引進市場之技術及商業化的可行性。(2)發展階段所發生之費用，能可靠衡量。(3)可證明所資本化之無形資產，未來可產生足夠的經濟效益以涵蓋相關之成本。

2.企業因合併而取得他公司已資本化發展費用之無形資產，在適用IFRS之前，係併入商譽評價，然依據IFRS3企業合併之規定，該等被併入商譽中之無形資產，應於資產負債表中依其購買成本單獨列示，同時若因合併取得屬研發中專案費用亦須依購買價格辨認、評價、資本化及獨立於商譽之報表列示。

3.綜上，該年12月31日甲公司對該研究計畫於資產負債表中所應報導之無形資產金額為2億元。

**16 (C)**。1.2010年初~2013年初止的累計攤銷數

$=($成本$-$殘值$)\times\dfrac{3}{7}=70,000\times\dfrac{3}{7}$

$=30,000$

2.2013年初該專利權之帳面價值$=$資產成本$-$2010年初~2013年初止的累計攤銷數$=70,000-30,000=40,000$。

**17 (B)**。當專利權受侵害而提起訴訟時,不論勝訴或敗訴,訴訟費用均應作為當期費用。

**18 (B)**。1.商譽是企業整體價值的組成部分。在企業合併時,它是購買企業投資成本超過被併企業淨資產公允價值的差額。

2.商譽價值$=$購入企業投資成本$-$被併企業淨資產的公允價值

$=3,175,000-2,962,500=212,500$

**19 (C)**。1.無形資產有限耐用年限:取得權利一定期間後就喪失效益,例如專利權。此類無形資產若法定年限或經濟年限不同,應取二者間較短者為估計耐用年限。

2.20X1/1/1~20X3/1/1止的累計攤銷數$=$成本$\times$(X3/10/1~X4/12/31年各年使用年數合計數)/效益年限

$=500,000\times\dfrac{2}{5}=200,000$

3.20X3/1/1該專利權帳面價值

$=500,000-200,000=300,000$

4.20X3年乙公司針對專利配方,應將該專利權帳面價值全數認列費損金額$=300,000$

**20 (D)**。公司專利權官司勝訴,若訴訟支出能增加該專利權的未來經濟效益,則該訟訴支出應借記訴訟費用。

**21 (D)**。內部產生之商譽不得入帳。

**22 (A)**。1.企業合併採購買法取得的商譽列入無形資產。2.為發展新產品屬於研究階段的研究發展支出,作為「研究發展費用」。3.當專利權受侵害而提起訴訟時,不論勝訴或敗訴,訴訟費用均應作為當期費用。4.公司自籌備日起至成立之日止,支付之公司登記費、會計師簽證費用,列為費用。

**23 (A)**。評價準則公報第四號第29條:「資產法係於繼續經營假設下推估重新組成或取得評價標的所需之對價。」故此題答案為(A)。

**24 (A)**。商業於創業期間發生之發起人酬勞、律師、會計師公費、公司登記執照費、股東會費用、股票印製、股份招募及承銷等費用,應列入當期損益表上的開辦費。開辦費應於發生時認列為當其費用,不得遞延攤銷之。

**25 (B)**。我國「營利事業所得稅查核準則」第96條規定,無形資產應以出價取得者為限,其中商譽最低的攤折年數為5年。

**26 (D)**。1.維持商譽的支出不可以認列為商譽,應費用化。2.購買企業之成本低於所取得淨資產公允價值之差額可以「商譽」的科目入帳。3.商譽不可以脫離企業整體而產生獨立之現金流量。4.商譽的減損損失不得迴轉。

**27 (C)**。即使沒有減損跡象,商譽仍應每年測試是否減損。

**28 (D)**。根據現今一般公認會計原則，商譽之會計處理，期末進行資產減損評估，無需攤銷。

**29 (D)**。因為商譽沒有確定使用年限，所以國際財務報導準則規定商譽不得攤銷。但每年須評估是否已發生減損。如有減損，應認列減損損失或沖銷商譽。

**30 (D)**。商業於創業期間發生之發起人酬勞、律師、會計師公費、公司登記執照費、股東會費用、股票印製、股份招募及承銷等費用，應列入當期損益表上的開辦費。

**31 (B)**。被收購公司進行中之研究發展專案計畫從事研發工作者，可以將之資本化，以和收益配合。

**32 (C)**。1.研究係指為了新知識的發現所投入的成本，包括為研發目的而購置的材料與設備、研發人員之薪資、用於研發之外購無形資產、研發外包成本、其他應分攤之間接成本。發展係指將研究結果獲得之新知識，轉化為新產品或新技術所投入的成本。在會計處理上列為當期費用，不得資本化。揭露當期之研發費用。受他人委託從事研發工作者，可以將之資本化，以和收益配合。2.外購的商譽才能入帳，自行發展的商譽不能入帳。3.依據我國無形資產會計準則公報之規定，「人力資源」與「顧客忠誠度」均不能列為無形資產。4.商譽沒有確定使用年限，所以國際財務報導準則規定商譽不得攤銷。但每年須評

估是否已發生減損。如有減損，應認列減損損失或沖銷商譽。

**33 (C)**。依我國現行會計準則之規定，商譽不得攤銷，每年定期做減損測試。

**34 (D)**。根據IAS16規定，無形資產續後衡量可採用成本法或重評價法。

**35 (C)**。1.商譽凡無法歸屬於有形資產和可個別辨認無形資產的獲利能力，稱為商譽。2.僅購入的商譽可以認列，自行發展的商譽不能認列。3.一個公司商譽的計算，可以下列公式求得：商譽=購買其他公司支付總成本−(取得的有形及可個別辨認無形資產公平價值總額−承受的負債總額)。

**36 (A)**。1.至X3年初已認為專利權攤銷 $=240,000 \times \dfrac{2}{8}=60,000$。

2.至X3年初該專利權帳面價值 $=240,000-60,000=180,000$

故大福公司針對此項配方專利，應認列費損金額為\$180,000。

**37 (A)**。本題分錄如下：

| 各項資產 | 9,000,000 | |
| --- | --- | --- |
| 商譽 | 1,000,000 | |
| 　現金 | | 10,000,000 |

**38 (D)**。僅購入的商譽可以認列，自行發展的商譽不能認列。因為商譽沒有確定使用年限，所以國際財務報導準則規定商譽不得攤銷。但每年須評估是否已發生減損。如有減損，應認列減損損失或沖銷商譽。

但特別須注意的地方，商譽的減損損失不得轉回。

**39 (D)。** 1.為維護其專利權而發生訴訟，不論勝訴或敗訴，訴訟相關支出均作為費用。2.自行建立的客戶關係及忠誠度不得資本化。3.內部產生的商譽不估列入帳。4.無形項目支出於達到可資本化條件後不得增加認列為無形資產成本之一部分。

**40 (B)。** 1.企業購買顧客名單的成本，如果金額重大，應列為無形資產，在預期受益期間內攤銷。2.丙公司X2年對該組客戶名單應提列的攤銷費用 $= 180{,}000 \times \dfrac{10}{18} = 100{,}000$

**41 (B)。** 自行研發成功的專利權，只有申請及登記費可資本化。

**42 (A)。** 1.有限耐用年限：取得權利一定期間後就喪失效益。此類無形資產若法定年限或經濟年限不同，應取二者間較短者。本題預期該名單資訊能產生之效益至少一年，但不會超過三年，屬有限耐用年限之無形資產。應按管理當局對耐用年限之最佳估計18個月予以攤銷。
2.20x3年底之攤銷分錄如下：
攤銷費用　　　　300,000
　　累積攤銷－客戶名單　　300,000
$900{,}000 \times \dfrac{6}{18} = 300{,}000$

**43 (B)。** 1.所謂專利權，是指政府授與專有製造、銷售或處分其專利品之權利。專利權屬於企業無形資產的一種，入帳成本包括向他人購買專利所支付的價格，或申請時所繳納給政府的規費。2.綜上，本題應資本化成本即專利權之入帳成本，僅有專利權之申請註冊費為$100,000一項。

**44 (B)。** 1.依據一般公認會計原則，僅購入的商譽（企業合併）可以認列，自行發展的商譽不能認列。2.金山公司應入帳之商譽金額＝購買其他公司支付總成本－(取得的有形及可個別辨認無形資產公平價值總額－承受的負債總額)＝800,000－(1,020,000－510,000)＝290,000

**45 (A)。** 1.所謂專利權，是指政府授與專有製造、銷售或處分其專利品之權利。專利權屬於企業無形資產的一種，入帳成本包括向他人購買專利所支付的價格，或申請時所繳納給政府的規費。2.綜上，本題應資本化成本即專利權之入帳成本，僅有專利權之申請註冊費為$20,000一項。

**46 (C)。** 企業按合理而且有系統的方式，將有限耐用年限之無形資產的成本分攤於耐用期間，此過程稱為「攤銷」。

**47 (B)。** 1.研究電腦軟體的支出：在建立技術可行性前所發生之成本列為「研究發展費用」，建立技術可行性至完成產品母版時所發生之支出列為「無形資產」。2.所謂專利權，是指政府授與專有製造、銷售或處分其專利品之權利。專利權屬於企業無形資產的一種，入帳成本

包括向他人購買專利所支付的價格，或申請時所繳納給政府的規費。3.向外購入著作權列為「無形資產」。4.綜上，本題應資本化的有：3.向外購入專利權、4.向外購入著作權。而應作為當期費用者有：1.研究電腦軟體的支出、2.研究專利權的支出。

**48 (C)**。1.商譽係指企業未來預期利潤超過正常利潤部分的價值。凡無法規屬於有形資產及可個別辨認無形資產的獲利能力，都稱為商譽。2.商譽＝購買其他公司支付總成本－(取得的有形及可個別辨認無形資產公平價值總額－承受的負債總額)＝2,000,000－(1,800,000－160,000)＝360,000。

**49 (B)**。1.僅購入的商譽可以認列，自行發展的商譽不能認列，故資產負債表之商譽僅有購入的商譽。選項(A)有誤。2.因為商譽沒有確定使用年限，所以國際財務報導準則規定商譽不得攤銷。但每年須評估是否已發生減損。如有減損，應列列減損損失或沖銷商譽。選項(B)正確。選項(C)、(D)有誤。

**50 (B)**。1.專利權為政府授予發明者在特定期間，排除他人模仿、製造、銷售的權利。2.大華生物科技公司應認列為無形資產－專利權之金額＝800,000＋3,000＋8,000＝811,000

## 第51～107題：

(　　) **51** 甲公司在X3年12月31日資產負債表上有一項專利權，取得成本為$2,000,000，取得日期為X1年12月31日，取得時估計使用年限為10年；但在X3年底，由於專利權所生產的產品銷路差，公司認為該專利權價值已減損，重估未來使用年限為3年，每年淨現金流入為$500,000（假設在年底發生），設合理的折現率為10%（3年的複利現值因子為0.7513，年金現值因子為2.4868）。請問該公司在X3年底應認列專利權減損損失多少金額？　(A)$356,600　(B)$500,000　(C)$756,600　(D)$1,224,350。

(　　) **52** 賽夏公司以$8,000,000買下雅美公司，經評估雅美公司之資產及負債其公平市價如下：應收帳款$1,400,000，應付長期票據$6,000,000，固定資產$10,000,000，應付帳款$2,800,000，存貨$2,500,000，專利權$1,100,000。根據上述資料，賽夏公司應入帳

之商譽金額為何？ 　(A)$1,800,000　(B)$4,000,000　(C)$6,200,000
(D)$7,000,000。

(　　) **53** 明德公司於X10年初合併桂冠公司之家具部門，並產生商譽
$210,000。X11年12月31日家具部門除商譽以外之可辨認資產的帳
面金額為$1,190,000。該家具部門整體之可回收金額為$1,050,000，
而商譽除外可辨認資產之可回收金額為$920,000。試問：X11年
12月31日明德公司應認列商譽減損損失為多少？ 　(A)$52,500
(B)$80,000　(C)$210,000　(D)$350,000。

(　　) **54** 試計算出以下超捷公司無形資產之金額為何？

應收帳款　　　　　　1,500,000元
土地　　　　　　　　4,000,000元
商標權　　　　　　　1,000,000元
商譽　　　　　　　　4,500,000元
研究發展費用　　　　2,000,000元
(A)11,500,000元　(B)7,500,000元　(C)5,500,000元　(D)9,500,000元。

(　　) **55** 桃園航空公司於2011年初以$5,000,000之現金取得中正機場二期航
廈第九號登機口之使用權，剩餘使用期限為5年。該使用權證書每
10年得以極小之成本向主管機關申請換發，公司若無重大缺失則換
發次數並無限制，證據顯示該公司有意圖及能力繼續申請展延使用
權，則2011年桃園航空公司應提列之攤銷費用為： 　(A)$333,333
(B)$500,000　(C)$1,000,000　(D)$0。

(　　) **56** 甲公司於100年成立，成立期間相關支出包括發起人薪酬$50,000、
招募與訓練員工$120,000、市場調查$40,000、設立登記規費
$30,000、會計師公費$20,000及準備生產活動$58,000，則開辦費共
計若干？ 　(A)$50,000　(B)$100,000　(C)$120,000　(D)$158,000。

(　　) **57** 下列有關於商譽的敘述，何者正確？ 　(A)維持商譽的支出可以認列
為商譽　(B)購買企業之成本低於所取得淨資產公允價值之差額可以
「負商譽」的科目入帳　(C)商譽可以脫離企業整體而產生獨立之現
金流量　(D)商譽的減損損失不得迴轉。

（　）**58** 下列何種情況可能認列無形資產？　(A)公司透過合併取得之研究活動，其後續研究支出　(B)企業自行建構客戶名單資料庫　(C)公司原始認列其自行向外購買之研究活動　(D)付費給管理顧問公司以獲得策略管理新知。

（　）**59** 有關商譽之敘述，下列何者正確？　(A)商譽屬無形資產，應按直線法攤銷　(B)公司若努力經營致產品品質優良或顧客滿意度提高，得經評估後按公允價值認列商譽　(C)即使沒有減損跡象，商譽仍應每年測試是否減損　(D)商譽減損後，若原有商譽的回復或新商譽產生，應予迴轉。

（　）**60** 雅勝公司自2009年起研究開發新產品，2012年底研究成功，並於2013年初取得專利權。為了開發該項新產品，4年間共支付研究費$25,000,000，而專利權的申請及登記費用為$250,000，預計5年後該項專利將喪失價值，則2013年度專利權的攤銷金額為何？　(A)$5,050,000　(B)$50,000　(C)$5,000,000　(D)$4,950,000。

（　）**61** 甲公司飲料部門為該公司之最小現金產生單位，該部門淨資產之帳面金額為$800,000，其中包含商譽$150,000。該飲料部門整體之可回收金額為$600,000，則其商譽價值減損損失為何？　(A)$100,000　(B)$150,000　(C)$200,000　(D)$300,000。

（　）**62** 甲公司從X1年至X3年間進行新產品的研發，每年均投入$200,000經費，於X3年底研發成功，向政府申請專利時，另支付$20,000規費，則專利權入帳之金額為：　(A)$20,000　(B)$220,000　(C)$600,000　(D)$620,000。

（　）**63** 欣錩公司於102年度投入$9,000,000研發新技術，於103年初研發成功並取得專利權，專利權之法規支出為$30,000，若是將專利權出售可得$10,000,000，則該專利權之入帳成本應為：　(A)$30,000　(B)$9,030,000　(C)$10,000,000　(D)$10,030,000。

（　）**64** A公司有項專利權的訴訟，勝訴的可能性很高，預計可獲得賠償金額亦可合理估計，此或有利益應：　(A)依估計金額入帳　(B)毋須

入帳，亦不須揭露　(C)毋須入帳，僅須附註揭露即可　(D)應認列收益，並附註揭露。

(　) **65** A公司於X10年1月1日以$480,000購入專利權，剩餘法定年限為11年，估計經濟年限為8年。X11年甲公司因該項專利權發生訴訟，經法院判決勝訴後，支付訴訟費用為$70,000，A公司X11年應認列之專利權攤銷為：　(A)$60,000　(B)$70,000　(C)$68,750　(D)$53,636。

(　) **66** 下列何者非屬無形資產：　(A)執照費　(B)合併之商譽　(C)研究費用　(D)專利權。

(　) **67** 乙公司於X1年初以$20,000向外購入一款專利配方飲品。該專利的法定年限為10年，但乙公司估計效益年限為8年。於X3年初衛生單位檢驗出飲品內含不利人體的有毒物質，乙公司被要求將此產品全面下架並禁止販售。於X3年乙公司針對專利配方，應認列費損金額為何？　(A)$20,000　(B)$16,000　(C)$15,000　(D)$2,500。

(　) **68** 甲公司與乙公司發生專利權之訴訟，甲公司預估此官司極有可能敗訴，賠償金額約在$500,000至$900,000之間，可能性最大金額為$700,000。已知相關可能發生機率如下，請問甲公司帳上如何處理？

| 賠償金額 | 機率 |
|---|---|
| $500,000 | 20% |
| $700,000 | 50% |
| $800,000 | 30% |

(A)認列負債準備$500,000　(B)認列負債準備$690,000　(C)認列負債準備$700,000　(D)認列負債準備$900,000。

(　) **69** 下列有關無形資產之敘述何者錯誤？　(A)無形資產是無實體形式的長期營業用資產，如專利權、商標權及商譽等　(B)以系統而合理的方法將無形資產成本轉為費用的過程稱為「攤銷」　(C)研究階段的支出因未來經濟效益不易認定，不得認列為無形資產，而應於發生

時認列為費用　(D)企業創業期間因設立所發生之必要支出為「開辦費」，開辦費使企業得以成立並營業，其效益長於一年，應資本化並逐年攤銷。

( 　　) **70** X1年間，甲公司與乙公司因專利權問題產生訴訟。X1年底，甲公司預估此官司敗訴可能性極大，且賠償金額約在$20,000,000至$25,000,000之間；經與律師討論後，該公司認為可能性最大的金額為$22,000,000，機率為60%。請問X1年底甲公司有關此專利權訴訟部分應如何處理？　(A)認列負債準備$20,000,000　(B)認列負債準備$22,000,000　(C)認列負債準備$25,000,000　(D)無須認列負債，僅須將與乙公司因專利權產生訴訟的事實，及可能賠償金額之範圍加以揭露。

( 　　) **71** 大甲公司過去向小乙公司購入一項工具專利權，$1,000,000，目前該專利權帳面價值為$600,000。然而，公司本年度發現中丙公司仿製公司專利，經訴訟後獲得勝訴，訴訟費用合計$200,000。重新評估該專利權可使用兩年預計產生$450,000之淨現金流量折現值，另外經估價該專利權之淨公允價值為$400,000。請問下列敘述何者正確？　(A)維護專利權勝訴的費用$200,000，應列為當年度費用　(B)專利權餘額應採用現金流量折現值加本年度專利權訴訟維護費用$470,000列為專利權成本　(C)專利權應採用帳面價值$600,000攤銷　(D)本年度專利權應用可收回現值價值與公允價值較低者列帳。

( 　　) **72** 下列何種情況下可能認列商譽？　(A)以超過某一公司可辨認淨資產公允價值之收購對價收購該公司　(B)公司之市值遠高於其帳面金額　(C)公司從事慈善捐贈　(D)公司獲得專利權。

( 　　) **73** 有關商譽的敘述，下列何者正確？　(A)自行發展之商譽屬無形資產，應按直線法攤銷　(B)公司若努力經營致產品品質優良或顧客滿意度提高，得經評估後按公允價值認列商譽　(C)即使沒有減損跡象，商譽仍應每年測試是否減損　(D)商譽減損後，若原有商譽價值回復或產生新商譽，應予迴轉。

( ) **74** A公司之支出有如下：研究電腦軟體的支出、研究專利權的支出、向外取得客戶名單、向外購入專利權、向外購入著作權。請問A公司應作為當期費用者計有幾項？ (A)一項 (B)二項 (C)三項 (D)四項。

( ) **75** J公司因著作版權發生訴訟，J公司之律師預估極有可能敗訴，估計60%可能需賠償80萬元，僅40%勝訴，試問J公司之帳上如何處理？ (A)認列80萬元之損失 (B)將48萬元之損失入帳 (C)基於審慎原則，將100萬元之損失入帳 (D)僅須揭露可能發生之或有損失。

( ) **76** K公司於x1年初以$200,000向外購入一款專利配方飲品。該專利的法定年限為10年，但K公司估計效益年限為8年。於x3年初衛生單位檢驗出飲品內含不利人體的有毒物質，K公司被要求將此產品全面下架並禁止販售。於x3年K公司針對專利配方，應認列費損金額為何？ (A)$20,000 (B)$25,000 (C)$150,000 (D)$160,000。

( ) **77** 2017年7月1日甲公司以現金支付$60,000購入某一版權，估計效益年限五年，無殘值，則2017年甲公司對此版權應攤銷之費用多少？ (A)$12,000 (B)$6,000 (C)$3,000 (D)$1,500。

( ) **78** 大易公司X7年底被控告侵犯版權，原告要求賠償$5,000,000，公司管理階層及法律顧問討論後認為極有可能敗訴，預估敗訴機率為70%，估計需賠償$2,000,000，勝訴機率僅有30%。請問公司財務報表應如何報導此一事件？ (A)認列$1,400,000訴訟賠償損失，另附註揭露相關訊息 (B)認列$2,000,000訴訟賠償損失，另附註揭露相關訊息 (C)認列$5,000,000訴訟賠償損失，另附註揭露相關訊息 (D)無須認列訴訟賠償損失，但須附註揭露可能遭受損失之金額。

( ) **79** 下列有關無形資產之敘述，何者錯誤？ (A)發展中尚未達可供使用狀態之無形資產，不得攤銷 (B)有限耐用年限之無形資產，不得攤銷 (C)非確定耐用年限之無形資產，不得攤銷 (D)商譽不得攤銷。

( ) **80** 丁公司於103年至105年間進行新產品研發，於105年底時該研發成果專利產生之無形資產符合定義及認列條件。於此之前，103年至105年間每年均投入研發金額（支出）$200,000。丁公司於105年底向政府申請專利權的相關支出為$45,000，則該項專利權的入帳成本應為何？　(A)$45,000　(B)$245,000　(C)$600,000　(D)$645,000。

( ) **81** 文盛公司為開發生技醫療與AI核心的新技術，在20X3年研究階段投入$3,240,000，20X4年初支付$2,430,000已符合發展階段的所有條件，20X4年7月1日支付登記專利之各項規費$90,000，確定取得專利權開始生產，法定期限為10年；20X6年初因專利權受侵害產生訴訟支出$616,000，獲判勝訴並獲得賠償$444,000，同一時間公司考量產品技術創新速度，決定縮短經濟年限至20X9年底。請問：20X6年專利權之攤銷費用為多少？　(A)$515,500　(B)$525,500　(C)$535,500　(D)$545,500。

( ) **82** 20X5年初，甲公司以$15,000,000向A公司購入一款長效緩釋關節炎用藥專利配方（該專利的法定年限為6年，甲公司估計效益年限為5年）；20X7年初，該用藥被主管機關驗出內含不利人體的物質，且被要求立即停止生產與禁止服用。請問：20X7年甲公司針對該用藥專利配方，應認列的費損金額為多少？　(A)$7,500,000　(B)$9,000,000　(C)$10,000,000　(D)$15,000,000。

( ) **83** 有關資產的種類，〔甲〕：指無實體形式之可辨認非貨幣性資產，並同時符合具有可辨認性、可被企業控制及具有未來經濟效益；〔乙〕：指企業依合約約定，已移轉商品或勞務予客戶，惟仍未具無條件收取對價之權利。上述中，〔甲〕與〔乙〕應為：　(A)應收帳款，無形資產　(B)無形資產，合約資產　(C)合約資產，生物資產　(D)生物資產，應收帳款。

( ) **84** 灰磹公司於20X7年2月1日赴柬埔寨設立製衣廠，承接一線服裝品牌的代工。發生設立登記費用$200,000，灰磹公司雖預期此項支出（開辦費）可提供未來經濟效益，但並未取得或產生可認列之無形

資產或其他資產。請問：灰礦公司20X7年2月1日應作的分錄，下列何者正確？　(A)借：無形資產減損損失$200,000　(B)借：其他費用－開辦費$200,000　(C)貸：無形資產－其它$200,000　(D)貸：累計減損－發展中無形資產$200,000。

(　) 85 某公司X1年初向外購入甲專利權，法定年限20年，預估經濟年限15年，X6年初為保護甲專利權，以$150,000購入另一法定年限為15年之乙專利權，並因取得乙專利權估計能再增加甲專利權5年之經濟年限。若X6年底專利權總攤銷金額為$50,000，則X1年初購入之甲專利權成本為何？　(A)$400,000　(B)$600,000　(C)$800,000　(D)$900,000。

(　) 86 平學公司於2011年1月1日以成本$160,000購入一法定年限為16年之專利權，但購入時評估其經濟效益僅有8年。在2014年1月1日發現該專利權因新技術的產生，其經濟效益僅剩4年。2016年1月1日因新產品問世，該專利權已失去經濟效益，則2016年1月1日應列計損失為：　(A)$60,000　(B)$110,000　(C)$65,000　(D)$50,000。

(　) 87 為保護本公司之專利權而進行訴訟，若勝訴，則訴訟相關支出應如何處理？　(A)當該期營業費用　(B)當該期營業外費用　(C)當遞延借項　(D)借記專利權。

(　) 88 下列敘述何者正確？　(A)企業之研究發展成本及電腦軟體成本應於支出期間加以資本化　(B)企業之研究發展成本應於支出期間當費用，而電腦軟體成本則在建立技術可行性前當費用，在建立技術可行性後加以資本化　(C)企業之研究發展成本及電腦軟體成本應於支出當期當收益支出　(D)企業研究發展成本應予費用化，而電腦軟體成本則在建立技術可行性前加以資本化，而於建立技術可行性後當費用。

(　) 89 下列敘述何者錯誤？　(A)一企業自行研發而取得專利權，但研發成本仍應當費用　(B)為鼓勵企業從事研發，研發成本可計入「智慧財產」科目　(C)無形資產之攤銷原則上以直線法為之　(D)無形資產之攤銷年限不可超過20年。

（　）**90** 澎湖公司平均每年超額盈餘為$100,000，以超額盈餘倍數法估計該公司商譽之價值為$400,000。澎湖公司95年底可辨認資產帳面價值為$1,400,000，負債帳面價值為$400,000，可辨認淨資產公平市價為$900,000。金門公司於96年初以$1,500,000買下澎湖公司，請問金門公司併購澎湖公司應認列之商譽金額為多少？　(A)$400,000 (B)$500,000　(C)$600,000　(D)$1,000,000。

（　）**91** 下列有關無形資產的會計處理，何者錯誤？　(A)非確定耐用年限的無形資產，不得攤銷　(B)企業合併時所取得可明確辨認的無形資產，應以合併時的公平價值作為入帳成本　(C)商譽屬於無法明確辨認的無形資產，因此不需要定期進行減損測試　(D)電腦軟體研發，自建立技術可行性至完成產品母版的支出，可資本化列為無形資產。

（　）**92** 宜蘭公司開發某項會計套裝軟體，發生如下之支出：

| | |
|---|---|
| 程式設計與規劃 | $100,000 |
| 製造產品母版 | 800,000 |
| 編碼 | 240,000 |
| 測試產品穩定性 | 360,000 |
| 套裝軟體（成品） | 900,000 |

上述支出應列入電腦軟體成本者合計為：
(A)$800,000　(B)$1,400,000　(C)$2,300,000　(D)$2,400,000。

（　）**93** 有關無形資產之會計處理，下列敘述何者正確？　(A)若無形資產之耐用年限不確定時，期末不得攤銷，亦不得進行資產減損測試　(B)企業合併取得之非商譽類之無形資產，應以公允價值入帳　(C)政府免費授與企業之無形資產，因不需付錢，故不需入帳 (D)資產交換所取得之無形資產，因不需付錢，故不需入帳。

（　）**94** 甲公司資產負債表上顯示，資產總金額$95,500及負債總金額$68,500，其中資產之總市價為$120,000，而負債可以按其帳面價值清償，若此時乙公司以$100,000取得甲公司，則乙公司應認列之商譽金額為：　(A)$20,000　(B)$48,500　(C)$68,500　(D)$73,000。

(　) **95** 欽城司以$7,000,000買下明章公司，經評估明章公司之資產及負債其公允價值如下：
(1)應收帳款$1,400,000
(2)存貨$2,500,000
(3)固定資產$10,000,000
(4)應付帳款$2,800,000
(5)應付長期票據$6,000,000
(6)專利權$1,100,000
請依上述資料計算欽城公司應入帳之商譽為何？　(A)$800,000
(B)$3,000,000　(C)$5,000,000　(D)$6,000,000。

(　) **96** 玫瑰公司以每股面額$10的普通股500股，交換一項著作權。交換時股票之市價為每股$70，該著作權的帳面價值為$8,000，則該公司在交換著作權時，應以何成本入帳？　(A)$5,000　(B)$8,000
(C)$30,000　(D)$35,000。

(　) **97** 裕隆公司於94年初以$30,000,000取得上杭公司40%股權，購買當時，上杭公司淨資產的帳面價值為$50,000,000，且上杭公司折舊性資產之公平市價較帳面價值多出$10,000,000，則購買產生之商譽為何？　(A)$4,000,000　(B)$6,000,000　(C)$10,000,000
(D)$20,000,000。

(　) **98** 八德公司自X1年起研究開發新產品，X4年底研究成功，並於X5年初取得專利權。為了開發新產品，4年間共支付研究費用$350,000，而專利權的申請及登記費用為$50,000，預計5年後該項專利將喪失價值，則X5年度專利權的攤銷金額為：　(A)$80,000　(B)$10,000
(C)$350,000　(D)$360,000。

(　) **99** 下列哪一項無形資產不需要每年進行減損測試？　(A)商標權
(B)商譽　(C)專利權　(D)資本化之發展成本（尚未發展完成）。

(　) **100** 下列資產無論是否有減損跡象，企業每年均須進行減損測試？
(A)專利權　(B)超過100億元之固定資產　(C)商標權　(D)採用權益法之長期股權投資。

（　　）**101** 下列何者不屬於資產負債表上之無形資產？　(A)商譽　(B)商標權　(C)開辦費　(D)特許權。

（　　）**102** 購入其他企業之成本超出所取得之可辨認淨資產之公平市價時，其差額作為商譽入帳；但對於自行發展而得之商譽，則不予入帳。此乃基於下列何種會計品質特性或原則：　(A)可驗證性　(B)成本觀念　(C)穩健原則　(D)以上皆是。

（　　）**103** 企業研究發展過程中，具有未來經濟效益且可明確辨識之「發展」階段支出歸類為：　(A)流動資產　(B)無形資產　(C)業主權益　(D)研發費用。

（　　）**104** 下列有關無形資產之描述，何者不適當？　(A)專利權可與企業分離並出售　(B)應以購買價格及達可使用狀態前可直接歸屬的相關支出，列為取得無形資產的成本　(C)企業內部產生之無形資產，一律於發生時列為費用　(D)有限耐用年限之無形資產，應於估計的耐用年限內攤銷。

（　　）**105** 屏東公司為研究開發專利權共支出$5,000，並且從中正公司購買專利權$4,000，請問下列何一會計分錄內容的寫法是正確？　(A)借方記專利權$9,000　(B)借方記專利費用$9,000　(C)借方記研究發展費$5,000　(D)借方記研究發展費$9,000。

（　　）**106** 下列有關無形資產會計處理之敘述，何者不正確？　(A)有限耐用年限無形資產之殘值原則上應視為零　(B)無形資產之殘值增加而大於或等於帳面價值時，當期攤銷金額為負值　(C)預期無法由使用或處分產生未來經濟效益時，應將該無形資產除列　(D)耐用年限由非確定改為有限時，視為會計估計變動。

（　　）**107** 下列何者為評價人員評估無形資產之剩餘經濟效益年限時，應考量因素：　(A)合約　(B)技術或功能　(C)無形資產本身之生命週期　(D)以上皆是。

## 解答與解析

**51 (A)**。1.當個別資產之可回收金額低於其帳面價值時，代表資產價值確已減損，應收其帳面價值降低至可回收金額。「可回收金額」係指資產之淨公平價值及其使用價值，二者較高者。
2.本題X3年底專利權可回收金額＝500,000×2.4868＝1,243,400
3.X3年底專利權帳面價值＝2,000,000－2,000,000÷10×2＝1,600,000
4.該公司在X3年底應認列專利權減損損失＝1,600,000－1,243,400＝356,600

**52 (A)**。1.資產淨值＝1,400,000＋10,000,000＋2,500,000＋1,100,000－6,000,000－2,800,000＝6,200,000
2.賽夏公司應入帳之商譽金額＝8,000,000－6,200,000＝1,800,000

**53 (C)**。減損＝(1,190,000＋210,000－1,050,000)＝350,000＞210,000
X11年12月31日明德公司應認列商譽減損損失為210,000

**54 (C)**。1,000,000＋4,500,000＝5,500,000

**55 (D)**。特許權或執照之年限可能為確定期限、不確定期限或永久存續。年限有限之特許權（或執照）成本應於特許權年限內攤銷為營業費用。若其年限為不確定或永續年限者，則不須攤銷。

**56 (B)**。50,000＋30,000＋20,000＝100,000

**57 (D)**。維持商譽的支出可以不得認列為商譽，購買企業之成本低於所取得淨資產公允價值之差額應先從非流動資產分別按其公平價值比例減少，商譽不可以脫離企業整體而產生獨立之現金流量，商譽的減損損失不得迴轉。

**58 (C)**。1.發展階段的支出，若同時符合下列所有條件時，則可將此階段之支出資本化，列為「無形資產」：(1)該無形資產的技術可行性已完成。(2)企業有意圖完成該無形資產，並加以使用或出售。(3)企業有能力使用或出售該無形資產。(4)此項無形資產將很有可能會產生未來經濟效益。(5)具充足的技術、財務及其他資源，以完成此項無形資產的發展專案計畫。(6)發展階段歸屬於無形資產的支出能可靠衡量。
2.綜上，本題公司原始認列其自行向外購買之研究活動可能認列無形資產。

**59 (C)**。1.商譽不得攤銷。選項(A)有誤。2.公司不得經評估後按公允價值認列商譽。選項(B)有誤。3.商譽無論是否有減損跡象，應每年定期進行減損測試。選項(C)正確。4.商譽減損後，就算原有商譽的回復或新商譽產生，不得迴轉。選項(D)有誤。

**60 (B)**。1.專利權應按取得成本入帳，如自行發展應以申請及登記費用入帳，並以法定年限或經濟年限兩者較短者提列攤銷。
2.本題專利權成本＝250,000
3.2013年度專利權的攤銷金額
＝250,000÷5＝50,000

**61 (B)**。1.回收可能性測驗：可回收金額＝600,000
2.計算減損損失＝800,000－600,000
＝200,000＞商譽150,000
3.應先沖減商譽150,000。故本題其商譽價值減損損失為150,000。

**62 (A)**。所謂專利權，是指政府授與專有製造、銷售或處分其專利品之權利。專利權屬於企業無形資產的一種，入帳成本包括向他人購買專利所支付的價格，或申請時所繳納給政府的規費。專利權入帳之金額為$20,000。

**63 (A)**。專利權應按取得成本入帳，本題該專利權之入帳成本應為該為專利權之法規支出為$30,000。在建立技術可行性前所發生之成本列為「費用」。

**64 (C)**。或有利益的會計處理：基於收益實現原則，不得入帳。如預估實現可能性很高，僅須附註揭露即可。

**65 (A)**。1.專利權應按取得成本入帳，並以法定年限或經濟年限兩者較短者提列攤銷。2.當專利權受侵害而提起訴訟時，不論勝訴或敗訴，訴訟費用均應作為當期費用。3.A公司X11年應認列之專利權攤銷＝480,000÷8＝60,000

**66 (C)**。在建立技術可行性前所發生之研究費用列為「費用」，非屬無形資產。

**67 (C)**。1.專利權應按取得成本入帳，並以法定年限或經濟年限兩者較短者提列攤銷。
2.X3年乙公司該項專利權帳面金額
$＝20,000×\dfrac{6}{8}＝15,000$。
3.於X3年乙公司針對專利配方，應認列費損金額為該專利權帳面金額15,000。

**68 (C)**。1.我國關於或有損失之估列，應以最允當金額認列，無法選定時，宜取下限予以認列。2.本題應以可能性最大金額$700,000認列負債準備。

**69 (D)**。開辦費指企業在企業批准籌建之日起，到開始生產、經營（包括試生產、試營業）之日止的期間（即籌建期間）發生的費用支出，開辦費不能資本化。選項(D)有誤。

**70 (B)**。若現時義務很有可能存在，且經濟效益資源很有可能流出並能可靠衡量，企業應認列為負債準備。本題認列負債準備＝22,000,000。

**71 (A)**。當專利權受侵害而提起訴訟時，不論勝訴或敗訴，訴訟費用均應作為當期費用。如果敗訴，則應評估專利權是否已減損，如減損，則應認列減損損失。故本題維護專利權勝訴的費用$200,000，應列為當年度費用。

**72 (A)**。1.商譽是指能在未來期間為企業經營帶來超額盈餘的潛在經濟價值,或一家企業預期的獲利能力超過可辨認資產正常獲利能力。
2.商譽則為無法明確辨認,亦無法單獨交易之無形資產,商譽之產生僅能經由合併其他公司所產生。故以超過某一公司可辨認淨資產公允價值之收購對價收購該公司可認列商譽。

**73 (C)**。1.僅購入的商譽可以認列,自行發展的商譽不能認列。2.因為商譽沒有確定使用年限,所以國際財務報導準則規定商譽不得攤銷。但每年須評估是否已發生減損。如有減損,應認列減損損失或沖銷商譽。3.特別須注意的地方,商譽的減損損失不得轉回。

**74 (C)**。1.研究電腦軟體的支出:研究階段的支出,因尚未能為企業帶來經濟效益,故應於發生時認為為「研究發展費用」。2.向外取得客戶名單:企業購買顧客名單的成本,除非金額重大,應列為無形資產,在預期受益期間內攤銷。3.向外購入專利權:應按取得成本列為「無形資產」,並以法定年限或經濟年限兩者較短者提列攤銷。4.向外購入著作權:應按取得成本列為「無形資產」,應在估計的經濟年限內攤銷。5.本題研究電腦軟體的支出、向外取得客戶名單應作為當期費用。

**75 (A)**。1.負債準備指符合下列條件的或有事項,必須估計入帳:(1)過去事項的結果使企業負有現時義務。(2)企業很有可能要流出含有經濟利益的資源以履行該義務。(3)該義務的金額能可靠估計。2.J公司因著作版權發生訴訟,J公司之律師預估極有可能敗訴,估計60%可能需賠償80萬元,則J公司的資產負債表上應報導的賠償負債金額為$800,000。

**76 (C)**。1.專利權應按取得成本入帳,並以法定年限或經濟年限兩者較短者提列攤銷。當專利權受侵害而提起訴訟時,不論勝訴或敗訴,訴訟費用均應作為當期費用。如果敗訴,則應評估專利權是否已減損,如減損,則應認列減損損失。
2.至x3年初該專利權已攤銷金額
$=\$200,000 \div 8 \times 2 = \$50,000$
3.應認列費損金額=專利權帳面金額=成本-已攤銷金額=$200,000-$50,000=$150,000。

**77 (B)**。1.有限耐用年限:取得權利一定期間後就喪失效益。此類無形資產若法定年限或經濟年限不同,應取二者間較短者。本題預期該版權估計效益年限五年,屬有限耐用年限之無形資產。應按管理當局對耐用年限予以攤銷。
2.甲公司2017年攤銷分錄如下:
攤銷費用　　　　$6,000
　專利權　　　　　　$6,000
$\$60,000 \div 5 \div 2 = \$6,000$

**78 (B)**。1.負債準備指符合下列條件的或有事項,必須估計入帳:(1)過去事項的結果使企業負有現時義務。(2)企業很有可能要流出含有經濟利

益的資源以履行該義務。(3)該義務的金額能可靠估計。

2.大易公司X7年底被控告侵犯版權，原告要求賠償$5,000,000，公司管理階層及法律顧問討論後認為極有可能敗訴，預估敗訴機率為70%，估計需賠償$2,000,000，勝訴機率僅有30%，則因敗訴可能性極大，大易公司應認列$2,000,000訴訟賠償損失，另附註揭露相關訊息。

**79 (B)**。1.研究階段的支出，因尚未能為企業帶來經濟效益，故應於發生時認為為「研究發展費用」。2.有限耐用年限之無形資產，應以成本減去估計殘值的餘額，應在耐用年限內按合理而有系統的方法攤銷，攤銷方法應符合未來經濟效益的消耗型態，若無法決定消耗型態時，應採用直線法攤銷。3.非確定耐用年限之無形資產，不得攤銷。4.因為商譽沒有確定使用年限，所以國際財務報導準則規定商譽不得攤銷。

**80 (A)**。自行研發成功的專利權，只有申請及登記費可資本化。

**81 (C)**。20X4/7/1～20X6初過了1.5年，剩8.5年
20X6初該專利權帳面價值＝($2,430,000＋$90,000)/10×8.5＝$2,142,000
20X6初~20X9剩4年
20X6年專利權之攤銷費用
＝$2,142,000/4＝$535,500

**82 (B)**。應認列的費損金額
＝$15,000,000/5×3＝$9,000,000

**83 (B)**。1.無形資產指無實體形式之可辨認非貨幣性資產，並同時符合具有可辨認性、可被企業控制及具有未來經濟效益。2.合約資產指企業依合約約定，已移轉商品或勞務予客戶，惟仍未具無條件收取對價之權利。

**84 (B)**。開辦費應列入營業費用。

**85 (D)**。150,000/15＋甲專利權剩餘成本/15＝50,000
甲專利權剩餘成本＝600,000
X1年初購入之甲專利權成本－X1年初購入之甲專利權成本×5/15
＝600,000
X1年初購入之甲專利權成本
＝900,000

**86 (D)**。1.2011～2014年專利權攤銷
$$=160,000 \times \frac{3}{8}=60,000$$
2.該專利權2014年1月1日帳面價值
＝160,000－60,000＝100,000
3.2014年1月1日發現該專利權因新技術的產生，其經濟效益僅剩4年，屬於估計變動，應採推延調整法，不作更正分錄將剩餘應提之攤銷額以剩餘經濟效益由未來各期分攤。
4.2014~2016專利權攤銷
$$=100,000 \times \frac{2}{4}=50,000$$
5.2016年1月1日應列計損失
＝100,000－50,000＝50,000

**87 (B)**。因專利權受侵害所發生之訴訟支出，無論勝訴或敗訴，均不得資本化，應列為當期營業外費用。若敗訴，除認列為費用外，並將專利權自資產負債表中除列。

**88 (B)**。所有研究階段之支出均應作為當期費用，不得本化。而電腦軟體成本屬自行製造者，在建立技術可行性前所發生之成本列為「研究發展費用」，建立技術可行性至完成產品母版時所發生之支出列為「無形資產」，母版完成時至對外銷售前所發生之成本列「存貨」。

**89 (B)**。所有研究階段之支出均應作為當期費用，不得資本化。

**90 (C)**。$1,500,000-900,000=600,000$

**91 (C)**。國際會計準則商譽須每年進行減損測試。

**92 (A)**。電腦軟體自行製造者，在建立技術可行性前所發生之成本列為「研究發展費用」，建立技術可行性至完成產品母版時所發生之支出列為「無形資產」，母版完成時至對外銷售前所發生之成本列「存貨」。是本題應列入電腦軟體成本者，僅製造產品母版成本800,000。

**93 (B)**。(A)若無形資產之耐用年限不確定時，期末不得攤銷，但得進行資產減損測試。
(C)政府免費授與企業之無形資產，按公允價值入帳。
(D)資產交換所取得之無形資產，視是否具商業實質，按公允價值或帳面價值入帳。

**94 (B)**。商譽金額$=100,000-$
$(120,000-68,500)=48,500$

**95 (A)**。$7,000,000-(1,400,000+$
$2,500,000+10,000,000-2,800,000-$
$6,000,000+1,100,000)=800,000$

**96 (D)**。本題應以可公平衡量的價值入帳，是以股票的市價入帳。
入帳成本$=500×70=35,000$

**97 (B)**。$30,000,000-(50,000,000+$
$10,000,000)×40\%=6,000,000$

**98 (B)**。自行研發的費用為當期費用，僅專利權的申請及登記費用可作為專利權成本。
X5年度專利權的攤銷金額
$=50,000÷5=10,000$

**99 (C)**。專利權不需要每年進行減損測試。專利權只有在專利權發生訴訟但敗訴時，才需要進行減損測試。

**100 (C)**。商標權無論是否有減損跡象，企業每年均須進行減損測試。

**101 (C)**。開辦費指企業在企業批准籌建之日起，到開始生產、經營（包括試生產、試營業）之日止的期間（即籌建期間）發生的費用支出。包括籌建期人員工資、辦公費、培訓費、差旅費、印刷費、註冊登記費等，財務會計準則第19號公報修訂，企業創業期間因設立所發生之必要支出，作當期營業費用處理。開辦費不屬於資產負債表上之無形資產。

**102 (D)**。購入其他企業之成本超出所取得之可辨認淨資產之公平市價時，其差額作為商譽入帳；但對於自行發展而得之商譽，則不予入

帳。此乃基於購入其他企業之成本超出所取得之可辨認淨資產之公平市價時，其差額作為商譽入帳；但對於自行發展而得之商譽，則不予入帳。此乃基於會計品質特性或原則之可驗證性、成本觀念、穩健原則。

**103 (B)**。發展係指將研究結果獲得之新知識，轉化為新產品或新技術所投入的成本。在會計處理上列為當期費用，不得資本化。但企業研究發展過程中，具有未來經濟效益且可明確辨識之「發展」階段支出歸類為「無形資產」。

**104 (C)**。企業內部產生之無形資產，如專利權應按取得成本入帳，並以法定年限或經濟年限兩者較短者提列攤銷。故選項(C)有誤。

**105 (C)**。自行研發的專利權支出應作當期費用。故本題應借方記研究發展費$5,000。

**106 (B)**。無形資產之殘值增加而大於或等於帳面價值時，當期應按剩餘帳面價值繼續攤銷。

**107 (D)**。評價人員評估無形資產之剩餘經濟效益年限時，應考量因素：
1.合約。
2.法令。
3.技術或功能。
4.無形資產本身之生命週期。
5.使用無形資產之產品之生命週期。
6.經濟因素。

NOTE

# 03 評價模型及產業分析

## 第一節　企業評價的概述　中級必讀

### 一、企業評價的定義

企業評價就是評估企業價值多少錢,對投資人而言,若能知道股價不符合企業真實價值,便可透過買低賣高,獲得報酬。對企業經營者而言,透過企業評價以瞭解影響企業真實價值的關鍵因素,才能透過投資與營運決策,增加或創造企業價值。對投資銀行而言,透過企業評價,可以決定企業釋股時的承銷價格,或購併時的換股比率。對創業投資基金管理者而言,可藉企業評價,選擇有潛力的投資對象,或透過企業併購等方式,快速提昇企業價值。

### 二、企業評價的用途

**對陷入困境的企業而言** → 當公司陷入困境或價值低估時,如何透過重組策略、尋求策略性買主、資產清算等策略來解救公司。至於哪些重組策略對公司最有利,則有賴企業評價。

**對公司經營者而言** → 當公司投資、借款決策、績效目標、員工紅利皆以企業價值提昇為考量時,則股東的權益才能最大化,因此,經營者須明瞭企業價值如何衡量,才知道如何建立一套正確的價值創造管理系統。

| 對尋求<br>購併者而言 | 企業在追求成長或提昇競爭力的方式上，究竟哪種方式創造的企業價值最大？無論是收購、合併或是策略聯略，皆具有每個策略方向的意義及目標，但採取何種方式，仍有賴企業評價。 |
| --- | --- |
| 對投資人<br>而言 | 如何選股以及如何正確估算股票合理價位，是所有投資人努力的目標。企業評價對股票合理價格的判斷，有助於投資人進行「買低賣高」的投資策略，以賺取差額報酬。 |

## 三、企業評價程序

評價程序分為以下幾個階段：

(一)**企業所處的經濟環境評估**：企業的銷售預測是瞭解企業未來展望的起點，而企業產品能否在未來創造佳績則與其所處的經濟環境息息相關，與企業產品銷售有關的資訊，均需了解，才能進行企業評估，包括未來整個產業發展、企業未來市場占有率、整個產業產品市場價格等等。

(二)**建立預期財務績效模型**：對企業產品的銷售預測分析之後，則應著手編製預估財務報表，在預估財務報表中最重要的就是現金流量的預估，而要估計出未來企業的現金流量。做好銷貨預估、損益表預估、及資產負債表預估，則企業就能推估未來的淨現金流量。

(三)**推估企業價值**：企業有了未來各年度淨現金流量資料，就依公式折算企業價值；只是我們在進行未來現金流量的推估工作時，一定僅能推估一段時間，超過一定時間因為影響因素的不可控制成份太高，進行預估也是不切實際，通常在無法推估的年度皆設定現金流量的終值假設，俾能有利於企業價值的計算。

(四)**進行投資決策**：企業評價的結果可以提供投資人在投資決策的參考。
Copelan, T., Koller, T. & Murrin, J.建議評價的步驟如下：

1. **分析歷史績效：**主要工作包括計算資本投入、價值動因，發展整體歷史展望，分析基本財務面。
2. **預測自由現金流量：**主要工作包括辨認自由現金流量組合要素，發展績效情節，決定預測假設，檢視預測合理性。
3. **估算資金成本：**工作內容包括發展目標市場價值權重，估算權益證券及非權益證券之資金成本。
4. **估算繼續價值：**工作事項有選擇適當技術，決定估算期間、估算參數及折現率。
5. **計算結果與解釋：**工作要點為計算並測試結果，依據結果解釋決策內涵。

## 四、無形資產之評價方法

(一)**成本法：**本法為歷史成本法，本法所衡量者，為企業過去所支付之研發支出金額，此一方法所著重者，為成本之記錄、分攤與期末評價的方式。

(二)**重置成本法：**所謂重置成本法，本指企業如要重置或重製相似資產所須花費之數額。以重置成本來估計無形資產之價值，即是以企業重置或重製相同之無形資產所需花費之成本數額，來估計其價值。當無形資產有可重置市場可尋，或其他企業有與之獲利能力相似之無形資產，且該無形資產有市場交易時，以此種市場購入價格估計之方式為可行；但若缺乏這種無形資產，或無交易時，這種估計方法即不可行。

(三)**市場價值法：**所謂市場價值法，係指資產按其在市場之售價來評價。一般而言，因市價是透過市場之供需而產生，故市價公正、明確，能反應無形資產之公允價值。以市場價值評估，具攸關性，是其優點，惟難以尋得其市場價值為其缺點。

當無形資產已成交，則市價已然產生，不再有鑑價之需求；反之，若無形資產尚未成交，該無形資產之市價尚未出現，即有鑑價之需求。此時，係以類似無形資產已成交之售價，作為估計之價值，而非欲評估無形資產本身之售價，此法又可分以下各法。茲分述如下：

1. **淨變現價值法：**所謂淨變現價值法，係指以企業在正常營業下在市場出

售相似或相同獲利能力之資產所能獲得之淨變現價值，作為估計價格。前述之淨變現價值，係以售價減去必要之支出而得；至於必要之支出，則有行銷或運輸成本等。

2. **清算價值法：** 所謂清算價值法，係指以企業在停止營業時於市場上出售相似或相同獲利能力之資產所能獲得之價格，作為估計之價格。由於在企業停止營業時，清算時間急迫，財務亦不寬裕，常須削價出售，故以此法估計所得之價格，可能較低，不是正常情況下之公允價值。

3. **Tobin的Q係數法：** Tobin的Q係數＝公司的市場價值/資產重置成本
市場價值與重置成本即分別指該項無形資產的市場價值與重置成本；當其適用於企業整體時，市場價值與重置成本即指企業整體的市場價值與重置成本。評估者可用相近企業之Q值及企業無形資產之重置成本來估計該無形資產之市場價值。

4. **併購價值法：** 所謂併購價值法，係指在正常併購之情境下，企業無形資產之價值。另一個握有相似無形資產之企業，若有併購發生，則可藉其實際交易之價格而估計自己企業所有無形資產之價值。因此並非必有併購交易進行，而且，即使進行併購交易，也並非必有類似之無形資產，所以並非所有的公司均可採用此法估計無形資產之價值。

5. **權利金法：** 所謂權利金法，係指美國某些企業依美國法院對侵犯智慧財產權判決之賠償額來估計無形資產價值之方法。由於美國法院之本類判決訂有賠償額，故可用法院判定之賠償價格作為估計之基礎。不過，此法之使用亦受限制。因為法院判例為數甚少，所以並非所有無形資產皆可採用此種方法來評價。

6. **衡量無形資本的財務方法：** 衡量無形資本的財務方法包含有股東權益報酬率、總資產報酬率及營業利益率。

   (1) **股東權益報酬率（ROE）：** 衡量公司股東將其投資之股權金額交給公司，在運用於營運行為之後可賺取的報酬水準。ROE通常用來比較同一產業公司間獲利能力及公司經營階層運用股東權益為股東創造利潤的能力的強弱，不使用「稅後」觀念，是因為稅後計算出來的數值是受到公司每一期遞延所得稅效果不同之影響，難以進行長時間的績效追蹤，故部份分析人員認為採「稅前」的觀念較為適合。

(2) **總資產報酬率（ROA）**：公司可藉由理財與投資行為獲得營運所需之經濟資源，衡量這些經濟資源創造利潤之能力的指標就是總資產報酬率。公司透過理財與投資行為獲得之經濟資源乃指公司的總資產，故總資產所創造之利潤將包括公司透過理財策略所獲得之報酬，亦即公司支付的利息淨額。

(3) **營業利益率**：營業利益是公司損益表中營業收入減營業成本再減去營業費用之後的利潤金額。營業利益率是代表公司在經常性營業行為上的獲利水準，因此營業利益率就成為公司在本業經營上的利潤率指標。通常用來比較同一產業公司產品競爭力及費用控制能力的強弱，顯示出公司產品的訂價能力、製造及銷售成本的控制能力，也可以用來比較不同產業間的產業趨勢變化。故營業利益會受到公司生產製造技術的影響，也受到公司的管理效率與競爭策略之影響。

(四)**經濟所得法**：所謂經濟所得法，係指按資產在未來可帶給企業之總效益數額來評價，又可分為以下各法。茲分述如下：

1. **市場餘額法**：市場餘額法係一種間接衡量無形資產價值之方法，其評估方式，是從公司整體之公允價值，減去有形資產之價值後，所餘者即為無形資產之價值。亦即，

無形資產＝公司整體之公允價值（MV）－有形淨資產之帳面價值（BV）

上述公式中公司整體之市價，係指股票之實際交易價格。這種衡量的方式可適用於股票已上市（櫃）之公司。對於股票尚未上市（櫃）之公司而言，因缺乏公正明確之公允價值，這種衡量方式適用上即有困難。本方法又可分為以下各法：

(1) **本益比法**：本益比是每股盈餘相對於市價的比值，是市場中常被使用來預估公司股價的方法。使用本法係先利用適當的本益比乘以本企業之每股盈餘而估算本公司之整體市價，然後再減除淨有形資產之帳面價值，估算無形資產之價值。

(2) **資本資產評價模式（Capital Asset Pricing Model, CAPM）**：資本資產評價模式，係一種以公司股價報酬率與市場報酬率之風險連動係數（市場b），來推算預期公司股價報酬率，進而推算公司股票價值與公司整體價值的方法。推算預期公司股價報酬率的公式如下：

$E(Ri) = Rf + bi \times [E(Rm) - Rf]$

上式中，

E(Ri)：預期i公司之股價報酬率（Ri）

Rf：無風險利率

Rm：市場（大盤）報酬率

bi：i公司股價與市場報酬率之風險連動係數，亦即市場b。

當bi等於1時，i公司股價報酬率之變動與市場報酬率漲跌幅度完全相同；若bi等於−1，i公司股價報酬率之變化與市場報酬率漲跌幅度完全相反；若bi等於0，i公司股價報酬率之變化與市場報酬率之漲跌完全無關。

一家公司的資產中，部分為有形資產，部分為無形資產，則其無形資產的價值，可以用以CAPM估算出來的整體價值減除有形資產之價值而估得。

(3) **Tobin的Q係數法**：Tobin的Q係數＝公司的市場價值/資產重置成本

市場價值與重置成本即分別指該項無形資產的市場價值與重置成本；當評估者採市場餘額法時，評估者可用相近企業之Q值及本企業整體之重置成本來估計本企業之市場價值。

(4) **經濟價值增益模式：**所謂經濟價值增益（economic value added，EVA），係一種殘留收益（residual income）之計算方式。這種計算方式如下：

EVA＝稅後營業淨利−[加權平均之資金成本率×(總資產−流動負債)]

(5) **套利定價模式（APM）：**套利定價模式（Arbitrage Pricing Model, APM）認為影響公司股價報酬之因素，除了市場風險溢酬外，尚有其他因素。這些因素，有：公司規模、股權面值市值比、工業指數、違約風險、長短期公債收益率之差距及未預期通貨膨脹率等風險溢酬等。因此，套利定價模式（APM），得為下列公式：

E(Ri)＝Rf+(Rm−Rf)×bj1+r2×bj2+r3×bj3+⋯

上式中，

r2：公司規模溢酬

r3：股權面值市值比溢酬

r4：其他風險溢酬變數，未一一列明

應用APM來估計企業之價值，須估計各個變數之值及參數之值。因此應用APM來估計企業及其無形資產之價值尚有困難。

2. **現金流量折現法**：藉由預測企業未來的財務績效所產生之現金流量，及以反映資金成本的利率加以折現的總和即是該企業的合理價值。

$$V_0 = \frac{FCF_1}{WACC - g}$$

在1期之現金流入為FCF1；折現率為WACC；成長率為g

---

## 牛刀小試

(　　) **1** 有關企業評價，下列敘述何者錯誤？　(A)利用專業及科學的方法進行評價　(B)須經嚴謹的鑑定程序　(C)現代企業評價的觀念是以企業的資產價值與獲利能力預測來評價　(D)是影響併購價格高低的關鍵因素。

(　　) **2** 根據Tobin q的投資理論，投資的決策建構在資本市場價值與重置成本的關係上，在下列何條件下企業會願意投資？　(A)q>1　(B)q<1　(C)q=0　(D)q<0。

(　　) **3** 根據Tobin'q理論，下列敘述何者正確？　(A)q>0表示廠商可以擴大投資　(B)若建購資本市場的重置成本大於建購資本市場的市場價值時，則q<0　(C)q越大表示市場預期目前的投資未來將有可能較高的收益　(D)如果提高資本的邊際生產力，即會使投資下降。

---

### 解答與解析

**1 (C)**。現代企業評價的觀念係利用專業及科學的方法進行評價，須經嚴謹的鑑定程序，考慮的因素很多，不單只是以企業的資產價值與獲利能力預測來評價。

**2 (A)**。q>1：表示廠商可以擴廠投資。
q<1：表示廠商不可以擴廠投資。

**3 (C)**。q>1：表示廠商可以擴廠投資。
q越大表示市場預期目前的投資未來將有可能較高的收益。

# 第二節　產業發展理論 　中級必讀

## 一、鑽石模型理論

「鑽石模型」是由美國著名的管理學大師波特所提出的。它是用於分析一個國家的某一項產業為何會在國際上有較強的競爭力。波特認為，決定一個國家的某種產業之競爭力有以下幾個因素。所示：

**(一)生產要素：**
1. 包含人力資源、天然資源、知識資源、勞動力、交通及通訊等基本設施。
2. 研究發展之設備以及科技水準。

**(二)需求條件：**
1. 國際市場。
2. 國內市場。

**(三)廠商策略、結構以及同業競爭：**
1. 推進企業走向國際化競爭。
2. 若國內競爭太激烈，資源過度耗費反而會妨礙規模經濟的建立。
3. 成功的產業通常先經過國內市場的競爭，使其創新及改進。

**(四)相關和周邊產業：**優勢的產業通常不是單獨存在，而是與其相關的周圍體系皆很健全。

**(五)政府：**波特指出，從事產業競爭的是企業而非政府，政府不能決定企業應該發展哪些產業，政府只能提供企業所需的資源及環境。

**(六)機會：**機會它是可遇而不可求的，機會可以影響四大要素發生劇烈變化。波特他就指出，對企業發展而言，形成機會的可能情況大致會有下列幾種：基礎科技的發明與創造、傳統技術出現斷層、外部的因素導致生產成本突然拉高、金融市場或匯率起了重大變化、市場需求激增、政府頒布重大決策、國際上發生戰爭等。機會是雙向的，往往在新的競爭者獲得優勢的同時，原有競爭者的優勢有可能喪失，只有能快速滿足新需求的廠商才能有發展機遇。

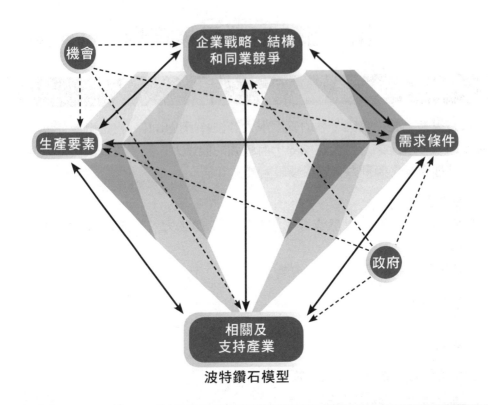

**波特鑽石模型**

## 二、產業群聚理論

產業群聚（industry cluster）理論發展，濫觴於聚集經濟理論。產業群聚就廣義而言，可視為一種聚集經濟現象，亦即某區域因具備廠商在生產上所需的要件，因而吸引廠商在空間上聚集的現象。至於產業群聚成員間的關係，產業群聚是由一群廠商彼此間在個別的效率與競爭力上具更密切的關係。而這些關係可由三個構面組成：

(一)**買商與供應商的關係**：即供給與需求的關係，此項群聚關係在早期文獻中是最常被使用的，包含了提供產品或服務給最終消費者的廠商、提供中間產品加工與原料供應的廠商與商品或服務的配送者間，因大批量的供需關係產生的成本節省之聚集經濟效益。

(二)**競爭者與合作者的關係**：此種關係主要發生在生產相同或相似產品的廠商間，因共享產業內產品、製程創新與市場機會的資訊而發生競爭。但也可

藉共同研究、結盟來發展新產品或擊敗其他競爭對手,其因競爭合作創新及廠商間之專業資訊暨維修取得之成本優勢,創造出的聚集經濟利益。

(三)**共享資源的關係**:當廠商集中於特定空間時,彼此依賴地方所提供的資源如基礎設施、交通運輸、污染處理、技術、人力或資訊共享等,產生的成本優勢與群聚經濟利益。

## 三、產業結構實力理論

(一)**產業上、中、下游的關係是否密切**:若上、中、下游的廠商關係越密切,則在分工的體系上就越能夠爭取到較高的附加價值。要檢視產業上下游的關聯,可以利用魚骨圖來分析產業的關係,而魚骨圖通常使用四種分析要素來探討,分別為人員(Man)、方法(Method)、材料(Materials)、設備(Machines),總稱為4M。

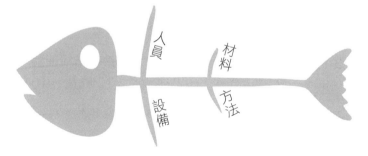

(二)**企業的規模大小、緊密程度及競爭力**:在企業中,若競爭越強烈就越能夠使企業內部提升自己的競爭力,否則不適者會被淘汰。

(三)**產品品質與市場接受度**:提升產品附加價值、品質,對於產業來說,是發展的重要之路。具有高度競爭力的產業一般皆會以上述兩項目標來努力。

(四)**產品商業化**:研發過程中設計出一個新的產品,目標就是把產品商業化。如此一來,能夠存活在競爭的環境中之機率也相對較高。

(五)**政府的相關政策**:政府的相關政策會影響產業的競爭力。

(六)**技術不斷突破以使產業升級**:唯有不斷的進步,才能夠使產業持續的經營下去。

(七)**產業整體環境**：產業要順利發展靠的是資金、技術以及人才，還包括產業外部環境。例如國家景氣是否維持持續成長或者處在蕭條的階段。

(八)**產業內競爭強度**：競爭力越大，就會越能夠激發產業在降低成本或創新上成長的動力，以達到產業持續發展。

---

## 牛刀小試

(　　) **1** 產業群聚效益，通常包括下列哪些工業生產特徵？　甲、規模經濟；乙、聚集經濟；丙、產業連鎖；丁、產品規格化；戊、生產標準化　(A)甲丙　(B)乙戊　(C)丙丁　(D)乙丙。

(　　) **2** 「產業群聚」的直接利益包括下列哪些項目：(甲)產業上、下游的資訊交流更密切；(乙)有助於企業的創新與學習；(丙)產業可共同分擔必要的生產成本；(丁)產業可因產量增加而降低生產成本　(A)乙丙丁　(B)甲丙丁　(C)甲乙丁　(D)甲乙丙。

(　　) **3** Porter策略大師提出的國家競爭力鑽石結構理論，下列何者為非？　(A)要素條件　(B)需求條件　(C)機運　(D)文化發展。

---

### 解答與解析

**1 (D)**。產業群聚效益，通常包括聚集經濟及產業連鎖之特徵。

**2 (D)**。「產業群聚」的直接利益包括：產業上、下游的資訊交流更密切；有助於企業的創新與學習；產業可共同分擔必要的生產成本。

**3 (D)**。波特的鑽石理論用於分析一個國家某種產業為什麼會在國際上有較強的競爭力。波特認為，決定一個國家的某種產業競爭力的有四個因素：
1.生產要素：包括人力資源、天然資源、知識資源、資本資源、基礎設施。
2.需求條件：主要是本國市場的需求。
3.相關產業和支援產業的表現：這些產業和相關上游產業是否有國際競爭力。
4.企業的戰略、結構、競爭對手的表現。

# 第三節　產業競爭力衡量指標 中級必讀

## 一、外顯指標

衡量一國產業競爭力的外顯指標涵蓋有：

(一)產值的大小，該產業的出口成長率。

(二)獲利率、生產力、附加價值。

(三)產業技術能力、技術指標。

(四)投資報酬率。

## 二、內涵指標

衡量一國產業競爭力的內涵指標涵蓋有：

(一)各廠總合因素。

(二)產業鏈之廠商關聯性。

(三)外在環境：而欲了解國家產業競爭環境的真實狀態，一般可以從以下五方面進行探討：

1. **產品的關聯性：**

   (1) 國家與國家之間存在著直接或間接的相關性。

   (2) 產業之間關聯性，範圍包含了設施、材料、技術、市場以及通路。

   (3) 關聯性高的產業彼此之間更容易增加其產品的生產線。

2. **產業的規模經濟：**

   (1) 透過計算讓單位購買成本下降。

   (2) 產品規格標準化。

   (3) 提升企業競爭力。

3. **產業將面對的問題：**

   (1) 資金上的需求。

   (2) 技術上的研發。

   (3) 投資規模的大小。

   (4) 在市場上是否有足夠的控制力。

   (5) 在專業領域是否能研發出專利。

4. **市場的控制力：**
   (1) **產業集中程度：** 產業集中是指生產過程中，企業規模擴大的過程，通常可以分為工業集中及產業集中兩大部分，是傳統產業競爭力的指標，但在現今國際競爭的大環境下，集中度高並不意味著競爭力高。
   (2) **產能利用率：** 利用率是實際產出除以設計產能。若要了解產業的程度不是看效率高低而是要看利用率的高低，利用率低，則代表供過於求。
   (3) **產品多樣化、差異化：** 如何能讓顧客對產品持續的喜好，就必須使產品內部標準化、外部差異化，讓顧客能夠有多樣的選擇。
   (4) **政府政策的輔助發展：** 政府是否訂定一個能夠使產業發展提升的相關規定，例如關稅等的相關措施。
   (5) **市占率的表現：** 顧客的人數越多，相對的該產業獨占力就越高。
   (6) **外銷的依賴程度。**
5. **對上游原料價格的控制力：**
   (1) **對於原料的重要程度：** 若原料對於該產業是非常重要的生產要素，那麼對於上游原料價格的掌握度相對就較低。
   (2) **原料差異程度：** 一個產業所需原料差異度與上游廠商控制度有些許關聯。若原料差異度高，相對的原料替代程度會較高，如此便不太可能被上游原料供應商控制住價格。
   (3) **原料對外需求程度：** 若一個產業對於進口的原料需求甚高，那麼此產業的原料控制力相對變低，原因在於進口的原料價格變動較大，以及供貨不穩定。
   (4) **產業集中程度：** 產業集中度越高的產業，就越能夠控制上游廠商原料的價格。
   (5) **政府產業政策：** 政府政策也有相當的關聯，若政府禁止某些原料進口，如此一來便會牽涉到市場的原料價格，對於需要該原料的廠商會相當不利。

## 牛刀小試

( )　**1** 下列哪一項指標為最能反映公司股東獲利性的財務指標？
　　　(A)負債比率　(B)每股淨值　(C)每股盈餘　(D)銷貨毛利率。

( )　**2** 資產週轉率可用來衡量：　(A)公司汰換其資產的速度　(B)公司資產由債權人提供的比例　(C)公司整體的資產報酬率　(D)公司資產的運用效率。

### 解答與解析

**1 (C)**。1.每股盈餘=(本期淨利−特別股股利) / 普通股加權流通在外平均股數
　　　2.指普通股每一股在某一期間所發生的淨利或淨損，最能反映公司股東獲利性的財務指標。

**2 (D)**。1.資產週轉率係用來衡量資產運用效率的分析，企業經營能否獲利與資產運用效率息息相關，常見資產運用效率之衡量指標為：

$$總資產週轉率＝\frac{銷貨收入淨額}{平均資產總額}$$

　　　2.綜上，資產週轉率可用來衡量公司資產的運用效率。

# 第四節　產業分析 中級必讀

## 一、產業分析的重要性概述

產業分析的目的在於對產業的結構、產業的市場與技術生命週期、競爭情勢、未來發展趨勢、產業的上下游與價值鏈、成本結構與附加價值分配、以及產業關鍵成功要素進行探討，而企業領導人可藉由產業分析的結果，研判本身與競爭者的實力消長，擬訂競爭策略。

## 二、產業分析步驟

產業分析步驟如下：

**(一)產業定義：** 包括產業廣義與狹義之定義。

**(二)市場區隔分析：** 將整個產業所涵蓋之市場作出不同的範圍，以利於後續分析。產業分析之市場區隔就是將產業中具有類似的、同質的產品群體加以區隔分類，以便針對某種產業進行聚焦分析，才不至於使分析範圍過度發散或混淆，致使分析結果無效。

**(三)全球產業結構分析：**

1. **產業結構分析：** 產業結構強烈地影響著業者之間的競賽規則，並決定廠商所能運用的策略手段。

2. **水平分工或垂直整合狀況：** 若上、中、下游的廠商關係越密切，則在分工的體系上就越能夠爭取到較高的附加價值。要檢視產業上下游的關聯。

3. **產業價值鏈：** 價值鏈（Value Chain）是由Michael Porter於1985年所提出的觀念。所謂價值鏈，是指企業創造有價值的產品或勞務以提供給顧客的一連串「價值活動（Value Activity）」，價值活動不僅為顧客創造價值（產品或勞務），並可為公司創造價值（利潤）。也就是價值鏈是由許多價值活動所構成，而企業在分析價值鏈的個別價值活動之後，就可以瞭解企業本身所掌握競爭優勢的潛在來源。價值鏈分析目的是為了降低成本和增進產品在顧客心目中的價值，因此，如何有效地分配利用與管制一個組織的有限資源與能力，以達到上述的目的就非常重要。
產業的生產流程基本上就是價值累積的流程，可以分割成許多不一樣的活動，靠這些活動的串連而形成產業價值鏈。由於產業內廠商的經營活動與作業內容不盡相同，因此在整個生產程序的附加價值流程也各有千秋。產業價值鏈可依研究者主觀認知的差異，而有粗分與細分兩種。一般粗略的劃分，產業可分為原料、加工、運輸、行銷等主要活動。但為了獲得更深入詳細的產業資訊，產業價值鏈可採取更細部的切割，這種切割方式隨著各個產業而有所不同。大致上，細分後的產業價值鏈，通常還包括研究發展、零組件製造、製程技術、品牌、廣告、推銷、售後

服務等。而有些產業可能將存貨、倉儲、訂單處理等活動，獨立出來成為產業價值鏈中重要的一環。產業價值鏈除了隨產業不同而各異外，本身也可能是策略創意的結果。有些企業，在傳統的產業價值鏈中，策略性地增加一兩種獨特的價值活動，因而形成策略上的競爭優勢。

**(四)產業特性分析：**

1. **產業特性分析：**包括產業發展支援要素、產業群聚情形、技術發展狀況。
2. **生命週期：**

　　(1) **產業週期性分析：**企業生命週期的概念是援引自行銷學及個體經濟學領域中的產品生命週期的概念，每個產品都會歷經幼稚（開始）期、成長期、成熟期及衰退期四個週期。而企業亦可依據這樣的邏輯，分屬於不同生命週期的階段。如下圖所示：

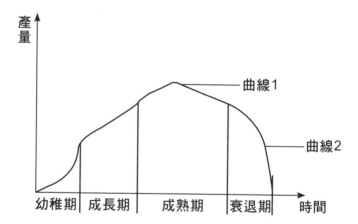

企業的生命周期曲線忽略了具體的產品型號、質量、規格等差異，僅僅從整個企業的角度考慮問題。企業生命周期可以從成熟期劃為成熟前期和成熟後期。在成熟前期，幾乎所有企業都具有類似S形的生長曲線，而在成熟後期則大致分為兩種類型：第一種類型是行業長期處於成熟期，從而形成穩定型的行業，如圖中右上方的曲線1；第二種類型是企業較快的進入衰退期，從而形成迅速衰退的行業，如圖中的曲線2。企業生命周期是一種定性的理論，企業生命周期曲線是一條近似的假設曲線。下面分別介紹生命周期各階段的特徵：

| A.<br>幼稚期 | 這一時期的市場增長率較高，需求增長較快，技術變動較大，行業中的用戶主要致力於開闢新用戶、占領市場，但此時技術上有很大的不確定性，在產品、市場、服務等策略上有很大的餘地，對行業特點、行業競爭狀況、用戶特點等方面的信息掌握不多，企業進入壁壘較低，其股票投資風險高。若能存活未來獲利也高，但大約只有三成公司能存活。 |
|---|---|
| B.<br>成長期 | 這一時期的市場增長率很高，需求高速增長，技術漸趨定型，行業特點、行業競爭狀況及用戶特點已比較明朗，企業進入壁壘提高，產品品種及競爭者數量增多，其股票投資收益高，風險低。 |
| C.<br>成熟期 | 這一時期的市場增長率不高，需求增長率不高，技術上已經成熟，行業特點、行業競爭狀況及用戶特點非常清楚和穩定，買方市場形成，行業盈利能力下降，新產品和產品的新用途開發更為困難，行業進入壁壘很高。 |
| D.<br>衰退期 | 這一時期的市場增長率下降，需求下降，產品品種及競爭者數目減少，其股票已沒有投資價值。從衰退的原因來看，可能有四種類型的衰退，它們分別是：<br>(A)資源型衰退，即由於生產所依賴的資源的枯竭所導致的衰退。<br>(B)效率型衰退，即由於效率低下的比較劣勢而引起的行業衰退。<br>(C)收入低彈性衰退。即因需求—收入彈性較低而衰退的行業。<br>(D)聚集過度性衰退。即因經濟過度聚集的弊端所引起的行業衰退。 |

(2) **產品生命週期：**

　　A.**產品生命週期概述：**產品生命週期（product life cycle），簡稱
PLC，描述的是一項新產品從一開始進入市場到最後離開市場的整
個過程。首次提出是在美國哈佛大學教授雷蒙德‧弗農（Raymond
Vernon）所提出，每一個產品都有生命週期（Product Life Cycle），
並可以區分為開發期、出生期、成長期、成熟期、衰退期等五個階
段；下圖說明各階段的市場規模、創新型態、與競爭型態。基本上
所謂產品生命週期的觀念類同人類的生命週期，「開發期」類似
「孕育期」，「出生期」類似「兒童期」，「成長期」類似「青年
期」，「成熟期」類似「壯年期」，「衰退期」類似「老年期」。
一般而言，「開發期」階段由於產品還未成形，也未在市場出現，
並未有任何市場銷售成績，在這一個階段，主要是從事技術創新與
產品開發，事實上這是整個產品生命週期間，創新活動最活躍的階
段。開發期時間的長短，要視產品性質而定，根本性創新的產品或
技術含量較高的科技產品，所需要的開發時間較長，失敗的風險也
相對較高。屬於市場需求驅動以及改良型的產品創新，開發時間較
短，風險也較低。出生期與成長期的區隔，主要在產品主導規格出
現的時間。因為在出生期階段，新產品較多的在進行市場機會測試
與產品功能改進的活動，這時的市場規模不大，產品型態也尚未定
型。一旦產生市場可以接受的最佳產品功能設計組合，可標準化的
產品規格就將出現，這時產品可以大規模的量產，而市場也會大幅
的擴增。

　　出生期階段的行銷重點在滿足特殊需求利基市場的需求，這一階段
時間的長短要視產品功能改進的能力，以及其與市場需求契合的程
度而定。如果新產品是屬於一種目標市場尚不明確的技術創新產
品，或新產品還要配合許多週邊服務才有能力取代現有產品市場，
那麼出生期的時間可能就會很長。事實上，有很大比例的新產品，
都在出生期就結束其短暫的生命，並未能進入新產品的成長期。因
此出生期的產品經營與管理工作，可能是產品經理人面臨的最重大
挑戰。

　　新產品進入成長期以後，市場銷售規模呈現快速增長，前期的投資也逐步獲得回收。由於這一階段的市場風險較小，市場對於產品功能需求也十分明確，因此加入這一階段市場競爭的廠商家數將會遽增，而決定市場占有率的關鍵因素在於產品的品質與價格。除非先進入市場的新產品開發者擁有產品技術上的獨占專利，否則將因為各方產能的大量擴充，市場很快的就會進入成熟期。

　　一般而言，先進入者在市場成長的初期可獲得豐厚的利潤，但以後的競爭就要看其製程創新的能力。製程能力強，產能規模大，具有品質與價格競爭力的廠商，將會是成長期市場的最後勝利者。進入成熟期的產品，市場規模已不再擴大，產品功能與製程形式均趨時穩定，這一階段競爭將在於各區隔市場的爭奪戰，因此經營上將特別重視行銷活動上的創新。在成熟期能夠存活的廠商，不是因為價格上具有競爭力，就是因為行銷通路綿密，顧客服務完善；因此價格與通路服務是競爭的關鍵要素。成熟期時間的長短，要視替代性產品是否出現而定。因此有的產品成熟期可以持續數十年，例如汽車、牙膏、鹽等。當成熟期的時間較長，競爭廠商就會推出許多不同式樣的新產品，進行替換促銷。就如同，汽車產品的成熟期雖然很長，但車商每年都會推出不同款式的新車，用來做舊產品的替換促銷。這種替換促銷的新產品，考慮價格與通路服務的因素，大多在外觀式樣求變化，而在功能與製程上與原有產品差異並不大，因此並不被視為一種產品取代的行為。

　　也有的時候，產品在成熟期時因技術或製程上的再突破，而使新產品又進入下一階段的成長期，市場規模進一步的擴大。例如玻璃這項產品，就曾因為製程的數次創新，而使在成熟期的市場再度產生成長的活力。不過這種波浪型的生命週期，終究還是會因技術進步達到極限，而終止成長的態勢。一旦另一種具有根本優勢的創新技術產品出現，原有產品就逐漸由成熟期邁入衰退期。至於衰退的速度與時間長短，就要視替代產品主導規格出現的時間而定。也有的時候，舊產品仍會長期生存於一定範圍的市場區隔，例如CD唱片與錄音磁帶同時共存於市場。

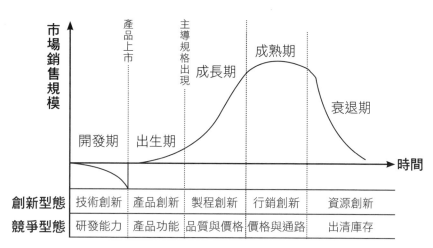

產品生命週期模型

B.產品生命週期階段的經營策略：

(A)**開發期階段**：開發期階段由於產品尚未上市，也未有具體的行銷活動，主要從事技術研發與新產品開發。開發期的經營策略在於如何縮短開發時程與開發費用，將具有市場潛力的新產品概念開發完成上市。這一階段的組織充斥著創業精神，極為重視創新的能力，以開發團隊為組織運作的中心，強調內部溝通，並不需要有正式的組織程序。

(B)**出生期階段**：出生階段主要從事的是產品創新，競爭基礎是產品功能。在出生期階段，由於市場需求尚不明確，因此如何定義市場需求，如何尋找適當的利基市場，就成為行銷部門的重要工作。出生期的產品種類與形式較多，每個式樣的單位產量均很低，企業主要透過產品的創新嘗試以及與用戶間的密切接觸，來不斷的提昇產品功能。所以在出生期的階段，研發部門與行銷部門將扮演重要角色，並且是一種顧客導向的產品創新模式。這一階段的顧客，主要是現有主流產品市場無法滿足的特定專用市場客戶，因此對於產品功能上的配合要求較多，這對於提昇出生期的新產品創新能力將十分有幫助。

在出生期階段，製造功能主要是一種配合性的角色，由於成本不是競爭的關鍵要素，因此只要一般工廠佈置，使用通用型設備與高技能的工人，即可滿足這一階段的需求。一般處於出生期企業的組織結構不需正式化，但是必須要具備很強的創新精神，因此運作彈性、快速反應、團隊協同合作、內部溝通、創業精神則是應有的組織特性。

在出生期階段，一些競爭廠商有時也會為儘速打開市場，而尋求策略聯盟。在高科技產業中最常看到的例子就是，競爭廠商間形成規格設定的聯盟（如DVD聯盟），或系統與周邊廠商共同發展整套產品（如多媒體影像電話工作聯盟）。但這種聯盟大多不能持久，在產品市場逐漸成形後，即會分崩離析。

(C) **成長期階段**：成長期階段由於主導規格出現，市場需求明確，競爭的型態由產品功能轉移到品質與價格，因此製程創新躍升成為創新舞臺的主角。這一階段的產品標準化建立，每一個式樣的生產規模均很大，因此如何建立強而有力的製造能力，能夠快速擴大產能，立即滿足市場需求，以優異的品質與競爭價格，在每一個市場區隔都獲得最大的占有率，將是這一階段的經營目標。

在成長期的製造目標設定，製造策略研擬，與製程能力發展要能相互呼應。製程創新成果將反應在品質提昇、成本降低、快速交貨，並能發展產品多樣化的彈性製造能力。研發部門除了繼續有關的產品創新，也要參與在製程創新與市場的技術服務工作。行銷部門則要扮演積極性的攻擊角色，將產品銷售到市場的每一個角落。

這一階段的企業為發揮整合作戰的效率，由產品經理與各功能部門主管以組織戰的方式，進行業務的推廣，並隨著生產規模日愈擴大，組織功能逐漸趨向正式化與專業化。總之，當企業面臨產品生命週期快速成長的階段，內部管理與生產運作的效率是最關鍵的競爭要素，而如何將組織由鬆散彈性的出生期轉變至整體效率的成長期，將是對經理人的一大考驗。

(D)**成熟期階段**：產品進入成熟階段的特徵是，採用高效率的製程與設備，大量生產標準化的產品，產品創新與製程創新的頻率大幅降低，競爭廠商陷入激烈的市場爭奪戰。這一階段的競爭，由於產品功能差異已不大，因此價格與行銷通路上的優勢，就躍升為關鍵的競爭要素。

處於產品成熟期的廠商，通常會採取行銷上的創新手段，包括提供區隔市場特殊的服務（例如提供會員制的服務），開發新型態的市場通路（例如代爾電腦開發直銷市場），滿足特殊顧客的需求（例如提供綠色電腦給重視環保的顧客群）。

成熟階段的價格優勢主要靠產能規模來創造，因此產能供過於求經常是這一階段產業共有的現象，而一些規模不足的廠商，往往經不起成熟期的競爭，而被淘汰出局。

這一階段組織所面臨的不確定因素很少，所以組織活動形成正規化與官僚化，追求穩定與程序化，是組織的共同目標。一般而言，成熟期的組織較少的研發部門的創新需求，研發的功能主要在支援生產與行銷上的技術服務。財務部門在這一階段，會逐漸躍升為企業經營上的重點業務，追求短期財務利益，成為企業評量績效主要的指標。

由於成熟期是企業轉型的最佳時刻，因此組織如何繼續維持早期的創業精神與重視創新的學習能力，將是這一階段關鍵的經營管理問題。

(E) **衰退期階段**：進入產品衰退期的企業，如何在產品市場完全消失以前出清庫存，就成為重要的競爭要素。在經營策略方面則強調如何將多年積累的組織資源做最佳的轉型配置，衰退期常見的資源創新形式，包括：轉移至新事業、轉移至海外、或與其他企業合併。

## (五)全球競爭情勢分析：

1. 產值、產品市場比率。　　　2. 市場產品的應用範疇。

3. 影響市場的主要因素。　　　4. 進入障礙與模仿障礙。

5. **市場競爭分析：**主要競爭者的成本結構與重要策略、產業發展中的基礎研究與應用研究、市場需求情況。

6. **產業既有競爭者分析。**　　　7. **產業潛在競爭者分析。**

8. **產業中領導廠商。**　　　　　9. **五力分析說明。**

## (六)產業結構與競爭分析：

1. **產值、歷史發展過程。**

2. **生命週期、技術。**

3. **現況與願景：**包括產業現況、市場現況、未來趨勢、願景。

4. **競爭優勢來源：**包括生產要素、市場層面、技術或研發、產業結構組成、基礎建設、行銷方式、通路、法令、相關扶植政策、企業定位、產品標準的制訂、企業營運管理能力、其他。

5. **產業領先條件：**包括在國家面、產業面與企業面的領先重點，並涵蓋產業在資源、機制、市場、技術方面的競爭條件之分析說明。一個獨特且持久的優勢必須具備三個特性：必須擁有產業所有的競爭優勢；必須與競爭者有顯著不同的競爭優勢；必須能因應環境變動及抵抗競爭者的行動。Porter認為競爭優勢的來源有二，分別為低的生產成本與產品差異化。因此基於競爭優勢的來源及市場範圍的選擇，他提出了三種一般性競爭策略，用來超越其競爭的對手。一般性競爭策略分別為，成本領導策略、差異化策略及集中化策略，以下分別說明其競爭優勢的來源。

(1) **成本領導策略：**成本領導策略是以產品的某些重要部份或價值活動的成本優勢為基礎而達成的。因成本較低，相對地其價格也較競爭對手為低，使市場占有率和銷售量增加，而產生更多的利潤；即使價格與競爭對手相當，也可因其成本較低，而有較高的獲利力產生更多的利潤。

(2) **差異化策略：**差異化策略是企業所提供的產品或服務與競爭對手所提供的有差異，而這種差異可為顧客帶來價值，如增進其產品或服務的績效、品質、可靠性與方便性等等。差異化策略的結果，通常是使消費者對價格的敏感度降低，因此產品的價格可在此一基礎上獲利形成和競爭對手的差異。採取差異化策略的企業除可賺取超過產業平均值以上的報酬外，亦可建立可防禦的地位來應付其他企業競爭的力量。但低成本和差異化策略的基礎往往是不相容的，例如壓低生產成本或

減少固定費用可能會導致產品或服務的品質降低等等。所以企業必須分析檢討哪些基礎對達成它的策略方向較重要、實行的成本與成功的可能性，以作為取捨的依據。

(3) **集中化策略**：集中化策略意指專注於一特別的購買團體、產品線或地理市場區隔，來採行所謂成本領導或差異化策略。採行此策略的企業，可將資源集中在範圍較小的顧客、產品或區域，擬定更適合這些顧客需求的策略，因此很容易在其專攻的領域內取得競爭優勢。這對資源有限的企業或市場知名度較不足的企業是非常有效的策略。當然這個策略仍需低成本和差異化策略的支持，才能有效，因此又可分為「低成本集中策略」和「差異化集中策略」兩類。

企業想要成功地和競爭者長期在市場上競爭，必須藉著重要的技能與資產來擬定策略以保持競爭優勢，這種優勢稱為「可支撐競爭優勢」，這些技能與資產稱為可支撐競爭優勢的根源。策略技能是在策略上非常重要，且企業也做的特別好的價值活動，如庫存管理、促銷活動；策略資產則是與競爭對手相比，企業居於優勢的重要資源，如品牌和穩定的顧客基礎。策略的發展一定要考慮策略技能與資產的成本與可行性。

6. **SWOT分析**：分析產業目前與未來發展所具有之優勢、劣勢、威脅與機會，以掌握產業競爭優勢，並探討後續發展方向。波特認為影響產業競爭態勢的因素有五項，分別是「新加入者的威脅」、「替代性產品或勞務的威脅」、「購買者的議價力量」、「供應商的議價能力」、「現有廠商的競爭強度」。透過這五項分析可以幫瞭解產業競爭強度與獲利能力。透過這五方面的分析，可得知產業的競爭強度與獲利潛力，且經由這五力的結合力量，將可決定產業最後的利潤率，即為長期投資報酬率。所謂的五項競爭力量是：

(1) **加入者的威脅**：如果進入某一產業的威脅不大，而利潤夠吸引人，新的廠商便會加入，如果產品的需求並未因應新加入者所導致的產能增加，則價格與利潤就可能會下降。因此新加入者的威脅會替產業的獲利率設立上、下限。

(2) **替代性產品的威脅**：替代品之所以造成威脅，乃是因該替代產品能滿足產業中所生產之產品相同的需求。而此作用力的大小主要是顧客對

產品有替代的慾望，即能否輕易轉換替代品，也就是由一種產品轉成另一產品所要面臨的成本。

(3) **購買者的議價力量**：顧客能藉由挑選及比較，來迫使企業壓低價格、提供較高的品質或更好的服務，因而使企業的利潤降低。顧客的相對議價能力愈強，則企業的獲利愈低。

(4) **供應商的議價能力**：供應商能夠提高供應價格或減少其產品與服務的品質，而造成企業利潤降低。供應商的議價能力愈強，則企業的獲利相對地愈低。當供應商的銷售對象很多及替代品不易取得，其議價能力相對較高。

(5) **現有廠商的競爭強度**：現有競爭者間的競爭激烈程度將會決定產品或服務的價格與企業的經營成本。如果競爭者的同質產品價格較低，顧客就不太可能接受企業較高價格的產品，且競爭愈烈，所需的廣告與促銷的開銷也會愈高。

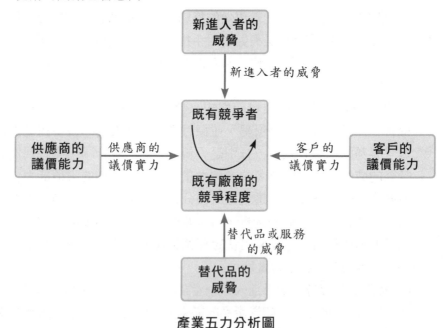

**產業五力分析圖**

7. **創新需求要素與產業組合分析**：競爭必要條件的確認、發展更好的優惠措施、產業創新需求要素、技術與市場發展的配合、技術與產品發展的配合、技術與企業發展的配合。

**(七)結論**：進行歸納性之綜合整理。

## 牛刀小試

( ) **1** 下列何者不屬於五力分析的五種力量？ (A)供應商的談判力 (B)購買者的談判力 (C)互補品的影響力 (D)潛在新進入者。

( ) **2** 綜合組織的優點、弱點、機會與威脅是下列那一種分析架構？ (A)五力分析 (B)SWOT (C)BCG矩陣分析 (D)GE分析。

( ) **3** 若以Michael Porter的五力分析（five-force analysis）為主體來探討產業結構（structure）對競爭壓力的影響，在下列哪一項情況，上游供應商有較大議價優勢？ (A)供應商所處產業的市場集中度低 (B)轉換成本低 (C)供應商僅具有向上整合的能力 (D)供應商所供應的產品具有獨特性。

( ) **4** 依產品生命週期階段，行銷目標以追求最大利潤保持市場占有率，獲利高的階段是： (A)成長期 (B)成熟期 (C)導入期 (D)衰退期。

( ) **5** 為使利潤極大化，並保護市場占有率，在以下那一個產品生命週期階段需採行品牌和型式多樣化、迎戰或勝過競爭者的定價、建立更密集的分配通路、強調產品差異和利益的廣告及增加促銷等行銷策略？ (A)導入期 (B)成長期 (C)成熟期 (D)衰退期。

---

### 解答與解析

**1 (C)**。五力分析的五種力量：
　　1.消費者的議價能力。
　　2.供應商的議價能力。
　　3.潛在進入者的威脅。
　　4.替代品的威脅。
　　5.現有競爭者的威脅。

**2 (B)**。綜合組織的優點、弱點、機會與威脅是SWOT分析架構。

**3 (D)**。Michael Porter的五力分析（five-force analysis）為主體來探討產業結構（structure）對競爭壓力的影響，在供應商所供應的產品具有獨特性的情況下，上游供應商有較大議價優勢。

**4 (B)**。依產品生命週期階段，行銷目標以追求最大利潤保持市場占有率，獲利高的階段是成熟期。

**5 (C)**。為使利潤極大化，並保護市場占有率，在成熟期階段需採行品牌和型式多樣化、迎戰或勝過競爭者的定價、建立更密集的分配通路、強調產品差異和利益的廣告及增加促銷等行銷策略。

# 精選試題

( )　**1** 產業分析模式要分析外在因素、需求分析、供給分析、獲利分析和國際競爭和國際市場等五類因素。下列何者重要性最低？　(A)外在因素　(B)需求分析　(C)供給分析　(D)產業競爭分析。

( )　**2** 以景氣循環作為產業分類，產業可區分為三大類，下列項目何者不是其中產業分類的類別之一？　(A)成長型產業　(B)隨循環型產業　(C)資產型產業　(D)抗循環型產業。

( )　**3** 在產業生命週期四個階段中，具有產品已有相當被接受度，轉虧為盈，預期在短期內有大量的現金流入，投資收益高，風險相對較小特性的階段是下列何者？　(A)草創型　(B)成長型　(C)成熟型　(D)衰退型。

( )　**4** 以財務比率評估，一旦偏離正常情形，必須採取之分析為何？　(A)與產業在同一年度數值作比較　(B)與本身過去歷史數值作比較　(C)與產業之平均比率及歷史比率相比較　(D)與整體市場之同一比率在同一年度作比較。

（　）　**5** 由下往上（Bottom-Up Approach）的投資分析標準程序，係依一定判斷指標，比較所有股票的業績及其市價，下列敘述何者錯誤？(A)公司是否處於獲利情況　(B)銷售量是否持續成長　(C)市價／帳面價值比是否低於兩倍　(D)資本市場分析。

（　）　**6** 下列何者屬於成熟型產業，較不受景氣循環影響？　(A)食品飲料業　(B)工具機業　(C)資訊業　(D)塑化業。

（　）　**7** 在股票投資領域中，下列何者不屬於總體經濟分析？　(A)景氣對策信號　(B)經濟成長率　(C)產業週期　(D)利率。

（　）　**8** 下列何者是屬於抗循環型產業？　(A)資訊業　(B)軟體業　(C)食品業　(D)汽車業。

（　）　**9** 股票的「本益比（price-earnings ratio, P/E）」是指：　(A)股價÷營業淨利　(B)股價÷稅前淨利　(C)股價÷每股盈餘　(D)股價÷總稅後純益。

（　）**10** 某股80元時P/E＝20，則當股價上漲至100元時（假設獲利不變）則P/E＝？　(A)20　(B)25　(C)30　(D)40。

（　）**11** 某公司股價50元，明年發放股利1.5元，預期固定股利成長率8.0%，每股盈餘3元，股東要求年報酬率為11.0%，則本益比應為何？(A)13.7　(B)14.7　(C)15.7　(D)16.7。

（　）**12** 實務上將現金股利折現法（Gordon模型）與本益比（PER）相結合，若今年度現金股利為1.20元，折現率為10%，現金股利成長率為5%，預期每股盈餘為1.26元，則其理論本益比（PER）為多少倍？　(A)17倍　(B)18倍　(C)19倍　(D)20倍。

（　）**13** 依據損益表、資產負債表與現金流量表之各科目加以交錯運算之比率數字，下列何者是股價評價之重要變數？　(A)流動比率　(B)活動比率　(C)償信比率　(D)成長比率。

(　　) **14** B公司今年度每股現金股利5元，且股利成長率為4%，乙股東要求之股票報酬率為12%，預期每股盈餘2.5元，依現金股利折現模式計算，其本益比應為何？　(A)16倍　(B)21倍　(C)20倍　(D)26倍。

(　　) **15** 某上市公司淨值為8,820,000元，在外流通股數為1,000,000股，且股價淨值比為15，請問買進股票之合理價格應為多少？　(A)132.3元　(B)140元　(C)130元　(D)142.5元。

(　　) **16** 假設其他因素固定不變，下列何項會降低股票之本益比？　(A)股利率下降　(B)股票的β值下降　(C)利率下降　(D)市場的風險溢酬下降。　　　　　　　　　　　　　　　　　　　（第21屆理財人員）

(　　) **17** 乙公司X3年淨利為$1,088,000，並發放特別股股利$408,000、普通股股利$503,200。普通股加權平均流通在外股數為272,000股。若普通股本益比為14，則普通股每股市價為多少？　(A)$25.9　(B)$30.1　(C)$35　(D)$56。

(　　) **18** 當股價不變，如企業的純益越高，則其本益比：　(A)高科技產業應越低，傳統產業應越高　(B)負債較高之企業應越低，負債較低之企業應越高　(C)越高　(D)越低。

(　　) **19** 已知公司股價每股$52，每股股利$3，每股帳面金額$42，每股盈餘$4，請問公司的本益比為何？　(A)10.5倍　(B)12倍　(C)13倍　(D)14倍。

(　　) **20** 設西螺公司本年度每股盈餘為$5，每股分配股利$3，而本年底每股帳面價值為$36，每股市價為$45，則該公司股票之本益比為多少？　(A)7.2倍　(B)9倍　(C)12倍　(D)15倍。

(　　) **21** 屏東公司102年每股盈餘為$4，每股可配股利$2，每股帳面價值為$40，每股市價為$48，則股票之本益比為何？　(A)10倍　(B)12倍　(C)20倍　(D)24倍。

(　　) **22** 某股票的預期報酬率為23%，市場組合（market portfolio）的預期報酬率為20%，該股票的β係數為1.2，在CAPM方法下，無風險利率為下列何者？　(A)2%　(B)3%　(C)4%　(D)5%。

( ) **23** 在兩因素之套利訂價模型（APT）中，若無風險利率為5%，且影響A股票報酬之第一因素與第二因素風險溢酬分別為2%及4%，當A股票之預期報酬率為10%、影響A股票報酬之第二因素Beta值為1情況下，則影響A股票報酬之第一因素Beta值為下列何者？　(A)0.4　(B)0.45　(C)0.5　(D)0.55。

( ) **24** 某公司股價50元，明年發放股利1.5元，預期固定股利成長率8.0%，每股盈餘3元，股東要求年報酬率為11.0%，則本益比應為何？　(A)13.7　(B)14.7　(C)15.7　(D)16.7。　　　（第29屆理財人員）

( ) **25** 在波特（Porter）的五力分析中，當出現以下何種情況時，上游的供應商對下游的購買者會有比較低的議價優勢？　(A)供應商所處產業，市場集中程度低　(B)供應商所供應的產品具有獨特性，亦即差異化程度很高　(C)該購買者並非是供應商的重要客戶　(D)供應商具有向下游整合的能力。

( ) **26** 在產品生命週期階段中，下列何者是屬於成長期的主要顧客？　(A)落後者　(B)晚期大眾　(C)早期採用者　(D)創新者。

( ) **27** 廣告目標隨不同產品生命週期階段而有別，強調品牌優越性與建立消費者偏好，是屬於下列哪一階段廣告重點？　(A)導入期　(B)成長期　(C)成熟期　(D)衰退期。

( ) **28** 在產品生命週期階段中，下列哪一個生命週期階段具有銷售呈現下降趨勢且收益減少的特徵？　(A)上市期　(B)成長期　(C)成熟期　(D)衰退期。

( ) **29** 三年前儲存資料的隨身碟，容量128M為1300元，256M為2500元，512M為3600元，三年後512M為1200元，256M則降至950元，128M只有600元，甚至廠商不願意再生產128M容量產品。試問這種現象可以用何種概念解釋？　(A)產品生命週期　(B)生產區位分散　(C)去標準化生產　(D)行銷首重人口。

( ) **30** 企業處在產品生命週期的下列那一階段時，對於爭取高市場占有率或追求當期高利潤兩者，是相當難以取捨的問題？　(A)導入期　(B)成長期　(C)成熟期　(D)衰退期。

（　　）**31** 產業分析是一種：　(A)基本分析　(B)技術分析　(C)企業財務報表分析　(D)預測大盤走勢分析。

（　　）**32** 麥可波特（Michael Porter）指出產業分析中的五種競爭力不包括以下何者？　(A)進入障礙　(B)競爭者威脅　(C)替代品威脅　(D)員工抗爭威脅。

（　　）**33** 根據Tobin q理論，下列敘述何者正確？　(A)Tobin q=(建構資本市場的重置成本)/(建購資本市場的市場價值)　(B)Tobin q=(建構資本市場的重置成本）/(建購資本市場的票面價值)　(C)Tobin q與資本邊際生產力、利率、折舊率有關　(D)根據Tobin q理論可知，如果政府採投資抵減，會抑制民間的投資。

（　　）**34** 資本資產評估模式評價證券報酬率所依據的風險因素為何？　(A)可分散性風險　(B)非系統性風險　(C)財務會計風險　(D)系統性風險。

（　　）**35** 資本資產訂價模型（CAPM）認為貝它（Beta）係數為1證券的預期報酬率應為：　(A)市場報酬率　(B)零報酬率　(C)負的報酬率　(D)無風險報酬率。

（　　）**36** 採用現金流量折現法評估資本支出時，若不考慮所得稅，下列何者不需考慮？　(A)機器購置成本　(B)計畫執行期間之營運現金支出　(C)計畫結束時所收回的營運資金　(D)財務報表中所列示的折舊費用。

（　　）**37** 策略大師波特（Porter）以五力分析來分析企業所面臨的競爭力量，下列何者不是此五個力量之一？　(A)顧客　(B)股東　(C)供應商　(D)現存競爭者。

（　　）**38** 綜合組織的優點、弱點、機會與威脅是下列那一種分析架構？　(A)五力分析　(B)SWOT　(C)BCG矩陣分析　(D)GE分析。

（　　）**39** 企業診斷主要透過瞭解「企業在各項營運活動中是否積極或被動」與「管理人員的領導激勵措施成效是否靈活卓著」的方式進行，此

乃係企業綜合診斷的五力分析中的： (A)收益力診斷 (B)安定力診斷 (C)成長力診斷 (D)活動力診斷。

( ) **40** 哈佛商學院教授麥可·波特提出： (A)星座分析 (B)五力分析 (C)優劣勢分析 (D)SWOT分析。

( ) **41** 學者波特（Michael Porter）的五力分析，其五力是指來自下列哪五種對象之動力或競爭？ (A)現有競爭者、潛在加入者、顧客、通路成員與協力廠商 (B)購買力、議價能力、競爭力、整合力與行銷力 (C)現有競爭者、潛在加入者、顧客、供應商與替代品生產者 (D)議價能力、競爭能力、分析能力、整合能力與核心能力。

( ) **42** 根據產業生命週期活動，成長期時企業最應採取目標為何？ (A)採用低成本策略以控制產品成本 (B)防堵潛在競爭者的加入 (C)打擊直接競爭對手 (D)爭取大幅度的市占率。

( ) **43** 當產品開始贏得顧客而大量湧入市場時，我們稱為這時候已進入產業生命週期中的哪個階段呢？ (A)誕生期 (B)成長期 (C)成熟期 (D)震盪期。

( ) **44** 在產業生命週期中，成長速度開始減緩的是： (A)初生期 (B)成長期 (C)成熟期 (D)衰退期。

( ) **45** 產業生命週期將產業的發展分為五個階段，請依產業發展的階段順序，哪一個是正確？ 甲：產業消退；乙：成長產業；丙：衰退產業；丁：成熟產業；戊：胚胎產業 (A)戊甲乙丁丙 (B)戊乙丁甲丙 (C)戊丁乙甲丙 (D)戊乙甲丁丙。

( ) **46** 根據產品生命週期（product life cycle）模式，當某一產品進入成熟階段（maturity stage），該產品： (A)市場結構為寡占 (B)主要在已開發國家生產 (C)生產技術由少數廠商獨占 (D)以大量生產為主。

( ) **47** 依據產業生命週期循環，投資處於草創階段產業的公司股票，屬於哪類投資？ (A)高風險高報酬 (B)高風險低報酬 (C)低風險高報酬 (D)低風險低報酬。

（　）**48** 依據產業生命週期循環，投資屬於成熟階段產業的公司股票，屬於哪類投資？　(A)高風險高報酬　(B)低風險高報酬　(C)低風險低報酬　(D)高風險低報酬。

（　）**49** 在「資本資產評價模式（CAPM）」中，「資本市場線（Capital Market Line）」是用來表示何種關係？　(A)某證券變異數與市場投資組合變異數　(B)證券期望報酬率與系統風險　(C)某證券超額報酬率與市場投資組合超額報酬率　(D)效率投資組合的預期報酬率與風險。

（　）**50** 資本資產評估模式評價證券報酬率所依據的風險因素為何？　(A)可分散性風險　(B)非系統性風險　(C)財務會計風險　(D)系統性風險。

（　）**51** 資本資產定價理論是描述哪二者之間的關係？　(A)利率─期望報酬率　(B)風險─期望報酬率　(C)利率─價格　(D)貝它─風險。

（　）**52** 套利定價理論（Arbitrage Pricing Theory）是由何人所提出？　(A)L. Fisher　(B)H. Markowitz　(C)S. Ross　(D)W. Sharpe。

（　）**53** 有關套利定價理論（APT）之敘述何者正確？　(A)屬單因子模型　(B)屬多因子模型　(C)預期報酬僅只會受市場報酬率影響　(D)在市場達成均衡時，個別證券報酬率等於無風險報酬率。

（　）**54** 在套利定價理論（APT）中，證券期望報酬率之決定因素，下列敘述何者正確？　(A)僅決定於市場投資組合報酬率　(B)僅決定於市場投資組合報酬率與GDP　(C)僅決定於市場投資組合報酬率、GDP與CPI　(D)APT並無法明確定義各種決定因素。

（　）**55** 何項財務比率較適合用以衡量企業來自營業活動的資金是否足以支應資產的汰舊換新及營運成長的需要？　(A)現金比率　(B)現金再投資比率　(C)每股現金流量　(D)現金流量比率。

（　）**56** 下列有關折現現金流量法之敘述何者正確？　(A)考量期初價值折現　(B)以收益資本化率折現　(C)考量各期總收益之折現　(D)得適用於以併購為目的之無形資產評估。

( ) **57** 在做固定資產投資決策時,只評估現金流量,未考慮貨幣時間價值的方法是: (A)回收期限法 (B)折現後回收法 (C)淨現值法 (D)內部報酬率法。

( ) **58** 為使利潤極大化,並保護市場占有率,在以下哪一個產品生命週期階段需採行品牌和型式多樣化、迎戰或勝過競爭者的定價、建立更密集的分配通路、強調產品差異和利益的廣告及增加促銷等行銷策略? (A)導入期 (B)成長期 (C)成熟期 (D)衰退期。

( ) **59** 廣告目標隨不同產品生命週期階段而有別,強調品牌優越性與建立消費者偏好,是屬於下列哪一階段廣告重點? (A)導入期 (B)成長期 (C)成熟期 (D)衰退期。

( ) **60** 在產品生命週期階段中,下列哪一個生命週期階段具有銷售呈現下降趨勢且收益減少的特徵? (A)上市期 (B)成長期 (C)成熟期 (D)衰退期。

( ) **61** 產品生命週期包含了哪四個階段: (A)繁盛期、衰退期、蕭條期、復甦期 (B)初生期、成長期、成熟期、衰退期 (C)初生期、復甦期、成熟期、衰退期 (D)繁盛期、成長期、成熟期、衰退期。

( ) **62** 自由現金流量(Free Cash Flow)的定義為: (A)收入+費用+投資 (B)收入+費用-投資 (C)收入-費用-投資 (D)收入-費用+投資。

( ) **63** 股票評價法的自由現金流量折現法(discounted free cash flow method),其中自由現金流量是指:(最接近之定義) (A)現金加現金約當量 (B)稅後淨利加折舊攤提 (C)營運活動之現金 (D)營運活動之現金扣掉資本支出。

( ) **64** 麥可波特(Michael E. Porter)提出價值鏈的觀點,並將企業的價值活動分為主要活動與支援活動。下列何者屬於支援活動? (A)生產製造 (B)銷售活動 (C)技術開發 (D)出貨後勤。

（　　）**65** 下列何者不是SWOT分析的元素之一：　(A)優勢（Strengths）　(B)劣勢（Weaknesses）　(C)機會（Opportunities）　(D)趨勢（Trends）。

（　　）**66** 以產業的分級而言，下列何者不屬於初級產業：　(A)農　(B)礦　(C)機械　(D)牧。

（　　）**67** 在波特（Michael Porter）教授的產業競爭分析架構中，和企業站在既競爭又合作的立場的是：　(A)供應商　(B)替代品　(C)潛在進入者　(D)產業現有競爭者。

（　　）**68** 在波特的價值鏈模式中，價值創造的活動可分為主要活動與支援活動，請問下列何者不屬於主要活動？　(A)生產作業　(B)行銷　(C)採購　(D)內向後勤。

（　　）**69** Porter在「國家競爭力優勢」一書中提出何種理論，解釋國家競爭力之因素與重要性？　(A)三E理論　(B)鑽石理論　(C)系統理論　(D)領導理論。

（　　）**70** Michael E. Porter所提出的國家競爭優勢模型中，所謂「臺灣地處亞熱帶，陽光充足、溼度高，適合各類蘭花生長，自來即有「蘭花王國」的美譽，每年蘭花外銷數量高達千萬株。」是指臺灣蘭花產業的國際競爭力來自下列哪一種原因？　(A)要素條件優勢　(B)需求條件優勢　(C)企業資源優勢　(D)相關支持產業的優勢。

---

### 解答與解析

**1 (C)**。產業分析模式要分析外在因素、需求分析、供給分析、獲利分析和國際競爭和國際市場等五類因素，其中供給分析因為企業競爭全球化的影響下，通常一個產業的供給商都不太具有議價能力，故其重要性最低。

**2 (C)**。以景氣循環作為產業分類，產業可區分為成長型產業、隨循環型產業、抗循環型產業三大類。

**3 (B)**。成長期階段由於主導規格出現，市場需求明確，競爭的型態由產品功能轉移到品質與價格，因此製程創新躍升成為創新舞臺的主角。這一階段的產品標準化建立，

每一個式樣的生產規模均很大，因此如何建立強而有力的製造能力，能夠快速擴大產能，立即滿足市場需求，具投資收益高，風險相對較小特性。

**4 (C)**。以財務比率評估，一旦偏離正常情形，則不能以本身與以往歷史比率作比較了，必須採取較客觀的與產業之平均比率及歷史比率相比較。

**5 (D)**。資本市場去分析屬於由上而下的分析。

**6 (A)**。食品飲料業屬於民生用品的成熟型產業，較不受景氣循環影響。

**7 (C)**。產業週期屬於個體經濟分析。

**8 (C)**。抗循環型：較不受經濟景氣的好壞影響，獲利相當穩定。如：食品業、水電業。

**9 (C)**。股票的「本益比（price-earnings ratio, P/E）」是指股價÷每股盈餘。本益比（P/E）可說是股票投資實務上最常被使用的一種評價方式，代表公司的獲利能力與股價有一定關係。這個乘數在不同時間點可能會有不同，如產業發生變化或整體經濟景氣變化等，都可能影響本益比，但大體上同業的本益比會相近。不過，公司的經理人有很大的空間可以操控盈餘，因此本益比的使用必須特別注重公司的盈餘品質。另外本益比也沒有考慮到公司未來的獲利情形，使用時要很小心。

**10 (B)**。$80/EPS=20$　$EPS=4$
$100/4=25$

**11 (D)**。本益比＝股價/每股盈餘＝$50/3$＝16.7

**12 (D)**。市價＝$1.20\times(1+5\%)/(10\%-5\%)=25.2$
本益比（PER）＝$25.2/1.26=20$（倍）

**13 (D)**。成長比率是一家公司營運的重要資料，故其為股價評價之重要變數。

**14 (D)**。$P=5\times1.04/(12\%-4\%)=65$，本益比＝$65/2.5=26$（倍）。

**15 (A)**。$8,820,000/1,000,000\times15$＝132.3（元）。

**16 (A)**。本益比是股價及每股盈餘的比率，假設其他因素固定不變，股利率下降，會使股價下降，會降低股票之本益比。

**17 (C)**。每股盈餘
$$=\frac{(1,088,000-408,000)}{272,000}=2.5$$
本益比$=\frac{每股市價}{每股盈餘}=\frac{每股市價}{2.5}=14$
每股市價＝35

**18 (D)**。本益比$=\frac{每股股價}{每股盈餘}$
故當股價不變，即分子不變的情況下，如企業的純益越高，代表每股盈餘越高，故分母越高，則其本益比越低。

**19 (C)**。1.本益比$=\frac{每股市價}{每股盈餘}$
$$=\frac{52}{4}=13（倍）$$

2.本益比衡量投資人對該企業每一元的盈餘需要以多少價格支付才能取得。代表投資人對該股票投資報酬的預期。本益比愈高，表示股東要求的投資報酬率愈低。

**20 (B)**。本益比＝$\dfrac{每股市價}{每股盈餘}=\dfrac{45}{5}=9(倍)$

**21 (B)**。本益比＝$\dfrac{每股市價}{每股盈餘}=\dfrac{48}{4}=12(倍)$

**22 (D)**。無風險利率＋$1.2\times(20\%-$無風險利率$)=23\%$
無風險利率$=5\%$

**23 (C)**。$5\%+2\%\times$第一因素Beta值$+4\%\times1=10\%$
第一因素Beta值$=0.5$

**24 (D)**。本益比＝股價/每股盈餘$=50/3$$=16.7$

**25 (A)**。供應商所處產業，市場集中程度低→市場上購買者眾多，每個人購買量小，購買者議價能力小。

**26 (C)**。在產品生命週期階段中，早期採用者是屬於成長期的主要顧客。

**27 (B)**。成長期階段由於主導規格出現，市場需求明確，競爭的型態由產品功能轉移到品質與價格，因此廣告強調品牌優越性與建立消費者偏好，是屬於成長期階段廣告重點。

**28 (D)**。進入產品衰退期的企業，如何在產品市場完全消失以前出清庫存，成為重要的競爭要素，衰退期階段具有銷售呈現下降趨勢且收益減少的特徵。

**29 (A)**。產品生命週期（product life cycle），簡稱PLC，描述的是一項新產品從一開始進入市場到最後離開市場的整個過程。三年前儲存資料的隨身碟，容量128M為1300元，256M為2500元，512M為3600元，三年後512M為1200元，256M則降至950元，128M只有600元，甚至廠商不願意再生產128M容量產品，即是因為這個產品產品已經進入衰退期。

**30 (B)**。成長期階段由於主導規格出現，市場需求明確，競爭的型態由產品功能轉移到品質與價格，每一個式樣的生產規模均很大，因此如何建立強而有力的製造能力，能夠快速擴大產能，立即滿足市場需求，是最大的議題，但成長期時對於爭取高市場占有率或追求當期高利潤兩者，是相當難以取捨的問題。

**31 (A)**。產業分析是一種基本分析。

**32 (D)**。產業分析的目的主要在於對產業的結構、產業的市場與技術生命週期等的分析，屬於一種基本分析。

**33 (C)**。q＝建購資本市場的市場價值／建構資本市場的重置成本。
Tobin q與資本邊際生產力、利率、折舊率有關。

**34 (D)**。資本資產評估模式：
$E(Ri)=Rf+\beta i\times[E(Rm)-Rf]$
資本資產評估模式考慮系統風險$\beta$，這是由於非系統風險可經由多角化投資加以分散，故只有系統風險時，才可要求風險溢酬。

**35 (A)**。資本資產評估模式：
$E(Ri)=Rf+βi×[E(Rm)-Rf]$
資本資產訂價模型（CAPM）認為貝它（Beta）係數為1證券的預期報酬率應為市場報酬率。

**36 (D)**。採用現金流量折現法評估資本支出時，若不考慮所得稅，則不需考慮財務報表中所列示的折舊費用。在採用現金流量折現法評估資本支出時，需考慮折舊費用的省稅效果。

**37 (B)**。策略大師波特（Porter）以五力分析：
1.消費者的議價能力。
2.供應商的議價能力。
3.潛在進入者的威脅。
4.替代品的威脅。
5.現有競爭者的威脅。

**38 (B)**。SWOT分析法又稱為態勢分析法，四個英文字母分別代表：
優勢（Strength）、劣勢（Weakness）、機會（Opportunity）、威脅（Threat）。

**39 (D)**。企業活動能力又稱資產運用效率，指企業是否充分利用其現有資產的能力。活動力分析的目的就在於測試企業經營的效率。如果企業經營效率高，資產達到充分利用，那麼只要商品銷售利潤率稍微提高一點，就可使資產報酬率大幅提高。活動力分析主要衡量平均總資產的運用效率以及現金、應收賬款、存貨、流動資產、營運資金、固定資產等運用效率。

**40 (B)**。哈佛商學院教授麥可‧波特提出五力分析：
1.消費者的議價能力。
2.供應商的議價能力。
3.潛在進入者的威脅。
4.替代品的威脅。
5.現有競爭者的威脅。

**41 (B)**。學者波特（Michael Porter）的五力分析，其五力是指來自購買力、議價能力、競爭力、整合力與行銷力。

**42 (D)**。成長期階段由於主導規格出現，市場需求明確，競爭的型態由產品功能轉移到品質與價格，因此製程創新躍升成為創新舞臺的主角。這一階段的產品標準化建立，每一個式樣的生產規模均很大，因此如何建立強而有力的製造能力，能夠快速擴大產能，立即滿足市場需求，以優異的品質與競爭價格，在每一個市場區隔都獲得最大的占有率，將是這一階段的經營目標。

**43 (B)**。成長期階段由於主導規格出現，市場需求明確，競爭的型態由產品功能轉移到品質與價格，產品開始贏得顧客而大量湧入市場。

**44 (C)**。成長期的成長速度開始減緩，需求增長率不高，技術上已經成熟，行業特點、行業競爭狀況及用戶特點非常清楚和穩定，買方市場形成。

**45 (D)**。產業生命週期可分為五個階段：胚胎期（導入期）、成長期、消退期（震盪期）、成熟期、衰退期。

**46 (D)**。產品進入成熟階段的特徵是，採用高效率的製程與設備，大量生產標準化的產品，產品創新與製程創新的頻率大幅降低，競爭廠商陷入激烈的市場爭奪戰。

**47 (A)**。產業生命週期循環，投資處於草創階段產業的公司股票，屬於產品的接受度還不明確，有高獲利，高風險，低現金股利的特性。

**48 (C)**。產品進入成熟階段的特徵是，採用高效率的製程與設備，大量生產標準化的產品，產品創新與製程創新的頻率大幅降低，競爭廠商陷入激烈的市場爭奪戰，投資屬於成熟階段產業的公司股票，屬於低風險低報酬的投資。

**49 (D)**。資本資產評估模式：
E(Ri)=Rf+βi×[E(Rm)−Rf]
「資本市場線（Capital Market Line）」是用來表示效率投資組合的預期報酬率與風險。

**50 (D)**。資本資產評估模式：
E(Ri)=Rf+βi×[E(Rm)−Rf]
資本資產評估模式考慮系統風險β，這是由於非系統風險可經由多角化投資加以分散，故只有系統風險時，才可要求風險溢酬。

**51 (B)**。資本資產評估模式：
E(Ri)=Rf+βi×[E(Rm)−Rf]
資本資產定價理論是描述風險及期望報酬率二者之間的關係。

**52 (C)**。套利定價理論（Arbitrage Pricing Theory）是由S. Ross所提出。套利定價模式（APM）認為影響公司股價報酬之因素，除了市場風險溢酬外，尚有其他因素。這些因素，有：公司規模、股權面值市值比、工業指數、違約風險、長短期公債收益率之差距及未預期通貨膨脹率等風險溢酬等。

**53 (B)**。有關套利定價理論（APT）屬多因子模型。套利定價模式認為影響公司股價報酬之因素，除了市場風險溢酬外，尚有其他因素。這些因素，有：公司規模、股權面值市值比、工業指數、違約風險、長短期公債收益率之差距及未預期通貨膨脹率等風險溢酬等。

**54 (D)**。套利定價模式認為影響公司股價報酬之因素，除了市場風險溢酬外，尚有其他因素。這些因素，有：公司規模、股權面值市值比、工業指數、違約風險、長短期公債收益率之差距及未預期通貨膨脹率等風險溢酬等。在套利定價理論（APT）中，證券期望報酬率之決定因素，APT並無法明確定義。

**55 (B)**。現金再投資比率，是指將留存於單位的業務活動現金流量與再投資資產之比。現金再投資比率＝業務活動淨現金流量/（固定資產＋長期投資＋其他資產＋運營資金）現金再投資比率適合用以衡量企業來自營業活動的資金是否足以支應資產的汰舊換新及營運成長的需要。

**56 (D)**。折現現金流量分析法，指勘估標的未來折現現金流量分析期間

之各期淨收益及期末價值，以適當折現率折現後加總推算勘估標的價格之方法。前項折現現金流量分析法，得適用於以併購為目的之無形資產評估。

**57 (A)**。回收期限法（Payback period）這個方法重視的是哪一年可以收回本金，缺點是沒有考慮貨幣的時間價值及沒有考慮收回本金後的現金流量。

**58 (C)**。為使利潤極大化，並保護市場占有率，在成熟期階段需採行品牌和型式多樣化、迎戰或勝過競爭者的定價、建立更密集的分配通路、強調產品差異和利益的廣告及增加促銷等行銷策略。

**59 (B)**。成長期→品牌優越性與建立消費者偏好。
成熟期→強調品牌差異與利益。

**60 (D)**。進入產品衰退期的企業，如何在產品市場完全消失以前出清庫存，成為重要的競爭要素，衰退期階段具有銷售呈現下降趨勢且收益減少的特徵。

**61 (B)**。產品生命週期包含了下面四個階段：初生期、成長期、成熟期、衰退期。

**62 (C)**。自由現金流量（FCF）係指營業現金流量（OCF）減掉必要資本支出後的金額，亦可定義為：收入−費用−投資。

**63 (D)**。自由現金流量（FCF）係指營業現金流量（OCF）減掉必要資本支出後的金額。

**64 (C)**。1.主要活動有五種類型：(1)進料後勤：原材料搬運、倉儲、庫存控制、車輛調度和向供應商退貨。(2)生產作業：將投入轉化為最終產品形式的各種相關活動，如機械加工、包裝、組裝、設備維護、檢測等。(3)出貨物流：集中、儲存和將產品發送給買方有關的各種活動，如產成品庫存管理、原材料搬運、送貨車輛調度等。(4)市場行銷：提供買方購買產品的方式和推銷顧客進行購買相關的各種活動，如廣告、促銷、銷售隊伍等。(5)售後服務：提供服務以增加或保持產品價值有關的各種活動，如安裝、維修、培訓、零件供應等。
2.支援活動有四種類型：(1)採購與物料管理：指購買用於企業價值鏈各種投入的活動，採購既包括企業生產原料的採購，也包括支持性活動相關的購買行為，如研發設備的購買等；另外亦包含物料的的管理作業。(2)技術研究與開發：每項價值活動都包含著技術成分，無論是技術訣竅、程式，還是在製程中所體現出來的技術，都可藉此活動開發獨特的新產品，強化競爭優勢。(3)人力資源管理：包括各種涉及所有類型人員的招聘、僱用、培訓、開發和報酬等各種活動，以達到最佳客戶服務的目標。(4)企業基礎制度：企業基礎制度支撐了企業的價值鏈。如：會計制度、行政流程（如建立有效的資訊系統）等。

**65 (D)**。SWOT分析產業目前與未來發展所具有之優勢、劣勢、威脅與機會，以掌握產業競爭優勢，並探討後續發展方向。

**66 (C)**。初級產業係指農、林、漁、牧、礦等。

**67 (A)**。在波特（Michael Porter）教授的產業競爭分析架構中，供方主要通過其提高投入要素價格與降低單位價值質量的能力，來影響行業中現有企業的盈利能力與產品競爭力。供方力量的強弱主要取決於他們所提供給買主的是什麼投入要素，當供方所提供的投入要素其價值構成了買主產品總成本的較大比例、對買主產品生產過程非常重要，和企業站在既競爭又合作的立場。

**68 (C)**。波特的價值鏈模式中，價值創造的活動可分為：
主要活動：物流、製造營運、市場行銷、售後服務。
支援活動：基礎建設、人力資源管理、研發、採購。

**69 (B)**。波特的鑽石模型用於分析一個國家某種產業為什麼會在國際上有較強的競爭力。

**70 (A)**。臺灣具備地處亞熱帶，陽光充足、溼度高，適合各類蘭花生長，臺灣蘭花產業的國際競爭力來自要素條件優勢。

# NOTE

# 04 無形資產相關法規概述

## 第一節　智慧財產權概要

### 一、智慧財產概述

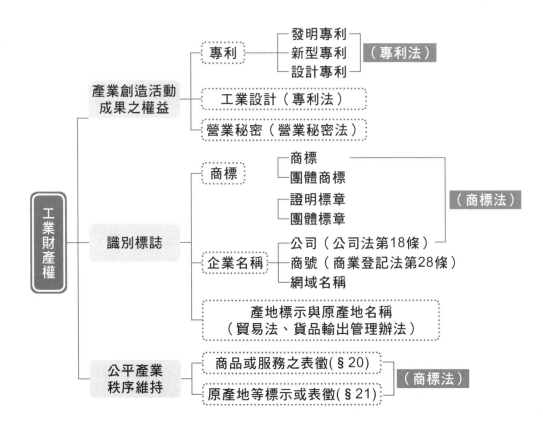

```
著作權 ┬ 原創性著作 ┬ 著作人格權 ┬ 公開發表權
        │            │            ├ 姓名表示權
        │            │            └ 同一性保持權
        │            │
        │            └ 著作財產權 ┬ 有形之利用 ┬ 重製權
        │                         │            ├ 公開展示權
        │                         │            ├ 改作、編輯權
        │                         │            ├ 出租權
        │                         │            └ 輸入權
        │                         │
        │                         └ 無形之利用 ┬ 公開播送權
        │                                      ├ 公開上映權
        │                                      ├ 公開演出權
        │                                      ├ 公開口述權
        │                                      ├ 公開傳輸權
        │                                      └ 散布權
        │
        └ 表演       ┬ 著作人格權 ┬ 公開發表權
          （無原創性）│            ├ 姓名表示權
          （著作     │            └ 同一性保持權
          鄰接權）   │
                     └ 著作財產權 ┬ 有形之利用 ┬ 重製權、散布
                                  │            └ 輸入權、出租
                                  │
                                  └ 無形之利用 ┬ 公開播送權、公開傳輸
                                               └ 公開演出權
```

說到「財產」，一般人可能只會想到的，就是不動產（如土地、房子）；動產（現金、珠寶、股票、汽車…）等「有形」且具體可見的物。但其實在目前人類經濟活動中，「無形」的財產也愈來愈重要。所謂「無形的財產」就是指人類基於思想進行創作活動而產生的精神上、智慧上的無形產物，例如音樂之創作、書籍之創作、畫作（如國畫、油畫、漫畫之創作）、網站設計（如Google入口網站之設計）、電腦軟體（如微軟Office套裝軟體）、發明專利、商標（如7-11、MICROSOFT）等。而國家以立法方式保護這些人類精神智慧產物賦與創作人得專屬享有之權利，就叫做「智慧財產權（Intellectual Property Rights，簡稱IPR）」。

這些雖然是無形的智慧產物，但它們的經濟上之價值往往難以估計。一般人對他人有形財產之權利比較尊重，而對尊重別人智慧財產權的觀念，相對而言就比較薄弱，所以像仿冒品、盜印書籍、盜版軟體等常常可見。這其實都是一種侵害他人智慧財產權的違法行為，與侵害他人有形財產之結果是相同的，其法律責任上，除了須對權利人負民事的損害賠償責任外，在刑事上也因為基於智慧財產權被侵害往往是受害人較難以自己查覺的，故刑事上課以加害人相對的處罰，以敬效尤（例如盜印他人書籍販售，依著作權法第91條第2項規定，可以處以行為人6月以上5年以下有期徒刑，得併科新台幣20萬元以上2百萬元以下罰金。）

智慧財產權係指人類精神活動之成果而能產生財產上之價值者，並由法律所創設之一種權利。因此，智慧財產權必須兼具「人類精神活動之成果」，以及能「產生財產上價值」之特性。就「人類精神活動之成果」之特性而言，如果僅是體力勞累，而無精神智慧之投注，例如僅作資料之辛苦蒐集，而無創意之分類、檢索，並不足以構成「人類精神活動之成果」。又此一「人類精神活動之成果」如不能「產生財產上價值」，亦無以法律保護之必要，必須具有「財產上的價值」，才有如一般財產加以保護之必要。

1967年國際間所建立的「世界智慧財產權組織公約」即以單一之公約統一規範相關智慧財產權之保護。隨著人類文化及科技之進步，上述定義有些過於抽象。因此需要更精確的文字來加以規範。依據1967年「成立世界智慧財產權組織公約」的規定，智慧財產權包括：1.文學、藝術及科學之著作。2.演藝人員之演出、錄音物以及廣播。3.人類之任何發明。4.科學上之發現。5.產業上之新型及新式樣。6.製造標章、商業標章及服務標章，以及商業名稱與營業標記。7.不公平競爭之防止。8.其他在產業、科學、文學及藝術領域中，由精神活動所產生之權利。另外，在1933年「關稅暨貿易總協定」（General Agree of Tariffs and Trade，GATT）於完成烏拉圭回合談判，並於1994年簽署了包括「與貿易有關之智慧財產權協定」（簡稱TRIPS）等協定。依據該協定第二篇，被列入為智慧財產權的標的有：1.著作權及相關權利。2.商標。3.產地標示。4.工業設計。5.專利。6.積體電路之電路布局。7.未經公開資訊之保護。8.契約授權時有關反競爭行為之控制。而我國對工業設計尚未設立專法加以保護，工業設計的部分併入專利法加以保護。在臺

灣，智慧財產權並未有一套法規明訂此項權利，它是散布在各法規裡的，另外，在產地標示、積體電路之電路布局、植物品種及種苗法的部分均非本考試的重點，故本書在介紹智慧財產權上並未將其納入，故本書的介紹架構如上述架構圖。

## 二、智慧財產權之性質

| | |
|---|---|
| **無體性** | 按民法第66、67條規定：「稱不動產者，謂土地及其定著物」、「稱動產者，為前條所稱不動產以外之物」等語，而智慧財產權存在之客體並非有形體之物，尚非前開法條所述之「物」。由於智慧財產權為無體財產權，是以當智慧財產權為他人所侵害時，自無從比照一般物權的規定行使物上請求權，而僅能依據各該法律規定主張特別之救濟。 |
| **精神創作性** | 智慧財產權存在之客體，非有形之物，已如前述，而係無形之人類精神創作，此即為其之所以稱為無體財產權之原因。惟有疑問者，有學者認為商標並非為精神思想之創作，而認其僅為企業致力於經營所表現之商譽（good will）或營業標誌而已，與發明等之為技術思想之創作有別；惟多數學者仍認為商標為智慧財產權之一種，並將其與專利權及著作權並列。 |
| **人格性** | 智慧財產權不論是專利權、商標權或著作權，其權利均兼有人格上及著作權上之特性，其中最為明顯者，當推著作權之規定，此參「著作權法」中列有「著作人格權」，以及「著作財產權」自明。而有關專利權以及商標權部分，雖不若著作權法人格上特徵強烈，惟在法條規定中亦有跡可循。例如：專利權說明書應記載發明人或創作人之姓名、專利專責機關公告專利時，應將發明人或創作人之姓名刊載專利公報，均為專利權具有人格性之表現；而「商標法」中雖無明文表彰商標權之人格上特徵之規定，惟於商標表彰商品出處及來源之功能，亦被日本學者認為是其人格上之表徵。 |

| | |
|---|---|
| **排他性** | 不論是何種型態之智慧財產權，其最大共通特色之一，即是透過法律規定創設並賦予權利人一定期間之排他權及專屬權。在此一定期間內，權利人的就該權利為排他的、獨占的使用。而專屬權存在期間之長短，依據不同型態之智慧財產權而有所不同。原則上來說，專利權由於其專屬性及排他性最強，其保護期間遠較著作權為短，而商標權則可透過不斷延展之規定，得以永久存續。著作權則介於兩者之間。依據有關專利權保護期之規定：「專利權期間自申請日起，至少二十年。」，以及著作之保護期間，除攝影著作或應用美術著作以外，在不以自然人之生存期間為計算標準之情況下，應自授權公開發表之年底起算至少五十年，如著作完成後五十年內未授權公開發表者，應自創作完成之年底起算五十年等語。而著作人格權原則上係永久存續，不因著作人之死亡而消滅；至於著作財產權部分，則有期間限制。 |

| | |
|---|---|
| **產業性** | 智慧財產權制度演變到近代，其產業利用性之特色在權利內容中扮演越來越關鍵的角色，此種特性尤以在專利權中最為明顯。專利法規定，凡屬各類技術領域內之物品或方法發明，具備新穎性、進步性及實用性者，應給予專利保護。而所謂「實用性」，即是所謂「可為產業上實施」。我國專利法第22條亦規定，可供產業上利用之發明始得申請發明專利。而在新型專利、新式樣專利部分，亦有類似之規定。從上述規定可知，發明專利與新型專利等必須具備實用性之要件，以及具備產業上之利用價值此一特性始可申請。至於其他財產權，例如：著作權及商標權等，於權利取得或成立上，原則上無須具備此種產業上利用價值之要件，無論其是否合於實用性，均不礙其受到各該法律之保護。 |

| | |
|---|---|
| **競爭性** | 智慧財產權人依據法律所賦予之權利，在一定期間內得享有專屬及排他之權利。商標權人在商標有效期間內得防止他人在交易過程中，未經其同意，使用與其註冊商標相同或近似之標識於同一或類似之商品或服務；而著作財產權亦有重製權、公開口述權、公開播送權、公開演出權等等諸多權利。因智慧財產權人對於其權利具有專屬性之支配權，並得以排除他人干涉，故在市場就該智慧財產權內容及範圍而言，係由該智慧財產權人取得優勢地位，且就該財產權，權利人因此享有比他人更有利之競爭地位。 |

| 國際性立法 | 智慧財產權的相關協定及議題納入WTO相關多邊協定中,由此可見,有關智慧財產權之保護,業已進入國際性保護之時代。 |
| --- | --- |
| 屬地主義 | 智慧財產權之效力,原則上均採取「屬地主義」,亦即智慧財產權所取得之權利,除非智慧財產權人透過國際公約或他國法律規定另行取得權利,原則上僅限於取得該智慧財產權之國家區域內行使,而不及於其他國家,如欲在他國行使專利權及商標權者,自應於他國另行申請、註冊或發行之方式於他國取得智慧產權,並不當然受到保護。但著作權採取創作完成主義,於著作完成時無待登記,即取得著作權,但其權利行使之範圍係以我國區域內為限。 |

## 三、國際智慧財產相關公約  中級必讀

(一)**巴黎公約**:在1883年,為協調各國之間對於專利與商標的保護,法國、瑞士、比利時、荷蘭、義大利、西班牙等11個國家即率先倡議與簽訂「巴黎工業財產保護公約」(簡稱「巴黎公約」)。此公約除創設一個國際性的行政機構組織負責處理相關事務外,並確立「國民待遇」的基本原則。依照國民待遇原則,任何締約國,對於其他締約國的國民在其境內有關商標權及專利權的取得及行使,應給予其本國國民相同的保護。

(二)**伯恩公約**:在「巴黎公約」締結後,各國有鑑於人類精神創造產物具有重要的文化價值,為了避免在一個國家取得的著作權,不能在其他國家獲得承認與保障,遂在3年之後由比利時、法國、德國、英國、海地、義大利、西班牙、瑞士及突尼西亞等10國共同開始討論協調彼此間對於著作權的保護,經過集體的磋商與討論後,於1886年9月簽署了「伯恩文學與藝術作品保護公約」(簡稱「伯恩公約」)。針對著作權的保護,「伯恩公約」一方面雖尊重各個國家主權,繼續聲明屬地主義的保護原則,認為對著作的保護及保護的範圍,應專依給予著作權保護當地國家的法律規定;但在另一方面,「伯恩公約」公約也承續「巴黎公約」的精神,認可與宣示「國民待遇原則」,要求各締約國對於他國人民著作在本國的保護,應與保護本國人相同。

(三)**世界智慧財產組織公約**：繼「巴黎公約」與「伯恩公約」之後，國際間陸續針對有關智慧財產權的保障與相關議題，簽訂多項條約。比較重要的國際條約包括1891年的馬德里標示國際登記協定及其後於1989年通過之議定書、1925年的海牙工業設計國際登記協定、1957年的尼斯貨物暨服務標示國際登記分類協議、1970年的專利合作條約以及1971年的史特拉斯堡國際專利分類協定。

(四)**世界智慧財產組織**：在1967年，聯合國的會員國更經由世界智慧財產權組織公約的簽訂，成立世界智慧財產權組織，作為負責協調會員國彼此合作的常設機構，以統一國際間智慧財產權法規標準，進一步以完善跟國保護機制，作為主要的任務。截至2021年為止，WIPO已有193個會員國，並有近250個組織加入成為該組織的觀察員。目前此一組負責監督與執行的各項條約，包括巴黎公約、伯恩公約等在內，更已達到24個國際公約，對於國際智慧財產權法的發展，有相當重要的影響。

## 四、各智慧財產權之比較

| 保護標的 | 專利法 | | | 商標法 | 著作權法 | 公平法（不公平競爭） | 營業秘密法 |
|---|---|---|---|---|---|---|---|
| | 發明 | 新型 | 設計 | | | | |
| 保護標的 | 發明 | 小發明 | 物品之全部或部分透過視覺訴求之創作 | 圖樣、商品、服務、證明、團體標章 | 著作人格精神創作成果 | 產業競爭秩序公平性之維持 | 專門技術資料 |
| | 技術成果 | 美感效果 | | 廣告成果 | | 企業成果 | 企業成果 |
| 保護要件 | 新穎性 | | 新穎性 | 識別性 | 原創性 | | 秘密性商業價值性非週知性 |

| | 專利法 | | | 商標法 | 著作權法 | 公平法（不公平競爭） | 營業秘密法 |
|---|---|---|---|---|---|---|---|
| | 發明 | 新型 | 設計 | | | | |
| 保護要件 | 產業利用性 | 合於實用 | 產業利用性 | | 客觀化之表現形式屬於文學、藝術等領域之創作 非被排除保護者 | | （§2） |
| | 進步性 | 非極容易 | 適於美感（視覺訴求） | | | | |
| | 物品 方法 | 物品之形狀、構造、裝置 | 物品之形狀、花紋、色彩 | 物品之標記（§5） | | | |
| 權利存續期間 | 申請日起20年、10年 例外：可延長2至5年（§52） | | 15年 | 註冊日起10年（可延展） | 終身後50年 例外50年 | | 永久 直到喪失秘密性止 |
| 權利效力範圍 | 同一物品 | | 相同或近似新式樣（物品或設計） | 同一或類似商品、使用權表現形式 | 重製權為重心 | | 營業秘密 |

## 牛刀小試

( 　 ) **1** 智慧財產權包括哪些權利：　(A)著作權、專利權　(B)商標權 (C)積體電路電路布局及營業秘密　(D)以上皆是。

( 　 ) **2** 娜娜對於智慧財產權的適用範圍有疑問，請問你知道下列哪些東 西是屬於智慧財產權所保障的範圍嗎？　(A)作文、繪畫、音樂 作曲等　(B)金錢、珠寶　(C)房地產　(D)股票。

( 　 ) **3** 國華搞不清楚智慧財產權不保障下列哪一種權利，請你幫他找 出來吧！　(A)商標權　(B)人權與自由權　(C)專利權　(D)著作 權。

( 　 ) **4** 下列哪一種權利不必到經濟部智慧財產局申請，就可享有？ (A)專利權　(B)商標權　(C)著作權　(D)營業秘密權。

( 　 ) **5** 智慧財產權法要保護的要項是？　(A)防止國家資訊被竊　(B)一 般人知的權利　(C)人類辛勤創作的智慧結晶　(D)消費者購買資 訊產品的保固。

---

### 解答與解析

**1 (D)**。智慧財產權包括著作權、專利權、商標權、積體電路電路布局及營業 秘密等。

**2 (A)**。依據1967年「成立世界智慧財產權組織公約」的規定，智慧財產權包 括：1.文學、藝術及科學之著作。2.演藝人員之演出、錄音物以及廣 播。3.人類之任何發明。4.科學上之發現。5.產業上之新型及新式樣。 6.製造標章、商業標章及服務標章，以及商業名稱與營業標記。7.不公 平競爭之防止。8.其他在產業、科學、文學及藝術領域中，由精神活 動所產生之權利。

**3 (B)**。智慧財產權不保障人權與自由權。

**4 (C)**。著作權採取創作完成主義，於著作完成時無待登記，即取得著作權。

**5 (C)**。智慧財產權法要保護的要項是人類辛勤創作的智慧結晶。

# 第二節　專利法概要

## 一、專利權概述

新物品或方法，可以反覆實施或製造，供產業利用，可以使人類的生活更便利、更幸福。發明人或設計人提出專利申請後，當其創作經審查且在符合專利法的規定下，享保護技術上的勞動成果（發明、新型專利）或美感上成果（設計專利）。因此，專利權人在一定期間內，可以專有排除他人未經其同意而製造、販賣、為販賣的要約、使用或進口的權利，此為專利權。

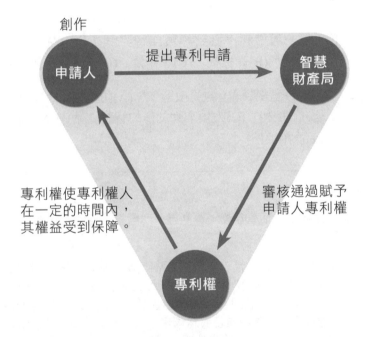

專利權可分為發明、新型、設計三種，分述如下：

**(一)發明專利**：發明是指利用自然界中固有的規律所產生之技術思想的創作，以產生功效，解決問題，達成所預期的發明目的，包括物的發明與方法的發明。發明可申請專利，以是否具有技術性，係其是否符合發明之定義的判斷標準；因此，申請專利之發明不具有技術性者，例如單純的發現、科學原理、單純的資訊揭示、單純之美術創作等，都不符合發明的定義。

(二)**新型專利：**利用自然法則之技術思想，對物品之形狀、構造或組合之創作。新型專利係指基於形狀、構造或組合之創作，所製造出具有使用價值和實際用途之物品。

(三)**設計專利：**對物品之全部或部分之形狀、花紋、色彩或其結合，透過視覺訴求之創作，包括應用於物品之電腦圖像及圖形化使用者介面。申請設計專利所呈現的外觀創作，必須符合「應用於物品」且係「透過視覺訴求」之具體設計，才符合設計之定義。

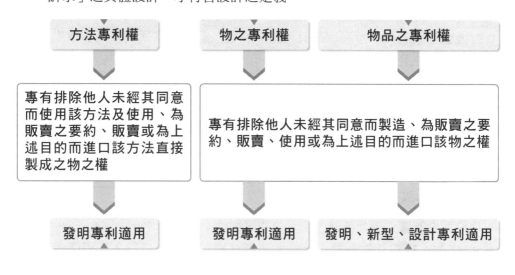

## 二、專利權的要件

(一)**專利權的積極要件：**專利三要件的內容為：產業利用性、新穎性與進步性，分述如下：

　1.**產業利用性：**依專利法第22條第1項之規定，「可供產業上利用之發明，無下列情事之一者，得依本法申請取得發明專利……」，要求申請專利之發明必須在產業上能夠實際利用，才具備取得專利權之要件，此要件稱為「產業利用性」，亦常稱為「實用性」，為專利三要件中第一項要件。所稱產業，包含任何領域中利用自然法則之技術思想而有技術性的活動，例如工業、農業、林業、漁業、牧業、礦業、水產業、運輸業、通訊業、商業等。若申請專利之發明在產業上能被製造或使用，則認定該發明可供產業上利用，具產業利用性。

2. **新穎性**：專利權授予申請人專有排他使用之獨占權利，以鼓勵大家將發明公開，使公眾能利用該發明。如果已非最早之技術創新，並無授予專利之必要。因此，申請專利之發明於申請前已見於刊物、已公開使用或已為公眾所知悉者，不得取得發明專利。申請專利之發明未構成先前技術的一部分時，稱該發明具新穎性。專利法所稱之先前技術，係指申請前已見於刊物、已公開實施或已為公眾所知悉之技術。新穎性係取得發明專利的要件之一，申請專利之發明是否具新穎性，通常於其具產業利用性之後即予以審查；若經審查認定該發明不具新穎性，不得授予以專利。

3. **進步性**：發明、新型或設計雖具新穎性，但如為其所屬技術領域中具有通常知識者依申請前之先前技術所能輕易完成時，仍不得依本法申請取得發明專利。進步性係取得發明專利的要件之一，申請專利之發明是否具進步性，應於其具新穎性之後始予審查，不具新穎性者，無須再審究其進步性。所謂進步性，係雖然申請專利之發明與先前技術有差異，但該發明之整體係該發明所屬技術領域中具有通常知識者依申請前之先前技術所能輕易完成時，稱該發明不具進步性。

**(二)專利權的消極要件：**

1. **原則性審查**：下列各款，不予發明專利：
   (1) 動、植物及生產動、植物之主要生物學方法。但微生物學之生產方法，不在此限。
   (2) 人體或動物之診斷、治療或外科手術方法。
   (3) 妨害公共秩序、善良風俗。

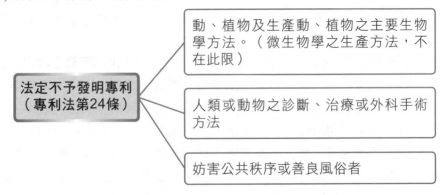

法定不予發明專利
（專利法第24條）

動、植物及生產動、植物之主要生物學方法。（微生物學之生產方法，不在此限）

人類或動物之診斷、治療或外科手術方法

妨害公共秩序或善良風俗者

知識補充

以動物或植物為申請標的者，法定不予專利。對於生產動、植物之方法，前述僅排除主要生物學方法，不排除非生物學及微生物學之生產方法。因此，即使生產動、植物之方法的直接產物涉及法定不予專利之動、植物，只要該方法並非主要生物學方法或該方法為微生物學之生產方法，仍得予以專利。

人類或動物之診斷、治療或外科手術是不予專利。但在人類或動物之診斷、治療或外科手術方法中所使用之器具、儀器、裝置、設備或藥物（包含物質或組成物）的發明，或不以有生命之人體或動物體為對象，或不以治療或預防疾病為直接目的之方法發明，仍得予以專利。

發明的商業利用雖不會妨害公共秩序或善良風俗，但該發明被濫用而有妨害之虞，仍得予以專利。例如各種開鎖、開保險箱之方法。

2. **新型專利之特別規定：**申請新型專利，經形式審查有下列情事之一者，不予專利：

(1) 新型非屬物品形狀、構造或組合者。

(2) 有妨害公共秩序、善良風俗者。

(3) 違反法定有關說明書、申請專利範圍、摘要及圖式之揭露方式。

(4) 違反單一性原則。

(5) 說明書、申請專利範圍或圖式未揭露必要事項，或其揭露明顯不清楚。

(6) 修正，明顯超出申請時說明書、申請專利範圍或圖式所揭露之範圍。

```
                                    ┌─────────────────────────────────┐
                                    │ 非屬物品形狀、構造或組合         │
                                    └─────────────────────────────────┘
                                    ┌─────────────────────────────────┐
                                    │ 妨害公共秩序或善良風俗（專利法第105條）│
                                    └─────────────────────────────────┘
                                    ┌─────────────────────────────────┐
                                    │ 違反說明書、申請專利範圍、摘要及圖式之│
                                    │ 揭露方式者                       │
                                    └─────────────────────────────────┘
    ┌─────────────┐                 ┌─────────────────────────────────┐
    │ 不予新型專利 │────────────────│ 違反一新型一申請之單一性規定     │
    └─────────────┘                 └─────────────────────────────────┘
                                    ┌─────────────────────────────────┐
                                    │ 說明書、申請專利範圍或圖式未揭露必要事│
                                    │ 項，或其揭露明顯不清楚           │
                                    └─────────────────────────────────┘
                                    ┌─────────────────────────────────┐
                                    │ 修正，明顯超出申請時說明書、申請專利範│
                                    │ 圍或圖式所揭露之範圍者           │
                                    └─────────────────────────────────┘
```

3. **設計專利之特別規定**：下列各款，不予設計專利：
(1) 純功能性之物品造形。
(2) 純藝術創作。
(3) 積體電路電路布局及電子電路布局。
(4) 物品妨害公共秩序或善良風俗者。

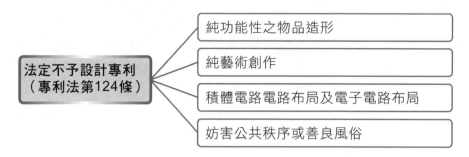

## 三、發明專利介紹

(一)**發明專利保護之標的**：發明是指利用自然界中固有的規律所產生之技術思想的創作，以產生功效，解決問題，達成所預期的發明目的。發明專利分為物之發明及方法發明兩種，分述如下：

1. **物之發明**：
(1) 物質：例如化合物X。
(2) 物品：例如鐵絲。
2. **方法發明**：
(1) 物的製造方法：例如化合物X之製造方法或鐵絲之製造方法。
(2) 處理物的技術方法：例如使用化合物X製造快速生長的方法。
(3) 用途發明：例如化合物X作為養魚的用途。

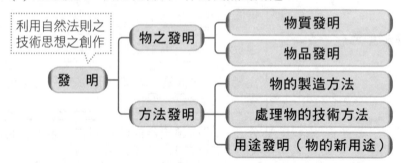

**(二)非屬發明專利**：非屬發明專利的類型包含：

1. **自然法則本身**：指自然法則未付諸實際利用，例如能量不滅定律或萬有引力定律等自然界固有的規律，其本身不具有技術性。

2. **單純的發現**：主要指自然界中固有存在的物、現象及法則等之科學發現，例如單純發現野生植物或天然礦物等，發現該物的行為並非利用自然法則的技術思想之創作。

3. **違反自然法則者**：例如違反了質量守恆定律的自然法則。

4. **非利用自然法則者**：非利用自然法則者係指利用自然法則以外之規律者，例如科學原理或數學方法、遊戲或運動之規則或方法等人為的規則、方法或計畫，或其他必須藉助人類推理力、記憶力等心智活動始能執行之方法或計畫，其本身不具有技術性。

5. **非技術思想者**：
   (1) 技能：依個人之天分及熟練程度始能達成之個人技能。例如以手指夾球之特殊持球及投球方法為特徵的指叉球投法。
   (2) 單純的資訊揭示：發明的特徵僅為揭示資訊內容，包含：資訊之揭示本身，其特徵在於所載之文字、音樂、資料等。
   (3) 單純的美術創作：例如繪畫、雕刻等物品係屬美術創作，其特徵在於主題、布局、造形或色彩規劃等之美感效果，屬性上與技術思想無關。

## 四、新型專利介紹

**(一)新型專利保護之標的**：新型專利保護之標的是有形物品之形狀、構造或組合的創作。其物品係指具有確定形狀且占據一定空間者，有關新型專利保護之標的，分述如下：

1. **形狀**：指物品外觀之空間輪廓或形態者，例如：虎牙形狀扳手、十字形螺絲起子等。但氣體、液體、粉末狀、顆粒狀等物質或組成物，因不具確定形狀，均不符合形狀的規定。

2. **構造**：指物品內部或其整體之構成，實質表現上大多為各組成元件間的安排、配置及相互關係，且此構造之各組成元件並非以其本身原有的機能獨立運作者。例如：具有反摺之雨傘構造。但物質之分子結構或組成物之組成，並不屬於新型專利所稱物品之構造，例如：藥品或食品等。

3. **組合**：指為達到某一特定目的，將二個以上具有單獨使用機能之物品予以結合裝設，於使用時彼此在機能上互相關連而能產生使用功效者，稱之為物品的「組合」。例如：由螺栓與螺帽組合的結合。

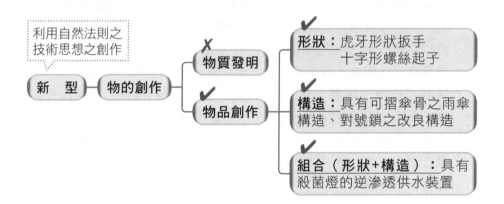

## (二)非屬新型專利：

1. **非屬物品之形狀、構造或組合者**：以各種物質、組成物、生物材料、方法及用途等申請新型專利，例如一種控制點膠機的方法、一種骨填充材料。

2. **有妨害公共秩序或善良風俗者**：基於維護倫理道德，排除社會混亂、失序、犯罪及其他違法行為而訂定。所申請新型專利內容在商業利用上，會妨害公共秩序或善良風俗，例如吸食毒品之用具。

3. **違反說明書、申請專利範圍、摘要及圖式之揭露方式者**：說明書、申請專利範圍、摘要及圖式揭露之事項應符合專利法及細則所規定之撰寫格式，不符合者，不予新型專利。例如：請求項未以單句為之、附屬項未依附在前之請求項等。

4. **違反新型專利申請之單一性規定者**：僅須判斷申請專利範圍之獨立項與獨立項之間於技術特徵上是否明顯相互關聯，只要各獨立項之間在形式上具有相同或相對應的技術特徵，原則上判斷為具有單一性，而不論究其是否有別於先前技術。

5. **說明書、申請專利範圍或圖式未揭露必要事項，或其揭露明顯不清楚者**：僅須判斷說明書、申請專利範圍或圖式之揭露事項是否有明顯瑕疵，例如申請專利之新型為腳踏車，而說明書卻是在敘述摩托車。對於

說明書中所載明之新型技術特徵，毋須判斷該新型是否明確且充分，亦無須判斷該新型能否實現。

6. **修正，明顯超出申請時說明書、申請專利範圍或圖式所揭露之範圍者：** 申請人提出修正後，若增加申請時說明書、申請專利範圍或圖式中未明示或隱含之技術特徵，亦即於說明書、申請專利範圍或圖式中加入新事項，則判斷為明顯超出，例如申請時說明書、申請專利範圍及圖式的內容為無杯蓋之茶杯，修正後說明書、申請專利範圍及圖式的內容為具有杯蓋之茶杯，則判斷為明顯超出。

## 五、設計專利介紹

(一)**新型專利保護之標的：** 設計專利保護之標的為應用於物品之形狀、花紋、色彩或其二者或三者之結合，透過視覺訴求之創作，不包括有關聲音、氣味或觸覺等非外觀之創作，有關設計專利保護之標的，分述如下：

1. **形狀：** 指物品所呈現三度空間之輪廓或形態，其包含物品本身之形狀，例如車子，包裝盒或手工具之形狀；或是具有變化外觀之物品形狀，例如摺疊椅、剪刀、變形機器人玩具等形狀。

2. **花紋：** 指點、線、面或色彩所表現之裝飾構成。花紋之形式包括以平面形式表現於物品表面者，如電腦圖像；或以浮雕形式與立體形狀一體表現者，如輪胎花紋；或運用色塊的對比構成花紋而呈現花紋與色彩之結合者，如彩色卡通圖案或彩色電腦圖像。

3. **色彩：** 指色光投射在眼睛中所產生的視覺感受。其所呈現之色彩計畫或著色效果，亦即色彩之選取及用色空間、位置及各色分量、比例等。

4. **結合：** 指物品之形狀、花紋、色彩或其中二者或三者之結合所構成的設計。

(二)**法定不予設計專利之事項：**

1. **純功能性設計之物品造形：** 物品造形特徵純粹係因應其本身或另一物品之功能或結構者，其設計僅取決於兩物品必然匹配部分之基本形狀，即為純功能性之物品造形。例如螺釘與螺帽之螺牙、鎖孔與鑰匙條之刻槽及齒槽等。但設計之目的在於使物品在模組系統中能夠多元組合或連結，例如積木、模組玩具或文具組合等，則不屬於純功能性設計之物品造形。

2. **純藝術創作：**設計為實用物品之外觀創作，必須可供產業上利用；著作權之美術著作屬精神創作，著重思想、情感之文化層面，兩者之保護範疇略有不同。故純藝術創作本質上屬精神創作，無法以生產程序重複再現之物品，不得准予專利。例如裝飾用途之擺飾物，若其為無法以生產程序重覆再現之單一作品，得為著作權保護的美術著作；若其係以生產程序重覆再現之創作，無論是以手工製造或以機械製造，均得准予專利。

3. **積體電路電路布局及電子電路布局：**積體電路或電子電路布局係基於功能性之配置而非視覺性之創作，不得准予設計專利。

4. **物品妨害公共秩序或善良風俗者：**基於維護倫理道德，排除社會混亂、失序、犯罪及其他違法行為而訂定。申請設計專利所記載之物品的商業利用會妨害公共秩序或善良風俗者，例如信件炸彈、迷幻藥之吸食器等，不得准予設計專利。

## 六、專利權之原則及特性

### (一)專利權之原則：

1. **先申請原則：**專利權之排他性係專利制度中的一項重要原則，故一項創作僅能授予一項專利權。相同發明有二以上專利申請案時，僅得就其最先申請者准予發明專利。發明與新型同屬技術思想之創作，以相同創作分別申請發明專利及新型專利者，應僅得就其最先申請者准予專利。

2. **屬地原則：**專利保護是屬地原則，必須在各國分別申請專利，分別接受審查，分別取得專利權。目前尚無一國際組織可以授予全球性有效之專利權，也就是說專利權只能在獲准的國家或地區領土內依當地法律發生效力，而不及於其他國家或地區。

3. **權利耗盡原則：**專利權人一旦將專利物售出，專利權就耗盡，專利權人不得再行使專利權，稱為權利耗盡原則（the exhaustion doctrine）或第一次銷售原則（the first sale doctrine）。舉例而言，某人取得某種保溫技術專利製造保溫杯，他可以禁止任何人製造相同專利技術的保溫杯，但是一旦他將保溫杯銷售出去，他不可以禁止買受人將保溫杯再銷售出去。

4. **早期公開原則：**僅有發明專利有早期公開制度，新型或新式樣均無此規定。專利法第37條規定：專利專責機關接到發明專利申請文件後，經審

查認為無不合規定程式，且無應不予公開之情事者，自申請日起18個月後，應將該申請案公開之。

**(二)專利權之特性：**

1. **排他性：** 在專利權的有效時間裡，可以擁有技術的專有權，他人若要應用，需取得專利權人之同意授權。

2. **地域性：** 若要在該國家主張專利權，則必須向該國家專利主管機關申請，所以，同一項專利可分別在不同國家申請專利。

3. **時間性：** 法律給予一段期間的專利權，發明專利20年、新型專利10年及設計專利15年，在專利權有效期間內，專利權人擁有其專利權，逾專利權有效期間，則專利權消滅，專利權人不得再主張專利。

**(三)我們專利權之特色：**

1. **先申請原則：** 即不論發明先後，同一發明有二以上之專利申請案時，僅得就最先申請者准予專利。

2. **發明早期公開制：** 發明專利申請後，若無應不予公開之情事者，自申請之次日起十八個月後，應將該申請案公開。

3. **發明申請審查制：** 發明專利申請案須經申請實體審查，才進行技術審查，若無人提出申請就不對該案進行實體審查。

4. **新型形式審查：** 申請新型專利無需實質審查，經形式審查無不予專利之情事者，即給予新型專利。

5. **新式樣全面審查制：** 申請人無需另提出實體審查申請，智慧財產局即主動對該專利申請案作技術審查。

6. **公眾審查：** 專利申請案經審定核准後，公告三個月期間，任何人皆可提起異議；經取得專利證書者，在專利權有效期間內，任何人皆可提起舉發。

7. **優先權制：**

   (1) 國際優先權：依專利法規定，申請人就相同發明在與中華民國相互承認優先權之外國第一次依法申請專利，並於第一次提出申請專利之次日起十二個月內（設計為六個月），向中華民國提出申請專利者，得享有優先權。

(2) 國內優先權：申請人於國內將其發明提出專利申請後，在十二個月內就所提出之同一發明加以補充改良，再行申請時，得就先申請案申請時說明書或圖式所載之發明或創作主張優先權，而以先申請案之申請日作為審查專利要件之基準日。

## 七、專利之申請

(一)**專利權之取得**：同一發明有二人以上申請時，由最先申請者取得專利。

(二)**申請人**：

1. **申請權人**：申請權人係指有權申請專利之自然人或法人。專利權人包括下列之人：

(1) 發明人或創作人。

(2) 發明人或創作人之受讓人。

(3) 發明人或創作人之繼承人。

(4) 雇用人（職務上之發明創作）：受雇人於職務上所完成之發明、新型或新式樣專利，除契約另有約定外，其申請權與專利權均歸屬雇用人。受雇人於職務上所完成之發明、新型或新式樣專利，除契約另有約定外，其申請權與專利權均歸屬雇用人。

(5) 受雇人（非職務上之發明創作）：受雇人於非職務上所完成之發明、新型或新式樣專利，其專利申請權與專利權均歸屬受雇人。

2. **繼受專利申請權人**。

3. **共同申請人**：專利申請權為共有者，應由全體共有人提出申請。各共有人未得其他共有人之同意，不得以其應有部分讓與他人。

## 八、專利權之期間

(一)**原始期間**：

1. **發明專利**：發明專利權期限，自申請日起算20年屆滿。

2. **新型專利**：新型專利權期限，自申請日起算10年屆滿。

3. **設計專利**：設計專利權期限，自申請日起算15年屆滿；衍生設計專利權期限與原設計專利權期限同時屆滿。

(二)**專利期限之延長**：醫藥品、農藥品或其製造方法發明專利權之實施，依其他法律規定，應取得許可證者，其於專利案公告後取得時，專利權人得以第一次許可證申請延長專利權期間，並以一次為限，且該許可證僅得據以申請延長專利權期間一次。核准延長之期間，不得超過為向中央目的事業主管機關取得許可證而無法實施發明之期間；取得許可證期間超過五年者，其延長期間仍以五年為限。

(三)**專利期限之延展**：發明專利權人因中華民國與外國發生戰事受損失者，得申請延展專利權五年至十年，以一次為限。但屬於交戰國人之專利權，不得申請延展。

## 九、專利權受侵害之救濟

凡未經專利權人同意，而仿造製作其專利物品；或未經專利權人同意，而實施其方法專利者，均為對專利權之侵害。專利權受侵害僅有民事救濟途徑，專利權人對於侵害其專利權者，依法得享有侵害除去請求權、侵害防止請求權及損害賠償請求權，且得請求由侵害專利權者負擔費用，將侵害專利權情事之判決書內容全部或一部登載新聞紙，並對於從事侵害行為之原料或器具，得請求銷毀或為其他必要處置。

### 牛刀小試

(　　) **1** 發明專利權範圍，以下列何者為準，於解釋時，並得審酌發明說明及圖式？　(A)申請專利範圍　(B)發明摘要　(C)發明名稱　(D)圖說。

(　　) **2** 下列何者為《專利法》規定之專利種類？　(A)發現專利　(B)發揮專利　(C)發展專利　(D)發明專利。

(　　) **3** 若阿土伯用油畫創作了一幅仕女圖，向專利機關申請「設計」專利卻遭到駁回，請問最有可能基於哪一個理由？　(A)妨害公共秩序及善良風俗　(B)該創作乃純功能性設計之物品　(C)應申請

的是新型專利而非設計專利    (D)純屬藝術創作不得申請設計專利。

(    ) **4** 若發明王研發出一種能對抗愛滋病的特效藥,智慧財產局應核發哪一種專利?    (A)發明專利    (B)新型專利    (C)設計專利    (D)以上皆可。

(    ) **5** 依我國專利法之規定,專利之種類包含:(甲)設計、(乙)新型專利、(丙)新系統專利、(丁)操作專利    (A)甲乙丁    (B)乙丙    (C)甲乙    (D)乙丙丁。

(    ) **6** 新型專利權期限,自何時起算十年屆滿?    (A)申請日    (B)註冊日    (C)核准日    (D)證書送達日。

---

### 解答與解析

**1 (A)**。發明專利權範圍,以申請專利範圍為準,於解釋時,並得審酌發明說明及圖式。

**2 (D)**。《專利法》規定之專利種類有發明專利、新型專利、設計專利。

**3 (D)**。純屬藝術創作不屬於專利權保護的標的。

**4 (A)**。發明是指利用自然界中固有的規律所產生之技術思想的創作,以產生功效,解決問題,達成所預期的發明目的。若發明王研發出一種能對抗愛滋病的特效藥,智慧財產局應核發發明專利。

**5 (C)**。專利法所稱專利,分為下列三種:
1.發明專利。
2.新型專利。
3.設計專利。

**6 (A)**。新型專利權期限,自申請日起算十年屆滿。

# 第三節　商標法概要

## 一、商標概述

### (一)商標之意義

商標係指足以標章自己之商品或服務之標識，意即俗稱的「品牌」或「logo」，現行商標法第5條規定：「商標之使用，指為行銷之目的，而有下列情形之一，並足以使相關消費者認識其為商標：

一、將商標用於商品或其包裝容器。

二、持有、陳列、販賣、輸出或輸入前款之商品。

三、將商標用於與提供服務有關之物品。

四、將商標用於與商品或服務有關之商業文書或廣告。

前項各款情形，以數位影音、電子媒體、網路或其他媒介物方式為之者，亦同。」

商標經註冊後所取得之權利內容包括獨占使用權、排他權、讓與權、授權他人使用、設定質權等等。經由註冊取得商標權者，權利人在其指定之商品或服務取得商標權，即所謂商標獨占使用權。

### (二)商標權之限制

1. **合理使用**：當商標之構成部分屬於他人之商品或服務之名稱、形狀、品質、功用、產地或其他說明，其他人可以對該等有關之描述進行合理使用，不構成商標之侵權。

2. **單純為功能性之包裝**：單純為發揮其功能性所必要之立體形狀商品或包裝，不受他人商標權限制。

3. **善意先行使用**：在他人商標註冊申請日前，善意使用相同或近似之商標於同一或類似之商品或服務，於他人申請商標註冊後，仍得繼續使用其在先之商標，此乃註冊制度之例外，但原使用人繼續使用之範圍以原使用之商品及服務為限，且商標權人可以要求該原使用人附加適當區別標示。

> **知識補充**
>
> 著作權法、專利法與商標法屬於民法的特別法。

4. **權利耗盡原則**：附有註冊商標之商品，由商標權人或經其同意之人於市場上交易流通，商標權人不得就該商品主張商標權，此種情形即為實務上所謂之「權利耗盡原則」。所謂權利耗盡原則係指附有註冊商標之商品，由商標權人或經其同意之人在市場上交易流通者，商標權人不得就該商品主張商標權。

## 二、商標之種類

依作用可區分為商標、證明商標、團體標章及團體商標四種，分別說明如下：

(一)**商標**：商標非但是商品（服務）來源的標示，對消費者而言，是信譽品質的保證；對商標權人而言，更有促銷、廣告的功能，商標有其經濟價值。又可分為：文字商標、圖形商標（ex：LV）、記號（ex：Nike）、顏色（ex：7-11）、聲音（ex：Yahoo）、立體形狀（ex：101）、其他。

(二)**證明商標**：用以證明他人商品或服務之特定品質、精密度、原料、製造方法、產地或其他事項，並藉以與未經證明之商品或服務相區別之標識。在商標法第80條第1項、第2項有關規定之意旨：「凡以標章證明他人商品或服務之特性、品質、精密度、產地或其他事項，欲專用其標章者，應申請註冊為證明標章。」。證明標章之目的在於告知消費者，所證明之商品或服務，具備某些規定的特質，或符合已定的質量水平。證明標章除了強化消費者對所選購產品的信任，它也提供被證明產品或服務一種強而有力的廣告促銷和品質保證的效果。例如CAS驗證標章、百分之百鮮奶標章等即屬之。

(三)**團體標章**：具有法人資格之公會、協會或其他團體，為表彰其會員之會籍，並藉以與非該團體會員相區別之標識，如獅子會、扶輪社。而這些團體標章並不從事商業行為，並非為表示商品或服務之商業來源，團體標章一般不得使用於其所提供之商品或服務之上，除非另依法取得團體商標註冊。

(四)**團體商標**：具有法人資格之公會、協會或其他團體，為指示其會員所提供之商品或服務，並藉以與非該團體會員所提供之商品或服務相區別之

標識。商標法第85條規定：「團體標章，指具有法人資格之公會、協會或其他團體，為表彰其會員之會籍，並藉以與非該團體會員相區別之標識。」是團體商標，顧名思義係指表彰某個團體成員所共同使用的品牌，本質上仍屬商標，如新竹摃丸。

## 三、商標之組成及使用要件

### (一)商標之組成要件：

1. **積極要件**：識別性（§18）。

   識別性，指足以使商品或服務之相關消費者認識為指示商品或服務來源，並得與他人之商品或服務相區別者。商標普通名詞化後喪失識別性，將面臨被廢止。

2. **消極要件**：識別性（§18、§30）。

   商標有下列情形之一者，不得註冊：

   (1) 僅為發揮商品或服務之功能所必要之標誌，不得作為商標。

   (2) 相同或近似於中華民國國旗、國徽、國璽、軍旗、軍徽、印信、勳章或外國國旗，或世界貿易組織會員依巴黎公約第六條之三第三款所為通知之外國國徽、國璽或國家徽章者。

   (3) 相同於國父或國家元首之肖像或姓名者。

   (4) 相同或近似於中華民國政府機關或其主辦展覽會之標章，或其所發給之褒獎牌狀者。

   (5) 相同或近似於國際跨政府組織或國內外著名且具公益性機構之徽章、旗幟、其他徽記、縮寫或名稱，有致公眾誤認誤信之虞者。

   (6) 相同或近似於國內外用以表明品質管制或驗證之國家標誌或印記，且指定使用於同一或類似之商品或服務者。

   (7) 妨害公共秩序或善良風俗者。

   (8) 使公眾誤認誤信其商品或服務之性質、品質或產地之虞者。

   (9) 相同或近似於中華民國或外國之葡萄酒或蒸餾酒地理標示，且指定使用於與葡萄酒或蒸餾酒同一或類似商品，而該外國與中華民國簽訂協定或共同參加國際條約，或相互承認葡萄酒或蒸餾酒地理標示之保護者。

(10) 相同或近似於他人同一或類似商品或服務之註冊商標或申請在先之商標，有致相關消費者混淆誤認之虞者。但經該註冊商標或申請在先之商標所有人同意申請，且非顯屬不當者，不在此限。

(11) 相同或近似於他人著名商標或標章，有致相關公眾混淆誤認之虞，或有減損著名商標或標章之識別性或信譽之虞者。但得該商標或標章之所有人同意申請註冊者，不在此限。

(12) 相同或近似於他人先使用於同一或類似商品或服務之商標，而申請人因與該他人間具有契約、地緣、業務往來或其他關係，知悉他人商標存在，意圖仿襲而申請註冊者。但經其同意申請註冊者，不在此限。

(13) 有他人之肖像或著名之姓名、藝名、筆名、字號者。但經其同意申請註冊者，不在此限。

(14) 相同或近似於著名之法人、商號或其他團體之名稱，有致相關公眾混淆誤認之虞者。但經其同意申請註冊者，不在此限。

(15) 商標侵害他人之著作權、專利權或其他權利，經判決確定者。但經其同意申請註冊者，不在此限。

(二)**商標之使用要件**：依據商標法第5條規定，商標之使用需具備以下三要件：

1. **使用人需有行銷商品或服務之目的**：係指使用人有向市場推廣銷售之目的。例如欲行銷某一品牌的服飾，而將該品牌商標標於購物包裝袋之上，因該商標表彰之商品及行銷目的之商品均為服飾而非包裝袋，故應認為是服飾的商標使用，而包裝袋僅為商品之包裝，而無商標使用可言。

2. **需有標示商標之積極行為**：本條所稱將商標「用於」或「利用」，已明白點出商標之使用需有積極「用於」或「利用」之行為，通常即指「標示」而言。而標示之方法可為印刷、標貼或藉由電視、網路顯示其商標等，商標法並無一定之限制。

3. **所標示者需足以使相關消費者認識其為商標**：係指商標之使用方式不論標示於商品、服務或其他有關之物件或平面圖像、數位影音、電子媒體或其他媒介物，都應該具備足以使相關消費者認識其為商標，始為商標之使用。

## 四、商標之註冊

(一)**任意註冊原則**：商標權之取得，依據商標法第2條規定：「欲取得商標權、證明標章權或團體商標權者，應依本法申請註冊。」，可知本國商標法對於商標之保護，係採註冊原則。而註冊原則，是指將欲專用的商標向商標專責機關申請註冊，於獲准註冊後即取得獨占排他之權利，而受法律保護。申請註冊係出自個人自由意志或依法律強制規定，尚可分為任意註冊原則與強制註冊原則。商標法係採行任意註冊原則，商標在未經核准註冊前任何人均可使用，先註冊先取得商標權，沒有註冊不能取得商標權，不能禁止他人使用，於核准註冊後，即產生獨占排他之權利。有關商標申請之程序及應備文件，關係到是否順利取得商標權，對於申請人權益影響甚鉅，因此商標法有明文規定申請之程序。商標權人授權他人使用其註冊商標時，可考量其經濟利益及需要，將其註冊商標指定使用之商品或服務全部授權他人使用，或僅就其中一部分商品或服務授權與他人使用；又同一註冊商標亦可同時或先後授權不同人使用。

(二)**先行註冊主義**：我國商標法關於商標權之取得，是採先申請先註冊主義，即以申請先後來認定可否優先註冊取得專用權，與使用之先後尚無必然關係。

## 五、商標權取得及時效

(一)**商標權取得**：商標權人於經註冊指定之商品或服務，取得商標權。商標經註冊者，得標明註冊商標或國際通用註冊符號。除本法第36條另有規定外，下列情形，應經商標權人之同意：

1. 於同一商品或服務，使用相同於註冊商標之商標者。
2. 於類似之商品或服務，使用相同於註冊商標之商標，有致相關消費者混淆誤認之虞者。
3. 於同一或類似之商品或服務，使用近似於註冊商標之商標，有致相關消費者混淆誤認之虞者。

(二)**商標權期限**：商標自註冊公告當日起，由權利人取得商標權，商標權期間為十年。商標權期間得申請延展，每次延展為十年。應於商標權期間屆滿前六個月內提出申請，並繳納延展註冊費；其於商標權期間屆滿後六個月內提出申請者，應繳納二倍延展註冊費。

(三)**商標權效力**：商標權人有使用商標之義務，但不能排除他人非行銷目的使用商標。商標權之例外有：

　1.**普通使用**：以符合商業交易習慣之誠實信用方法，表示自己之姓名、名稱，或其商品或服務之名稱、形狀、品質、性質、特性、用途、產地或其他有關商品或服務本身之說明，非作為商標使用者。

　2.**功能所需**：為發揮商品或服務功能所必要者。

　3.**善意先使用**：在他人商標註冊申請日前，善意使用相同或近似之商標於同一或類似之商品或服務者。但以原使用之商品或服務為限；商標權人並得要求其附加適當之區別標示。

(四)**商標的授權**：商標授權區分為「專屬授權」、「獨家授權」及「非專屬授權」三種，分述如下：

　1.**專屬授權**：所謂「專屬授權」，係指商標授權被授權人使用後，在被授權範圍內，由專屬被授權人取得完整的專用及排他權，並排除商標權人及第三人使用註冊商標，商標權受侵害時，專屬被授權人得以自己名義行使權利。

　2.**非專屬授權**：「非專屬授權」係指商標授權被授權人使用後，在被授權範圍內，商標權人除得繼續使用該商標外，並得再授權其他人使用商標，被授權人僅取得授權範圍之商標使用權。

　3.**獨家授權**：「獨家授權」，係指商標僅授權一個被授權人使用，且於授權期間並不排除商標權人的使用，僅不得再授權第三人使用，故為非專屬授權。

## 六、商標權的變更

(一)**商標之移轉**：商標權和其他所有權一樣，可以移轉予他人所有，惟移轉商標權，必須向商標專責機關申請登記，未經登記，不得對抗第三人。商標之移轉應該登記，但是只要雙方意思表示一致即生效，登記僅是可以對抗第三人，若未登記，第三人就可以主張權利。移轉商標之登記，可由受讓人依移轉契約合意關係提出移轉登記之申請。當事人應自行查閱或由商標權人提供商標權有無設定負擔處分，以避免權利受損。若移轉商標的結果，有二以上的商標權人使用相同商標於類似之商品或服務，或使用近似商標於同一或類似之商品或服務，而有致相關消費者混淆誤認之虞者，各商標權人使用時應附加適當區別標示。其目的在避免相關購買人混淆誤認，其違反的效果，商標專責機關應依職權或據申請廢止其註冊。

(二)**商標之拋棄**：商標權人得拋棄商標權。但有授權登記或質權登記者，應經被授權人或質權人同意。商標拋棄，應以書面向商標專責機關為之。

(三)**商標之消滅**：如商標權人於商標期限屆滿未依規定延展註冊，或商標權人死亡而無繼承人者，則商標權當然歸於消滅。

(四)**設定質權**：商標權人設定質權及質權之變更、消滅，非經商標專責機關登記者，不得對抗第三人。商標權人為擔保數債權就商標權設定數質權者，其次序依登記之先後定之。質權人非經商標權人授權，不得使用該商標。

## 七、商標權的異議、評定、廢止

(一)**提起異議之理由**：商標之註冊違反商標法所定不得註冊之原因者，任何人得自商標註冊公告之日起三個月內，以異議書載明事實及理由向商標專責機關提出異議。

(二)**公眾審查制度**：商標法賦予任何人得對審定公告中之商標提出異議之權利。是以，雖商標經商標專責機關審定公告，惟任何人認有違反商標法

規定，自得於審定公告中檢具相關事證向商標專責機關提起異議，此乃公眾審查制度設立之目的，用以輔助商標主管機關之不足。

(三)**申請評定**：對於註冊的商標，利害關係人認為該商標的註冊影響其權益，且違反商標法規定不得註冊的情形者，得申請評定其註冊，為維持法律的安定性，並衡平商標權人及申請評定人雙方權益，對於不涉及公共秩序或社會利益的相對不得註冊事由，明定除斥期間為5年，亦即，商標自公告註冊日後滿5年，就不可以對該商標申請評定，經濟部智慧財產局也不可以依職權對該商標提請評定。但如果是惡意搶註葡萄酒或蒸餾酒的地理標示，或是他人的著名商標，就不受5年除斥期間之限制。商標評定應就每一註冊商標各別申請；並得就註冊商標指定使用的部分商品/服務為之。申請評定者，應以評定書載明事實及理由，並附副本。評定書如有提出附屬文者，副本中應提出。以商標註冊違反第30條第1項第10款規定申請評定時，其據以評定商標註冊已滿3年者，應檢附於申請評定前3年有使用於據以主張商品/服務的證據，或其未使用有正當事由的事證；該使用證據應足以證明商標的真實使用，並符合一般商業交易習慣。

(四)**廢止**：商標廢止是對於合法註冊取得之商標權，因嗣後違法使用或基於公益考量，而使其向將來失去效力的行政行為。廢止事由：

1. 自行變換商標或加附記，致與他人使用於同一或類似之商品或服務之註冊商標構成相同或近似，而有使相關消費者混淆誤認之虞者。

2. 無正當事由迄未使用或繼續停止使用已滿三年者。但被授權人有使用者，不在此限。

3. 未依第43條規定附加適當區別標示者。但於商標專責機關處分前已附加區別標示並無產生混淆誤認之虞者，不在此限。

4. 商標已成為所指定商品或服務之通用標章、名稱或形狀者。

5. 商標實際使用時有致公眾誤認誤信其商品或服務之性質、品質或產地之虞者。

## 八、商標之侵害救濟

(一)**民事救濟**：商標權人對於侵害其商標權者，依法得享有侵害除去請求權、侵害防止請求權及損害賠償請求權，且得請求由侵害商標權者負擔費用，將侵害商標權情事之判決書內容全部或一部登載新聞紙，並對於侵害商標權之物品或從事侵害行為之原料或器具，得請求銷毀或為其他必要處置等。

(二)**刑事救濟**：沒收侵害他人商標所製造、販賣、陳列、輸出或輸入之違法商品，或所提供於服務使用之違法物品或文書。

---

### 牛刀小試

(　　) **1** 小明下列的生活習慣中，何者為侵害商標權的行為？　(A)把愛情小說的章節抄寫放置到自己的部落格，並署上自己的姓名　(B)請友人從國外代為購買LV的仿冒特A貨回國販售　(C)未經合法授權免費下載藝人整張專輯　(D)將麥當勞招牌上的M字樣噴漆毀損。

(　　) **2** 有關商標權的敘述，下列何者錯誤？　(A)商標在創作人完成時即享有商標權的保護，不需要登記申請　(B)商標權的使用期限是十年　(C)商標可以利用文字、圖形、立體形狀或動態影像來組成　(D)侵害他人的商標權，必須負民、刑事責任。

(　　) **3** 侵害商標專用權與販賣仿冒商標商品，屬於何類案件？　(A)兩者均屬告訴乃論罪　(B)兩者均屬非告訴乃論罪　(C)前者屬告訴乃論後者非告訴乃論　(D)兩者均屬民事案件。

(　　) **4** 請問發展觀光條例規定之觀光專用標識，其屬性係屬於商標法所規定之何種標章？　(A)證明標章　(B)服務標章　(C)識別標章　(D)廣告標章。

( 　 ) **5** 下列關於我國「商標權」的說明，何者錯誤？ 　(A)「麥當勞叔叔」的塑像屬於立體商標 　(B)商標的註冊應向主管機關內政部申請 　(C)仿冒他人商標將同時涉及民事和刑事責任 　(D)商標發生類似的情形時，將對廠商與消費者造成權利上的損失。

( 　 ) **6** 85度C咖啡連鎖店，曾經為了自身的權益與其他業者對簿公堂，因為許多經營類似的餐飲店，模仿或複製85度C的招牌，如：86度C或8.5度C的方式來經營，讓85度C業者苦不堪言。試問：上述85度C的訴訟行為是為了爭取自己的哪一種權益？ 　(A)專利權 　(B)著作權 　(C)商標權 　(D)結社自由權。

---

**解答與解析**

**1 (B)**。1.把愛情小說的章節抄寫放置到自己的部落格，並署上自己的姓名→侵害著作權。
2.請友人從國外代為購買LV的仿冒特A貨回國販售→侵害商標權。
3.未經合法授權免費下載藝人整張專輯→侵害智慧財產權。
4.將麥當勞招牌上的M字樣噴漆毀損→觸犯毀損罪。

**2 (A)**。商標必須登記後才能取得商標權。

**3 (B)**。侵害商標專用權與販賣仿冒商標商品，兩者均屬非告訴乃論罪。

**4 (A)**。用以證明他人商品或服務之特定品質、精密度、原料、製造方法、產地或其他事項，並藉以與未經證明之商品或服務相區別之標識。發展觀光條例規定之觀光專用標識，其屬性係屬於商標法之證明標章。

**5 (B)**。商標的註冊應向主管機關經濟部商標局申請。

**6 (C)**。85度C咖啡連鎖店，曾經為了自身的權益與其他業者對簿公堂，因為許多經營類似的餐飲店，模仿或複製85度C的招牌，85度C的訴訟行為是為了爭取自己的商標權。

# 第四節　著作權法概要

## 一、著作權概述

著作權是智慧財產權的一種，所謂「智慧財產權」乃是指人類精神活動的成果而能產生財產上價值的，為了保護創作發明者的權益，就以法律創設的一種權利，著作權正是著作權法賦予著作人的權利。著作權僅保護著作的表達，而不及於其所表達的的思想、程序、製程、系統、操作方法、概念、原理、發現。例如：語文著作保護的是文字的敘述，但文字敘述所傳達的觀念不受著作權法的保護。

## 二、著作權法立法目的及基本原則

(一)**著作權法立法目的**：為保障著作人著作權益，調和社會公共利益，促進國家文化發展，特制定本法。

(二)**著作權法基本原則：**

　1.**原創性**：原創性係指原始獨立的創作，凡本於自己獨立的思維、智巧，而非抄襲自他人的創作，縱偶有雷同或近似他人著作，仍可認為具有原創性而應受著作權法保障。換句話說，在此意義下的原創性要求，只需著作人非抄襲自他人著作而獨立完成創作即可，縱然所完成的創作與另一個前著作完全相同，仍不妨礙所完成的創作具有原創性，而成為受著作權法所保障的著作；反之則無保護的必要。至於何謂抄襲，著作權法並無明文規範，法院認為應指曾「接觸」（access）被抄襲著作，且所完成創作與被抄襲著作構成「實質相似」（substantial similarity）狀態而言，而是否有抄襲情況存在，應由主張抄襲者舉證證明，否則應肯定創作的原創性。

　2.**創作保護主義**：依照著作權法第3條第1項第1款規定，所謂「著作」是「屬於文學、科學、藝術或其他學術範圍之創作」。由此可知，一件作品受到著作權保護的首要條件必須是「創作」。而著作權法就著作權之產生，採「創作保護主義」，又稱「著作權自動產生原則」，此指於著

作完成時起，只要具有原創性，著作權就自動、立時的產生，使著作人
享有著作權中的著作人格權及著作財產權。

3. **著作權與著作物所有權分離原則**：著作權與著作物所有權乃不同之權
利，所謂著作物係指著作重製物，例如書籍即為語文著作之重製物，
著作物與一般物品一樣，均有所有權，所以若你買到一本書，該本書之
所有權即歸你所有。至於著作權則係指著作權人所享有之重製、公開播
送、改作等專有權利，其與著作物所有權自有所區別。享有著作物所有
權並不等於享有著作權，此即所謂著作權與著作物所有權分離原則。

4. **耗盡原則**：為維持著作權人與著作使用人間之平衡，首次出現於美國著
作權法之「第一次銷售原則」，又稱耗盡原則，這是亦是著作權法制中
一項精心的設計，著作權法賦予著作權人就其創作有獲得報酬的機會，
但為使著作重製物得以自由流通，讓使用者充分的利用，著作權法亦限
制著作權人對於已進入市場的特定著作重製物再握有控制能力，即耗盡
其對著作重製物再行散布的權利。

5. **思想與表達區分原則**：著作權之保護僅及於該著作之表達，而不及於其
所表達之思想、程序、製程、系統、操作方法、概念、原理、發現，本
條說明的是「概念與表達區分之原則」，即著作權所保護者為著作之表
達形式（例如：以具體文字所表達的小說、論文等語文著作），而不是
表達所隱含之概念（包含思想、程序、製程、系統、概念…等），也就
是說「概念」不具獨占性，非屬著作權法保護之對象。

## 三、著作之種類

著作指屬於「文學、科學、藝術或其他學術範圍之創作。」，其中包括語文、
音樂、戲劇、舞蹈、美術、攝影、圖形、視聽、建築、電腦程式著作、衍生著
作（編輯著作、表演著作、共同著作、非著作、外國人著作）。分述如下：

**(一)語文著作**：包括：詩、詞、散文、小說、劇本、學術論述、演講及其他
語文之著作。

**(二)音樂著作**：包括：樂曲、樂譜、歌詞。

(三)**戲劇、舞蹈著作**：包括：舞蹈、默劇、歌劇、話劇、及其他戲劇、舞蹈著作。

(四)**美術著作**：包括：繪畫、版畫、漫畫、連環圖（卡通）、素描、書法、字型繪畫、雕塑、美術工藝品及其他美術著作。

(五)**攝影著作**：包括照片、幻燈片及其他以攝影之製作方法所創作之著作。

(六)**圖形著作**：包括地圖、圖表、科技或工程設計圖及其他圖形著作。

(七)**視聽著作**：包括電影、錄影、碟影、電腦螢幕上顯示之影像及其他藉機械或設備表現系列影像，不論有無附隨聲音而能固著於任何媒介物上之著作。

(八)**錄音著作**：以任何機械或設計表現系列聲音而能附著於任何媒介物上之著作，但附隨於視聽著作之聲音不屬之。

(九)**建築著作**：包括建築設計圖、建築模型、建築物及其他建築著作。

(十)**電腦程式著作**：包括直接或間接使電腦硬體產生一定結果為目的所組成指令組合之著作。

## 四、著作權取得及著作人

(一)**著作權取得**：著作權法第10條：「著作人於著作完成時享有著作權。但本法另有規定者，從其規定。」依本條文之規定，著作權人自著作完成時即取得著作權，不必為任何形式上之申請，也不論著作是否對外公開發行，均不影響其著作權取得。另本法並未明文規定必須在著作上標明著作權標示才加以保護，著作權標示之有無亦不影響著作權之享有。

(二)**著作人**：

1. **受雇人（含公務員）**：受雇人於職務上完成之著作，以該受雇人為著作人。但契約約定以雇用人為著作人者，從其約定。依前項規定，以受雇人為著作人者，其著作財產權歸雇用人享有。但契約約定其著作財產權歸受雇人享有者，從其約定。

2. **受聘人**：出資聘請他人完成著作，原則上以受聘人為著作人。著作財產權依契約約定歸受聘人或出資人享有。未約定著作財產權之歸屬者，其著作財產權歸受聘人享有。

3. **著作人之推定**：在著作之原件或其已發行之重製物上，或將著作公開發表時，以通常之方法表示著作人之本名或眾所周知之別名者，推定為該著作之著作人。

4. **外國人**：外國人之著作合於下列情形之一者，得依本法享有著作權。但條約或協定另有約定，經立法院議決通過者，從其約定：

   (1) 於中華民國管轄區域內首次發行，或於中華民國管轄區域外首次發行後30日內在中華民國管轄區域內發行者。但以該外國人之本國，對中華民國人之著作，在相同之情形下，亦予保護且經查證屬實者為限。

   (2) 依條約、協定或其本國法令、慣例，中華民國人之著作得在該國享有著作權者。

## 五、著作人格權

(一)**著作人格權的種類**：著作人基於著作人之資格，為保護其名譽、聲望等人格利益，在法律上所享有的權利，該項權利因具有一身專屬性，故不得讓與或繼承。本權利包括公開發表權、姓名表示權，及同一性保持權，分述如下：

1. **公開發表權**：公開發表權係謂著作人將尚未公開發表之著作以發行、播送、上映、口述或其他方法向公眾公開其著作之內容，這項權利包含是否公開，何時公開，以及以何種方式公開。但是如果著作人是公務員，又依著作權法之規定，著作財產權歸屬法人享有時，則公務員不享有公開發表權。另外，若具有下列情形者，推定著作人同意公開發表著作：

   (1) 將著作財產權讓與他人或授權他人利用，因著作財產權之行使或利用而公開發表者。因為既然讓與或授權他人，卻又不公開發表，那讓與或授權利用即無意義，所以此種情形推定著作人有同意公開發表。

   (2) 著作人將「美術著作」或「攝影著作」之著作原件或其重製物讓與他人，受讓人以其原件或重製物「公開展示」，但須注意，限於美術和攝影著作，且公開發表方式限於展示。

(3) 依學位授予法所撰寫之碩士、博士論文，又該著作人已取得學位者。

(4) 依著作權法第11條第2項及第12條第2項規定，由雇用人或出資人自始取得尚未公開發表之著作財產權，僱用人或是出資人將著作財產權讓與、使用或利用而公開發表著作者。

2. **姓名表示權**：依著作權法第16條規定：「著作人於著作之原件或其重製物上或於著作公開發表時，有表示其本名、別名或不具名之權利。著作人就其著作所生之衍生著作，亦有相同之權利。」但是如果著作人是公務員，又依著作權法第11條及第12條之規定，著作財產權歸屬法人享有時，則公務員不享有公開發表權。利用著作之人，得使用自己之封面設計，並加冠設計人或主編之姓名或名稱。但著作人有特別表示或違反社會使用慣例者，不在此限。依著作利用之目的及方法，於著作人之利益無損害之虞，且不違反社會使用慣例者，得省略著作人之姓名或名稱。

3. **同一性保持權**：著作權法第17條規定：「著作人享有禁止他人以歪曲、割裂、竄改或其他方式改變著作的內容、形式或名目致損害其名譽之權利。」

**(二)著作人格權的特性：**

1. **一身專屬性**：著作人格權具一身專屬性，不得讓與或繼承。

2. **永久保護**：著作人死亡或消滅者，關於其著作人格權之保護，視同生存或存續，任何人不得侵害。但依利用行為之性質及程度、社會之變動或其他情事可認為不違反該著作人之意思者，不構成侵害。

3. **不得為強制執行之標的**：未公開發表之著作原件及其著作財產權，除作為買賣之標的或經本人允諾者外，不得作為強制執行之標的。

4. **刑事責任依生存區分**：著作人生存時，侵害其著作人格權有刑事責任；但著作人死亡以後，侵害其著作人格權則無刑事責任。

## 六、著作權財產權

著作財產權係著作人享有著作之經濟價值，除了是給予著作人一點鼓勵外，另一方面可以使其有財力繼續從事著作，達到促進國家文化發展之目的。著作財產權可以讓轉或授權予第三人使用。著作財產權享有：

| 重製權 | 指以印刷、複印、錄音、錄影、攝影、筆錄或其他方法直接、間接、永久或暫時之重複製作。於劇本、音樂著作或其他類似著作演出或播送時予以錄音或錄影;或依建築設計圖或建築模型建造建築物者,亦屬之。著作人除本法另有規定外,專有重製其著作之權利。表演人專有以錄音、錄影或攝影重製其表演之權利。前二項規定,於專為網路合法中繼性傳輸,或合法使用著作,屬技術操作過程中必要之過渡性、附帶性而不具獨立經濟意義之暫時性重製,不適用之。但電腦程式著作,不在此限。前項網路合法中繼性傳輸之暫時性重製情形,包括網路瀏覽、快速存取或其他為達成傳輸功能之電腦或機械本身技術上所不可避免之現象。 |
|---|---|
| 公開口述權 | 著作人有公開口述其語文著作(限於)的權利。 |
| 公開播送權 | 指基於公眾直接收聽或收視為目的,以有線電、無線電或其他器材之廣播系統傳送訊息之方法,藉聲音或影像,向公眾傳達著作內容。由原播送人以外之人,以有線電、無線電或其他器材之廣播系統傳送訊息之方法,將原播送之聲音或影像向公眾傳達者,亦屬之。著作人除本法另有規定外,專有公開播送其著作之權利。表演人就其經重製或公開播送後之表演,再公開播送者,不適用前項規定。為加強收視效能,得以依法令設立之社區共同天線同時轉播依法設立無線電視臺播送之著作,不得變更其形式或內容。營業場所以錄放音機播放音樂,為公開演出。<br>在公共場所以單一電視或收音機收視(聽)節目,不構成公開播送。營業場所以擴音器或強波器將電視或廣播內容傳達給賣場的客戶,為公開演出。 |
| 公開上映權 | 在同一時間,在現場公開上映著作內容的權利(例如在電影院播出電影)。非跨距離(必須在現場或現場已外一定的場所)、單向播送(觀眾只能被動接收)。著作人專有公開上映其視聽著作之權利。 |

| 公開演出權 | 指以演技、舞蹈、歌唱、彈奏樂器或其他方法向現場之公眾傳達著作內容。以擴音器或其他器材，將原播送之聲音或影像向公眾傳達者，亦屬之。著作人除本法另有規定外，專有公開演出其語文、音樂或戲劇、舞蹈著作之權利。表演人專有以擴音器或其他器材公開演出其表演之權利。但將表演重製後或公開播送後再以擴音器或其他器材公開演出者，不在此限。錄音著作經公開演出者，著作人得請求公開演出之人支付使用報酬。非以營利為目的，未對觀眾或聽眾直接或間接收取任何費用，且未對表演人支付報酬者，得於活動中公開口述、公開播送、公開上映或公開演出他人已公開發表之著作。 |
|---|---|
| 公開傳輸權 | 指以有線電、無線電之網路或其他通訊方法，藉聲音或影像向公眾提供或傳達著作內容，包括使公眾得於其各自選定之時間或地點，以上述方法接收著作內容。例如利用網路傳輸或是供人下載著作的權利。不同時間（可以選擇傳輸時間）、跨距離、可雙向傳輸。著作人除本法另有規定外，專有公開傳輸其著作之權利。表演人就其經重製於錄音著作之表演，專有公開傳輸之權利。 |
| 公開展示權 | 指向公眾展示著作內容。著作人專有公開展示自己尚未發行的美術著作或攝影著作的權利。 |
| 改作權 | 指以翻譯、編曲、改寫、拍攝影片或其他方法就原著作另為創作。例如翻譯、編曲、改寫、或是拍攝影片等等（但是表演著作沒有改作權，因為表演著作的性質比較特殊）。著作人專有將其著作改作成衍生著作或編輯成編輯著作之權利。但表演不適用之。 |
| 散布權 | 指不問有償或無償，將著作之原件或重製物提供公眾交易或流通。著作人除本法另有規定外，專有以移轉所有權之方式，散布其著作之權利。表演人就其經重製於錄音著作之表演，專有以移轉所有權方式散布之權利。 |

| 編輯權 | 編輯權是指著作權人有權決定自己的著作是否要被選擇或編排在他人的編輯著作中。例如：學術期刊其實就是一種編輯著作，就多數專家學者的來稿，透過審查的機制「選擇」適合刊登的稿件，並加以編排後出刊，就是一種編輯行為，需要取得作者的同意。著作人專有將其著作改作成衍生著作或編輯成編輯著作之權利。但表演不適用之。 |
| --- | --- |
| 出租權 | 著作財產權人有將其著作出租予他人，以收取對價之專有權利。著作人除本法另有規定外，專有出租其著作之權利。表演人就其經重製於錄音著作之表演，專有出租之權利。 |

# 七、著作權之期間

(一)**著作人格權**：著作人格權專屬於著作人本身，不得讓與或繼承。著作人死亡或消滅者，關於其著作人格權之保護，視同生存或存續，任何人不得侵害。但依利用行為之性質及程度、社會之變動或其他情事可認為不違反該著作人之意思者，不構成侵害。

(二)**著作財產權：**

1. **自然人**：著作財產權，除本法另有規定外，存續於著作人之生存期間及其死亡後五十年。著作於著作人死亡後四十年至五十年間首次公開發表者，著作財產權之期間，自公開發表時起存續十年。

2. **共同著作**：共同著作之著作財產權，存續至最後死亡之著作人死亡後五十年。

3. **別名著作或未具名著作**：別名著作或不具名著作之著作財產權，存續至著作公開發表後五十年。但可證明其著作人死亡已逾五十年者，其著作財產權消滅。前項規定，於著作人之別名為眾所周知者，不適用之。

4. **法人為著作人**：法人為著作人之著作，其著作財產權存續至其著作公開發表後五十年。但著作在創作完成時起算五十年內未公開發表者，其著作財產權存續至創作完成時起五十年。

5. **攝影、視聽、錄音、電腦程式及表演著作**：攝影、視聽、錄音及表演之著作財產權存續至著作公開發表後五十年。但著作在創作完成時起算五十年內未公開發表者，其著作財產權存續至創作完成時起五十年。

(三)**著作權期間之計算方式**：以該期間屆滿當年之末日為期間之終止。繼續或逐次公開發表之著作，依公開發表日計算著作財產權存續期間時，如各次公開發表能獨立成一著作者，著作財產權存續期間自各別公開發表日起算。如各次公開發表不能獨立成一著作者，以能獨立成一著作時之公開發表日起算。前項情形，如繼續部分未於前次公開發表日後三年內公開發表者，其著作財產權存續期間自前次公開發表日起算。

## 八、著作權之合理使用

(一)**合理使用原則**：著作利用行為原則上均須取得授權始得合法利用，例外在符合合理使用規定時，無須取得授權。也就是說，在法律所規定的「合理使用」範圍內，著作財產權人的權利是受到限制的，他必須容忍他人利用他的著作，不能夠主張自己享有著作財產權禁止他人使用，也不能追究他人的侵權責任。

(二)**合理使用一般性判斷原則**：著作權法第65條第2項規定：「著作之利用是否合於第44條至第63條所定之合理範圍或其他合理使用之情形，應審酌一切情狀，尤應注意下列事項，以為判斷之基準：

　1. 利用之目的及性質，包括係為商業目的或非營利教育目的。

　2. 著作之性質。

　3. 所利用之質量及其在整個著作所占之比例。

　4. 利用結果對著作潛在市場與現在價值之影響。」

(三)**合理使用個別規定**：

　1. **因立法或行政目的所需**：中央或地方機關，因立法或行政目的所需，認有必要將他人著作列為內部參考資料時，在合理範圍內，得重製他人之著作。但依該著作之種類、用途及其重製物之數量、方法，有害於著作財產權人之利益者，不在此限。

2. **因司法程序使用之必要**：專為司法程序使用之必要，在合理範圍內，得重製他人之著作。但依該著作之種類、用途及其重製物之數量、方法，有害於著作財產權人之利益者，不在此限。

3. **為學校授課需要**：依法設立之各級學校及其擔任教學之人，為學校授課目的之必要範圍內，得重製、公開演出或公開上映已公開發表之著作。前項情形，經採取合理技術措施防止未有學校學籍或未經選課之人接收者，得公開播送或公開傳輸已公開發表之著作。

   但依該著作之種類、用途及其重製物之數量、方法，有害於著作財產權人之利益者，不在此限。

4. **為教育需要**：為編製依法規應經審定或編定之教科用書，編製者得重製、改作或編輯他人已公開發表之著作，並得公開傳輸該教科用書。前項規定，除公開傳輸外，於該教科用書編製者編製附隨於該教科用書且專供教學之人教學用之輔助用品，準用之。依法設立之各級學校或教育機構及其擔任教學之人，為教育目的之必要範圍內，得公開播送或公開傳輸已公開發表之著作。但有營利行為者，不適用之。

   利用人應將利用情形通知著作財產權人並支付使用報酬；其使用報酬率，由主管機關定之。

5. **為公眾館藏之所需**：供公眾使用之圖書館、博物館、歷史館、科學館、藝術館、檔案館或其他典藏機構，於下列情形之一，得就其收藏之著作重製之：

   (1) 應閱覽人供個人研究之要求，重製已公開發表著作之一部分，或期刊或已公開發表之研討會論文集之單篇著作，每人以一份為限。但不得以數位重製物提供之。

   (2) 基於避免遺失、毀損或其儲存形式無通用技術可資讀取，且無法於市場以合理管道取得而有保存資料之必要者。

   (3) 就絕版或難以購得之著作，應同性質機構之要求者。

   (4) 數位館藏合法授權期間還原著作之需要者。

   國家圖書館為促進國家文化發展之目的，得以數位方式重製下列著作：

   (1) 為避免原館藏滅失、損傷或污損，替代原館藏提供館內閱覽之館藏著作。但市場已有數位形式提供者，不適用之。

   (2) 中央或地方機關或行政法人於網路上向公眾提供之資料。

6. **為學術研究之所需：**中央或地方機關、依法設立之教育機構或供公眾使用之圖書館，得重製下列已公開發表之著作所附之摘要：
   (1) 依學位授予法撰寫之碩士、博士論文，著作人已取得學位者。
   (2) 刊載於期刊中之學術論文。
   (3) 已公開發表之研討會論文集或研究報告。
7. **為新聞報導之所需：**以廣播、攝影、錄影、新聞紙、網路或其他方法為時事報導者，在報導之必要範圍內，得利用其報導過程中所接觸之著作。
8. **中央或地方機關或公法人之名義公開發表之著作：**以中央或地方機關或公法人之名義公開發表之著作，在合理範圍內，得重製、公開播送或公開傳輸。
9. **供個人或家庭為非營利之目的使用：**供個人或家庭為非營利之目的，在合理範圍內，得利用圖書館及非供公眾使用之機器重製已公開發表之著作。
10. **為報導、評論、教學、研究或其他正當目的之必要：**為報導、評論、教學、研究或其他正當目的之必要，在合理範圍內，得引用已公開發表之著作。
11. **為身心障礙人士之所需：**中央或地方政府機關、非營利機構或團體、依法立案之各級學校，為專供視覺障礙者、學習障礙者、聽覺障礙者或其他感知著作有困難之障礙者使用之目的，得以翻譯、點字、錄音、數位轉換、口述影像、附加手語或其他方式利用已公開發表之著作。前項所定障礙者或其代理人為供該障礙者個人非營利使用，準用前項規定。依前二項規定製作之著作重製物，得於前二項所定障礙者、中央或地方政府機關、非營利機構或團體、依法立案之各級學校間散布或公開傳輸。
12. **為辦理考試之所需：**中央或地方機關、依法設立之各級學校或教育機構辦理之各種考試，得重製已公開發表之著作，供為試題之用。但已公開發表之著作如為試題者，不適用之。
13. **非以營利為目的：**非以營利為目的，未對觀眾或聽眾直接或間接收取任何費用，且未對表演人支付報酬者，得於活動中公開口述、公開播送、公開上映或公開演出他人已公開發表之著作。

14. **廣播或電視為公開播送之目的**：廣播或電視，為公開播送之目的，得以自己之設備錄音或錄影該著作。但以其公開播送業經著作財產權人之授權或合於本法規定者為限。前項錄製物除經著作權專責機關核准保存於指定之處所外，應於錄音或錄影後六個月內銷燬之。

15. **為加強收視效能**：為加強收視效能，得以依法令設立之社區共同天線同時轉播依法設立無線電視臺播送之著作，不得變更其形式或內容。

16. **合法重製物**：美術著作或攝影著作原件或合法重製物之所有人或經其同意之人，得公開展示該著作原件或合法重製物。前項公開展示之人，為向參觀人解說著作，得於說明書內重製該著作。

17. **長期展示之美術著作或建築著作**：於街道、公園、建築物之外壁或其他向公眾開放之戶外場所長期展示之美術著作或建築著作，除下列情形外，得以任何方法利用之：
    (1) 以建築方式重製建築物。
    (2) 以雕塑方式重製雕塑物。
    (3) 為於本條規定之場所長期展示目的所為之重製。
    (4) 專門以販賣美術著作重製物為目的所為之重製。

18. **合法電腦程式著作重製物**：合法電腦程式著作重製物之所有人得因配合其所使用機器之需要，修改其程式，或因備用存檔之需要重製其程式。但限於該所有人自行使用。前項所有人因滅失以外之事由，喪失原重製物之所有權者，除經著作財產權人同意外，應將其修改或重製之程式銷燬之。

19. **移轉原件及合法重製物**：另在中華民國管轄區域內取得著作原件或其合法重製物所有權之人，得以移轉所有權之方式散布之。

20. **出租原件及合法重製物**：著作原件或其合法著作重製物之所有人，得出租該原件或重製物。但錄音及電腦程式著作，不適用之。附含於貨物、機器或設備之電腦程式著作重製物，隨同貨物、機器或設備合法出租且非該項出租之主要標的物者，不適用前項但書之規定。

21. **時事問題之論述**：揭載於新聞紙、雜誌或網路上有關政治、經濟或社會上時事問題之論述，得由其他新聞紙、雜誌轉載或由廣播或電視公開播送，或於網路上公開傳輸。但經註明不許轉載、公開播送或公開傳輸者，不在此限。

22. **公開陳述：**政治或宗教上之公開演說、裁判程序及中央或地方機關之公開陳述，任何人得利用之。但專就特定人之演說或陳述，編輯成編輯著作者，應經著作財產權人之同意。

## 九、著作權授與

著作權授與應專指著作財產權部分。使用著作權原則上除符合著作權法合理使用之規定外，應取得著作財產權人之同意或是授與。授與分為「讓與」和「授權」兩種權利，讓與就像是將權利出售或是移轉，一旦權利移轉後，原著作財產人就永遠喪失該權利；授權則類似出租權利，只是暫時同意他人利用該著作財產權，惟該權利仍屬於著作財產權人所有。分述如下：

(一)**讓與著作：**著作權財產權人得全部或部分讓與他人或與他人共有。例如：張飛有一視聽著作，於創作完成時即享有重製、公開播送、公開上映、公開傳輸、改作、編輯、散布，及出租權。張飛可以將其中的重製權賣斷給別人，即張飛不再享有重製權，張飛將重製權「全部讓與」別人，縱使之後有人侵害該著作之重製權，可請求損害賠償和提起告訴之人係他人而非張飛。

(二)**授權著作：**授權係指約定在某一期間內授與他人使用著作財產權，約定期間屆滿後，著作財產權又回歸著作財產權人所有，授權又分為「專屬授權」和「非專屬授權」。「專屬授權」係指被授權之人獨占該著作財產權，著作財產權人不但不可以再將該著作財產權授與他人，甚至在授權範圍內自己都不可以行使權利，被授權人在授權範圍內等同著作財產權人；「非專屬授權」為，被授權人無獨占性，著作權人可以將同一權利重複給其他第三人。惟不論是專屬或非專屬授權，被授權之人未經原著作財產權人同意，不得再將該著作財產權授與第三人。例如：阿宅創作一本小說，與甲公司訂立授權契約，約定阿宅同意將該小說授權予甲公司自民國108年1月1日至108年12月31日重製該小說在臺灣地區發行，但阿宅仍可授權予其他出版商，則阿宅之授權重製屬非專屬之授權行為。

## 十、著作權之侵害與救濟

侵害著作權之民事及刑事責任分述如下：

**(一)民事責任：**

1. **侵害著作人格權：** 侵害著作人格權者，負損害賠償責任。雖非財產上之損害，被害人亦得請求賠償相當之金額。著作權人對於人格權被侵害時，可要求之民事救濟方式如下：

   (1) 金錢賠償。

   (2) 回復名譽。

   (3) 登載於新聞、報紙或雜誌上。

   (4) 銷毀侵害所作成之物或主要供侵害所用之物，或得為必要之處置。

2. **侵害著作財產權：** 著作權人對於著作財產權受侵害，可要求之民事救濟請求權如下：

   (1) 金錢賠償（填補所受損害及所失利益）。

   (2) 登載於新聞、報紙或雜誌上。

   (3) 銷毀侵害所作成之物或主要供侵害所用之物，或得為必要之處置。

   損害賠償請求權為自請求權人知道有損害賠償及賠償義務人時，兩年內須提出損害賠償請求權，或是從知道侵權行為時，十年內須提出損害賠償請求權，假若時效消滅，債務人得拒絕給付。

**(二)刑事責任：**

1. **侵害著作權重製權罪：** 對於重製之方法、只要有重製之故意，不分營利或非營利，或意圖銷售或出租而侵害他們著作財產權，均得依法處以刑責，其中用光碟故意重製、意圖銷售或出租者之刑責則更重，更為非告訴乃論罪。

2. **侵害散布權罪：** 散布的方式包括以移轉所有權之方法散布著作原件或其重製物、出租及出借。

3. **侵害其他著作財產權：** 擅自以公開口述、公開播送、公開上映、公開演出、公開傳輸、公開展示、改作、編輯、出租之方法侵害他人之著作財產權者，處三年以下有期徒刑、拘役、或科或併科新臺幣75萬元以下罰金。

4. **視為侵害著作權罪**：侵害著作權人格權之公開發表權、姓名表示權及同一保持權、錄有音樂著作之銷售用錄音著作發行滿六個月，欲利用該音樂著作錄製其他銷售用錄音著作者，經申請著作權專責機關許可強制授權，而將其錄音著作之重製物銷售至中華民國管轄區域外、以侵害著作人名譽之方法利用其著作者、輸入未經著作財產權人或製版權人授權重製之重製物或製版物者、明知為侵害電腦程式著作財產權之重製物作為營業之使用者、明知為侵害著作財產權之物而以移轉所有權或出租以外之方式散布者，或明知為侵害著作財產權之物，意圖散布而公開陳列或持有者、未經著作財產權人同意或授權，意圖供公眾透過網路公開傳輸或重製他人著作，侵害著作財產權，對公眾提供可公開傳輸或重製著作之電腦程式或其他技術，而受有利益者，均為告訴乃論之罪。

---

## 牛刀小試

( ) **1** 下列有關我國著作權法的敘述何者正確？ (A)為註冊保護主義，必須申請獲准註冊才能享有著作權 (B)為創作保護主義，著作人於著作完成時即享有著作權 (C)著作權法保護著作的「表達」及所含之「觀念」 (D)公益及非營利目的為著作權保護之最高指導原則。

( ) **2** 「合理使用」規定圖書館複印資料作業不應進行下列何項？ (A)得以適量用於商業行為 (B)複印本不須標明著作權標記 (C)複印機需標明「遵守著作權法」之告示 (D)得以複製資料毀損或喪失之部分。

( ) **3** 某人在民國108年發表了一首膾炙人口的歌曲，依照我國著作權法的規定，該著作受著作權法保護的存續期間於著作人之生存期間及其死亡後多少年？ (A)三十年 (B)四十年 (C)五十年 (D)六十年。

( ) **4** 在著作權中下面何種權利可以讓與？ (A)重製權 (B)姓名權 (C)公表權 (D)同一性保持權。

（　）　**5** 下列有關著作權法之敘述何者不正確？　(A)為保障著作人著作
權益　(B)為保障使用者權益　(C)促進國家文化發展　(D)調和
社會公共利益。

（　）　**6** 下列何項得為著作權之標的？　(A)司法院委請學者譯成英文出
版之大法官會議解釋彙編　(B)內政部編印出版之營建法令彙編
(C)財政部舉行學術研討會出版之研討會論文集　(D)立法院就法
案審議過程出版之法律案專輯。

---

## 解答與解析

**1 (B)**。著作權法就著作權之產生，採「創作保護主義」，又稱「著作權自動
產生原則」，此指於著作完成時起，只要具有原創性，著作權就自
動、立時的產生，使著作人享有著作權中的著作人格權及著作財產
權。

**2 (A)**。著作權法在特定情形下乃對於著作人之權益作限制與例外規定，允許
社會大眾為學術、教育、個人利用等非營利目的，得於適當範圍內逕
行利用他人之著作，此即所謂「合理使用」。

**3 (C)**。著作權法第30條第1項規定：「著作財產權，除本法另有規定外，存續
於著作人之生存期間及其死亡後五十年。」

**4 (A)**。著作人格權，具一身專屬性，不得移轉。重製權為著作財產權可以讓
與。

**5 (B)**。著作權法係在保障著作人的權益，非保障使用者權益。

**6 (C)**。著作權法第9條第1項規定：「下列各款不得為著作權之標的：一、憲
法、法律、命令或公文。二、中央或地方機關就前款著作作成之翻譯
物或編輯物。三、標語及通用之符號、名詞、公式、數表、表格、簿
冊或時曆。四、單純為傳達事實之新聞報導所作成之語文著作。五、
依法令舉行之各類考試試題及其備用試題。」

# 第五節　營業秘密法

## 一、營業秘密概述

所稱營業秘密，係指方法、技術、製程、配方、程式、設計或其他可用於生產、銷售或經營之資訊，而符合下列三個要件始可為受法律保護之營業秘密。分述如下：

(一)**秘密性**：多須視具體文件資料進行價值判斷，故個別不同資料將有不同之認定，凡發現、構想、概念、各發展階段之軟體原始碼、目的碼、構圖、產品規格、其他設備以及專門技術或其他文件資料、品質控制制度或相關資料、行銷技巧與資料、行銷與發展計劃、客戶名單及關於客戶、價格或定價政策、財務資料等皆具有秘密性。

(二)**具價值性質**：任何的營業秘密都必須具有價值性，足以使秘密的所有人，在產業競爭中，有機會超過不知道或未使用這些秘密的競爭對手，因此，營業秘密的所謂價值性，是指可以產生實際或潛在的經濟價值，因為透過對它的使用，可以獲得經濟利益。營業秘密在企業競爭上之優勢，是其所有人讓秘密成為秘密之原因，如果營業秘密毫無經濟上之利用價值，所有人又何必投下成本及費盡心思去維護它的秘密性呢？

(三)**保密措施**：如果營業秘密之所有人，有意放棄營業秘密此一法律之保護，只要公開其營業秘密即可。但正因營業秘密之擁有，使其有經濟上之優越競爭地位，營業秘密之價值，通常使營業秘密之所有人，必須全力維護其秘密性，因此，如何不讓秘密公開，換言之，即應採取保密措施。

## 二、營業秘密法之立法目的

(一)**保障營業秘密**：保障營業秘密以達提昇投資與研發意願之效果，並能提供環境，鼓勵在特定交易關係中的資訊得以有效流通。

(二)**維護產業倫理與競爭秩序**：維護產業倫理與競爭秩序，使員工與雇主間，事業體彼此間之倫理與競爭秩序有所規範依循。

(三)**調和社會公共利益**：調和社會公共利益，於個案中將此列為考量因素，故本法仍於立法目的中宣示，俾法院於個案中能斟酌社會公共利益而為較妥適之判斷。

## 三、營業秘密之歸屬

(一)**雇用關係中研發之秘密：**

1. **職務上**：受雇人職務上所研究或開發之營業秘密，既係雇用人所企劃、監督執行，而受雇人並已取得薪資等對價，故應由雇用人取得該營業秘密。惟仍為尊重雙方之意願，得以契約另行約定。

2. **非職務上**：在非職務上所研究或開發之營業秘密，即應歸受雇人所有，惟如係受雇人利用雇用人之資源或經驗而研發取得之營業秘密，則應准許雇用人於支付合理報酬後有使用之權。

(二)**出資聘請他人研發之秘密**：出資聘請他人從事研究或開發之營業秘密，其營業秘密之歸屬依契約之約定；契約未約定者，歸受聘人所有。但出資人得於業務上使用其營業秘密。

(三)**共同研發**：數人共同研究或開發之營業秘密，其應有部分依契約之約定；無約定者，推定為均等。

(四)**營業秘密之共有**：營業秘密為共有時，對營業秘密之使用或處分，如契約未有約定者，應得共有人之全體同意。但各共有人無正當理由，不得拒絕同意。各共有人非經其他共有人之同意，不得以其應有部分讓與他人。但契約另有約定者，從其約定。

## 四、營業秘密之讓與及授權

營業秘密可以讓與及授權，但不得作為質權及強制執行之標的。營業秘密所有人得授權他人使用其營業秘密。其授權使用之地域、時間、內容、使用方法或其他事項，依當事人之約定。被授權人非經營業秘密所有人同意，不得將其被授權使用之營業秘密再授權第三人使用。營業秘密共有人非經共有人

全體同意，不得授權他人使用該營業秘密。但各共有人無正當理由，不得拒絕同意。營業秘密得全部或部分讓與他人或與他人共有。營業秘密為共有時，對營業秘密之使用或處分，如契約未有約定者，應得共有人之全體同意。但各共有人無正當理由，不得拒絕同意。各共有人非經其他共有人之同意，不得以其應有部分讓與他人。但契約另有約定者，從其約定。

## 五、營業秘密之侵害及救濟

(一)營業秘密之侵害態樣：

1. **以不正當方法取得營業秘密：**所謂不正當方法，係指竊盜、詐欺、脅迫、賄賂、擅自重製、違反保密義務、引誘他人違反其保密義務或其他類似方法。以不正當方法取得他人之營業秘密均構成營業秘密之侵害，至於以不正當方法取得營業秘密之人與營業秘密所有人間，是否有僱傭關係或其他法律關係，則非所問。

2. **知悉其為以不正方法取得之營業秘密，而取得、使用或洩漏：**知悉或因重大過失而不知其為前款之營業秘密，而取得、使用或洩漏者，為侵害營業秘密。不論知悉或因重大過失而不知該營業秘密係他人以不正當方法取得者，卻仍取得、使用或洩漏該營業秘密均是。

3. **取得營業秘密後，知悉（或因重大過失不知）其為不正取得之營業秘密，而使用或洩漏：**轉得人於取得該營業秘密之初，並不知情，亦無重大過失，而是於嗣後始知情，或有重大過失而仍不知，即屬之。

4. **因法律行為取得營業秘密，而以不正當方法使用或洩漏：**受雇人、受任人、代理人或交易相對人取得雇用人、委任人、本人或他方之營業秘密，往往係因該等關係而「正當：取得」，亦即其營業秘密並非以不正當方法取得，此種正當取得之營業秘密，如果被以不正當之方法使用或洩漏，對於營業秘密所有人所造成之損害，甚至較前三款之情形為重，是亦有加以規範之必要。

5. **依法令有守營業秘密之義務，而使用或無故洩漏：**依法令有守密義務之人，其亦係以正當方法得知該營業秘密，然而依法令有守密之義務，其使用或無故洩漏所知悉之營業秘密。

### (二)營業秘密受侵害之救濟：

1. **民事救濟：**

    (1) **排除侵害請求權：**被人以照相或是影印等方式取得營業秘密，營業秘密所有人當然有權利可以請公權力來排除並禁止這樣的行為，以防止該侵害行為持續擴大，維護自身營業秘密。

    (2) **防止侵害請求權：**有接觸公司營業秘密之員工，該員工離職後，原公司可以發信函告知其不得使用原公司之營業秘密。

    (3) **損害賠償請求權：**一旦營業秘密遭受侵害，造成損失，被害人在知道有侵害行為及賠償義務人起，二年內要提出，或是自侵害行為時起，十年內要行使該項損害賠償請求權，如有共同侵害人時，被害人亦可以請求連帶負責。若事後可以證明侵害人因侵害行為得到利益，被害人也可以依照民法之不當得利請求，自侵害人得利益時起15年內須提。至於賠償範圍則為被害人所受損害或所失利益、侵害人因侵害行為所得利益兩種。侵害行為如屬故意，法院得因被害人之請求，依侵害情節，酌定損害額以上之賠償。但不得超過已證明損害額之三倍。

2. **刑事救濟：**刑法相關之罪刑，如妨害秘密、竊盜、侵占、背信，以及公平交易法對於以脅迫、利誘或其他不正當方法，獲取他事業之產銷機密、交易相對人資料或其他有關技術秘密之行為。

3. **行政救濟：**違反公平交易法第19條之5之侵害營業秘密行為時，主管機關（行政院公平交易委員會）可以依當事人之請求，命令侵害人停止侵害行為。

## 六、管理營業秘密

### (一)競業禁止條款約定：企業為使其營業秘密不致外洩，或維持其他營業利益，並防止競爭對手之挖角，多與其員工約定於離職後，不得從事與原雇主競爭性之同類或相類似之工作，此即為離職後競業禁止約款，其本質上乃側重於保障前雇主之營業秘密，故此項約款如未逾合理程度，且不違反公序良俗，應為法律所許。所謂合理程度，應考量以下各點：

1. **企業或雇主須有依競業禁止特約保護之利益存在：**亦即雇主的固有知識和營業秘密有保護之必要。

2. **勞工或員工在原雇主或公司之職務及地位**：關於沒有特別技能、技術且職位較低，並非公司之主要營業幹部，處於弱勢之勞工，縱使離職後再至相同或類似業務之公司任職，亦無妨害原雇主營業之可能，此時之競業禁止約定應認拘束勞工轉業自由，乃違反公序良俗而無效。

3. **限制員工轉業之對象、期間、區域、職業活動等範圍均需具體**：限制員工轉業之對象、期間、區域、職業活動等範圍均需具體，而不宜過於空泛而使受雇人處於過度困境的地位。

4. **需有填補勞工因競業禁止損害之代償措施存在**：可以明定離職員工於競業限制期間的補償金，以使法院能夠認定此競業禁止條款是有效之契約，進而保護內部營業秘密不致被竊取或盜用。

5. **離職後受僱人之競業行為無顯著違反誠信原則**：例如當離職員工對雇主之客戶、情報大量的收集或篡奪，或其他顯著的背信性，即不具有保護之必要。

(二)**文件管理**：採取管制影印機及文件借閱流程此兩種辦法，是較能防止機密資訊遭複製的方法。亦即除了規定機密文件只能在辦公室內閱覽之外，對於影印室也要採取適當的管制，可以請專人負責影印之工作，員工要複印任何文件，只能透過此專人，而當看到有標示機密之文件，該專人必須停止為其複印，且立即告知相關主管單位，因此內部員工是沒有接觸影印機的機會，如此將可大幅降低營業秘密遭複製的風險。

## 牛刀小試

(　　) **1** 遇親友要求提供公司業務上重要資料時，應如何處理？　(A)私下提供不可張揚　(B)依照規定程序申請　(C)找民代索取　(D)請其向其他同事索取。

(　　) **2** 甲公司嚴格保密之最新配方產品大賣，下列何者侵害甲公司之營業秘密？　(A)鑑定人A因司法審理而知悉配方　(B)甲公司授權乙公司使用其配方　(C)甲公司之B員工擅自將配方盜賣給乙公司　(D)甲公司與乙公司協議共有配方。

(　　) **3** 出資聘請他人從事研究或開發之營業秘密，在未以契約約定的前提下，下列敘述何者正確？　(A)歸受聘人所有，出資人不得於業務上使用　(B)歸出資人所有，受聘人不得於業務上使用　(C)歸受聘人所有，但出資人得於業務上使用　(D)歸出資人所有，但受聘人得使用。

(　　) **4** 因故意或過失而不法侵害他人之營業秘密者，負損害賠償責任。該損害賠償之請求權，自請求權人知有行為及賠償義務人時起，幾年間不行使就會消滅？　(A)2年　(B)5年　(C)7年　(D)10年。

(　　) **5** 受雇者因承辦業務而知悉營業秘密，在離職後對於該營業秘密的處理方式，下列敘述何者正確？　(A)聘雇關係解除後便不再負有保障營業秘密之責　(B)僅能自用而不得販售獲取利益　(C)自離職日起3年後便不再負有保障營業秘密之責　(D)離職後仍不得洩漏該營業秘密。

---

## 解答與解析

**1 (B)**。遇親友要求提供公司業務上重要資料時，應依照規定程序申請。

**2 (C)**。甲公司之B員工擅自將公司產品配方盜賣給乙公司，侵害甲公司之營業秘密。

**3 (C)**。營業秘密法第4條規定：「出資聘請他人從事研究或開發之營業秘密，其營業秘密之歸屬依契約之約定；契約未約定者，歸受聘人所有。但出資人得於業務上使用其營業秘密。」

**4 (A)**。營業秘密法第12條規定：「因故意或過失不法侵害他人之營業秘密者，負損害賠償責任。數人共同不法侵害者，連帶負賠償責任。前項之損害賠償請求權，自請求權人知有行為及賠償義務人時起，二年間不行使而消滅；自行為時起，逾十年者亦同。」

**5 (D)**。受雇者因承辦業務而知悉營業秘密，在離職後仍不得洩漏該營業秘密。

# 精選試題

**第1～50題：**

(　　) **1** 許多國家對智慧財產權採取「對等保護主義」的立場。這凸顯出智慧財產權的那一項特性：　(A)創新性　(B)排他性　(C)地域性　(D)以上皆非。

(　　) **2** 國際間最早締結有關專利與商標保護的條約為：　(A)伯恩公約　(B)巴黎公約　(C)布達佩斯條約　(D)世界智慧財產權公約。

(　　) **3** 娜娜任職於「大華圖書股份有限公司」，擔任該公司的編輯，在總編輯阿國的督導下工作，娜娜每個月並負責撰寫書評一篇，刊載於該公司出版的「大華圖書股份有限公司」。如果娜娜與大華圖書股份有限公司沒有特別的契約約定，依照著作權法，上述書評的著作人應為：　(A)大華圖書股份有限公司　(B)娜娜　(C)阿國　(D)大華圖書股份有限公司與娜娜為共同著作人。

(　　) **4** 有關著作權的合理使用，「為維護公共利益的合理使用」不包括：　(A)為公務目的使用　(B)為福利目的使用　(C)個人非營利使用　(D)為教育目的使用。

(　　) **5** 國際間大部份國家的專利法，對於專利的申請權，是採取以下那一種原則：　(A)先繳費主義　(B)先發明主義　(C)先申請主義　(D)先使用主義。

(　　) **6** 依照巴黎公約有關國際優先權的制度，在發明專利部份，可以主張優先權的期間，是自在會員國提出專利申請之日期起：　(A)6個月　(B)12個月　(C)18個月　(D)24個月。

(　　) **7** 著作財產權的存續期間是著作人的生存期間，加上其死亡後幾年？　(A)10年　(B)30年　(C)50年　(D)60年。

(　　) **8** 下列敘述何者不正確？　(A)規定不能盜拷電腦軟體，是因為要尊重他人智慧的結晶　(B)在網路上看到好看的文章、好聽的歌曲，將它貼在自己的網站上供網友閱覽　(C)如果只是單純上網瀏覽影片、圖

片、文字或聽音樂，並不會違反著作權法　(D)電腦程式是著作權法保護的著作。

(　　)　**9**　下列何者是財產？　(A)陽光　(B)空氣　(C)人類的智慧結晶　(D)水。

(　　)　**10**　法律保障創作和發明，下列那一種行為違反著作權法？　(A)偷看別人的書信　(B)模仿人家的簽名　(C)拷貝電腦遊戲程式送給同學　(D)盜用別人的印信。

(　　)　**11**　抄襲同學的作文，以自己名義去投稿，是否觸法？　(A)會違反著作權法　(B)違反商標法　(C)是不道德的行為，但不犯法　(D)是不合理的行為，但不犯法。

(　　)　**12**　請問以下何者屬於智慧財產權法？　A.著作權法　B.專利法　C.商標法　D.民法　E.刑法　(A)A、B、C　(B)B、C、D　(C)C、D、E　(D)A、D、E。

(　　)　**13**　著作權登記應向那個機關申請？　(A)經濟部智慧財產局　(B)教育部　(C)內政部著作權委員會　(D)內政部警政署。

(　　)　**14**　請問智慧財產法要保護的是？　(A)一般人知的權利　(B)人類腦力辛勤創作的結晶　(C)國家　(D)消費者消費的樂趣。

(　　)　**15**　專利權登記應向那個機關申請？　(A)經濟部智慧財產局　(B)教育部　(C)內政部著作權委員會　(D)內政部警政署。

(　　)　**16**　商標註冊應向那個機關申請？　(A)經濟部智慧財產局　(B)經濟部商業司　(C)經濟部國際貿易局　(D)經濟部工業局。

(　　)　**17**　製版人之權利，自製版完成時起算存續多少年？　(A)五年　(B)十年　(C)十五年　(D)無限期。

(　　)　**18**　新產品應該在產品發表會後幾個月申請專利，否則將喪失其新穎性？　(A)6　(B)12　(C)18　(D)24。

( 　 ) **19** 下列何者不在著作權登記申請書中的範圍？　(A)著作人姓名
(B)著作人國籍　(C)著作完成日　(D)著作品的價格。

( 　 ) **20** 老師可否將他人著作用在自己的教科書中？　(A)只要付錢給著作權
委員會就可以　(B)只要是為教育目的必要，在合理範圍內就可以
(C)只要是為教育目的必要，在合理範圍內，並且經教育政機關審定
為教科書即可　(D)只要憑良心即可。

( 　 ) **21** 詩經為許多人喜愛的文學作品，把這些詩詞張貼在自己的部落格中
並無侵權之虞，請問主要原因是？　(A)文學著作不屬於著作權法保
護的範圍　(B)在自己部落格張貼詩詞並無營利行為　(C)詩經的作
者已死亡超過50年，其著作物已超過著作權法的保護期限　(D)著作
人之著作必須向政府機關登記才享有著作權。

( 　 ) **22** 我國法律規定之著作權所享有的保護期間，為著作完成到著作人
死亡後的N年，下列何者為N年的正確數值？　(A)10年　(B)20年
(C)40年　(D)50年。

( 　 ) **23** 請問商標有那些功能？　(A)商品來源之識別功能　(B)品質保證的
功能　(C)廣告功能　(D)以上皆是。

( 　 ) **24** 著作人死亡後，除其遺囑另有指定外，對於侵害其著作人格權的請
求救濟，下列何者的優先權最高？　(A)父母　(B)子女　(C)配偶
(D)祖父母。

( 　 ) **25** 研究生在論文中想引用他人著作是否須徵得著作財產權人同意？
(A)要徵得同意，也要付權利金　(B)在合理範圍內可以直接引用，
不必付權利金，但要註明出處　(C)不必徵得同意，但要付權利金
(D)要徵得同意，但不必付權利金。

( 　 ) **26** 為什麼男朋友不得任意公開前女朋友寫給他的情書？　(A)因為只有
撰寫情書的人有權決定是否公開　(B)因為任意公開有礙善良風俗
(C)因為會使對方傷心欲絕　(D)因為將造成社會動亂。

（　）**27** 某作家的散文集可以交給幾家出版社發行？　(A)1家　(B)2家　(C)3家　(D)法律並無限制，依當事人契約內容而定。

（　）**28** 下面何種權利可以讓與？　(A)重製權　(B)姓名權　(C)公表權　(D)同一性保持權。

（　）**29** 以下何者為著作權法所容許的拷貝行為？　(A)為作備份而拷貝電腦程式　(B)因遺失之故而拷貝同學的錄音帶　(C)幫別人全本影印　(D)影印李鐘碩的照片廉價出售。

（　）**30** 一個文學作品的作者，什麼時候能夠取得他所創作那本的小說上著作權？　(A)構思開始時　(B)搜集各式愛情故事時　(C)撰寫完畢時　(D)印刷出售時。

（　）**31** 為什麼拷貝「紅樓夢」一書不犯法？　(A)紅樓夢沒有著作權　(B)小說多虛構，故不涉及真偽、仿冒的問題　(C)太多人拷貝紅樓夢　(D)由於法律漏洞，未及規範。

（　）**32** 著作權人發覺被人盜印重製時應如何之處理？　A.請求排除侵害　B.向調查局檢舉　C.向地檢署按鈴告訴　D.向經濟部智慧財產局告發　E.向鄉鎮區公所聲請調解　(A)A、B、C　(B)B、C、D　(C)C、D、E　(D)A、C。

（　）**33** 專利被侵害可以尋求何種途徑救濟？　(A)向法院或檢察機關提出刑事告訴　(B)向侵害者請求金錢賠償　(C)要求侵害者將判決書刊登在報紙上　(D)以上皆是。

（　）**34** 下列何種行為不會違反著作權法？　(A)將市售CD借給同學拷貝使用　(B)將網路下載的圖片放在社團的網頁上　(C)在個人FB上寫作介紹別人的文章　(D)傳送共享軟體給朋友。

（　）**35** 某出版社為著作人的電腦叢書，其著作財產權存續至其著作公開發表後幾年？　(A)20年　(B)40年　(C)50年　(D)60年。

（　）**36** 國內發生學生在部落格分享未經授權的歌曲而遭到判刑的案例，請問這位學生最可能觸犯了何種法令？　(A)公司法　(B)商標法　(C)著作權法　(D)專利法。

(　) **37** 著作人死亡，對於侵害其著作人格權之行為，由下列何人請求救濟？　A.配偶　B.子女　C.父母　D.生前戶籍地之鄰里長　E.檢察官或其他司法警察官長　　(A)A、B、C　(B)B、C、D　(C)A、C、D　(D)B、C、E。

(　) **38** 著作權人對於輸出侵害其著作權之物者，得提供下列何者作為被查扣人，因查扣所受損害之賠償擔保，申請海關先予查扣？　(A)出口貨物離岸價格　(B)輸出貨物的建議價格　(C)出口貨物的實際售價之保証金　(D)以上皆非。

(　) **39** 某位學者為研究之用，發現英國某書刊並無中文譯本，為便於學生研究，請問何者合法？　(A)逕行為翻譯、發行即可　(B)將著作權為著作權人所有之書籍，透過英國原出版商同意再翻譯　(C)買回原版，然後供學生整本翻印後，作為上課教材　(D)經過版權所有人同意再翻譯。

(　) **40** 地下光碟複製工廠，拷貝光碟的行為，係違反下列何者有關智慧財產權的法律？　(A)專利法　(B)商標法　(C)營業盜賣法　(D)著作權法。

(　) **41** 領有證書的商標權年限為多久？　(A)10年，到期可申請展期，可無限次展期　(B)20年　(C)30年　(D)50年。

(　) **42** 阿POA發明了一種自動餵狗吃飯的機器，請問要向哪個機關申請專利權？　(A)財政部國稅局　(B)經濟部智慧財產局　(C)行政院新聞局　(D)專利局。

(　) **43** 下列敘述何者不正確？　(A)作者可將著作財產權作全部或部分讓與　(B)若著作人（自然人）生前未發表，死亡後40年至50年才第一次公開發表，則保護期間為第一次公開發表後起算10年　(C)若微軟公司將Office的著作財產權賣給其他公司，新公司能要求國內Office的合法使用者，重新付費取得授權　(D)設計網頁時，若以研究、教學目的，而改製音樂、圖片，並加註出處，仍屬合理使用範圍。

( 　) **44** 若某學生將老師上課內容一字不漏且非常詳實做成的筆記，影印出售給其他同學，則下列敘述何者正確？　(A)因為是學生抄的筆記，所以此學生就是著作人　(B)依據辛勤原則，所以此學生可以出售得利　(C)此學生已經侵害老師語文著作的重製權　(D)因為是教育用途，所以此學生是合理使用老師的語文著作。

( 　) **45** 下列有關我國著作權法的敘述何者正確？　(A)為註冊保護主義，必須申請獲准註冊才能享有著作權　(B)為創作保護主義，著作人於著作完成時即享有著作權　(C)著作權法保護著作的「表達」及所含之「觀念」　(D)公益及非營利目的為著作權保護之最高指導原則。

( 　) **46** 我國著作權法對於著作權的保護，是採用下列何種原則？　(A)註冊保護主義　(B)創作保護主義　(C)非營利事業不受限　(D)絕對需要徵求著作權人的同意。

( 　) **47** 圖書館將購買有版權的音樂CD轉錄成MP3，分送同仁欣賞。下列敘述，何者正確？　(A)只要不公開播放即不算違法　(B)此舉觸犯著作權法　(C)只要不提供使用者下載即不算違法　(D)轉錄為MP3屬於合法的重製行為。

( 　) **48** 圖書館在何種情形之下可根據我國「著作權法」的規定重製館藏著作？　(A)應閱覽人供個人研究之要求得重製未經授權之著作　(B)應館際合作單位使用便利之要求者　(C)價格昂貴而購置複本困難者　(D)絕版或基於保存資料之必要者。

( 　) **49** 個人使用未經授權之電腦軟體，可能觸犯以下何者？　(A)公平交易法　(B)政府資訊公開法　(C)電腦處理個人資料保護法　(D)著作權法。

( 　) **50** 「合理使用」規定圖書館複印資料作業不應進行下列何項？　(A)得以適量用於商業行為　(B)複印本不須標明著作權標記　(C)複印機需標明「遵守著作權法」之告示　(D)得以複製資料毀損或喪失之部分。

## 解答與解析

**1 (C)**。許多國家對智慧財產權採取「對等保護主義」的立場。這凸顯出智慧財產權的地域性,其權利行使之範圍係以登記區域內為限。

**2 (B)**。國際間最早締結有關專利與商標保護的條約為巴黎公約。

**3 (B)**。娜娜與大華圖書股份有限公司沒有特別的契約約定,依照著作權法,上述書評的著作人應為著作人(娜娜)所有。

**4 (C)**。有關著作權的合理使用,「為維護公共利益的合理使用」不包括個人非營利使用。

**5 (C)**。國際間大部份國家的專利法,對於專利的申請權,是採取先申請主義,先申請者取得專利權。

**6 (B)**。依照巴黎公約有關國際優先權的制度,在發明專利部份,可以主張優先權的期間,是自在會員國提出專利申請之日期起12個月。

**7 (C)**。著作權法第30條規定:「著作財產權,除本法另有規定外,存續於著作人之生存期間及其死亡後五十年。…」

**8 (B)**。在網路上看到好看的文章、好聽的歌曲,將它貼在自己的網站上供網友閱覽會違侵害他人著作權。

**9 (C)**。人類的智慧結晶屬於無形資產。

**10 (C)**。電腦遊戲程式是著作權保護的標的,拷貝電腦遊戲程式送給同學違反著作權法。

**11 (A)**。抄襲同學的作文,以自己名義去投稿,會違反著作權法。

**12 (A)**。著作權法、專利法、商標法屬於智慧財產權法。

**13 (C)**。著作權登記應向內政部著作權委員會申請。

**14 (B)**。智慧財產法要保護的是人類腦力辛勤創作的結晶。

**15 (A)**。專利權登記應向經濟部智慧財產局申請。

**16 (A)**。商標註冊應向經濟部智慧財產局申請。

**17 (B)**。著作權法第79條規定:「…製版人之權利,自製版完成時起算存續十年。…」

**18 (A)**。新式樣為六個月,向中華民國提出申請專利者,得享有優先權。

**19 (D)**。著作權登記申請書中的範圍有著作人姓名、著作人國籍、著作完成日等。

**20 (C)**。只要是為教育目的必要,在合理範圍內,並且經教育政機關審定為教科書,老師可將他人著作用在自己的教科書中。

**21 (C)**。詩經為許多人喜愛的文學作品，把這些詩詞張貼在自己的部落格中並無侵權之虞，主要原因是詩經的作者已死亡超過50年，其著作物已超過著作權法的保護期限。

**22 (D)**。著作權法第30條規定：「著作財產權，除本法另有規定外，存續於著作人之生存期間及其死亡後五十年。……」

**23 (D)**。商標有商品來源之識別功能、品質保證的功能、廣告功能等功能。

**24 (C)**。著作人死亡後，除其遺囑另有指定外，對於侵害其著作人格權的請求救濟，由其配偶優先取得。

**25 (B)**。著作權法第52條規定：「為報導、評論、教學、研究或其他正當目的之必要，在合理範圍內，得引用已公開發表之著作。」

**26 (A)**。男朋友不得任意公開前女朋友寫給他的情書，因為只有撰寫情書的人有權決定是否公開。

**27 (D)**。某作家的散文集可以交給幾家出版社發行，法律並無限制，依當事人契約內容而定。

**28 (A)**。1.著作權法第15條規定：「…二、著作人將其尚未公開發表之美術著作或攝影著作之著作原件或其重製物讓與他人，受讓人以其著作原件或其重製物公開展示者。…」
2.重製權可以讓與。

**29 (A)**。為作備份而拷貝電腦程式為著作權法所容許的拷貝行為。

**30 (C)**。著作權法第10條規定：「著作人於著作完成時享有著作權。但本法另有規定者，從其規定。」

**31 (A)**。紅樓夢沒有著作權，所以拷貝「紅樓夢」一書不犯法。

**32 (D)**。1.著作權法第84條規定：「著作權人或製版權人對於侵害其權利者，得請求排除之，有侵害之虞者，得請求防止之。」著作權法第115-2條規定：「法院為處理著作權訴訟案件，得設立專業法庭或指定專人辦理。著作權訴訟案件，法院應以判決書正本一份送著作權專責機關。」2.著作權人發覺被人盜印重製時應請求排除侵害或向地檢署按鈴告訴。

**33 (D)**。專利被侵害可以向法院或檢察機關提出刑事告訴、向侵害者請求金錢賠償、要求侵害者將判決書刊登在報紙上等。

**34 (C)**。在個人FB上寫作介紹別人的文章係屬於自己的創作，不會違反著作權法。

**35 (C)**。著作權法第33條規定：「法人為著作人之著作，其著作財產權存續至其著作公開發表後五十年。但著作在創作完成時起算五十年內未公開發表者，其著作財產權存續至創作完成時起五十年。」

**36 (C)**。著作權法第5條規定：「本法所稱著作，例示如下：一、語文著作。二、音樂著作。三、戲劇、舞蹈著作。四、美術著作。五、攝

影著作。六、圖形著作。七、視聽著作。八、錄音著作。九、建築著作。十、電腦程式著作。…」歌曲為錄音著作，本題學生在部落格分享未經授權的歌曲而遭到判刑的案例，這位學生觸犯了著作權法。

**37 (A)**。著作權法第86條規定：「著作人死亡後，除其遺囑另有指定外，下列之人，依順序對於違反第18條或有違反之虞者，得依第84條及前條第2項規定，請求救濟：一、配偶。二、子女。三、父母。四、孫子女。五、兄弟姊妹。六、祖父母。」

**38 (A)**。著作權法第90-1條規定：「著作權人或製版權人對輸入或輸出侵害其著作權或製版權之物者，得申請海關先予查扣。前項申請應以書面為之，並釋明侵害之事實，及提供相當於海關核估該進口貨物完稅價格或出口貨物離岸價格之保證金，作為被查扣人因查扣所受損害之賠償擔保。…」

**39 (B)**。學者為研究之用，發現英國某書刊並無中文譯本，為便於學生研究，應將著作權為著作權人所有之書籍，透過英國原出版商同意再翻譯。

**40 (D)**。地下光碟複製工廠，拷貝光碟的行為，係違反著作權法。

**41 (A)**。商標法第33條規定：「商標自註冊公告當日起，由權利人取得商標權，商標權期間為十年。商標權期間得申請延展，每次延展為十年。」

**42 (B)**。申請專利權要向經濟部智慧財產局申請。

**43 (D)**。若以研究、教學目的，可在合理範圍重製他人著作。改製音樂、圖片，已非屬合理使用範圍。

**44 (C)**。老師上課的內容也具有著作權，學生可以做成筆記自用，但不得散布與出售。

**45 (B)**。(A)、(B)我國著作權法著作權法為創作保護主義，著作人於著作完成時即享有著作權。　(C)著作權法僅保護表達，不保護表達所含之觀念。　(D)著作權保護若是將「公益」、「非營利目的」置於最高指導原則，則著作權的保護網將產生非常大的破洞，等於只給予著作權人一個空的權利。

**46 (B)**。我國著作權法為創作保護主義，著作人於著作完成時即享有著作權。

**47 (B)**。圖書館將購買有版權的音樂CD轉錄成MP3，分送同仁欣賞，此已觸犯著作權法。

**48 (D)**。著作權法第48條規定：「供公眾使用之圖書館、博物館、歷史館、科學館、藝術館、檔案館或其他典藏機構，於下列情形之一，得就其收藏之著作重製之：
一、應閱覽人供個人研究之要求，重製已公開發表著作之一部分，或期刊或已公開發表之研討會論文集之單篇著作，每人以一份為限。但不得以數位重製物提供之。

二、基於避免遺失、毀損或其儲存
形式無通用技術可資讀取,且無法
於市場以合理管道取得而有保存資
料之必要者。
三、就絕版或難以購得之著作,應
同性質機構之要求者。
四、數位館藏合法授權期間還原著
作之需要者。

(請注意:本法於111年6月15日
修正公布,施行日期由行政院定
之。)

**49 (D)**。個人使用未經授權之電腦軟
體,觸犯著作權法。

**50 (A)**。著作權法所謂「合理使用」不
包括商業行為。

## 第51～100題:

(　　) **51** 我國著作權法所規範的「合理使用」(Fair Use)指的是:　(A)允
許他人在一定的規範下合理使用該著作,而不需徵求著作權人的同
意　(B)凡使用著作權法所保護之資料,必須徵求著作權人的同意才
可使用　(C)使用著作權法所保護之資料,必須徵求著作權人的同
意,且付給合理的版權費　(D)使用著作權法所保護之資料,若未事
先徵求著作權人的同意,事後需繳交雙倍版權費。

(　　) **52** 有關創用CC授權的敘述,下列何者正確?　(A)是一種與著作權法
相衝突的授權方式　(B)是一種僅能在美國主張的授權方式　(C)奠基
於著作權法但又較具彈性的著作權運作模式　(D)僅能向特定人授權。

(　　) **53** 依我國著作權法第48條規定,供公眾使用之圖書館、博物館、歷史
館、科學館、藝術館、檔案或其他典藏機構,於下列那種情形下,
得就其收藏之著作重製之?　(A)基於保存資料之必要者　(B)價格
昂貴者　(C)基於複本典藏之考量　(D)網路傳輸需要。

(　　) **54** 依著作權法規定,著作權是指因著作完成所產生之何種權利?
(A)著作印製權及著作授予權　(B)著作授予權及著作販賣權　(C)著
作出版權及著作修改權　(D)著作人格權及著作財產權。

(　　) **55** 下列何種行為不違反著作權法?　(A)蒐集他人部落格文章出書銷售
(B)影印整本原文書　(C)考生下載四技二專聯招考古題閱讀　(D)使
用網路上的盜版軟體及序號。

（　　）**56** 電腦程式在下列哪一法律條款中被列舉為保護對象之一？　(A)民事訴訟法　(B)著作權法　(C)商標法　(D)電腦處理個人資料保護法。

（　　）**57** 著作權法保護各種創作，有關智慧財產權的敘述，下列何者錯誤？(A)電腦程式受著作權法保護　(B)程式設計師受雇於某公司，公司為雇用人，程式設計師為受雇人；在無其他契約約定情況下，其於職務上所開發完成的程式，公司為著作人　(C)智慧財產權保障的是人類思想、智慧、創作而產生具有財產價值的產物權利　(D)將從網路下載的圖片加上自己的圖形或文字做成海報，違反著作權法。

（　　）**58** 下列何種行為最不會有觸犯著作權法的疑慮？　(A)從網路抓取一張照片放在自製的網站上　(B)側錄電視上所播放的節目到教室播放(C)下載政府公告，並拷貝多份給友人　(D)下載盜版電影供自己觀賞。

（　　）**59** 調查局破獲地下光碟複製工廠，請問拷貝光碟的行為，違反下列何者關於智慧財產權之法律？　(A)著作權法　(B)商標法　(C)專利法(D)營利事業登記法。

（　　）**60** 下列何者是以保護產業技術成果為目的：　(A)著作權法　(B)商標法　(C)專利法　(D)營業秘密法。

（　　）**61** 下列對於著作權的敘述何者是錯誤的？　(A)新聞報導是著作權法保護的對象　(B)著作權法所保護的著作必須要有原創性　(C)著作人在著作完成時，即享有著作權　(D)將別人的文章抄襲到自己的著作裡，即違反了著作權法。

（　　）**62** 給予產品或服務名稱、符號或設計的專用權，以保障企業用以表彰本身產品與服務的法律為：　(A)專利法　(B)著作權法　(C)公平交易法　(D)商標法。

（　　）**63** 迪士尼公司對於米老鼠、唐老鴨等卡通之出版、銷售權利應列為：(A)商標　(B)商譽　(C)著作權　(D)專利權。

（　）**64** 下列何者為《著作權法》之主管機關？　(A)經濟部　(B)財政部
(C)教育部　(D)法務部。

（　）**65** 在BBS站上所發表的文章是受著作權法保護，下列何者正確？
(A)站長可予以收錄轉張貼營利　(B)任何公司可予以收錄販賣
(C)網友可予以收錄作營利行為　(D)得到著作財產權人同意後才可
使用。

（　）**66** 有關著作權法中的「重製」，下列何種敘述最完整？　(A)印刷、
複印　(B)錄音、筆錄　(C)錄影、攝影　(D)印刷、複印、錄音、錄
影、攝影、筆錄或其他方法有形之重複製作。

（　）**67** 非法複製網路作業系統，係違反下列何種法規？　(A)隱私權
(B)公平交易法　(C)災害防治法　(D)著作權法。

（　）**68** 專利法、商標法、著作權法之第一審民事訴訟案件屬於何種法院管
轄？　(A)地方法院　(B)高等法院　(C)智慧財產法院　(D)行政法
院。

（　）**69** 為解決涉及科技專業事項，如專利法、商標法及著作權法等爭訟案
件，國內現設有下列那一個機關？　(A)最高行政法院　(B)智慧財
產法院　(C)高等行政法院　(D)公務員懲戒委員會。

（　）**70** 下列何者有可能觸犯著作權法？　(A)將自己所購買的電腦作業系統
轉賣給他人　(B)自己購買的軟體不能隨意複製給他人使用　(C)自
己購買的正版軟體備份一份保存　(D)具有著作權的軟體，使用者可
不必付費即可任意複製及使用。

（　）**71** 取締盜版軟體是依據：　(A)請願法　(B)公平法　(C)著作權法
(D)消保法。

（　）**72** 英國柏納李（Tim Berners-Lee）是全球資訊網（www）的發明者，
他認為人類所有的成就都是互動的結果，應彼此分享。因此，為
了讓每個人都有機會利用網路，他堅持不申請下列何項權利，促成
今日網路資訊的蓬勃發展？　(A)專利權　(B)商標權　(C)著作權
(D)人格權。

（　）**73** 以下何者不屬於無體財產權？　(A)專利權　(B)礦業權　(C)商標權　(D)著作權。

（　）**74** 下列何者不屬於智慧財產權？　(A)商標權　(B)專利權　(C)營業秘密　(D)肖像權。

（　）**75** 禁止他人製造、販賣或使用其發明之權利，是為：　(A)商標權　(B)專利權　(C)著作權　(D)專用權。

（　）**76** 發明專利權範圍，以下列何者為準，於解釋時，並得審酌發明說明及圖式？　(A)申請專利範圍　(B)發明摘要　(C)發明名稱　(D)圖說。

（　）**77** 以下何者不是專利法所會造成的經濟效果？　(A)避免廠商競相研究開發時所造成重複投資的浪費　(B)在專利期間造成特定廠商的獨占地位　(C)對具共享性（nonrival）的特定知識，賦予其創造者在關於該知識的運用上有排他的權利　(D)提供創造新知識的經濟誘因。

（　）**78** 我國專利法規定專利案件必須同時符合一定要件，才能取得專利權。請問下列何者不屬於專利成立的要件？　(A)產業利用性　(B)商品化　(C)進步性　(D)新穎性。

（　）**79** 下列何者屬於專利法保護的對象？　(A)發明　(B)新型　(C)新式樣　(D)以上皆是。

（　）**80** 給予產品或服務名稱、符號或設計的專用權，以保障企業用以表彰本身產品與服務的法律為：　(A)專利法　(B)著作權法　(C)公平交易法　(D)商標法。

（　）**81** 下列何者不屬於專利法所保護之對象？　(A)新型　(B)發明　(C)新款　(D)新式樣。

（　）**82** 您是保健食品業界的發明王子，並成功為多家公司研發出熱賣商品。甲食品公司透過友人介紹，想出資聘請您為該公司研發新產品。如雙方在契約中並未約定相關研發成果之權利歸屬，則當您完

成發明時，依我國專利法規定，誰有權就該發明取得專利申請權及專利權？　(A)您　(B)甲公司　(C)您及甲公司共有該權利　(D)如雙方無法達成協議，則雙方均無該權利，該項發明即成為公共財。

(　　) **83** 聽演講時未經過演講人同意就逕行錄音，可能觸犯下列何者？(A)專利法　(B)商標法　(C)著作權法　(D)公平交易法。

(　　) **84** 依專利法規定，下列何種發明專利種類，得申請延長發明專利權期間？　(A)動物用藥品　(B)農藥品之製造方法　(C)健康食品(D)醫療器材之製造方法。

(　　) **85** 依專利法規定，發明專利權人對於下列何種未經其同意之行為，得排除之？　(A)甲公司為專利迴避設計之研究或實驗目的，而實施發明之必要行為　(B)乙教學醫院之藥劑師，將二種專利權保護之醫藥品混合的調劑行為　(C)丙在週末跳蚤市場，販賣已無使用需求的原廠計算機　(D)消費者丁在購物網站中，檢附圖片及標價刊登廣告，欲轉售從泰國購入的仿冒保溫瓶。

(　　) **86** 下列有關專利法中民事損害賠償計算方式之規定，其敘述何者錯誤？　(A)得請求依侵害人因侵害行為所得之利益　(B)得請求依授權實施專利所得收取的合理授權金為基礎計算損害　(C)得請求故意侵害行為所不超過證明損害額三倍的賠償　(D)得請求專利權人名譽損害賠償。

(　　) **87** 有關「著作權」之敘述，下列何者正確？　(A)使用精美、特殊圖片或有版權的卡通圖案作為報告裝飾，仍應取得授權　(B)著作權保護表達形式，也保護製程及概念　(C)利用繪圖軟體練習編修同學的個人照片，雖未經照片當事者同意，仍可分享給全班同學　(D)購得合法電腦軟體，因備份需要重製，且與好友分享。

(　　) **88** 發明專利權的期間為多久？　(A)10年　(B)15年　(C)20年　(D)30年。

(　　) **89** 新型專利權的期間為多久？　(A)10年　(B)15年　(C)20年　(D)30年。

( ) **90** 新式樣專利權的期間為多久？ (A)10年 (B)15年 (C)20年 (D)30年。

( ) **91** 下列哪一種權利不必到經濟部智慧財產局申請，就可享有？ (A)專利權 (B)商標權 (C)著作權 (D)以上皆需。

( ) **92** 哈佛小子林書豪在NBA賽場上一炮而紅後，相關效應持續發燒，林書豪相關產品跟著熱賣。目前，林書豪向美國專利商標局申請註冊「林來瘋Linsanity」的商標權，若註冊成功，日後各種商品不管是手機袋、太陽眼鏡還是球衣等，都得經過林書豪同意才可以使用。這股「商標熱」也引起民眾對「商標權」的關注。試問：有關臺灣現行「商標權」之內涵，下列敘述何者正確？ (A)商標權的權利義務、申請註冊程序被規範在《公平交易法》當中 (B)商標權的主要功能在於使自己與他人的商品或服務加以區別 (C)商標權的取得採取「創作保護主義」，毋須經過申請註冊登記 (D)商標的組成僅限文字、顏色、圖形或記號，不包括聲音、形狀。

( ) **93** 仿冒名牌包（例如LV）此種違法行為，事實上除了違反《公平交易法》之規定，尚違反哪一個法律？ (A)《消費者保護法》 (B)《專利法》 (C)《商標法》 (D)《刑事訴訟法》。

( ) **94** 以下何者為國內第一件取得「聲音商標」的廣告歌曲？ (A)北海鱈魚香絲 (B)小美冰淇淋 (C)綠油精 (D)斯斯感冒藥。

( ) **95** 某甲欲前往海外開立分店，其是否需要在當地申請商標才能受保護？下列敘述何者正確？ (A)某甲已經在臺灣申請了故不需要二次申請 (B)商標係採屬地主義故需在當地申請 (C)申請也不見得有保障故作罷 (D)視申請費用情況決定要不要申請。

( ) **96** 商標權期滿得申請延展，每次延展專用期間為： (A)五年 (B)十年 (C)十五年 (D)二十年。

( ) **97** 下列何者是廠商或商品的標誌？ (A)商標 (B)插圖 (C)造型 (D)標準色。

( 　　) **98** 商標註冊每次以：　(A)8年　(B)9年　(C)10年　(D)15年為限，得以申請延長，每次期限亦同。

( 　　) **99** 何者對「商標」敘述是錯的？　(A)單純　(B)必須統一且簡單 (C)不易辨認，越複雜越好　(D)幫企業建立信譽。

( 　　) **100** 將文字與圖案組合在一起，亦稱為圖案化的文字標誌，稱之為： (A)標誌　(B)繪文字　(C)插畫　(D)組合式商標。

---

### 解答與解析

**51 (A)**。我國著作權法所規範的「合理使用」（Fair Use）指的是允許他人在一定的規範下合理使用該著作，而不需徵求著作權人的同意。

**52 (C)**。著作權法的保護，讓想要創作內容被傳播出去的創作人來說，反而是阻礙。為了方便數位內容的傳播與使用，創用CC的誕生，可以讓創作人宣告授權條款、保留部分權利，讓創作與取用皆有依據，內容傳播又能符合著作權法。創用CC授權是一種與著作權法相衝突的授權方式。

**53 (A)**。著作權法第48條規定：「供公眾使用之圖書館、博物館、歷史館、科學館、藝術館、檔案館或其他典藏機構，於下列情形之一，得就其收藏之著作重製之： 一、應閱覽人供個人研究之要求，重製已公開發表著作之一部分，或期刊或已公開發表之研討會論文集之單篇著作，每人以一份為限。但不得以數位重製物提供之。 二、基於避免遺失、毀損或其儲存

形式無通用技術可資讀取，且無法於市場以合理管道取得而有保存資料之必要者。 三、就絕版或難以購得之著作，應同性質機構之要求者。 四、數位館藏合法授權期間還原著作之需要者。」 （請注意：本法於111年6月15日修正公布，施行日期由行政院定之。）

**54 (D)**。著作權法第3條規定：「…三、著作權：指因著作完成所生之著作人格權及著作財產權。…」

**55 (C)**。考生下載四技二專聯招考古題閱讀不違反著作權法。

**56 (B)**。著作權法第5條規定：「本法所稱著作，例示如下：一、語文著作。二、音樂著作。三、戲劇、舞蹈著作。四、美術著作。五、攝影著作。六、圖形著作。七、視聽著作。八、錄音著作。九、建築著作。十、電腦程式著作。…」是電腦程式在著作權法中被列舉為保護對象之一。

**57 (B)**。在無其他契約約定情況下，雖其於職務上所開發完成的程式，著作人仍為該受雇人。

**58 (C)**。下載政府公告，並拷貝多份給友人，最不會有觸犯著作權法的疑慮。

**59 (A)**。地下光碟複製工廠的拷貝光碟的行為，違反著作權法。

**60 (C)**。專利法第1條規定：「為鼓勵、保護、利用發明、新型及設計之創作，以促進產業發展，特制定本法。」

**61 (A)**。新聞報導不是著作權法保護的對象。

**62 (D)**。給予產品或服務名稱、符號或設計的專用權，以保障企業用以表彰本身產品與服務的法律為「商標法」。

**63 (C)**。迪士尼公司對於米老鼠、唐老鴨等卡通之出版、銷售權利應列為「著作權」。

**64 (A)**。著作權法第2條規定：「本法主管機關為經濟部。著作權業務，由經濟部指定專責機關辦理。」

**65 (D)**。在BBS站上所發表的文章是受著作權法保護，需得到著作財產權人同意後才可使用。

**66 (D)**。著作權法第3條規定：「五、重製：指以印刷、複印、錄音、錄影、攝影、筆錄或其他方法直接、間接、永久或暫時之重複製作。於

劇本、音樂著作或其他類似著作演出或播送時予以錄音或錄影；或依建築設計圖或建築模型建造建築物者，亦屬之。」

**67 (D)**。非法複製網路作業系統，係違反著作權法。

**68 (C)**。專利法、商標法、著作權法之第一審民事訴訟案件屬於智慧財產法院管轄。

**69 (B)**。為解決涉及科技專業事項，如專利法、商標法及著作權法等爭訟案件，國內現設有智慧財產法院。

**70 (D)**。具有著作權的軟體，使用者不付費任意複製及使用，觸犯著作權法。

**71 (C)**。取締盜版軟體是依據著作權法。

**72 (A)**。英國柏納李（Tim Berners-Lee）是全球資訊網（www）的發明者，他認為人類所有的成就都是互動的結果，應彼此分享。因此，為了讓每個人都有機會利用網路，他堅持不申請專利權，促成今日網路資訊的蓬勃發展。

**73 (B)**。礦業權是準物權，不屬於無體財產權。

**74 (D)**。肖像權為人身權的一種，不屬於智慧財產權。

**75 (B)**。禁止他人製造、販賣或使用其發明之權利，是為「專利權」。

**76 (A)**。發明專利權範圍，以說明書所載之申請專利範圍為準，於解釋申

請專利範圍時，並得審酌發明說明及圖式。

**77 (A)**。專利法所會造成的經濟效果：
1.在專利期間造成特定廠商的獨占地位。
2.具共享性（nonrival）的特定知識，賦予其創造者在關於該知識的運用上有排他的權利。
3.供創造新知識的經濟誘因。

**78 (B)**。專利成立的要件不包括商品化。

**79 (D)**。專利法第2條規定：「本法所稱專利，分為下列三種：一、發明專利。二、新型專利。三、設計專利。」

**80 (D)**。給予產品或服務名稱、符號或設計的專用權，以保障企業用以表彰本身產品與服務的法律為「商標法」。

**81 (C)**。專利法第2條規定：「本法所稱專利，分為下列三種：一、發明專利。二、新型專利。三、設計專利。」新款不屬於專利法所保護之對象。

**82 (A)**。專利法第5條規定：「專利申請權，指得依本法申請專利之權利。專利申請權人，除本法另有規定或契約另有約定外，指發明人、新型創作人、設計人或其受讓人或繼承人。」

**83 (C)**。聽演講時未經過演講人同意就逕行錄音，可能觸犯著作權法。

**84 (B)**。專利法第53條規定：「醫藥品、農藥品或其製造方法發明專利權之實施，依其他法律規定，應取得許可證者，其於專利案公告後取得時，專利權人得以第一次許可證申請延長專利權期間，並以一次為限，且該許可證僅得據以申請延長專利權期間一次。…」

**85 (D)**。專利法第136條規定：「設計專利權人，除本法另有規定外，專有排除他人未經其同意而實施該設計或近似該設計之權。…」依專利法規定，發明專利權人對於消費者丁在購物網站中，檢附圖片及標價刊登廣告，欲轉售從泰國購入的仿冒保溫瓶，得排除之。

**86 (D)**。專利法中民事損害賠償計算方式之規定，不包括請求專利權人名譽損害賠償。

**87 (A)**。1.使用精美、特殊圖片或有版權的卡通圖案作為報告裝飾，仍應取得授權。2.著作權法僅保護著作的表達形式，但不保護其製程及概念。3.未經許可將編修後的照片散布給全班同學，會有侵犯拍攝者著作權之虞。4.合法軟體可以備份，但不能分享給他人。

**88 (C)**。發明專利權期限，自申請日起算20年屆滿。

**89 (A)**。新型專利權期限，自申請日起算10年屆滿。

**90 (B)**。新式樣專利權期限，自申請日起算15年屆滿。

**91 (C)**。著作人完成著作時即取得著作權,不必到經濟部智慧財產局申請,就可享有。

**92 (B)**。商標權的主要功能在於使自己與他人的商品或服務加以區別。

**93 (C)**。仿冒名牌包(例如LV)此種違法行為,事實上除了違反《公平交易法》之規定,尚違反商標法。

**94 (B)**。小美冰淇淋為國內第一件取得「聲音商標」的廣告歌曲。

**95 (B)**。商標係採屬地主義故需在當地申請。

**96 (B)**。商標權期滿得申請延展,每次延展專用期間為十年。

**97 (A)**。商標是廠商或商品的標誌。

**98 (C)**。商標註冊每次以10年為限,得以申請延長,每次期限亦同。

**99 (C)**。「商標」要易辨認,越簡單越好。

**100 (D)**。將文字與圖案組合在一起,亦稱為圖案化的文字標誌,稱之為「組合式商標」。

## 第101~150題:

( ) **101** 有關專利法、商標法、著作權法等案件,係由下列那一個專業法院管轄? (A)地方法院行政訴訟庭 (B)少年及家事法院 (C)智慧財產法院 (D)司法院職務法庭。

( ) **102** 智慧財產是人們經由構思、創作、發明而產生價值的產物,我國為維護創作者的權利,制定了各種與智慧財產權相關的法律。下列敘述何者錯誤? (A)《商標法》、《專利法》及《著作權法》皆是與智慧財產權相關的法律 (B)侵害著作權的行為可能會有民事及刑事責任 (C)著作財產權的保護期間,原則上為著作人之生存期間及其死亡後50年 (D)為了保障著作人的權益,對於他人的創作一律不可引用。

( ) **103** 受僱人於職務上完成之著作,若未以契約約定著作權之歸屬,依著作權法之規定,著作財產權應歸屬於下列何者? (A)由法官決定 (B)受僱人 (C)僱用人 (D)僱用人與受僱人共有。

( 　) **104** 不服智慧財產局有關商標事件之處分，應向何機關提起訴願？
(A)公平交易委員會　(B)行政院　(C)經濟部　(D)財政部。

( 　) **105** 商標權人對輸入或輸出有侵害其商標權之物品，得向何單位申請
先予查扣？　(A)法院　(B)經濟部智慧財產局　(C)海關　(D)經濟
部。

( 　) **106** 下列何者是以保護產業技術成果為目的：　(A)著作權法　(B)商標
法　(C)專利法　(D)營業秘密法。

( 　) **107** 下列何者非屬於商事法？　(A)商標法　(B)公司法　(C)商業登記
法　(D)票據法。

( 　) **108** 給予產品或服務名稱、符號或設計的專用權，以保障企業用以表
彰本身產品與服務的法律為：　(A)專利法　(B)著作權法　(C)公
平交易法　(D)商標法。

( 　) **109** 光華和馨如均各自標榜，自家店鋪之標記，才是真正的百年老店
與金字招牌，為此兩人大打官司。與光華和馨如兩人官司相關的
法律，其最主要者為下列哪一項？　(A)公平交易法　(B)專利法
(C)著作權法　(D)商標法。

( 　) **110** 來自中國的「山寨風」近來也吹向臺灣，許多國人到中國旅遊都
不忘購買山寨手機等產品回臺灣。若依我國之法律觀點來看，仿
冒的商品不僅會阻礙國人之發明與創作，更有可能會觸犯下列何
種法律？　(A)專利法　(B)商標法　(C)著作權法　(D)刑法之竊盜
罪。

( 　) **111** 電腦程式在下列哪一法律條款中被列舉為保護對象之一？　(A)民
事訴訟法　(B)著作權法　(C)商標　(D)電腦處理個人資料保護
法。

( 　) **112** 具有法人資格之協會，為表彰其組織，應依商標法申請：　(A)證
明標章　(B)證明商標　(C)團體標章　(D)團體商標。

(　　) **113** 商標法規定，商標專用期間為10年，並得依法申請延展專用期間，倘有行政函釋規定公司停止營業或解散時，商標專用權視為消滅，則侵害人民受憲法保障之何項權利？　(A)人格權　(B)財產權　(C)工作權　(D)集會及結社權。

(　　) **114** 關於智慧財產法院事物管轄之敘述，下列何者正確？　(A)侵害商標、專利及著作權等智慧財產權益之刑事案件，不論何者均由智慧財產法院管轄第一審　(B)侵害商標、專利及著作權等智慧財產權益之民事案件，不論何者均由智慧財產法院管轄第一審　(C)少年擺地攤，違法販售仿冒商標之物品，經被害人報警逮捕，警局應將少年移送智慧財產法院　(D)違反商標法、著作權法之犯罪，不服地方法院之簡易判決，應向智慧財產法院提起第二審上訴。

(　　) **115** 商標權人請求損害賠償時，下列何者屬於商標法規定之損害計算方式？　(A)就查獲侵害商標權商品之零售單價一千五百倍以下之金額　(B)就查獲侵害商標權商品之成本費用一百倍至五百倍之金額　(C)以商標授權費用決定　(D)商標商品之回復原狀。

(　　) **116** 甲、乙、丙、丁四名好友共同完成一個電腦軟體，下列敘述何者錯誤？　(A)四人共同擁有這個軟體的著作權　(B)四人可以約定每人的權利是甲1/2、乙1/6、丙1/6、丁1/6　(C)甲的權利雖然最大，也不可以未得乙、丙、丁的同意而單獨決定把軟體的著作財產權授權給戊　(D)只要四人之中有三個人同意，就可以決定把軟體的著作財產權授權給戊。

(　　) **117** 下列關於公開發表權的敘述，何項錯誤？　(A)公開發表權屬於著作人格權　(B)著作人將其尚未公開發表之美術著作之著作原件讓與他人，受讓人公開展示該著作原件時，推定著作人同意受讓人公開發表其著作　(C)對於公開發表權之侵害行為，著作權法有刑事罰則之規定，且為非告訴乃論罪　(D)公開發表權受侵害時，受害人得請求損害賠償。

( ) **118** 個人參加海報大賽，如果利用老師給我的建議來設計這張海報，請問這張海報的著作權是歸誰享有？ (A)歸我享有，因為著作權法是保護著作的表達，不保護觀念、構想，由他人提供點子而自行創作之海報，著作權當然屬於我的 (B)歸老師和我共有 (C)雙方都沒有享有著作權 (D)歸老師享有，因為是老師的點子。

( ) **119** 從網路下載圖片，然後在上面加一些圖形或文字做成海報，這樣會侵害著作權法的那一項？ (A)重製權 (B)姓名表示權 (C)著作人格權 (D)公開口述權。

( ) **120** 下列關於「著作權法」的敘述，何者錯誤？ (A)以中央或地方機關或公法人之名義公開發表之著作，縱然在合理範圍內，也不得重製、公開播送或公開傳輸 (B)供個人或家庭為非營利之目的，在合理範圍內，得利用圖書館及非供公眾使用之機器重製已公開發表之著作 (C)為報導、評論、教學、研究或其他正當目的之必要，在合理範圍內，得引用已公開發表之著作 (D)已公開發表之著作，得為視覺障礙者、聽覺機能障礙者以點字、附加手語翻譯或文字重製之。

( ) **121** 據著作權法的用詞定義，「指基於公眾直接收聽或收視為目的，以有線電、無線電或其他器材之廣播系統傳送訊息之方法，藉聲音或影像，向公眾傳達著作內容。由原播送人以外之人，以有線電、無線電或其他器材之廣播系統傳送訊息之方法，將原播送之聲音或影像向公眾傳達者」指的是？ (A)公開播送 (B)公開上映 (C)公開演出 (D)公開傳輸。

( ) **122** 著作人死亡後，除其遺囑另有指定外，對於侵害其著作人格權的請求救濟，下列何者的優先權最高？ (A)配偶 (B)子女 (C)兄弟姊妹 (D)父母。

( ) **123** 共同著作之著作財產權，存續至最後死亡之著作人死亡後多久？ (A)5年 (B)10年 (C)25年 (D)50年。

( 　 ) **124** 關於「著作財產權」之時間屆滿後之敘述何者正確？　(A)任何人均可自由利用該著作　(B)只要付錢給著委會就可以利用著作　(C)還是要徵得著作財產權人同意，只是不用付錢　(D)只要付錢給經濟部智慧財產局就可以利用著作。

( 　 ) **125** 關於王大明為著作人的電腦程式著作，下列行為何者合法？　(A)可讓與姓名權給其他知名的電腦程式設計師　(B)王大明的女兒可以繼承其著作人格權　(C)王大明可以用別名發表　(D)王大明可以將其著作人格權讓與他人。

( 　 ) **126** 甲未得乙之同意，將乙之文章放置於自己的網站，供公眾瀏覽下載，且未標示乙為著作人。甲之行為未涉及乙之下列何種權利？　(A)姓名表示權　(B)重製權　(C)公開傳輸權　(D)公開展示權。

( 　 ) **127** 下列何者非屬著作財產權？　(A)著作公開展示權　(B)著作公開上映權　(C)著作出租權　(D)著作公開發表權。

( 　 ) **128** 受聘人為著作人時，如未約定著作財產權之歸屬，其著作財產權及利用權之歸屬情形為何？　(A)著作財產權歸出資人所有，受聘人有利用權　(B)著作財產權歸出資人所有，受聘人無利用權　(C)著作財產權歸受聘人所有，出資人有利用權　(D)著作財產權歸受聘人所有，出資人無利用權。

( 　 ) **129** 法人之代表人、法人或自然人之代理、受僱人或其他從業人員因執行業務，侵害他人製版權或著作權者，需承擔何種責任？　(A)全部由公司負責，行為人無責　(B)行為人自行負責，與公司無關　(C)行為人需負責，公司則負責賠償責任部份　(D)行為人自行負責，法人自然人亦科罰金。

( 　 ) **130** 下列哪個行為會違反著作權？　(A)教師擷取雜誌中的散文一段當閱讀測驗的文本　(B)教師使用去年統測題目當試題　(C)教師從參考書業者開發的題庫出題　(D)以上皆不會違反著作權。

( 　 ) **131** 下列針對電子商務中有關智慧財產權的敘述，何者錯誤？　(A)申請網域名稱時，應避免使用他人商標中的文字　(B)網站上的文字

與照片屬於公開資訊，沒有侵權的問題　(C)欲將他人著作收錄於資料庫供人查閱或下載，須事先取得著作權擁有者的授權　(D)購物網站上的產品名稱、價錢等資料，由於不具原創性，因此可直接使用。

( 　) **132** 下列何者得受著作權之保護？　(A)道路交通之超速照相　(B)高等考試試題　(C)機器操作方式　(D)電子資料庫。

( 　) **133** 下列何者得為著作權之標的？　(A)交通違規罰單　(B)國家考試試題　(C)大學教授授課內容　(D)行政機關函釋。

( 　) **134** 下列何者受著作權之保護？　(A)法律條文　(B)單純新聞事實報導的語文著作　(C)補習班的模擬試題　(D)一般會計帳簿。

( 　) **135** 政府為了保障著作權人的智慧財產權，乃制定著作權法。依據該法之規定，下列敘述何者正確？　(A)著作財產權因具有市場價值，故可轉讓亦可繼承　(B)將自行購買的正版CD重製一份給同學，並不違反著作權　(C)商家可將自購的正版CD拿到店裡公開播放以吸引顧客　(D)網路作家尚在腦海構思中的創作也是著作權保障的對象。

( 　) **136** 關於著作權侵害之救濟，下列何者正確？　(A)著作權人僅得請求排除現有侵害，無法排除未來可能之侵害　(B)侵害著作人格權者，如非財產上之損害，被害人不得請求損害賠償　(C)侵害製版權者，以故意為限，始負損害賠償責任　(D)數人共同不法侵害製版權者，應連帶負賠償責任。

( 　) **137** 下列關於侵害著作權罰則之敘述，何者正確？　(A)僅有行政罰，而無刑罰　(B)不處罰侵害著作人格權之人，但得要求侵害行為人登報道歉　(C)著作僅供個人參考或合理使用者，不構成著作權侵害　(D)即使侵害行為人所得之利益超過罰金最多額時，仍不得於所得利益之範圍內酌定。

( 　) **138** 下列有關著作權侵害之敘述，何者錯誤？　(A)著作權人得請求排除侵害　(B)對於故意或過失不法侵害其著作財產權者，權利人得

請求損害賠償　(C)對於侵害著作權者，尚有刑事處罰　(D)侵害著作人格權者，縱無故意或過失，亦負損害賠償責任。

( 　) **139** 下列有關著作權之敘述，何者正確？　(A)著作權應受有絕對保護，所謂「合理使用」應付費後始得主張　(B)著作權之侵害屬於「告訴乃論」罪，一經告訴即無法和解　(C)於網路上轉貼著作，使公眾得為瀏覽之行為，涉及「重製」及「公開傳輸」權　(D)對於自己之著作自行公開發表後，因受他人邀請參加研究時再次全文引用，係構成著作權侵害之自我抄襲行為。

( 　) **140** 以重製於光碟之方法侵害他人之著作財產權者，處六月以上五年以下有期徒刑，得併科新臺幣50萬元以上，多少元以下罰金，著作僅供個人參考或合理使用者，不構成著作權侵害。　(A)500萬元　(B)600萬元　(C)800萬元　(D)1000萬元。

( 　) **141** 下列何者得為著作權之標的？　(A)總統就職典禮演說　(B)司法院公報　(C)民間自行編輯整理之法學資料庫　(D)行政院之新聞稿。

( 　) **142** 下列何者得為著作權之標的？　(A)通用名詞　(B)立法院通過之法律　(C)當代10位名作家小說集　(D)國家考試試題。

( 　) **143** 著作權法上有關著作財產權之限制，下列敘述，何者正確？　(A)授課教師為學校授課需要，得重製與上傳他人之著作於教學平台上　(B)為編製授課教師上課之教學講義，在合理範圍內，得重製、改作或編輯他人已公開發表之著作　(C)為教學之必要，在合理範圍內，得引用已公開發表之著作　(D)供教學非營利之目的，得利用圖書館及非供公眾使用之機器公開傳輸已公開發表之著作。

( 　) **144** 有關著作權法用詞定義，下列敘述何者有錯？　(A)著作是指屬於創新發明且需通過專利之創作　(B)著作人是指創作著作之人　(C)著作權是指因著作完成所生之著作人格權及著作財產權　(D)公開口述是指以言詞或其他方法向公眾傳達著作內容。

( ) **145** 下列有關著作權法用詞定義之敘述，何者正確？ (A)公開播送：指以有線電、無線電之網路或其他通訊方法，藉聲音或影像向公眾提供或傳達著作內容，包括使公眾得於其各自選定之時間或地點，以上述方法接收著作內容 (B)公開上映：指基於公眾直接收聽或收視為目的，以有線電、無線電或其他器材之廣播系統傳送訊息之方法，藉聲音或影像，向公眾傳達著作內容 (C)公開演出：指以演技、舞蹈、歌唱、彈奏樂器或其他方法向現場之公眾傳達著作內容。以擴音器或其他器材，將原播送之聲音或影像向公眾傳達者，亦屬之 (D)公開傳輸：指以單一或多數視聽機或其他傳送影像之方法，於同一時間向現場或現場以外一定場所之公眾傳達著作內容。

( ) **146** 下列有關著作權法用詞定義之敘述，何者正確？ (A)公開播送：指以有線電、無線電之網路或其他通訊方法，藉聲音或影像向公眾提供或傳達著作內容，包括使公眾得於其各自選定之時間或地點，以上述方法接收著作內容 (B)公開上映：指基於公眾直接收聽或收視為目的，以有線電、無線電或其他器材之廣播系統傳送訊息之方法，藉聲音或影像，向公眾傳達著作內容 (C)公開演出：指以演技、舞蹈、歌唱、彈奏樂器或其他方法向現場之公眾傳達著作內容。以擴音器或其他器材，將原播送之聲音或影像向公眾傳達者，亦屬之 (D)公開傳輸：指以單一或多數視聽機或其他傳送影像之方法，於同一時間向現場或現場以外一定場所之公眾傳達著作內容。

( ) **147** 下列有關著作權之授權，何者符合著作權法之規定？ (A)非專屬授權之被授權人得任意再授權予第三人 (B)專屬授權之被授權人不得以自己名義為訴訟上行為，著作財產權人方得為訴訟上行為 (C)授權契約約定不明之部分，推定為未授權 (D)著作權之授權須以書面並經公證始生效力。

( ) **148** 著作權是一種重要的智慧財產權，我國也制定著作權法加以保障，下列有關著作權和著作權保障的敘述，何者不正確？ (A)小馬在腦海中構思的電腦程式並不受著作權法保護 (B)小沈對於他

　　所創作的舞蹈終身可以享有姓名表示權　(C)小楊創作樂曲的著作
　　財產權可及於他死亡後五十年　(D)小張所寫書籍的著作人格權在
　　他死後可由他人繼承。

(　　) **149** 某甲繪製一幅圖畫，該圖畫是否受著作權保護的判斷標準為何？
　　(A)原創性　(B)新穎性　(C)進步性　(D)藝術性。

(　　) **150** 下列有關於著作人與著作財產權歸屬之敘述，何者錯誤？　(A)如
　　未經約定歸屬，受雇人於職務上完成之著作，以該受雇人為著作
　　人，其著作財產權歸雇用人享有　(B)如未經約定歸屬，出資聘請
　　他人完成之著作，以該受聘人為著作人，其著作財產權歸受聘人
　　享有　(C)公務員於職務上完成之著作，其著作財產權之歸屬原
　　則，與受雇人相同　(D)於著作之原件或其已發行之重製物上，或
　　將著作公開發表時，以通常之方法表示著作人之本名或眾所周知
　　之別名者，視為該著作之著作人。

---

## 解答與解析

**101 (C)**。有關專利法、商標法、著作權法等案件，係由智慧財產法院管轄。

**102 (D)**。為了保障著作人的權益，對於他人的創作必須是合理的引用。

**103 (B)**。著作權法第11條規定，受僱人於職務上完成之著作，若未以契約約定著作權之歸屬，著作財產權應歸屬於受僱人。

**104 (C)**。不服智慧財產局有關商標事件之處分，應向經濟部提起訴願。

**105 (C)**。商標法第72條規定「商標權人對輸入或輸出之物品有侵害其商標權之虞者，得申請海關先予查扣。」

**106 (C)**。專利法是以保護產業技術成果為目的。

**107 (A)**。商事法主要包括公司法、保險法、海商法、票據法等；著作權法、專利法與商標法屬於民法的特別法。

**108 (D)**。給予產品或服務名稱、符號或設計的專用權，以保障企業用以表彰本身產品與服務的法律為「商標法」。

**109 (D)**。商標法第1條規定，為保障商標權、證明標章權、團體標章權、團體商標權及消費者利益，維護市場公平競爭，促進工商企業正常發展，特制定本法。

**110 (B)**。國人到中國旅遊都不忘購買山寨手機等產品回臺灣。若依我國之法律觀點來看，仿冒的商品不僅會阻礙國人之發明與創作，更有可能會觸犯商標法。

**111 (B)**。著作權法第5條規定：「本法所稱著作，例示如下：一、語文著作。二、音樂著作。三、戲劇、舞蹈著作。四、美術著作。五、攝影著作。六、圖形著作。七、視聽著作。八、錄音著作。九、建築著作。十、電腦程式著作。…」

**112 (C)**。具有法人資格之協會，為表彰其組織，應依商標法申請團體標章。

**113 (B)**。商標專用權為憲法所保障人民的財產權。

**114 (B)**。侵害商標、專利及著作權等智慧財產權益之民事案件，不論何者均由智慧財產法院管轄第一審。

**115 (A)**。商標法第71條規定：「…三、就查獲侵害商標權商品之零售單價一千五百倍以下之金額。但所查獲商品超過一千五百件時，以其總價定賠償金額。…」

**116 (D)**。甲、乙、丙、丁四名好友共同完成一個電腦軟體，則必須全部四人均同意，才可以決定把軟體的著作財產權授權給戊。

**117 (C)**。對於公開發表權之侵害行為，著作權法有刑事罰則之規定，且為告訴乃論罪。

**118 (A)**。雖是利用老師給我的建議來設計這張海報，但因為著作權法是保護著作的表達，不保護觀念、構想，由他人提供點子而自行創作之海報，著作權當然屬於我的。

**119 (A)**。從網路下載圖片，然後在上面加一些圖形或文字做成海報，這樣會侵害著作權法的重製權。

**120 (A)**。著作權法第44條規定：「中央或地方機關，因立法或行政目的所需，認有必要將他人著作列為內部參考資料時，在合理範圍內，得重製他人之著作。但依該著作之種類、用途及其重製物之數量、方法，有害於著作財產權人之利益者，不在此限。」

**121 (A)**。公開播送係指基於公眾直接收聽或收視為目的，以有線電、無線電或其他器材之廣播系統傳送訊息之方法，藉聲音或影像，向公眾傳達著作內容。由原播送人以外之人，以有線電、無線電或其他器材之廣播系統傳送訊息之方法，將原播送之聲音或影像向公眾傳達者。

**122 (A)**。著作權法第86條規定：「著作人死亡後，除其遺囑另有指定外，下列之人，依順序對於違反第十八條或有違反之虞者，得依第八十四條及前條第二項規定，請求救濟：一、配偶。二、子女。三、父母。四、孫子女。五、兄弟姊妹。六、祖父母。」

**123 (D)**。著作權法第31條規定：「共同著作之著作財產權，存續至最後死亡之著作人死亡後五十年。」

**124 (A)**。著作權法第43條規定：「著作財產權消滅之著作，除本法另有規定外，任何人均得自由利用。」

**125 (C)**。關於王大明為著作人的電腦程式著作，王大明可以用別名發表。

**126 (D)**。甲未得乙之同意，將乙之文章放置於自己的網站，供公眾瀏覽下載，且未標示乙為著作人。甲之行為未涉及乙之「公開展示權」。

**127 (D)**。著作人格權：1.公開發表權。2.姓名表示權。3.同一性保持權。

**128 (C)**。著作權法第12條規定：「…未約定著作財產權之歸屬者，其著作財產權歸受聘人享有。依前項規定著作財產權歸受聘人享有者，出資人得利用該著作。」

**129 (C)**。著作權法第101條規定：「法人之代表人、法人或自然人之代理人、受雇人或其他從業人員，因執行業務，犯第九十一條至第九十三條、第九十五條至第九十六條之一之罪者，除依各該條規定處罰其行為人外，對該法人或自然人亦科各該條之罰金。…」

**130 (D)**。為教學目的之行為不會違反著作權。

**131 (B)**。網站上的文字與照片雖屬於公開資訊，仍有著作權。

**132 (D)**。著作權法第10條之1規定：「依本法取得之著作權，其保護僅及於該著作之表達，而不及於其所表達之思想、程序、製程、系統、操作方法、概念、原理、發現。」

**133 (C)**。著作權法第9條規定：「下列各款不得為著作權之標的：一、憲法、法律、命令或公文。二、中央或地方機關就前款著作作成之翻譯物或編輯物。三、標語及通用之符號、名詞、公式、數表、表格、簿冊或時曆。四、單純為傳達事實之新聞報導所作成之語文著作。五、依法令舉行之各類考試試題及其備用試題。」

**134 (C)**。著作權法第9條規定：「下列各款不得為著作權之標的：一、憲法、法律、命令或公文。二、中央或地方機關就前款著作作成之翻譯物或編輯物。三、標語及通用之符號、名詞、公式、數表、表格、簿冊或時曆。四、單純為傳達事實之新聞報導所作成之語文著作。五、依法令舉行之各類考試試題及其備用試題。」

**135 (A)**。著作財產權屬於無形資產的一種，具有市場價值，故可轉讓亦可繼承。

**136 (D)**。著作權法第88條規定：「因故意或過失不法侵害他人之著作財產權或製版權者，負損害賠償責任。數人共同不法侵害者，連帶負賠償責任。…」

**137 (C)**。著作僅供個人參考或合理使用者，沒有營利行為，不構成著作權侵害。

**138 (D)**。雖侵害著作人格權者，但沒故意沒過失，且合理使用的狀況下不算侵害。

**139 (C)**。於網站上傳或下載著作為「重製」行為，將著作上傳於網站上供他人閱覽或聆聽，則屬「公開傳輸」行為。於網路上轉貼著作，使公眾得以瀏覽之行為，涉及「重製」及「公開傳輸」權。

**140 (A)**。著作權法第91條規定：「…以重製於光碟之方法犯前項之罪者，處六月以上五年以下有期徒刑，得併科新臺幣五十萬元以上五百萬元以下罰金。…」

**141 (C)**。著作權法第9條規定：「下列各款不得為著作權之標的：一、憲法、法律、命令或公文。二、中央或地方機關就前款著作作成之翻譯物或編輯物。三、標語及通用之符號、名詞、公式、數表、表格、簿冊或時曆。四、單純為傳達事實之新聞報導所作成之語文著作。五、依法令舉行之各類考試試題及其備用試題。」

**142 (C)**。著作權法第9條規定：「下列各款不得為著作權之標的：一、憲法、法律、命令或公文。二、中央或地方機關就前款著作作成之翻譯物或編輯物。三、標語及通用之符號、名詞、公式、數表、表格、簿冊或時曆。四、單純為傳達事實之新聞報導所作成之語文著作。五、依法令舉行之各類考試試題及其備用試題。」

**143 (C)**。著作權法第46條規定：「依法設立之各級學校及其擔任教學之人，為學校授課目的之必要範圍內，得重製、公開演出或公開上映已公開發表之著作。

前項情形，經採取合理技術措施防止未有學校學籍或未經選課之人接收者，得公開播送或公開傳輸已公開發表之著作。」

（請注意：本法於111年6月15日修正公布，施行日期由行政院定之。）

**144 (A)**。著作權是指因著作完成所生之著作人格權及著作財產權，著作人是指創作著作之人，公開口述是指以言詞或其他方法向公眾傳達著作內容。

**145 (C)**。1.公開播送：指基於公眾直接收聽或收視為目的，以有線電、無線電或其他器材之廣播系統傳送訊息之方法，藉聲音或影像，向公眾傳達著作內容。由原播送人以外之人，以有線電、無線電或其他器材之廣播系統傳送訊息之方法，將原播送之聲音或影像向公眾傳達者，亦屬之。2.公開上映：指以單一或多數視聽機或其他傳送影像之方法於同一時間向現場或現場以外一定場所之公眾傳達著作內容。3.公開演出：指以演技、舞蹈、歌唱、彈奏樂器或其他方法向現場之公眾傳達著作內容。以擴音器或其他器材，將原播送之聲音或影像向公眾傳達者，亦屬之。4.公開傳輸：指以有線電、無線電之網路或其他通訊方法，藉聲音或影像向公眾提供或傳達著作內容，包括使公眾得於其各自選定之時間或地點，以上述方法接收著作內容。

**146 (C)**。1.公開播送：指基於公眾直接收聽或收視為目的，以有線電、無線電或其他器材之廣播系統傳送訊息之方法，藉聲音或影像，向公眾傳達著作內容。由原播送人以外之人，以有線電、無線電或其他器材之廣播系統傳送訊息之方法，將原播送之聲音或影像向公眾傳達者，亦屬之。2.公開上映：指以單一或多數視聽機或其他傳送影像之方法於同一時間向現場或現場以外一定場所之公眾傳達著作內容。3.公開演出：指以演技、舞蹈、歌唱、彈奏樂器或其他方法向現場之公眾傳達著作內容。以擴音器或其他器材，將原播送之聲音或影像向公眾傳達者，亦屬之。4.公開傳輸：指以有線電、無線電之網路或其他通訊方法，藉聲音或影像向公眾提供或傳達著作內容，包括使公眾得於其各自選定之時間或地點，以上述方法接收著作內容。

**147 (C)**。著作權法第37條規定：「著作財產權人得授權他人利用著作，其授權利用之地域、時間、內容、利用方法或其他事項，依當事人之約定；其約定不明之部分，推定為未授權。…」

**148 (D)**。著作人格權具一身專屬性，無法由他人繼承。

**149 (A)**。某甲繪製一幅圖畫，該圖畫是否受著作權保護的判斷標準為是否具有原創性。

**150 (D)**。著作權法第13條規定：「在著作之原件或其已發行之重製物上，或將著作公開發表時，以通常之方法表示著作人之本名或眾所周知之別名者，推定為該著作之著作人。」

## 第151～200題：

( ) **151** 下列有關著作權之歸屬、保護對象及範圍之敘述，何者錯誤？
(A)受雇人於職務上完成之著作，除契約另有約定外，以該受雇人為著作人 (B)著作人為獨立創作，未接觸參考他人先前之著作，如恰巧有與他人著作高度相似，非屬侵權，仍受保護 (C)著作權法之保護範圍，不及於其所表達之思想、概念、原理或發現 (D)著作因未經登記致不能公示其權利之範圍及內容，故不受著作權之保護。

( 　) **152** 甲受雇於乙，並於職務上完成「中東遊記」一書，下列關於該書
著作權歸屬之敘述，何者正確？　(A)受雇關係中完成之著作，其
著作權均歸屬於雇用人乙　(B)受雇關係中完成之著作，得以契約
約定著作權之歸屬，惟若甲乙無約定時，由雇用人乙取得該書著
作權　(C)甲乙約定由乙為著作人時，因著作人格權具有專屬性，
所以仍歸屬於創作人甲　(D)若甲為著作人時，除另有約定外，由
雇用人乙取得著作財產權。

( 　) **153** 下列關於侵害著作權民事責任之敘述，何者錯誤？　(A)著作權人
得請求排除侵害　(B)對於著作財產權之侵害，著作財產權人得請
求賠償損害　(C)被害人得請求由侵害人負擔費用，將判決書內容
之一部或全部刊載於新聞紙、雜誌　(D)對於著作人格權之侵害，
著作權人僅得請求精神上之損害賠償。

( 　) **154** 下列關於共同著作之敘述，何項錯誤？　(A)共同著作係指二人以
上共同完成之著作，其各人之創作，不能分離利用者　(B)共同著
作之各著作人之應有部分，得由共同著作人以約定定之　(C)共同
著作之各著作財產權人得以其應有部分讓與他人，無須得其他共
有著作財產權人之同意　(D)共有著作財產權人，得於著作財產權
人中選定代表人行使著作財產權。

( 　) **155** 下列何項行為侵害著作權？　(A)以台北101大樓為背景拍照留念
(B)於臺灣誠品書店購買之書籍，閱畢後以網路拍賣之方式販售臺
灣地區之他人　(C)利用圖書館之影印機，重製一本販售中書籍的
5頁，該書總頁數為300頁　(D)未得著作財產權人之同意，於網站
上轉載其整篇旅遊希臘的文章。

( 　) **156** 下列何項行為侵害著作權？　(A)購買正版漫畫出租他人　(B)圖
書館購買正版DVD，為避免損害，自行複製後，出借複製之
DVD　(C)於網路上看到他人關於政治時事問題之論述，深表贊
同，且該論述之著作權人未標示不得轉載，因此轉貼於自己網頁
上　　(D)公開展示合法購得之他人美術著作原件。

（　）**157** 以下何種行為侵害著作權？　(A)國家財經首長的機要秘書，每天就各報章雜誌有關財經評論文章影印，供首長作為決策參考　(B)某行政機關重製甲撰寫之書籍100份，作為機關內部員工訓練教材　(C)檢調機關撰寫訴訟文書得合理引用學者學術著作，用以強化自己的論點　(D)新聞媒體為新聞報導之需要，合理引用行政機構所公開發表之統計數據。

（　）**158** 依我國著作權法之規定，破解或規避著作權人所採取之防盜拷措施，下列敘述何者正確？　(A)破解或規避防盜拷措施，沒有法律責任　(B)為電腦或網路進行安全性測試而破解防盜拷措施有法律責任　(C)為保護個人資料破解防盜拷措施有法律責任　(D)為進行還原工程而規避防盜拷措施沒有法律責任。

（　）**159** 圖書館依我國著作權法之規定，可合法重製下列那一種公開發表著作的摘要？　(A)博碩士論文　(B)書評　(C)圖書　(D)專利文件。

（　）**160** 靜香於探訪山林之際，即興寫下一首新詩，依我國著作權法之規定，她應是在何時才可以取得該首新詩的著作權？　(A)創作完成時　(B)公開發表時　(C)註冊登記後　(D)出版問世後。

（　）**161** 關於著作權法上之合理使用的敘述，下列何項錯誤？　(A)合理使用之著作利用行為，無須得著作財產權人之同意，亦不構成侵害著作財產權　(B)合理使用之規定，亦適用於著作人格權　(C)為司法程序使用之必要，於合理範圍內，重製他人之著作，屬於合理使用之行為　(D)合理使用之判斷，應審酌一切情狀。

（　）**162** 下列何者不是著作權法中之「合理使用」？　(A)中央機關基於行政的必要，將報紙中特定一篇報導重製　(B)為編製依法令應經教育行政機關審定之教科用書，重製他人已公開發表之著作　(C)法官審理案件時，引用某法學權威之見解　(D)某本四人平均合著之教科書，影印其中二位作家全部著作。

(　　) **163** 請問以下何者主要是為了衡平財產權與社會公益的衝突而設的規定？　(A)以遺囑處分財產不能侵犯特留分　(B)對於著作權保護的合理使用規範　(C)父母管理未成年子女財產的權利　(D)男女性別皆有平等的遺產繼承權。

(　　) **164** 下列何者不受著作權法保護？　(A)表演人對於既有著作或民俗創作之表演　(B)編輯人對於資料之選擇及編排具有原創性者　(C)就原作加以改作之創作　(D)單純為傳達事實之新聞報導所作成之語文著作。

(　　) **165** 娜娜在85年8月30日創作完成一幅畫，並在90年6月6日死亡，請問這幅畫的著作財產權存續至哪一天？　(A)135年8月30日　(B)135年12月31日　(C)140年6月6日　(D)140年12月31日。

(　　) **166** 我想在自己的部落格裡，提供其他網站的網址連結，單純的超連結會不會侵害著作權？　(A)一定不會，因為並沒有轉貼內容　(B)原則上不會，但如果明知道連結的網頁是有關軟體密碼破解、電影和音樂免錢聽、免錢看等侵害著作權的網站，這樣就會有侵害著作權的風險　(C)一定會，只要有連結，就會有侵害著作權　(D)以上皆非。

(　　) **167** 學生舉辦校際比賽，在什麼情形下，可以不經著作財產權人授權而演唱或演奏他人的音樂？　(A)非以營利為目的　(B)未對觀眾或聽眾直接或間接收取任何費用　(C)未對表演人支付報酬　(D)以上3種條件都具備的情形下。

(　　) **168** 阿花15歲寫了一篇文章，並在80歲的時候死亡，請問阿花這篇文章的著作財產權共存續了幾年？　(A)65年　(B)80年　(C)115年　(D)15年。

(　　) **169** 著作的利用是否合於合理使用，其判斷的基準為何？　(A)著作利用的目的是營利性，還是非營利性　(B)著作利用的量占整個著作的比例高還是低　(C)著作利用的結果是否會造成市場替代效應　(D)以上3種情形都應判斷。

(　　) **170** 下列那項作品的著作人享有公開上映權？　(A)視聽著作　(B)散文著作　(C)小說著作　(D)地圖。

(　　) **171** 以下何者為著作權法所容許的拷貝行為？　(A)因遺失之故而拷貝同學的錄音帶　(B)幫別人全本影印　(C)影印宮澤理惠的照片廉價出售　(D)為作備份而拷貝電腦程式。

(　　) **172** 青少年被黑幫吸收控制從事販賣盜版光碟，此種行犯罪行為違反什麼法？　(A)著作權法　(B)商標法　(C)刑法　(D)消保法。

(　　) **173** 關於法律與藝術的關係，下列敘述何者為錯誤？　(A)憲法保障藝術創作的自由　(B)拍攝電影的自由也受到憲法的保障　(C)著作權法也保障藝術創作者的權利　(D)藝術創作沒有財產利益。

(　　) **174** 重製他人著作，下列何者違反著作權法？　(A)教師為授課需要，在合理範圍內重製他人著作　(B)學生參考撰寫課業報告　(C)學校可重製他人著作出試題　(D)學校可大量重製他人著作販賣。

(　　) **175** 以下何種行為違反著作權法？　(A)中央機關依法令所舉辦之考試，重製已公開發表之著作，供為試題之用　(B)政府機關或公司行號非以營利為目的，僅係協助員工放鬆心情，在午餐時間，未經原著作人同意，播放其音樂作品　(C)甲在公共圖書館為小朋友朗讀兒童讀物　(D)某行政機關為編製機關內部員工訓練教材，合理引用他人之公開著作。

(　　) **176** 下列何者不屬於智慧財產權？　(A)商標權　(B)專利權　(C)營業秘密　(D)肖像權。

(　　) **177** 下列何種資訊，持有或保管之行政機關原則上並無主動公開之義務？　(A)法規命令　(B)不涉及國家機密之合議制機關會議記錄　(C)不涉及國家機密之行政指導有關文書　(D)涉及營業秘密之私人資料。

(　　) **178** 營業秘密可分為「技術機密」與「商業機密」，下列何者屬於「商業機密」？　(A)生產製程　(B)客戶名單　(C)產品配方　(D)設計圖。

（　）**179** 營業秘密法主要是涉及憲法何種基本權利之保障？　(A)財產權　(B)訴訟權　(C)言論自由　(D)結社自由。

（　）**180** 下列何者之第一審行政訴訟事件及強制執行事件，由智慧財產法院管轄？　(A)專利法、商標法、著作權法、光碟管理條例、植物品種及種苗法　(B)專利法、商標法、著作權法、營業秘密法、植物品種及種苗法　(C)專利法、商標法、著作權法、營業秘密法、光碟管理條例　(D)專利法、商標法、著作權法、營業秘密法、積體電路電路布局保護法。

（　）**181** 下列何者「不」屬於營業秘密的保護措施？　(A)未對含有機密性資訊的文件資料標示「機密」、「限閱」、「僅供內部參考」或其他類似字樣　(B)限制訪客之參觀，建立門禁管制　(C)電腦、影印機及傳真機等設備管制　(D)與員工、交易對象或其它可能接觸營業秘密之人簽訂保密契約。

（　）**182** 各種智慧財產權的取得採取不同的保護主義，下列何者錯誤？　(A)商標權採註冊主義　(B)專利權採註冊主義　(C)營業秘密採登記主義　(D)積體電路布局權採登記主義。

（　）**183** 凡具有「秘密性、商業價值性及已盡合理保密措施」的資訊，其所有人不論是下列何者，均可依營業秘密法主張權利？　(A)自然人　(B)禁治產人　(C)自然人或法人　(D)法人。

（　）**184** 下列何者是以保護產業技術成果為目的？　(A)著作權法　(B)商標法　(C)專利法　(D)營業秘密法。

（　）**185** 智慧財產行政訴訟事件，如涉及當事人之營業秘密時，法院或當事人應如何處理？　(A)智慧財產行政訴訟事件，與公益有關，縱有營業秘密，法院仍應命當事人提出，如不提出，得依法科處罰鍰　(B)智慧財產行政訴訟事件亦準用智慧財產案件審理法關於民事訴訟章所規定之秘密保持命令，當事人得向法院聲請秘密保持命令　(C)當事人之營業秘密，事涉當事人之財產權，法院不得強制當事人提出　(D)智慧財產行政訴訟事件，因法院應依職權調查證據，應無營業秘密可言，當事人不得以營業秘密作為抗辯。

( 　 ) 186 下列何者不是營業秘密的成立要件？　(A)別人並不知道該項營運資訊　(B)該營業資訊具有經濟價值　(C)該營運資訊具有創新的概念　(D)對該營運資訊採取合理的保密措施。

( 　 ) 187 政府為了使營業秘密的範圍明確，規定營業秘密須符合三項要件；不包括下列何者特性？　(A)新穎性　(B)他人並不知悉　(C)具有經濟價值　(D)採取保密措施。

( 　 ) 188 下列對於外國人之營業秘密，在我國是否受保護的敘述，何者正確？　(A)營業秘密的保護僅止於本國人而不包含外國人　(B)我國保護營業秘密不區分本國人與外國人　(C)外國人所有之營業秘密須先向主管或專責機關登記才可以在我國受到保護　(D)外國人所屬之國家若與我國簽訂相互保護營業秘密之條約或協定才受到保護。

( 　 ) 189 有關營業秘密保護規範之敘述，下列何者有誤？　(A)營業秘密之保護主要係以促進技術進步為目的　(B)營業秘密係透過法律對競爭秩序之保護而間接受到保護　(C)營業秘密不具備專屬排他之性質　(D)營業秘密法禁止以不正當方法獲取他人之營業秘密。

( 　 ) 190 有關營業秘密之歸屬，下列何者有誤？　(A)受雇人於職務上研究之營業秘密，若契約未有約定，歸雇用人所有　(B)受雇人於非職務上研究之營業秘密，歸受雇人所有　(C)出資聘請他人從事研究之營業秘密，若契約未有約定，歸受聘人所有　(D)數人共同研究之營業秘密，其應有部分若無約定，應依貢獻或出資額比例決定之。

( 　 ) 191 有關營業秘密的敘述，下列何者有誤？　(A)營業秘密的求償期限之一為侵權行為發生起五年內　(B)營業秘密的擁有者必須採取合理的保密措施　(C)侵害他人的營業秘密必須承擔民、刑事責任　(D)營業秘密必須登記註冊。

( 　 ) 192 下列何者不屬於智慧財產權之一種？　(A)建築物　(B)專利權　(C)著作權　(D)版權。

(　　) **193** 下列何者不是營業秘密的成立要件？　(A)別人並不知道該項營運資訊　(B)該營業資訊具有經濟價值　(C)該營運資訊具有創新的概念　(D)對該營運資訊採取合理的保密措施。

(　　) **194** 企業之商標專用權，主要係涉及下列何種基本權利之保障？　(A)宗教信仰自由　(B)集會自由　(C)財產權　(D)遷徙自由。

(　　) **195** 下列何者「非」屬於營業秘密的法律保護要件？　(A)秘密性　(B)公開性　(C)保密措施　(D)價值性。

(　　) **196** 下列何者「非」屬於營業秘密？　(A)負面或消極的資訊　(B)客戶名單　(C)具廣告性質的不動產交易底價　(D)公司內部的各種計畫方案。

(　　) **197** 阿花發明了一種不用開口就能讓對方聽到聲音的技術方法，請問他可以申請哪一種專利？　(A)發明專利　(B)輔助專利　(C)新型專利　(D)設計專利。

(　　) **198** 強調提升物品質感、親和性等視覺上效果的專利種類為何？　(A)發明專利　(B)輔助專利　(C)新型專利　(D)設計專利。

(　　) **199** 小華企業製作標本的秘密被大雄偷走了，根據營業秘密法，小華企業必須在幾年內提出損害賠償，否則就超過求償期限了？　(A)五年　(B)二十年　(C)十年　(D)十二年。

(　　) **200** 阿明向朋友炫燿最近取得了某項創作的專利權，但他卻忘了是哪一種專利，只知道專利期限為2020年到2035年。根據上述，點子王取得的專利權是：　(A)新型專利　(B)混合專利　(C)設計專利　(D)發明專利。

## 解答與解析

**151 (D)**。著作採創作保護主義，不必經登記，即受著作權之保護。

**152 (D)**。著作權法第12條規定：「出資聘請他人完成之著作，除前條情形外，以該受聘人為著作人。但契約約定以出資人為著作人者，從其約定。依前項規定，以受聘人為著作人者，其著作財產權依契約約定歸受聘人或出資人享有。未約定著作財產權之歸屬者，其著作財產權歸受聘人享有。依前項規定著作財產權歸受聘人享有者，出資人得利用該著作。」

**153 (D)**。侵害著作人格權者，須負損害賠償責任，其包含財產上及非財產上之損害賠償責任。

**154 (C)**。著作權法第40-1條規定：「共有之著作財產權，非經著作財產權人全體同意，不得行使之；各著作財產權人非經其他共有著作財產權人之同意，不得以其應有部分讓與他人或為他人設定質權。各著作財產權人，無正當理由者，不得拒絕同意。共有著作財產權人，得於著作財產權人中選定代表人行使著作財產權。對於代表人之代表權所加限制，不得對抗善意第三人。前條第二項及第三項規定，於共有著作財產權準用之。」

**155 (D)**。未得著作財產權人之同意，於網站上轉載其整篇旅遊希臘的文章會侵害著作權。

**156 (B)**。圖書館購買正版DVD，為避免損害，自行複製後，出借複製之DVD之行為侵害著作財產權中的重製權。

**157 (B)**。著作權法第44條規定：「中央或地方機關，因立法或行政目的所需，認有必要將他人著作列為內部參考資料時，在合理範圍內，得重製他人之著作。但依該著作之種類、用途及其重製物之數量、方法，有害於著作財產權人之利益者，不在此限。」

**158 (B)**。著作權法第80-2條規定：「著作權人所採取禁止或限制他人擅自進入著作之防盜拷措施，未經合法授權不得予以破解、破壞或以其他方法規避之。破解、破壞或規避防盜拷措施之設備、器材、零件、技術或資訊，未經合法授權不得製造、輸入、提供公眾使用或為公眾提供服務。前二項規定，於下列情形不適用之：一、為維護國家安全者。二、中央或地方機關所為者。三、檔案保存機構、教育機構或供公眾使用之圖書館，為評估是否取得資料所為者。四、為保護未成年人者。五、為保護個人資料者。六、為電腦或網路進行安全測試者。七、為進行加密研究者。八、為進行還原工程者。九、為依第四十四條至第六十三條及第六十五條規定利用他人著作者。十、其他經主管機關所定情形。前項各款之內容，由主管機關定之，並定期檢討。」

**159 (A)**。著作權法第48-1條規定：「中央或地方機關、依法設立之教育機構或供公眾使用之圖書館，得重製下列已公開發表之著作所附之摘要：一、依學位授予法撰寫之碩士、博士論文，著作人已取得學位者。二、刊載於期刊中之學術論文。三、已公開發表之研討會論文集或研究報告。」

**160 (A)**。著作權採創作完成主義。

**161 (B)**。合理使用之規定，不適用於著作人格權。

**162 (D)**。「某本四人平均合著之教科書，影印其中二位作家全部著作」已經超出著作權法中之「合理使用」的範圍。

**163 (B)**。對於著作權保護的合理使用規範，主要是為了衡平財產權與社會公益的衝突而設的規定。

**164 (D)**。著作權法第9條規定：「下列各款不得為著作權之標的：一、憲法、法律、命令或公文。二、中央或地方機關就前款著作作成之翻譯物或編輯物。三、標語及通用之符號、名詞、公式、數表、表格、簿冊或時曆。四、單純為傳達事實之新聞報導所作成之語文著作。五、依法令舉行之各類考試試題及其備用試題。」

**165 (D)**。1.著作權法第30條規定：「著作財產權，除本法另有規定外，存續於著作人之生存期間及其死亡後五十年。」2.娜娜在85年8月30日創作完成一幅畫，並在90年6月6日死亡，這幅畫的著作財產權存續至死亡後五十年（即140年12月31日）。

**166 (B)**。在自己的部落格裡，提供其他網站的網址連結，單純的超連結原則上不會侵害著作權，但如果明知道連結的網頁是有關軟體密碼破解、電影和音樂免錢聽、免錢看等侵害著作權的網站，這樣就會有侵害著作權的風險。

**167 (D)**。在非以營利為目的、未對觀眾或聽眾直接或間接收取任何費用、未對表演人支付報酬三種情況兼具情形下，可以不經著作財產權人授權而演唱或演奏他人的音樂。

**168 (C)**。1.著作權法第30條規定：「著作財產權，除本法另有規定外，存續於著作人之生存期間及其死亡後五十年。」2.著作財產權共存續＝80－15＋50＝115（年）

**169 (D)**。著作的利用是否合於合理使用，其判斷的基準為：1.著作利用的目的是營利性，還是非營利性。2.著作利用的量占整個著作的比例高還是低。3.著作利用的結果是否會造成市場替代效應。

**170 (A)**。視聽著作的著作人享有公開上映權。

**171 (D)**。為作備份而拷貝電腦程式為著作權法所容許的拷貝行為。

**172 (A)**。販賣盜版光碟，此種行犯罪行為違反著作權法。

**173 (D)**。藝術創作具有財產利益。

**174 (D)**。學校大量重製他人著作販賣已超出合理使用的範圍，違反著作權法。

**175 (B)**。在公開場所用自己的播音設備播放音樂CD，是一種利用他人著作之行為，需要取得授權。

**176 (D)**。肖像權為人身權，不屬於智慧財產權。

**177 (D)**。涉及營業秘密之私人資料，持有或保管之行政機關原則上並無主動公開之義務。

**178 (B)**。生產製程、生產製程、設計圖屬於「技術機密」，客戶名單屬於「商業機密」。

**179 (A)**。營業秘密法主要是涉及憲法財產權的基本權利之保障。

**180 (A)**。智慧財產法院組織法第3條規定：「智慧財產法院管轄案件如下：一、依專利法、商標法、著作權法、光碟管理條例、營業秘密法、積體電路電路布局保護法、植物品種及種苗法或公平交易法所保護之智慧財產權益所生之第一審及第二審民事訴訟事件。二、因刑法第二百五十三條至第二百五十五條、第三百十七條、第三百十八條之罪或違反商標法、著作權法、營業秘密法、公平交易法第三十五條第一項關於第二十條第一項、第三十六條關於第十九條第五款及智慧財產案件審理法第三十五條第一項、第三十六條第一項案件，不服

地方法院依通常、簡式審判或協商程序所為之第一審裁判而上訴或抗告之刑事案件。但少年刑事案件，不在此限。三、因專利法、商標法、著作權法、光碟管理條例、積體電路電路布局保護法、植物品種及種苗法或公平交易法涉及智慧財產權所生之第一審行政訴訟事件及強制執行事件。四、其他依法律規定或經司法院指定由智慧財產法院管轄之案件。」

**181 (A)**。未對含有機密性資訊的文件資料標示「機密」、「限閱」、「僅供內部參考」或其他類似字樣仍屬於營業秘密的保護的範圍。

**182 (C)**。營業秘密係雇用人與受雇人以契約約定營業秘密之歸屬，非採登記主義。

**183 (C)**。凡具有「秘密性、商業價值性及已盡合理保密措施」的資訊，其所有人不論是自然人或法人，均可依營業秘密法主張權利。

**184 (C)**。專利法第1條規定：「為鼓勵、保護、利用發明、新型及設計之創作，以促進產業發展，特制定本法。」

**185 (B)**。智慧財產行政訴訟事件，如涉及當事人之營業秘密時，智慧財產行政訴訟事件亦準用智慧財產案件審理法關於民事訴訟章所規定之秘密保持命令，當事人得向法院聲請秘密保持命令。

**186 (C)**。營業秘密須符合三項要件；
1.他人並不知悉。2.具有經濟價值。3.採取保密措施。

**187 (A)**。營業秘密須符合三項要件；
1.他人並不知悉。2.具有經濟價值。
3.採取保密措施。

**188 (D)**。營業秘密法第15條規定：「外
國人所屬之國家與中華民國如無相
互保護營業秘密之條約或協定，或
依其本國法令對中華民國國民之營
業秘密不予保護者，其營業秘密得
不予保護。」

**189 (A)**。營業秘密法第1條規定：「為
保障營業秘密，維護產業倫理與競
爭秩序，調和社會公共利益，特制
定本法。本法未規定者，適用其他
法律之規定。」營業秘密之保護並
不是以促進技術進步為目的。

**190 (D)**。營業秘密法第5條規定：「數
人共同研究或開發之營業秘密，其
應有部分依契約之約定；無約定
者，推定為均等。」

**191 (A)**。營業秘密法第12條規定：「因
故意或過失不法侵害他人之營業秘
密者，負損害賠償責任。數人共同
不法侵害者，連帶負賠償責任。前
項之損害賠償請求權，自請求權人
知有行為及賠償義務人時起，二年
間不行使而消滅；自行為時起，逾
十年者亦同。」

**192 (A)**。建築物屬於實體財產權。

**193 (C)**。營業秘密須符合三項要件；
1.他人並不知悉。2.具有經濟價值。
3.採取保密措施。

**194 (C)**。企業之商標專用權，主要係涉
及財產權之保障。

**195 (B)**。營業秘密須符合三項要件；
1.他人並不知悉。2.具有經濟價值。
3.採取保密措施。

**196 (B)**。營業秘密法第2條規定：「本
法所稱營業秘密，係指方法、技
術、製程、配方、程式、設計或其
他可用於生產、銷售或經營之資
訊，而符合左列要件者：一、非一
般涉及該類資訊之人所知者。二、
因其秘密性而具有實際或潛在之經
濟價值者。三、所有人已採取合理
之保密措施者。」

**197 (B)**。阿花發明了一種不用開口就能
讓對方聽到聲音的技術方法，可以
申請輔助專利。

**198 (D)**。強調提升物品質感、親和性
等視覺上效果的專利種類為設計專
利。

**199 (C)**。營業秘密法第12條規定：「因
故意或過失不法侵害他人之營業秘
密者，負損害賠償責任。數人共同
不法侵害者，連帶負賠償責任。前
項之損害賠償請求權，自請求權人
知有行為及賠償義務人時起，二年
間不行使而消滅；自行為時起，逾
十年者亦同。」

**200 (C)**。設計專利權期限，自申請日起
算15年屆滿。

第201～231題：

（　　）**201** 小彬發明了一項新產品，並申請獲得新型專利權，請問小彬可以擁有該專利權幾年？　(A)十二年　(B)十年　(C)二十年　(D)五十年。

（　　）**202** 智慧財產局2012年舉辦海報設計競賽，結果得獎者的作品原來是抄襲荷蘭藝術家的創作。請問該得獎者觸犯了什麼法律？　(A)著作權法　(B)專利法　(C)商標法　(D)營業秘密法。

（　　）**203** 我國專利案件的申請必須符合一定要件，智慧財產局才會核發該專利。請問下列何者不屬於專利成立的要件？　(A)產業利用性　(B)商品化　(C)進步性　(D)新穎性。

（　　）**204** 甲公司之受雇人A，因執行業務，觸犯營業秘密法之罪，除依規定處罰行為人A外，得對甲公司進行何種處罰？　(A)罰金　(B)拘役　(C)有期徒刑　(D)褫奪公權。

（　　）**205** 下列那一類法規最具國際性：　(A)民事法規　(B)刑事法規　(C)智慧財產權法規　(D)貿易法規。

（　　）**206** 關於商標註冊之監督事項下列何者辦理？　(A)國貿局　(B)標準檢驗局　(C)外貿協會辦理　(D)智慧財產局辦理。

（　　）**207** 請問下列敘述，哪一項不是立法保護營業秘密的目的？　(A)確保商業競爭秩序　(B)維護產業倫理　(C)調和社會公共利益　(D)保障營業秘密。

（　　）**208** 甲公司開發部主管J掌握公司最新技術製程，並約定保密協議，離職後就任同業乙公司，將甲公司之機密技術揭露於乙公司，使甲公司蒙受巨額營業上損失，下列何者「非」屬J可能涉及之刑事責任？　(A)刑法之洩漏工商秘密罪　(B)刑法之背信罪　(C)營業秘密法之以不正方法取得營業秘密罪　(D)營業秘密法之未經授權洩漏營業秘密罪。

（　）**209** 針對在我國境內竊取營業秘密後，意圖在外國、中國大陸或港澳地區使用者，營業秘密法是否可以適用？　(A)可以適用，但若屬未遂犯則不罰　(B)可以適用並加重其刑　(C)能否適用需視該國家或地區與我國是否簽訂相互保護營業秘密之條約或協定　(D)無法適用。

（　）**210** 公司員工執行業務時，下列敘述何者不正確？　(A)不得以任何直接或間接等方式向客戶索取個人利益　(B)應避免與客戶有業務外的金錢往來　(C)在公司利益不受損情況下，可藉機收受利益或接受款待　(D)執行業務應客觀公正。

（　）**211** 侵害他人之營業秘密而遭受民事求償，主觀上不需具備？　(A)故意　(B)過失　(C)重大過失　(D)意圖營利。

（　）**212** 行為人以竊取等不正當方法取得營業秘密，下列敘述何者正確？　(A)只要後續沒有出現使用之行為便不構成犯罪　(B)只要後續沒有造成所有人之損害便不構成犯罪　(C)已構成犯罪　(D)只要後續沒有洩漏便不構成犯罪。

（　）**213** 某離職同事請求在職員工將離職前所製作之某份文件傳送給他，請問下列回應方式何者正確？　(A)由於該項文件係由該離職員工製作，因此可以傳送文件　(B)若其目的僅為保留檔案備份，便可以傳送文件　(C)可能構成對於營業秘密之侵害，應予拒絕並請他直接向公司提出請求　(D)視彼此交情決定是否傳送文件。

（　）**214** 雇主為避免其營業秘密遭洩漏，與員工簽訂「一定期間在特定區域不得從事與原職務相似工作」之約款，該約款稱之為？　(A)競業禁止條款　(B)強制執行禁止條款　(C)質權設定禁止條款　(D)保密條款。

（　）**215** 甲意圖得到回扣，私下將應保密之公司報價告知敵對公司之業務員乙，並進而使敵對公司順利簽下案件，導致公司利益受有損害，下列何者正確？　(A)甲不構成洩露業務上知悉工商秘密罪，但構成背信罪　(B)甲構成洩露業務上知悉工商秘密罪及背信罪

(C)甲不構成任何犯罪　(D)甲構成洩露業務上知悉工商秘密罪，不構成背信罪。

( 　) **216** 按照現行法律規定，侵害他人營業秘密，其法律責任為何？(A)僅需負刑事責任　(B)僅需負民事損害賠償責任　(C)刑事責任與民事損害賠償責任皆須負擔　(D)刑事責任與民事損害賠償責任皆不須負擔。

( 　) **217** 企業內部之營業秘密，可以概分為「商業性營業秘密」及「技術性營業秘密」二大類型，請問下列何者屬於「商業性營業秘密」？(A)專利技術　(B)成本分析　(C)產品配方　(D)先進製程。

( 　) **218** 營業秘密受侵害時，依據營業秘密法、公平交易法與民法規定之民事救濟方式，不包括下列何者？　(A)侵害排除請求權　(B)侵害防止請求權　(C)命令歇業　(D)損害賠償請求權。

( 　) **219** 甲公司將其新開發受營業秘密法保護之技術，授權乙公司使用，下列何者不得為之？　(A)要求被授權人乙公司在一定期間負有保密義務　(B)約定授權使用限於一定之地域、時間　(C)約定授權使用限於特定之內容、一定之使用方法　(D)乙公司因此可以未經甲公司同意，再授權丙公司。

( 　) **220** 請問我國為保護智慧財產權所制定的法律，並不包括下列何者？(A)個人資料保護法　(B)積體電路電路布局保護法　(C)植物品種及種苗法　(D)營業秘密法。

( 　) **221** 下列何者被認為屬於智慧財產權的一種，但是在我國尚未制定專法保護？　(A)鄰接權　(B)著作權　(C)商標權　(D)專利權。

( 　) **222** 已領有證書之商標權利，是否有年限？年限為何？　(A)有，10年，到期可申請展期　(B)有，20年，到期可申請展期　(C)有，30年，到期可申請展期　(D)無，商標權為註冊人永久權利，直至該註冊人放棄為止。

( 　 ) **223** 下列何者行為，不違反著作權法？　(A)將整本書籍分多次影印成冊　(B)因工作需要，錄影重製MLB世界大賽現場直播，回家再看　(C)利用自己的新點子、新概念設計文宣　(D)咖啡廳、服飾店播放音樂，雖未經授權，但仍屬合理使用。

( 　 ) **224** 下列有關著作權行為之敘述，何者正確？　(A)觀看演唱會時，以手機拍攝並上傳網路自行觀賞，未侵害到著作權　(B)使用翻譯軟體將外文小說翻譯成中文，可保有該中文小說之著作權　(C)網路上的免費軟體，原則上未受著作權法保護　(D)僅複製他人著作中的幾頁，供自己閱讀，算是合理使用的範圍，不算侵權。

( 　 ) **225** 某廠商之商標在我國已經獲准註冊，請問若希望將商品行銷販賣到國外，請問是否需在當地申請註冊才能受到保護？　(A)是，因為商標權註冊採取屬地保護原則　(B)否，因為我國申請註冊之商標權在國外也會受到承認　(C)不一定，需視我國是否與商品希望行銷販賣的國家訂有相互商標承認之協定　(D)不一定，需視商品希望行銷販賣的國家是否為WTO會員國。

( 　 ) **226** 下列何者可以做為著作權之標的？　(A)依法令舉行之各類考試試題　(B)法律與命令　(C)藝術作品　(D)公務員於職務上草擬之新聞稿。

( 　 ) **227** 下列有關智慧財產權行為之敘述，何者有誤？　(A)製造、販售仿冒品不屬於公訴罪之範疇，但已侵害商標權之行為　(B)以101大樓、美麗華百貨公司做為拍攝電影的背景，屬於合理使用的範圍　(C)原作者自行創作某音樂作品後，即可宣稱擁有該作品之著作權　(D)商標權是為促進文化發展為目的，所保護的財產權之一。

( 　 ) **228** 受雇人於非職務上所完成之發明、新型或設計，下列針對其專利申請權及專利權歸屬之敘述，何者正確？　(A)若其發明、新型或設計係利用雇用人資源或經驗者，則專利申請權及專利權皆歸屬雇用人　(B)如果雙方事前訂定契約，由受雇人表示願意放棄享受其發明、新型或設計之權益，則專利申請權及專利權歸雇用人所有　(C)因非與職務相關，因此雇用人在任何情況下，皆不得實施其發明、新型或設計　(D)皆歸屬受雇人所有。

( 　 ) **229** 任職於某公司的程式設計工程師，因職務所編寫之電腦程式，如果沒有特別以契約約定，則該電腦程式重製之權利歸屬下列何者？　(A)公司　(B)編寫程式之工程師　(C)公司全體股東共有　(D)公司與編寫程式之工程師共有。

( 　 ) **230** 商標自註冊公告當日起，由權利人取得及展延商標權，期間皆各為多久？　(A)10年　(B)20年　(C)30年　(D)40年。

( 　 ) **231** 某公司員工因執行業務，擅自以重製之方法侵害他人之著作財產權，若被害人提起告訴，下列對於處罰對象的敘述，何者正確？　(A)僅處罰侵犯他人著作財產權之員工　(B)僅處罰雇用該名員工的公司　(C)該名員工及其雇主皆須受罰　(D)員工只要在從事侵犯他人著作財產權之行為前請示雇主並獲同意，便可以不受處罰。

---

### 解答與解析

**201 (B)**。新型專利：新型專利權期限，自申請日起算10年屆滿。

**202 (A)**。智慧財產局2012年舉辦海報設計競賽，結果得獎者的作品原來是抄襲荷蘭藝術家的創作，該得獎者觸犯了著作權法。

**203 (B)**。商品化不屬於專利成立的要件。

**204 (A)**。營業秘密法第13-4條規定：「法人之代表人、法人或自然人之代理人、受雇人或其他從業人員，因執行業務，犯第十三條之一、第十三條之二之罪者，除依該條規定處罰其行為人外，對該法人或自然人亦科該條之罰金。但法人之代表人或自然人對於犯罪之發生，已盡力為防止行為者，不在此限。」

**205 (C)**。智慧財產權法規最具國際性。

**206 (D)**。商標註冊之監督事項係由智慧財產局辦理。

**207 (A)**。營業秘密法第1條規定：「為保障營業秘密，維護產業倫理與競爭秩序，調和社會公共利益，特制定本法。本法未規定者，適用其他法律之規定。」

**208 (D)**。營業秘密法並無未經授權洩漏營業秘密罪。

**209 (B)**。營業秘密法第13-2條規定：「意圖在外國、大陸地區、香港或澳門使用，而犯前條第一項各款之罪者，處一年以上十年以下有期徒刑，得併科新臺幣三百萬元以上五千萬元以下之罰金。前項之未遂犯罰之。科罰金時，如犯罪行為人所得之利益超過罰金最多額，得於

所得利益之二倍至十倍範圍內酌量加重。」

**210 (C)**。公司員工執行業務時，就算公司利益不受損情況下，亦不可藉機收受利益或接受款待。

**211 (D)**。侵害他人之營業秘密而遭受民事求償，主觀上不需具備意圖營利，只須有客觀上的行為合於侵害他人之營業秘密即可。

**212 (C)**。行為人以竊取等不正當方法取得營業秘密，已構成犯罪。

**213 (C)**。某離職同事請求在職員工將離職前所製作之某份文件傳送給他，這可能構成對於營業秘密之侵害，應予拒絕並請他直接向公司提出請求。

**214 (A)**。雇主為避免其營業秘密遭洩漏，與員工簽訂「一定期間在特定區域不得從事與原職務相似工作」之約款，該約款稱之為「競業禁止條款」。

**215 (B)**。甲意圖得到回扣，私下將應保密之公司報價告知敵對公司之業務員乙，並進而使敵對公司順利簽下案件，導致公司利益受有損害，甲構成洩露業務上知悉工商秘密罪及背信罪。

**216 (C)**。按照現行法律規定，侵害他人營業秘密，刑事責任與民事損害賠償責任皆須負擔。

**217 (B)**。所謂商業性之營業秘密，其所牽涉到的是例如公司客戶的資料、

成本分析、公司未來中程或長程的發展計劃、公司的研發方向等等。

**218 (C)**。營業秘密受侵害時，依據營業秘密法、公平交易法與民法規定之民事救濟方式，不包括命令歇業。

**219 (D)**。甲公司將其新開發受營業秘密法保護之技術，授權乙公司使用，乙公司不可以未經甲公司同意，再授權丙公司。

**220 (A)**。我國為保護智慧財產權所制定的法律，並不包括個人資料保護法。

**221 (A)**。鄰接權被認為屬於智慧財產權的一種，但是在我國尚未制定專法保護。

**222 (A)**。已領有證書之商標權利，有10年限，到期可申請展期。

**223 (C)**。利用自己的新點子、新概念設計文宣，不違反著作權。

**224 (D)**。僅複製他人著作中的幾頁，供自己閱讀，算是合理使用的範圍，不算侵權。

**225 (A)**。商標權註冊採取屬地保護原則，廠商之商標在我國已經獲准註冊，若希望將商品行銷販賣到國外，若需在當地申請註冊才能受到保護。

**226 (C)**。藝術作品可以做為著作權之標的。

**227 (A)**。製造、販售仿冒品屬於公訴罪之範疇。

**228 (D)**。營業秘密法第3條規定：「受雇人於職務上研究或開發之營業秘密，歸雇用人所有。但契約另有約定者，從其約定。受雇人於非職務上研究或開發之營業秘密，歸受雇人所有。但其營業秘密係利用雇用人之資源或經驗者，雇用人得於支付合理報酬後，於該事業使用其營業秘密。」

**229 (D)**。營業秘密法第3條規定：「受雇人於職務上研究或開發之營業秘密，歸雇用人所有。但契約另有約定者，從其約定。受雇人於非職務上研究或開發之營業秘密，歸受雇人所有。但其營業秘密係利用雇用人之資源或經驗者，雇用人得於支付合理報酬後，於該事業使用其營業秘密。」

**230 (A)**。商標自註冊公告當日起，由權利人取得商標權，商標權期間為十年。

**231 (C)**。公司員工因執行業務，擅自以重製之方法侵害他人之著作財產權，若被害人提起告訴，該名員工及其雇主皆須受罰。

# ＮＯＴＥ

# CHAPTER

# 05 評價職業道德與行為準則

## 第一節　國際評價職業道德的發展　中級必讀

### 一、國際評價的發展

美國的鑑價制度，始於1920年代美國的「禁酒時期」（1920年至1933年）。因美國聯邦政府因法令禁止酒精飲料行業。這段期間內，有些企業被迫結束其酒精飲料業務。而聯邦政府因政策的關係要求企業結束其酒精飲料業務，為合理補償酒精飲料業之損失，必須估算酒精飲料業之業務損失，亦即必須計算出酒精飲料業之未來現金流量，其中便涉及企業鑑價的問題，於是各界開始研究企業應如何鑑價。隨著企業鑑價的發展，企業鑑價逐漸成為一個正式的議題；鑑價專家亦形成一個行業，運用的範圍更從有形資產（tangible assets），擴及至無形資產（intangible assets）等。

美國鑑價基金會遂頒布的鑑價人員專業準則（包含職業道德規範），美國鑑價基金會認會鑑價如要成為一個專業，公信力是不可或缺的。公信力的基本要求是專業的職業道德，除了職業道德非常重要外，鑑價人員的專業能力（competency）也是關鍵。專業能力包括教育程度的要求、專業評價訓練的要求、取得並維持專業組織所發出的證照、持續進修並成績及格等。

### 二、國際主要評價專業協會

(一)**美國估價師協會**（American Society of Appraisers）：成立於1936年後於1952年改制為公司，初期以股東權益與無形資產評價為主，1981年設立企業評價委員會，係以中規模至大規模之企業鑑價（如併購案件）為主，其會員經營之業務範圍相當廣泛，從企業與不動產鑑價至骨董估價，均包含在內。ASA的會員亦簡稱為ASA（Accredited Senior

Appraiser）。欲成為ASA，必須具有大學或同等學歷，並有五年的全職估價經驗以及通過ASA之考試。此外，必須修習ASA的課程，及/或通過8小時的考試。最後，還必須有二份估價報告，供考試委員複核。ASA內的企業鑑價委員會每季出版Business Valuation Review。

(二)**加拿大公認的企業評價師協會**（Canadian Institute of Chartered Business Valuators）：成立於1971年，不斷擴大其組織，是加拿大最大的專業評價組織機構，所認證之會員稱企業評價師（Certificated Business Valuator，CBV），出版品有「the Journal of Business Valuation」。

(三)**美國企業估價師協會**（Institute of Business Appraisers）：成立於1978年，係以中小型非公開之企業評價為主，並開設教育課程，提供訓練，與辦理考試，授予通過考試認證的企業估價師（Certified Business Appraiser，簡稱為CBA）證照。IBA要求認證申請人通過筆試，並提交兩份實際已完成之估價報告以供複核。上述估價報告必須達到專業品質。IBA並不要求欲申請認證為CBA之人具有一定時間之企業鑑價經驗。如果已具備NACVA之CVA證照者，可免IBA之考試。

(四)**美國會計師公會**（AICPA）：成立於1887年，自1977年11月開始，AICPA提供企業鑑價師（Accreditation of Business Valuation，簡稱為ABV）之認證予其會員，這是第二個僅提供給會計師的認證，第一個為CVA。為了取得ABV證照，會計師必須在AICPA內有良好的紀錄，其會計師證書未曾被吊銷，且需證明曾承辦過10件企業鑑價委任案件，足以顯示已經具備相當經驗與能力，並需通過考試。

(五)**美國全國評價分析師協會**（NACVA）：成立於1991年，係由二位會計師所創立，以從事企業鑑價為主要業務。至今，該協會已成為美國境內從事企業鑑價與訴訟諮詢領域的最大專業機構之一。NACVA的成立宗旨在於提供資源給其會員，以提升他們在企業鑑價與相關諮詢領域內的地位、經歷與尊榮。為達成此目的，NACVA發展這些服務使其既具藝術亦有科學之成份，規定入會之標準，從事專業教育與研究、增進企業鑑價之實務發展、發展專業道德與專業實務之準則（如行為、客觀、獨立與稱職等準則），提升社會對此一協會及其會員之注意，並促進該組織與其他專業機構之合作關係。

## 三、美國全國企業鑑價分析師協會之鑑價價值標準介紹

美國全國企業鑑價分析師協會定義三大價值標準包括公平市價、公平價值及策略/投資價值，分述如下：

(一)**公平市價**（fair market value）：公平市價乃是指一個金額、價格、最高價格、最有可能發生的價格、現金或約當現金價格；在此價格下，財產易手，或投資者作了明智的投資而擁有該財產，或有意願的買方與賣方進行交易，同意進行交易，已經同意進行交易，應會同意進行交易，或可合理預期會進行交易。此交易對雙方言，可能是公平的，或交易雙方充分意識或瞭解相關的事實，或至少是在瞭解相關事實下所採取的行動，甚至是明智且為自己利益採取的行動，並且任何一方均未受到脅迫、不正常壓力、不當束縛或任何強迫。

(二)**公平價值**（fair value）：美國公司法（對「公平價值」之定義如下：「異議股東所持股份之公平價值，係指在公司即將實施該股東所反對的行動前，該股份之價值。除非會因而不公平，在決定公平價值時，應排除預期該行動而帶來之升值或貶值。」亦即「公平價值」為法律上的價值標準，適用於異議股東的鑑價權。在採行公司法的各州，若是一家公司兼併其他公司、被出售或採取某些重要的行動，而少數股權股東認為這些行動迫使他們獲得比應有的對價還少時，少數股權股東有權要求對其持有之股份予以鑑價，並依公平價值收取現金。在企業鑑價的專業內，少數股權的最嚴格定義乃是將控制股權按無公開市場可銷售性（non-marketable）之基礎予以評價，再按股份相對比例計算之。

(三)**策略/投資價值**（strategic/investment value）：投資價值乃是基於某一投資人個別之投資要求與預期，針對該投資人而言之價值。在鑑價一非公開發行企業時，價值的理論基礎為：「價值乃是基於買賣雙方間對某一企業之公平交易，通常賣方為了求現。」

## 四、美國全國企業鑑價分析師協會鑑價前的價值前提

美國全國企業鑑價分析師協會要求其會員於進行鑑價前，必須要確認所採用的價值前提，其價值前提有下列幾項，分述如下：

**(一)帳面價值（book value）：** 企業的帳面價值，乃是資產的總帳面成本減總負債之差額。資產帳上以歷史成本入帳，再減除累計折舊或備抵項目金額後為帳面成本；負債則按歷史成本入帳。以帳面價值作為企業價值的衡量並不妥適，因為可能有未入帳的無形資產及/或低估之有形資產，某一資產或負債記在帳上越久，其帳面價值與公平市價的差異有可能越大。

**(二)重置價值（replacement value）：** 重置成本係指取得與受鑑價資產同等財產之現時成本。換言之，即以同品質或類似品質之物，依原設計、原規格在當時當地重建重置所需成本之金額。

**(三)清算價值（liquidation value）：** 清算價值乃係指在該價格下能將資產儘快出售所能得到的價格。

**(四)繼續經營價值（going concern value）：** 繼續經營價值，係指預期會在未來持續經營之企業的價值。繼續經營價值中包括無形資產的要素，這些無形資產來自受有訓練的員工、可運作的廠房及必要的證照、系統、制度、程序與其他軟、硬體基礎設施。

**(五)其他價值：** 包括可貸款價值（loan value）、保險價值（insurable value）、估價價值（appraised value）、面值（face value）、內涵價值（intrinsic value）等。

上開不同的價值前提，通常也會導致不同鑑價業者對同一鑑價標的所鑑出之價格，亦會發生極大差距的主要原因之一。

---

**牛刀小試**

（　　）**1** 下列何者為美國全國企業鑑價分析師協會之鑑價價值標準？
(A)公平市價　(B)公平價值　(C)策略/投資價值　(D)以上皆是。

（　　）**2** 下列何者為美國全國企業鑑價分析師協會鑑價前的必須確認價值前提？　(A)繼續經營價值　(B)清算價值　(C)可貸款價值(D)以上皆是。

---

**解答與解析**

**1 (D)**。美國全國企業鑑價分析師協會之鑑價價值標有：公平市價、公平價值、策略/投資價值。

**2 (D)**。美國全國企業鑑價分析師協會鑑價前的必須確認價值前提有：帳面價值、重置價值、清算價值、繼續經營價值、其他價值（包括可貸款價值等）。

# 第二節　我國職業道德準則介紹

## 一、鑑價師專門職業的特性

**(一)複雜的學識主體**：鑑價是一門複雜的學問，且為因應經濟環境的變化，鑑價的學識必須配合變動調整。

**(二)進入的標準**：欲從事鑑價師職業之個人，必須通過鑑價師考試及鑑價實務經驗，以證明其專業之技能。

**(三)服務公眾的責任**：鑑價師執業必須克盡專業上應有的注意，否則，可能導致成千上萬的人受損，故鑑價師必須以公正地報導查核結果，對公眾負責。

**(四)需要公眾的信任**：鑑價師的最終責任為賦予財務報表公信力，並取得公眾的信任。

## 二、職業及技術守則

**(一)基本準則：**

1. **正直、客觀及獨立性**：鑑價師應以正直、公正客觀之立場，保持「超然獨立」精神服務社會，以促進公共利益與維護經濟活動之正常秩序。鑑

價師之獨立性應為專業上之最高原則及會計師之價值核心，無庸置疑。但是獨立性之本質，除其精神上實質之獨立性外，其外在形式上之獨立立場更是重要。相關規範如下：

(1) **評價人員應誠實正直**：評價人員應誠實正直、敬業負責，於承接評價案件、執行評價工作及報告評價結果時，應公正、獨立及客觀，不得損害公共利益，並盡專業上應有之注意。

(2) **承接案件應評估本人及其所隸屬評價機構之獨立性是否受損**：評價人員承接評價案件時，應評估本人及其所隸屬評價機構之獨立性是否受損，並作成書面紀錄。

(3) **出具獨立性聲明**：評價人員及其所隸屬之評價機構不得與評價標的、委任案件委任人或相關當事人涉有除該案件酬金以外之現在或預期之重大財務或非財務利益。評價人員或其所隸屬之評價機構如與評價標的、委任案件委任人或相關當事人涉有除該案件酬金以外之現在或預期之非重大財務或非財務利益，應於承接案件時向委任人書面揭露，並獲其書面同意後始得承接該案件。

　　評價人員於報告評價結果時，應出具獨立性聲明，明確說明本人及其所隸屬之評價機構與評價標的、委任案件委任人或相關當事人間是否涉有除該案件酬金以外之現在或預期之非重大財務或非財務利益。若涉有時，評價人員應於評價報告中充分揭露所涉及之非重大利益，並說明維持獨立性之措施及其結果。

(4) **核閱服務獨立性要求**：評價人員及所屬評價機構如同時或先後對同一委任人提供查核或核閱服務及評價服務，應遵循會計師職業道德規範公報有關獨立性之規定。

(5) **不得出具不實報告**：評價人員不得詐欺、明知而出具不實報告或誤導他人，亦不得明知而未阻止助理人員或未反對他人有上述行為。

2. **延攬業務原則：**

(1) **不得收受或有酬金**：評價人員及其所隸屬評價機構不得要求或收取或有酬金。

(2) **揭露支付仲介費**：評價人員及其所隸屬評價機構若接受仲介而承接業務，應向委任人書面揭露仲介人及支付仲介費之事實。

　　(3) **禁止雙方執業**：評價人員不得同時於兩家以上評價機構執行業務，但其競業禁止經解除者不在此限。

　　(4) **不得承接已事先設定之評價案件**：評價人員不得承接或執行價值結論已事先設定之評價案件。

3. **維持專業上之注意**：

　　(1) **本身之注意義務**：評價人員應在不違反正直、客觀及獨立性之前提下，依照與委任人建立之共同認知，為委任人之權益善盡職責，努力達成評價目標。

　　(2) **對助理及專家之注意義務**：評價人員應確保助理人員遵循職業道德規範；若接受外部專家之協助，評價人員應確認外部專家之資格並提供資訊以促請其遵循職業道德規範。

4. **維持專業形象**：評價人員不得有任何損害評價專業及其評價專業組織形象之行為。

**(二)職業道德準則**：

1. **應具備專業能力**：評價人員提供評價服務時，應具備專業能力。評價人員唯有能合理預期具有專業能力及相關經驗以完成擬承接之評價案件時，方可承接該案件。

2. **禁止複代理**：評價人員及其所隸屬之評價機構不得就同一評價標的同時承接二個以上委任人之委任，但已向相關當事人充分揭露並皆取得書面同意者，且未損害公共利益者，不在此限。

3. **保密原則**：評價人員及其所隸屬之評價機構對承接案件、執行評價工作及報告評價結果之過程中所獲得或知悉之資料，應予以保密，但因法令規定、同業自律或已取得委任人或相關當事人同意者，不在此限。

4. **訂定委託書**：評價人員或其所隸屬之評價機構承接案件時應與委任人簽訂委任書，至少載明下列項目，以免雙方對委任內容產生誤解：

　　(1) 評價目的及評價標的。

　　(2) 評價工作之範圍及限制。

　　(3) 委任人及評價人員就評價人員及其所隸屬之評價機構獨立性及潛在利益衝突之共識及說明。

　　(4) 委任期間。

(5) 擬出具評價報告之類型係詳細報告或簡明報告。

(6) 評價報告之使用人

(7) 評價報告之使用限制

(8) 評價基準日，且該評價基準日應為單一日期。

(9) 委任人及相關當事人須配合之事項，包括所安排之實地訪查及應提供評價所需之詳實資訊。

(10) 評價報告出具之期限及份數。

(11) 酬金金額、計算基礎、支付方式及期限。

(12) 或有酬金之禁止。

(13) 簽約各方之簽章及日期。

5. **不得為不公平競爭**：評價人員不得為不公平競爭，例如不當運用地位、關係或其他方法，承接評價案件。

6. **不得為不實廣告**：評價人員或其所隸屬之評價機構不得為不實、誤導、詐欺或違背公共利益之廣告。

**(三)執行評價工作及報告評價結果職業道德準則：**

1. **評價工作應盡專業上應有之注意**：評價人員執行評價工作及報告評價結果時，包括獲取適當文件、運用相關資料、設定合理假設、選用適當評價方法及撰寫評價報告等，均應盡專業上應有之注意。

2. **不得出具評價報告之情形**：評價人員對評價設定情境於合理時間內不可能實現之案件，不得出具評價報告。

3. **合理性評估**：評價人員對委任人或相關當事人所提供之關鍵資料應根據外部獨立來源資料進行合理性評估，否則應將該資料之採用明列為限制條件。

4. **外部專家之協助**：評價人員若接受其他外部專家之協助，應事先告知委任人及相關當事人，並應於評價報告中敘明。

5. **及時告知義務**：評價人員於執行評價工作過程中，如遇有下列事項，應及時告知委任人並作適當之處理，例如修訂委任書或終止委任：

(1) 導致對委任書內容之共識產生重大改變之事項。

(2) 評價人員或其所隸屬之評價機構與評價標的、委任案件委任人或相關當事人涉有除該案件酬金以外之現在或預期之重大財務或非財務利益。

(3) 對委任範圍有重大限制之事項。

(4) 對價值結論有重大影響之發現或事件。

6. **對工作底稿應盡善良保管之責任**：評價人員及所屬評價機構對工作底稿應盡善良保管之責任。（註：在臺灣的民法用語為善良管理人注意義務。）

7. **未執行工作不得簽章**：評價人員未參與執行評價工作時，不得於評價報告簽章，亦不得允許他人以其名義簽章。

## 三、無形資產評價人員及機構登錄管理

(一)**評價人員及機構資格登錄**：評價人員及機構依無形資產評價人員及機構登錄管理辦法完成登錄並取得登錄證明者，始得執行所定之智慧財產相關評價業務。但已依法具有無形資產評價資格者，不在此限。審查評價人員或機構之登錄資格所需之費用，由評價人員或機構負擔。評價人員及機構申請登錄時，應檢附下列文件送本部審查：

1. 申請書。

2. 評價人員或評價機構負責人國民身分證影本。

3. 符合前條規定之無形資產評價業務經歷。

4. 其他經本部公告之證明文件。

(二)**登錄資格**：

1. **申請評價人員之登錄**：申請人近二年內，應完成無形資產評價案件達五案以上，且參與本部所舉辦或認可之課程訓練時數，應達二十小時以上。

2. **申請評價機構之登錄**：申請機構近二年內，應完成無形資產評價案件達十案以上，且所屬之評價人員參與本部所舉辦或認可之課程訓練時數，應達二十小時以上。

(三)**不予登錄之情形**：申請登錄之評價人員及機構有下列情事之一，應不予登錄：

1. 未符合規定之資格。

2. 申請登錄之文件有虛偽記載或不齊備者。

3. 曾犯偽造文書、侵占、詐欺、背信罪，經宣告有期徒刑以上之刑確定，尚未執行完畢，或執行完畢、緩刑期滿或赦免後尚未逾三年者。

4. 依規定受撤銷或廢止登錄證明處分尚未逾一年者。

5. 其他有具體事證不宜給予登錄之情事者。

**(四)登錄後評核：**

1. **教育訓練：**已登錄之評價人員，參與本部所舉辦或認可之課程訓練時數，每年應達十小時以上。已登錄之評價機構，其所屬之評價人員參與本部所舉辦或認可之課程訓練時數，亦應符合前項規定。

2. **評價人員定期更新資料：**評價人員完成登錄後，應每年定期提供下列資料，供本部審查及更新登錄資料：

   (1) 年資證明文件。

   (2) 上一年度之評價案件經歷。

   (3) 符合前條規定之證明文件。

   (4) 其他異動資料。

3. **評價機構定期更新資料：**評價機構完成登錄後，應每年定期提供下列資料，供本部審查及更新登錄資料：

   (1) 所屬評價人員之前項資料。

   (2) 其他異動資料。

4. **定期考核：**已登錄之評價人員及機構應接受本部定期考核，並依本部要求提出報告，本部再依考核結果更新登錄資料。辦理前項考核所需之資料及報告，受考核之評價人員及機構有提出義務，不得規避、妨礙或拒絕提供。參與前項考核之人員，對於因此所知悉之營業秘密或個人資料，應負保密義務。

**(五)懲戒：**已登錄之評價人員或機構有違反本辦法或其他相關法令規定時，任何人得檢附具體事證，向經濟部申訴檢舉。已登錄之評價人員或機構如有違反本辦法或其他法令時，本部得召開爭議事項審議會進行審議，必要時，得請當事人列席說明。前項審議會成員，得由本部依爭議事項之性質，邀集有關機關代表、專家或學者擔任；主席由部長或經其指定之人員擔任。已登錄之評價人員及機構有下列各款情事之一，本部得處以二個月以上二年以下之停權、撤銷或廢止登錄：

1. 有本辦法第六條所定情事者。
2. 違反本辦法第七條、第八條或第九條規定者。
3. 經審議會認定違反財團法人中華民國會計研究發展基金會公開之評價準則公報及其解釋與評價實務指引等基準，情節重大者。
4. 其他經審議會認定違反法令，情節重大者。
　 停權期間，評價人員或機構不得執行智慧財產相關評價業務。

(六)**接受評價補助**：各中央目的事業主管機關得對依法具有無形資產評價資格或已登錄之評價機構或人員，給予執行評價案之補助。接受前項補助之評價機構或人員，應於評價案件完成日之翌日起算一個月內，將受補助執行評價案之評價資料登錄於無形資產評價資料庫。如未於期限內完成評價資料登錄者，各中央目的事業主管機關得依補助契約請求返還補助款或請求違約之損害賠償。

(七)**無形資產評價資料庫建立**：無形資產評價資料庫由經濟部建置及管理，並定期更新之。其他政府機關於其職權範圍內，如有建置無形資產評價資料庫，由經濟部協調各該機關配合辦理各該資料庫之資訊流通。無形資產評價資料庫得蒐集下列資料：

1. 政府機關依法令應公開且非限制公開或不予提供之資料，如銀行放款利率、政府公債殖利率、股價數據、專利商標登記資料等影響無形資產價格之總體經濟因素、產業因素及個別因素相關資料。
2. 應登錄之評價資料。
3. 經濟部認定具指標性之案例資料且經當事人同意提供者。

(八)**無形資產評價資料庫處理原則**：處理及揭露無形資產評價資料庫之資料，依下列原則為之：
1. 以符合政府資訊公開法及資料保護有關法令之方式處理。
2. 注意資料安全措施，確保無形資產評價資料庫安全管理，不受使用者竄改。

## 牛刀小試

( 　) **1** 執行鑑價工作時，鑑價人員應維持獨立性之最重要目的為何？
(A)維持不偏不倚的心態　(B)達成實質上的超然獨立　(C)遵循
責任原則　(D)維持公眾的信任。

( 　) **2** 下列何種情形，鑑價人員的獨立性可能影響？　(A)與受查客
戶間有潛在之僱傭關係　(B)對受查客戶所提供之非鑑價服務
(C)收受受鑑價客戶之特別優惠　(D)鑑價團隊成員與受鑑價客戶
之經理人有親屬關係。

( 　) **3** 下列何者非鑑價師職業道德規範之一般原則？　(A)穩健保守
(B)保密　(C)專業態度　(D)公正客觀。

### 解答與解析

**1 (D)**。執行鑑價工作時，鑑價人員應維持獨立性之最重要目的係因為為維持
公眾的信任。

**2 (A)**。當鑑價人員與受鑑價客戶間有潛在之僱傭關係，鑑價人員的獨立性可
能受到自我利益的影響。

**3 (A)**。「穩健保守」非鑑價師職業道德規範之一般原則。

# 精選試題

( 　) **1** 下列何種情形，不會影響鑑價師的獨立性？　(A)與受查客戶間有重
大利益之策略聯盟　(B)鑑價團隊成員與一般產業之受查客戶間有相
互融資行為　(C)金融機構對鑑價師之配偶提供正常之房屋貸款服務
(D)鑑價團隊關係企業與受查客戶間，相互為其產品擔任行銷之工作
而取得利益。

(　　) **2** 下列何者非鑑價師職業道德準則之承接案件職業道德？　(A)禁止複代理　(B)保密　(C)應具備專業能力　(D)維持專業團隊形象。

(　　) **3** 下列何者非鑑價師職業道德準則之執行評價工作及報告評價結果職業道德準則？　(A)禁止複代理　(B)評價工作應盡專業上應有之注意　(C)合理性評估　(D)及時告知。

(　　) **4** 依我國鑑價人員不得利用廣告媒體刊登宣傳性廣告，下列何者違反此項規定：　(A)鑑價事務所開業廣告　(B)與其他鑑價事務所合併成功的廣告　(C)誤導、詐欺或違背公共利益之廣告　(D)鑑價公會統一刊登之廣告。

(　　) **5** 下列敘述何者有誤？　(A)評價人員得同時於兩家以上評價機構執行業務　(B)評價人員及其所隸屬之評價機構不得要求或收取或有酬金　(C)評價人員不得詐欺、明知而出具不實報告或誤導他人　(D)評價人員不得有任何損害評價專業及其評價專業組織形象之行為。

(　　) **6** 下列敘述何者有誤？　(A)評價人員及其所隸屬之評價機構對承接案件、執行評價工作及報告評價結果之過程中所獲得或知悉之資料，應予以保密　(B)評價人員或其所隸屬之評價機構承接案件時得與委任人簽訂委任書　(C)評價人員不得詐欺、明知而出具不實報告或誤導他人　(D)評價人員不得就同一評價標的同時承接二個以上委任人之委任。

(　　) **7** 下列何者為鑑價師職業道德規範重最最重要的原則？　(A)穩健保守　(B)保密　(C)專業態度　(D)獨立性。

(　　) **8** 評價人員及其所隸屬之評價機構對工作底稿應盡什麼責任？　(A)嚴謹　(B)普通　(C)一般　(D)善良管理人注意義務。

(　　) **9** 評價人員或其所隸屬之評價機構承接案件時應與委任人簽訂委任書，下列何者屬於應包含項目？　(A)評價基準日　(B)委任期間　(C)酬金金額　(D)以上皆是。

( ) **10** 鑑價委任書最主要的功用是： (A)確認重大誤述風險之合理性 (B)確認鑑價人員所提供的服務合約性質 (C)確認管理當局應負無形資產價值的主要責任 (D)確認管理階層的聲明都已包含在委任書。

( ) **11** 評價人員於執行評價工作過程中，如遇有下列那一事項，應及時告知委任人： (A)導致對委任書項目之共識產生重大改變之事項 (B)評價人員或其所隸屬之評價機構與評價標的、委任案件委任人或相關當事人涉有除該案件酬金以外之現在或預期之重大財務或非財務利益 (C)對委任範圍有重大限制之事項 (D)以上皆是。

( ) **12** 下列何者非鑑價師職業道德準則之延攬業務原則？ (A)鑑價師應以正直、公正客觀之立場，保持超然獨立精神，服務社會 (B)不得收受或有酬金 (C)禁止雙方執業 (D)不得承接已事先設定之評價案件。

( ) **13** 下列那一個價值適用於適用於異議股東的鑑價權？ (A)公平市價 (B)公平價值 (C)策略/投資價值 (D)清算價值。

( ) **14** 下列那一個價值係指取得與受鑑價資產同等財產之現時成本？ (A)帳面價值 (B)清算價值 (C)重置價值 (D)繼續經營價值。

( ) **15** 下列那一個價值係指將資產儘快出售所能得到的價格？ (A)帳面價值 (B)清算價值 (C)重置價值 (D)繼續經營價值。

( ) **16** 下列那一個價值係指預期會在未來持續經營之企業的價值？ (A)帳面價值 (B)清算價值 (C)重置價值 (D)繼續經營價值。

( ) **17** 下列那一個價值係指基於某一投資人個別之投資要求與預期，針對該投資人而言之價值？ (A)公平市價 (B)公平價值 (C)策略／投資價值 (D)繼續經營價值。

( ) **18** 申請評價人員登錄，申請人近二年內，應完成無形資產評價案件達多少案以上？ (A)二案 (B)三案 (C)五案 (D)十案。

( ) **19** 申請評價人員登錄，申請人近二年內，最少參加多少課程訓練時數？ (A)10小時 (B)20小時 (C)50小時 (D)100小時。

(　　) **20** 已登錄之評價人員及機構有經審議會認定違反財團法人中華民國會
計研究發展基金會公開之評價準則公報及其解釋與評價實務指引等
基準，情節重大者，得處以多久之停權處分？　(A)一個月以上一年
以下　(B)二個月以上二年以下　(C)三個月以上二年以下　(D)六個
月以上三年以下。

---

## 解答與解析

**1 (C)**。鑑價師應以正直、公正客觀之
立場，保持超然獨立精神，服務社
會，以促進公共利益與維護經濟活
動之正常秩序。

**2 (D)**。維持專業團隊形象為鑑價師職
業道德規範之一般原則。

**3 (A)**。禁止複代理為鑑價師職業道德
規範之承接案件職業道德。

**4 (C)**。評價人員或其所隸屬之評價機
構不得為不實、誤導、詐欺或違背
公共利益之廣告。

**5 (A)**。評價人員不得同時於兩家以上
評價機構執行業務。

**6 (B)**。評價人員或其所隸屬之評價機
構承接案件時應與委任人簽訂委任
書。

**7 (D)**。鑑價師應以正直、公正客觀之
立場，保持「超然獨立」精神服務
社會，以促進公共利益與維護經濟
活動之正常秩序。鑑價師之獨立性
應為專業上之最高原則及會計師之
價值核心，無庸置疑。

**8 (D)**。評價人員及其所隸屬之評價機
構對工作底稿應盡善良保管之責任。

**9 (D)**。評價人員或其所隸屬之評價
機構承接案件時應與委任人簽訂委
任書，至少載明下列項目，以免雙
方對委任內容產生誤解：1.評價目
的及評價標的。2.評價工作之範圍
及限制。3.委任人及評價人員就評
價人員及其所隸屬之評價機構獨立
性及潛在利益衝突之共識及說明。
4.委任期間。5.擬出具評價報告之類
型係詳細報告或簡明報告。6.評價
報告之使用人。7.評價報告之使用
限制。8.評價基準日，且該評價基
準日應為單一日期。9.委任人及相
關當事人須配合之事項，包括所安
排之實地訪查及應提供評價所需之
詳實資訊。10.評價報告出具之期限
及份數。11.酬金金額、計算基礎、
支付方式及期限。12.或有酬金之禁
止。13.簽約各方之簽章及日期。

**10 (B)**。　鑑價委任書最主要的功用是
確認鑑價人員所提供的服務合約性
質。

**11 (D)**。　評價人員於執行評價工作過
程中，如遇有下列事項，應及時告
知委任人並作適當之處理，例如修
訂委任書或終止委任：1.導致對委
任書內容之共識產生重大改變之事

項。2.評價人員或其所隸屬之評價機構與評價標的、委任案件委任人或相關當事人涉有除該案件酬金以外之現在或預期之重大財務或非財務利益。3.對委任範圍有重大限制之事項。4.對價值結論有重大影響之發現或事件。

**12 (A)。** 鑑價師應以正直、公正客觀之立場，保持超然獨立精神，服務社會為鑑價師職業道德規範之一般原則。

**13 (B)。** 美國公司法（對「公平價值」之定義如下：「異議股東所持股份之公平價值，係指在公司即將實施該股東所反對的行動前，該股份之價值。除非會因而不公平，在決定公平價值時，應排除預期該行動而帶來之升值或貶值。」亦即「公平價值」為法律上的價值標準，適用於異議股東的鑑價權。

**14 (C)。** 重置成本係指取得與受鑑價資產同等財產之現時成本。

**15 (B)。** 清算價值乃係指在該價格下能將資產儘快出售所能得到的價格。

**16 (D)。** 繼續經營價值，係指預期會在未來持續經營之企業的價值。

**17 (C)。** 投資價值乃是基於某一投資人個別之投資要求與預期，針對該投資人而言之價值。

**18 (C)。** 申請人近二年內，應完成無形資產評價案件達五案以上，且參與經濟部所舉辦或認可之課程訓練時數，應達二十小時以上。

**19 (B)。** 申請人近二年內，應完成無形資產評價案件達五案以上，且參與經濟部所舉辦或認可之課程訓練時數，應達二十小時以上。

**20 (B)。** 已登錄之評價人員及機構有下列各款情事之一，經濟部得處以二個月以上二年以下之停權、撤銷或廢止登錄：1.有本辦法第六條所定情事者。2.違反本辦法第七條、第八條或第九條規定者。3.經審議會認定違反財團法人中華民國會計研究發展基金會公開之評價準則公報及其解釋與評價實務指引等基準，情節重大者。4.其他經審議會認定違反法令，情節重大者。停權期間，評價人員或機構不得執行智慧財產相關評價業務。

# CHAPTER

# 06 相關法規

## 第一章　總則

**第1條**　為鼓勵、保護、利用發明、新型及設計之創作，以促進產業發展，特制定本法。

**第2條**　本法所稱專利，分為下列三種：

一、**發明專利**。

二、**新型專利**。

三、**設計專利**。

**第3條**　**本法主管機關為經濟部。**

專利業務，由經濟部指定專責機關辦理。

**第4條**　外國人所屬之國家與中華民國如未共同參加保護專利之國際條約或無相互保護專利之條約、協定或由團體、機構互訂經主管機關核准保護專利之協議，或對中華民國國民申請專利，不予受理者，其專利申請，得不予受理。

**第5條**　專利申請權，指得依本法申請專利之權利。

**專利申請權人，除本法另有規定或契約另有約定外，指發明人、新型創作人、設計人或其受讓人或繼承人。**

**第6條**　**專利申請權及專利權，均得讓與或繼承。**

**專利申請權，不得為質權之標的。**

以專利權為標的設定質權者，除契約另有約定外，質權人不得實施該專利權。

**第7條**　**受雇人於職務上所完成之發明、新型或設計，其專利申請權及專利權屬於雇用人，雇用人應支付受雇人適當之報酬。但契約另有約定者，從其約定。**

前項所稱職務上之發明、新型或設計，指受雇人於僱傭關係中之工作所完成之發明、新型或設計。

一方出資聘請他人從事研究開發者，其專利申請權及專利權之歸屬依雙方契約約定；契約未約定者，屬於發明人、新型創作人或設計人。但出資人得實施其發明、新型或設計。

依第一項、前項之規定，專利申請權及專利權歸屬於雇用人或出資人者，發明人、新型創作人或設計人享有姓名表示權。

**第8條**　受雇人於非職務上所完成之發明、新型或設計,其專利申請權及專利權屬於受雇人。但其發明、新型或設計係利用雇用人資源或經驗者,雇用人得於支付合理報酬後,於該事業實施其發明、新型或設計。

受雇人完成非職務上之發明、新型或設計,應即以書面通知雇用人,如有必要並應告知創作之過程。

雇用人於前項書面通知到達後六個月內,未向受雇人為反對之表示者,不得主張該發明、新型或設計為職務上發明、新型或設計。

**第9條**　前條雇用人與受雇人間所訂契約,使受雇人不得享受其發明、新型或設計之權益者,無效。

**第10條**　雇用人或受雇人對第七條及第八條所定權利之歸屬有爭執而達成協議者,得附具證明文件,向專利專責機關申請變更權利人名義。專利專責機關認有必要時,得通知當事人附具依其他法令取得之調解、仲裁或判決文件。

**第11條**　申請人申請專利及辦理有關專利事項,得委任代理人辦理之。

在中華民國境內,無住所或營業所者,申請專利及辦理專利有關事項,應委任代理人辦理之。

代理人,除法令另有規定外,以專利師為限。

專利師之資格及管理,另以法律定之。

**第12條**　專利申請權為共有者,應由全體共有人提出申請。

二人以上共同為專利申請以外之專利相關程序時,除撤回或拋棄申請案、申請分割、改請或本法另有規定者,應共同連署外,其餘程序各人皆可單獨為之。但約定有代表者,從其約定。

前二項應共同連署之情形,應指定其中一人為應受送達人。未指定應受送達人者,專利專責機關應以第一順序申請人為應受送達人,並應將送達事項通知其他人。

**第13條**　**專利申請權為共有時,非經共有人全體之同意,不得讓與或拋棄。專利申請權共有人非經其他共有人之同意,不得以其應有部分讓與他人。**

專利申請權共有人拋棄其應有部分時,該部分歸屬其他共有人。

**第14條**　繼受專利申請權者,如在申請時非以繼受人名義申請專利,或未在申請後向專利專責機關申請變更名義者,不得以之對抗第三人。

為前項之變更申請者,不論受讓或繼承,均應附具證明文件。

**第15條**　專利專責機關職員及專利審查人員於任職期內,除繼承外,不得申請專利及直接、間接受有關專利之任何權益。

專利專責機關職員及專利審查人員
對職務上知悉或持有關於專利之發
明、新型或設計，或申請人事業上
之秘密，有保密之義務，如有違反
者，應負相關法律責任。

專利審查人員之資格，以法律定之。

**第16條** 專利審查人員有下列情事之
一，應自行迴避：

一、本人或其配偶，為該專利案申
　　請人、專利權人、舉發人、代
　　理人、代理人之合夥人或與代
　　理人有僱傭關係者。

二、現為該專利案申請人、專利權
　　人、舉發人或代理人之四親等
　　內血親，或三親等內姻親。

三、本人或其配偶，就該專利案與
　　申請人、專利權人、舉發人有
　　共同權利人、共同義務人或償
　　還義務人之關係者。

四、現為或曾為該專利案申請人、
　　專利權人、舉發人之法定代理
　　人或家長家屬者。

五、現為或曾為該專利案申請人、
　　專利權人、舉發人之訴訟代理
　　人或輔佐人者。

六、現為或曾為該專利案之證人、
　　鑑定人、異議人或舉發人者。

專利審查人員有應迴避而不迴避之情
事者，專利專責機關得依職權或依申
請撤銷其所為之處分後，另為適當之
處分。

**第17條** 申請人為有關專利之申請
及其他程序，遲誤法定或指定之期
間者，除本法另有規定外，應不受
理。但遲誤指定期間在處分前補正
者，仍應受理。

申請人因天災或不可歸責於己之事
由，遲誤法定期間者，於其原因消滅
後三十日內，得以書面敘明理由，向
專利專責機關申請回復原狀。但遲誤
法定期間已逾一年者，不得申請回復
原狀。

申請回復原狀，應同時補行期間內應
為之行為。

前二項規定，於遲誤第二十九條第四
項、第五十二條第四項、第七十條第
二項、第一百二十條準用第二十九條
第四項、第一百二十條準用第五十二
條第四項、第一百二十條準用第七十
條第二項、第一百四十二條第一項準
用第二十九條第四項、第一百四十二
條第一項準用第五十二條第四項、第
一百四十二條第一項準用第七十條第
二項規定之期間者，不適用之。

**第18條** 審定書或其他文件無從送達
者，應於專利公報公告之，並於刊登
公報後滿三十日，視為已送達。

**第19條** 有關專利之申請及其他程
序，得以電子方式為之；其實施辦
法，由主管機關定之。

第**20**條　本法有關期間之計算，其始日不計算在內。

第五十二條第三項、第一百十四條及第一百三十五條規定之專利權期限，自申請日當日起算。

## 第二章　發明專利

### 第一節　專利要件

第**21**條　發明，指利用自然法則之技術思想之創作。

第**22**條　可供產業上利用之發明，無下列情事之一，得依本法申請取得發明專利：

一、申請前已見於刊物者。

二、申請前已公開實施者。

三、申請前已為公眾所知悉者。

發明雖無前項各款所列情事，但為其所屬技術領域中具有通常知識者依申請前之先前技術所能輕易完成時，仍不得取得發明專利。

申請人出於本意或非出於本意所致公開之事實發生後十二個月內申請者，該事實非屬第一項各款或前項不得取得發明專利之情事。

因申請專利而在我國或外國依法於公報上所為之公開係出於申請人本意者，不適用前項規定。

第**23**條　申請專利之發明，與申請在先而在其申請後始公開或公告之發明或新型專利申請案所附說明書、申請專利範圍或圖式載明之內容相同者，不得取得發明專利。但其申請人與申請在先之發明或新型專利申請案之申請人相同者，不在此限。

第**24**條　下列各款，不予發明專利：

一、動、植物及生產動、植物之主要生物學方法。但微生物學之生產方法，不在此限。

二、人類或動物之診斷、治療或外科手術方法。

三、妨害公共秩序或善良風俗者。

### 第二節　申請

第**25**條　申請發明專利，由專利申請權人備具申請書、說明書、申請專利範圍、摘要及必要之圖式，向專利專責機關申請之。

申請發明專利，以申請書、說明書、申請專利範圍及必要之圖式齊備之日為申請日。

說明書、申請專利範圍及必要之圖式未於申請時提出中文本，而以外文本提出，且於專利專責機關指定期間內補正中文本者，以外文本提出之日為申請日。

未於前項指定期間內補正中文本者，其申請案不予受理。但在處分前補正者，以補正之日為申請日，外文本視為未提出。

第**26**條　說明書應明確且充分揭露，使該發明所屬技術領域中具有通常知

識者，能瞭解其內容，並可據以實現。

申請專利範圍應界定申請專利之發明；其得包括一項以上之請求項，各請求項應以明確、簡潔之方式記載，且必須為說明書所支持。

摘要應敘明所揭露發明內容之概要；其不得用於決定揭露是否充分，及申請專利之發明是否符合專利要件。

說明書、申請專利範圍、摘要及圖式之揭露方式，於本法施行細則定之。

**第27條**　申請生物材料或利用生物材料之發明專利，申請人最遲應於申請日將該生物材料寄存於專利專責機關指定之國內寄存機構。但該生物材料為所屬技術領域中具有通常知識者易於獲得時，不須寄存。

申請人應於申請日後四個月內檢送寄存證明文件，並載明寄存機構、寄存日期及寄存號碼；屆期未檢送者，視為未寄存。

前項期間，如依第二十八條規定主張優先權者，為最早之優先權日後十六個月內。

申請前如已於專利專責機關認可之國外寄存機構寄存，並於第二項或前項規定之期間內，檢送寄存於專利專責機關指定之國內寄存機構之證明文件及國外寄存機構出具之證明文件者，不受第一項最遲應於申請日在國內寄存之限制。

申請人在與中華民國有相互承認寄存效力之外國所指定其國內之寄存機構寄存，並於第二項或第三項規定之期間內，檢送該寄存機構出具之證明文件者，不受應在國內寄存之限制。

第一項生物材料寄存之受理要件、種類、型式、數量、收費費率及其他寄存執行之辦法，由主管機關定之。

**第28條**　申請人就相同發明在與中華民國相互承認優先權之國家或世界貿易組織會員第一次依法申請專利，並於第一次申請專利之日後十二個月內，向中華民國申請專利者，得主張優先權。

申請人於一申請案中主張二項以上優先權時，前項期間之計算以最早之優先權日為準。

外國申請人為非世界貿易組織會員之國民且其所屬國家與中華民國無相互承認優先權者，如於世界貿易組織會員或互惠國領域內，設有住所或營業所，亦得依第一項規定主張優先權。

主張優先權者，其專利要件之審查，以優先權日為準。

**第29條**　依前條規定主張優先權者，應於申請專利同時聲明下列事項：
一、第一次申請之申請日。
二、受理該申請之國家或世界貿易組織會員。

三、第一次申請之申請案號數。

申請人應於最早之優先權日後十六個月內，檢送經前項國家或世界貿易組織會員證明受理之申請文件。

違反第一項第一款、第二款或前項之規定者，視為未主張優先權。

申請人非因故意，未於申請專利同時主張優先權，或違反第一項第一款、第二款規定視為未主張者，得於最早之優先權日後十六個月內，申請回復優先權主張，並繳納申請費與補行第一項規定之行為。

**第30條** 申請人基於其在中華民國先申請之發明或新型專利案再提出專利之申請者，得就先申請案申請時說明書、申請專利範圍或圖式所載之發明或新型，主張優先權。但有下列情事之一，不得主張之：

一、自先申請案申請日後已逾十二個月者。

二、先申請案中所記載之發明或新型已經依第二十八條或本條規定主張優先權者。

三、先申請案係第三十四條第一項或第一百零七條第一項規定之分割案，或第一百零八條第一項規定之改請案。

四、先申請案為發明，已經公告或不予專利審定確定者。

五、先申請案為新型，已經公告或不予專利處分確定者。

六、先申請案已經撤回或不受理者。

前項先申請案自其申請日後滿十五個月，視為撤回。

先申請案申請日後逾十五個月者，不得撤回優先權主張。

依第一項主張優先權之後申請案，於先申請案申請日後十五個月內撤回者，視為同時撤回優先權之主張。

申請人於一申請案中主張二項以上優先權時，其優先權期間之計算以最早之優先權日為準。

主張優先權者，其專利要件之審查，以優先權日為準。

依第一項主張優先權者，應於申請專利同時聲明先申請案之申請日及申請案號數；未聲明者，視為未主張優先權。

**第31條** 相同發明有二以上之專利申請案時，僅得就其最先申請者准予發明專利。

但後申請者所主張之優先權日早於先申請者之申請日者，不在此限。

前項申請日、優先權日為同日者，應通知申請人協議定之；協議不成時，均不予發明專利。其申請人為同一人時，應通知申請人限期擇一申請；屆期未擇一申請者，均不予發明專利。

各申請人為協議時，專利專責機關應指定相當期間通知申請人申報協議結果；屆期未申報者，視為協議不成。

相同創作分別申請發明專利及新型專利者，除有第三十二條規定之情事外，準用前三項規定。

**第32條** 同一人就相同創作，於同日分別申請發明專利及新型專利者，應於申請時分別聲明；其發明專利核准審定前，已取得新型專利權，專利專責機關應通知申請人限期擇一；申請人未分別聲明或屆期未擇一者，不予發明專利。

申請人依前項規定選擇發明專利者，其新型專利權，自發明專利公告之日消滅。

發明專利審定前，新型專利權已當然消滅或撤銷確定者，不予專利。

**第33條** **申請發明專利，應就每一發明提出申請。**

二個以上發明，屬於一個廣義發明概念者，得於一申請案中提出申請。

**第34條** 申請專利之發明，實質上為二個以上之發明時，經專利專責機關通知，或據申請人申請，得為分割之申請。

分割申請應於下列各款之期間內為之：

一、原申請案再審查審定前。

二、原申請案核准審定書、再審查核准審定書送達後三個月內。

分割後之申請案，仍以原申請案之申請日為申請日；如有優先權者，仍得主張優先權。

分割後之申請案，不得超出原申請案申請時說明書、申請專利範圍或圖式所揭露之範圍。

依第二項第一款規定分割後之申請案，應就原申請案已完成之程序續行審查。

依第二項第二款規定所為分割，應自原申請案說明書或圖式所揭露之發明且與核准審定之請求項非屬相同發明者，申請分割；分割後之申請案，續行原申請案核准審定前之審查程序。原申請案經核准審定之說明書、申請專利範圍或圖式不得變動，以核准審定時之申請專利範圍及圖式公告之。

**第35條** 發明專利權經專利申請權人或專利申請權共有人，於該專利案公告後二年內，依第七十一條第一項第三款規定提起舉發，並於舉發撤銷確定後二個月內就相同發明申請專利者，以該經撤銷確定之發明專利權之申請日為其申請日。

依前項規定申請之案件，不再公告。

### 第三節　審查及再審查

**第36條** 專利專責機關對於發明專利申請案之實體審查，應指定專利審查人員審查之。

**第37條** **專利專責機關接到發明專利申請文件後，經審查認為無不合規定程式，且無應不予公開之情事者，自**

申請日後經過十八個月，應將該申請案公開之。

專利專責機關得因申請人之申請，提早公開其申請案。

發明專利申請案有下列情事之一，不予公開：

一、自申請日後十五個月內撤回者。

二、涉及國防機密或其他國家安全之機密者。

三、妨害公共秩序或善良風俗者。

第一項、前項期間之計算，如主張優先權者，以優先權日為準；主張二項以上優先權時，以最早之優先權日為準。

第**38**條　發明專利申請日後三年內，任何人均得向專利專責機關申請實體審查。

依第三十四條第一項規定申請分割，或依第一百零八條第一項規定改請為發明專利，逾前項期間者，得於申請分割或改請後三十日內，向專利專責機關申請實體審查。

依前二項規定所為審查之申請，不得撤回。

未於第一項或第二項規定之期間內申請實體審查者，該發明專利申請案，視為撤回。

第**39**條　申請前條之審查者，應檢附申請書。

專利專責機關應將申請審查之事實，刊載於專利公報。

申請審查由發明專利申請人以外之人提起者，專利專責機關應將該項事實通知發明專利申請人。

第**40**條　發明專利申請案公開後，如有非專利申請人為商業上之實施者，專利專責機關得依申請優先審查之。

為前項申請者，應檢附有關證明文件。

第**41**條　發明專利申請人對於申請案公開後，曾經以書面通知發明專利申請內容，而於通知後公告前就該發明仍繼續為商業上實施之人，得於發明專利申請案公告後，請求適當之補償金。

對於明知發明專利申請案已經公開，於公告前就該發明仍繼續為商業上實施之人，亦得為前項之請求。

前二項規定之請求權，不影響其他權利之行使。但依本法第三十二條分別申請發明專利及新型專利，並已取得新型專利權者，僅得在請求補償金或行使新型專利權間擇一主張之。

第一項、第二項之補償金請求權，自公告之日起，二年間不行使而消滅。

第**42**條　專利專責機關於審查發明專利時，得依申請或依職權通知申請人限期為下列各款之行為：

一、至專利專責機關面詢。

二、為必要之實驗、補送模型或樣品。

前項第二款之實驗、補送模型或樣品，專利專責機關認有必要時，得至現場或指定地點勘驗。

**第43條** 專利專責機關於審查發明專利時，除本法另有規定外，得依申請或依職權通知申請人限期修正說明書、申請專利範圍或圖式。

修正，除誤譯之訂正外，不得超出申請時說明書、申請專利範圍或圖式所揭露之範圍。

專利專責機關依第四十六條第二項規定通知後，申請人僅得於通知之期間內修正。

專利專責機關經依前項規定通知後，認有必要時，得為最後通知；其經最後通知者，申請專利範圍之修正，申請人僅得於通知之期間內，就下列事項為之：

一、請求項之刪除。

二、申請專利範圍之減縮。

三、誤記之訂正。

四、不明瞭記載之釋明。

違反前二項規定者，專利專責機關得於審定書敘明其事由，逕為審定。

原申請案或分割後之申請案，有下列情事之一，專利專責機關得逕為最後通知：

一、對原申請案所為之通知，與分割後之申請案已通知之內容相同者。

二、對分割後之申請案所為之通知，與原申請案已通知之內容相同者。

三、對分割後之申請案所為之通知，與其他分割後之申請案已通知之內容相同者。

**第44條** 說明書、申請專利範圍及圖式，依第二十五條第三項規定，以外文本提出者，其外文本不得修正。

依第二十五條第三項規定補正之中文本，不得超出申請時外文本所揭露之範圍。

前項之中文本，其誤譯之訂正，不得超出申請時外文本所揭露之範圍。

**第45條** 發明專利申請案經審查後，應作成審定書送達申請人。

經審查不予專利者，審定書應備具理由。

審定書應由專利審查人員具名。再審查、更正、舉發、專利權期間延長及專利權期間延長舉發之審定書，亦同。

**第46條** 發明專利申請案違反第二十一條至第二十四條、第二十六條、第三十一條、第三十二條第一項、第三項、第三十三條、第三十四條第四項、第六項前段、第四十三條第二項、第四十四條第二項、第三項或第一百零八條第三項規定者，應為不予專利之審定。

專利專責機關為前項審定前，應通知申請人限期申復；屆期未申復者，逕為不予專利之審定。

**第47條** 申請專利之發明經審查認無不予專利之情事者，應予專利，並應將申請專利範圍及圖式公告之。

經公告之專利案，任何人均得申請閱覽、抄錄、攝影或影印其審定書、說

明書、申請專利範圍、摘要、圖式及全部檔案資料。但專利專責機關依法應予保密者，不在此限。

**第48條** 發明專利申請人對於不予專利之審定有不服者，得於審定書送達後二個月內備具理由書，申請再審查。但因申請程序不合法或申請人不適格而不受理或駁回者，得逕依法提起行政救濟。

**第49條** 申請案經依第四十六條第二項規定，為不予專利之審定者，其於再審查時，仍得修正說明書、申請專利範圍或圖式。

申請案經審查發給最後通知，而為不予專利之審定者，其於再審查時所為之修正，仍受第四十三條第四項各款規定之限制。但經專利專責機關再審查認原審查程序發給最後通知為不當者，不在此限。

有下列情事之一，專利專責機關得逕為最後通知：

一、再審查理由仍有不予專利之情事者。

二、再審查時所為之修正，仍有不予專利之情事者。

三、依前項規定所為之修正，違反第四十三條第四項各款規定者。

**第50條** 再審查時，專利專責機關應指定未曾審查原案之專利審查人員審查，並作成審定書送達申請人。

**第51條** 發明經審查涉及國防機密或其他國家安全之機密者，應諮詢國防部或國家安全相關機關意見，認有保密之必要者，申請書件予以封存；其經申請實體審查者，應作成審定書送達申請人及發明人。

申請人、代理人及發明人對於前項之發明應予保密，違反者該專利申請權視為拋棄。

保密期間，自審定書送達申請人後為期一年，並得續行延展保密期間，每次一年；期間屆滿前一個月，專利專責機關應諮詢國防部或國家安全相關機關，於無保密之必要時，應即公開。

第一項之發明經核准審定者，於無保密之必要時，專利專責機關應通知申請人於三個月內繳納證書費及第一年專利年費後，始予公告；屆期未繳費者，不予公告。

就保密期間申請人所受之損失，政府應給與相當之補償。

### 第四節　專利權

**第52條** 申請專利之發明，經核准審定者，申請人應於審定書送達後三個月內，繳納證書費及第一年專利年費後，始予公告；屆期未繳費者，不予公告。

申請專利之發明，自公告之日起給予發明專利權，並發證書。

發明專利權期限，自申請日起算二十年屆滿。

申請人非因故意，未於第一項或前條第四項所定期限繳費者，得於繳費期限屆滿後六個月內，繳納證書費及二倍之第一年專利年費後，由專利專責機關公告之。

**第53條** 醫藥品、農藥品或其製造方法發明專利權之實施，依其他法律規定，應取得許可證者，其於專利案公告後取得時，專利權人得以第一次許可證申請延長專利權期間，並以一次為限，且該許可證僅得據以申請延長專利權期間一次。

前項核准延長之期間，不得超過為向中央目的事業主管機關取得許可證而無法實施發明之期間；取得許可證期間超過五年者，其延長期間仍以五年為限。

第一項所稱醫藥品，不及於動物用藥品。

第一項申請應備具申請書，附具證明文件，於取得第一次許可證後三個月內，向專利專責機關提出。但在專利權期間屆滿前六個月內，不得為之。

主管機關就延長期間之核定，應考慮對國民健康之影響，並會同中央目的事業主管機關訂定核定辦法。

**第54條** 依前條規定申請延長專利權期間者，如專利專責機關於原專利權期間屆滿時尚未審定者，其專利權期間視為已延長。但經審定不予延長者，至原專利權期間屆滿日止。

**第55條** 專利專責機關對於發明專利權期間延長申請案，應指定專利審查人員審查，作成審定書送達專利權人。

**第56條** 經專利專責機關核准延長發明專利權期間之範圍，僅及於許可證所載之有效成分及用途所限定之範圍。

**第57條** 任何人對於經核准延長發明專利權期間，認有下列情事之一，得附具證據，向專利專責機關舉發之：
一、發明專利之實施無取得許可證之必要者。
二、專利權人或被授權人並未取得許可證。
三、核准延長之期間超過無法實施之期間。
四、延長專利權期間之申請人並非專利權人。
五、申請延長之許可證非屬第一次許可證或該許可證曾辦理延長者。
六、核准延長專利權之醫藥品為動物用藥品。

專利權延長經舉發成立確定者，原核准延長之期間，視為自始不存在。但因違反前項第三款規定，經舉發成立確定者，就其超過之期間，視為未延長。

**第58條** 發明專利權人，除本法另有規定外，專有排除他人未經其同意而實施該發明之權。

物之發明之實施，指製造、為販賣之要約、販賣、使用或為上述目的而進口該物之行為。

方法發明之實施，指下列各款行為：

一、使用該方法。

二、使用、為販賣之要約、販賣或為上述目的而進口該方法直接製成之物。

發明專利權範圍，以申請專利範圍為準，於解釋申請專利範圍時，並得審酌說明書及圖式。

摘要不得用於解釋申請專利範圍。

**第59條** 發明專利權之效力，不及於下列各款情事：

一、非出於商業目的之未公開行為。

二、以研究或實驗為目的實施發明之必要行為。

三、申請前已在國內實施，或已完成必須之準備者。但於專利申請人處得知其發明後未滿十二個月，並經專利申請人聲明保留其專利權者，不在此限。

四、僅由國境經過之交通工具或其裝置。

五、非專利申請權人所得專利權，因專利權人舉發而撤銷時，其被授權人在舉發前，以善意在國內實施或已完成必須之準備者。

六、專利權人所製造或經其同意製造之專利物販賣後，使用或再販賣該物者。上述製造、販賣，不以國內為限。

七、專利權依第七十條第一項第三款規定消滅後，至專利權人依第七十條第二項回復專利權效力並經公告前，以善意實施或已完成必須之準備者。

前項第三款、第五款及第七款之實施人，限於在其原有事業目的範圍內繼續利用。

第一項第五款之被授權人，因該專利權經舉發而撤銷之後，仍實施時，於收到專利權人書面通知之日起，應支付專利權人合理之權利金。

**第60條** 發明專利權之效力，不及於以取得藥事法所定藥物查驗登記許可或國外藥物上市許可為目的，而從事之研究、試驗及其必要行為。

**第60-1條** 藥品許可證申請人就新藥藥品許可證所有人已核准新藥所登載之專利權，依藥事法第四十八條之九第四款規定為聲明者，專利權人於接獲通知後，得依第九十六條第一項規定，請求除去或防止侵害。

專利權人未於藥事法第四十八條之十三第一項所定期間內對前項申請人提起訴訟者，該申請人得就其申請藥品許可證之藥品是否侵害該專利權，提起確認之訴。

**第61條** 混合二種以上醫藥品而製造之醫藥品或方法，其發明專利權效力

不及於依醫師處方箋調劑之行為及所調劑之醫藥品。

**第62條** 發明專利權人以其發明專利權讓與、信託、授權他人實施或設定質權，非經向專利專責機關登記，不得對抗第三人。

前項授權，得為專屬授權或非專屬授權。

專屬被授權人在被授權範圍內，排除發明專利權人及第三人實施該發明。

發明專利權人為擔保數債權，就同一專利權設定數質權者，其次序依登記之先後定之。

**第63條** 專屬被授權人得將其被授予之權利再授權第三人實施。但契約另有約定者，從其約定。

非專屬被授權人非經發明專利權人或專屬被授權人同意，不得將其被授予之權利再授權第三人實施。

再授權，非經向專利專責機關登記，不得對抗第三人。

**第64條** 發明專利權為共有時，除共有人自己實施外，非經共有人全體之同意，不得讓與、信託、授權他人實施、設定質權或拋棄。

**第65條** 發明專利權共有人非經其他共有人之同意，不得以其應有部分讓與、信託他人或設定質權。

發明專利權共有人拋棄其應有部分時，該部分歸屬其他共有人。

**第66條 發明專利權人因中華民國與外國發生戰事受損失者，得申請延展專利權五年至十年，以一次為限。但屬於交戰國人之專利權，不得申請延展。**

**第67條** 發明專利權人申請更正專利說明書、申請專利範圍或圖式，僅得就下列事項為之：

一、請求項之刪除。

二、申請專利範圍之減縮。

三、誤記或誤譯之訂正。

四、不明瞭記載之釋明。

更正，除誤譯之訂正外，不得超出申請時說明書、申請專利範圍或圖式所揭露之範圍。

依第二十五條第三項規定，說明書、申請專利範圍及圖式以外文本提出者，其誤譯之訂正，不得超出申請時外文本所揭露之範圍。

更正，不得實質擴大或變更公告時之申請專利範圍。

**第68條** 專利專責機關對於更正案之審查，除依第七十七條規定外，應指定專利審查人員審查之，並作成審定書送達申請人。

專利專責機關於核准更正後，應公告其事由。

說明書、申請專利範圍及圖式經更正公告者，溯自申請日生效。

第**69**條　發明專利權人非經被授權人或質權人之同意，不得拋棄專利權，或就第六十七條第一項第一款或第二款事項為更正之申請。

發明專利權為共有時，非經共有人全體之同意，不得就第六十七條第一項第一款或第二款事項為更正之申請。

第**70**條　有下列情事之一者，發明專利權當然消滅：

一、專利權期滿時，自期滿後消滅。

二、專利權人死亡而無繼承人。

三、第二年以後之專利年費未於補繳期限屆滿前繳納者，自原繳費期限屆滿後消滅。

四、專利權人拋棄時，自其書面表示之日消滅。

專利權人非因故意，未於第九十四條第一項所定期限補繳者，得於期限屆滿後一年內，申請回復專利權，並繳納三倍之專利年費後，由專利專責機關公告之。

第**71**條　發明專利權有下列情事之一，任何人得向專利專責機關提起舉發：

一、違反第二十一條至第二十四條、第二十六條、第三十一條、第三十二條第一項、第三項、第三十四條第四項、第六項前段、第四十三條第二項、第四十四條第二項、第三項、第六十七條第二項至第四項或第一百零八條第三項規定者。

二、專利權人所屬國家對中華民國國民申請專利不予受理者。

三、違反第十二條第一項規定或發明專利權人為非發明專利申請權人。

以前項第三款情事提起舉發者，限於利害關係人始得為之。

發明專利權得提起舉發之情事，依其核准審定時之規定。但以違反第三十四條第四項、第六項前段、第四十三條第二項、第六十七條第二項、第四項或第一百零八條第三項規定之情事，提起舉發者，依舉發時之規定。

第**72**條　利害關係人對於專利權之撤銷，有可回復之法律上利益者，得於專利權當然消滅後，提起舉發。

第**73**條　舉發，應備具申請書，載明舉發聲明、理由，並檢附證據。

專利權有二以上之請求項者，得就部分請求項提起舉發。

舉發聲明，提起後不得變更或追加，但得減縮。

舉發人補提理由或證據，應於舉發後三個月內為之，逾期提出者，不予審酌。

第**74**條　專利專責機關接到前條申請書後，應將其副本送達專利權人。

專利權人應於副本送達後一個月內答辯；除先行申明理由，准予展期者

外，屆期未答辯者，逕予審查。

舉發案件審查期間，專利權人僅得於通知答辯、補充答辯或申復期間申請更正。但發明專利權有訴訟案件繫屬中，不在此限。

專利專責機關認有必要，通知舉發人陳述意見、專利權人補充答辯或申復時，舉發人或專利權人應於通知送達後一個月內為之。除准予展期者外，逾期提出者，不予審酌。

依前項規定所提陳述意見或補充答辯有遲滯審查之虞，或其事證已臻明確者，專利專責機關得逕予審查。

**第75條** 專利專責機關於舉發審查時，在舉發聲明範圍內，得依職權審酌舉發人未提出之理由及證據，並應通知專利權人限期答辯；屆期未答辯者，逕予審查。

**第76條** 專利專責機關於舉發審查時，得依申請或依職權通知專利權人限期為下列各款之行為：
一、至專利專責機關面詢。
二、為必要之實驗、補送模型或樣品。
前項第二款之實驗、補送模型或樣品，專利專責機關認有必要時，得至現場或指定地點勘驗。

**第77條** 舉發案件審查期間，有更正案者，應合併審查及合併審定。
前項更正案經專利專責機關審查認應准予更正時，應將更正說明書、申請專利範圍或圖式之副本送達舉發人。但更正僅刪除請求項者，不在此限。

同一舉發案審查期間，有二以上之更正案者，申請在先之更正案，視為撤回。

**第78條** 同一專利權有多件舉發案者，專利專責機關認有必要時，得合併審查。
依前項規定合併審查之舉發案，得合併審定。

**第79條** 專利專責機關於舉發審查時，應指定專利審查人員審查，並作成審定書，送達專利權人及舉發人。
舉發之審定，應就各請求項分別為之。

**第80條** 舉發人得於審定前撤回舉發申請。但專利權人已提出答辯者，應經專利權人同意。
專利專責機關應將撤回舉發之事實通知專利權人；自通知送達後十日內，專利權人未為反對之表示者，視為同意撤回。

**第81條** 有下列情事之一，任何人對同一專利權，不得就同一事實以同一證據再為舉發：
一、他舉發案曾就同一事實以同一證據提起舉發，經審查不成立者。
二、依智慧財產案件審理法第三十三條規定向智慧財產法院提出之新證據，經審理認無理由者。

**第82條**　發明專利權經舉發審查成立者，應撤銷其專利權；其撤銷得就各請求項分別為之。

發明專利權經撤銷後，有下列情事之一，即為撤銷確定：

一、未依法提起行政救濟者。

二、提起行政救濟經駁回確定者。

發明專利權經撤銷確定者，專利權之效力，視為自始不存在。

**第83條**　第五十七條第一項延長發明專利權期間舉發之處理，準用本法有關發明專利權舉發之規定。

**第84條**　發明專利權之核准、變更、延長、延展、讓與、信託、授權、強制授權、撤銷、消滅、設定質權、舉發審定及其他應公告事項，應於專利公報公告之。

**第85條**　專利專責機關應備置專利權簿，記載核准專利、專利權異動及法令所定之一切事項。

前項專利權簿，得以電子方式為之，並供人民閱覽、抄錄、攝影或影印。

**第86條**　專利專責機關依本法應公開、公告之事項，得以電子方式為之；其實施日期，由專利專責機關定之。

### 第五節　強制授權

**第87條**　為因應國家緊急危難或其他重大緊急情況，專利專責機關應依緊急命令或中央目的事業主管機關之通知，強制授權所需專利權，並儘速通知專利權人。

有下列情事之一，而有強制授權之必要者，專利專責機關得依申請強制授權：

一、增進公益之非營利實施。

二、發明或新型專利權之實施，將不可避免侵害在前之發明或新型專利權，且較該在前之發明或新型專利權具相當經濟意義之重要技術改良。

三、專利權人有限制競爭或不公平競爭之情事，經法院判決或行政院公平交易委員會處分。

就半導體技術專利申請強制授權者，以有前項第一款或第三款之情事者為限。

專利權經依第二項第一款或第二款規定申請強制授權者，以申請人曾以合理之商業條件在相當期間內仍不能協議授權者為限。

專利權經依第二項第二款規定申請強制授權者，其專利權人得提出合理條件，請求就申請人之專利權強制授權。

**第88條**　專利專責機關於接到前條第二項及第九十條之強制授權申請後，應通知專利權人，並限期答辯；屆期未答辯者，得逕予審查。

強制授權之實施應以供應國內市場需要為主。但依前條第二項第三款規定強制授權者，不在此限。

強制授權之審定應以書面為之，並載明其授權之理由、範圍、期間及應支付之補償金。

強制授權不妨礙原專利權人實施其專利權。

強制授權不得讓與、信託、繼承、授權或設定質權。但有下列情事之一者，不在此限：

一、依前條第二項第一款或第三款規定之強制授權與實施該專利有關之營業，一併讓與、信託、繼承、授權或設定質權。

二、依前條第二項第二款或第五項規定之強制授權與被授權人之專利權，一併讓與、信託、繼承、授權或設定質權。

**第89條** 依第八十七條第一項規定強制授權者，經中央目的事業主管機關認無強制授權之必要時，專利專責機關應依其通知廢止強制授權。

有下列各款情事之一者，專利專責機關得依申請廢止強制授權：

一、作成強制授權之事實變更，致無強制授權之必要。

二、被授權人未依授權之內容適當實施。

三、被授權人未依專利專責機關之審定支付補償金。

**第90條** 為協助無製藥能力或製藥能力不足之國家，取得治療愛滋病、肺結核、瘧疾或其他傳染病所需醫藥品，專利專責機關得依申請，強制授權申請人實施專利權，以供應該國家進口所需醫藥品。

依前項規定申請強制授權者，以申請人曾以合理之商業條件在相當期間內仍不能協議授權者為限。但所需醫藥品在進口國已核准強制授權者，不在此限。

進口國如為世界貿易組織會員，申請人於依第一項申請時，應檢附進口國已履行下列事項之證明文件：

一、已通知與貿易有關之智慧財產權理事會該國所需醫藥品之名稱及數量。

二、已通知與貿易有關之智慧財產權理事會該國無製藥能力或製藥能力不足，而有作為進口國之意願。但為低度開發國家者，申請人毋庸檢附證明文件。

三、所需醫藥品在該國無專利權，或有專利權但已核准強制授權或即將核准強制授權。

前項所稱低度開發國家，為聯合國所發布之低度開發國家。

進口國如非世界貿易組織會員，而為低度開發國家或無製藥能力或製藥能力不足之國家，申請人於依第一項申請時，應檢附進口國已履行下列事項之證明文件：

一、以書面向中華民國外交機關提出所需醫藥品之名稱及數量。

二、同意防止所需醫藥品轉出口。

**第91條**　依前條規定強制授權製造之醫藥品應全部輸往進口國，且授權製造之數量不得超過進口國通知與貿易有關之智慧財產權理事會或中華民國外交機關所需醫藥品之數量。

依前條規定強制授權製造之醫藥品，應於其外包裝依專利專責機關指定之內容標示其授權依據；其包裝及顏色或形狀，應與專利權人或其被授權人所製造之醫藥品足以區別。

強制授權之被授權人應支付專利權人適當之補償金；補償金之數額，由專利專責機關就與所需醫藥品相關之醫藥品專利權於進口國之經濟價值，並參考聯合國所發布之人力發展指標核定之。

強制授權被授權人於出口該醫藥品前，應於網站公開該醫藥品之數量、名稱、目的地及可資區別之特徵。

依前條規定強制授權製造出口之醫藥品，其查驗登記，不受藥事法第四十條之二第二項規定之限制。

### 第六節　納費

**第92條**　關於發明專利之各項申請，申請人於申請時，應繳納申請費。

核准專利者，發明專利權人應繳納證書費及專利年費；請准延長、延展專利權期間者，在延長、延展期間內，仍應繳納專利年費。

**第93條**　發明專利年費自公告之日起算，第一年年費，應依第五十二條第一項規定繳納；第二年以後年費，應於屆期前繳納之。

前項專利年費，得一次繳納數年；遇有年費調整時，毋庸補繳其差額。

**第94條**　發明專利第二年以後之專利年費，未於應繳納專利年費之期間內繳費者，得於期滿後六個月內補繳之。但其專利年費之繳納，除原應繳納之專利年費外，應以比率方式加繳專利年費。

前項以比率方式加繳專利年費，指依逾越應繳納專利年費之期間，按月加繳，每逾一個月加繳百分之二十，最高加繳至依規定之專利年費加倍之數額；其逾繳期間在一日以上一個月以內者，以一個月論。

**第95條**　發明專利權人為自然人、學校或中小企業者，得向專利專責機關申請減免專利年費。

### 第七節　損害賠償及訴訟

**第96條**　發明專利權人對於侵害其專利權者，得請求除去之。有侵害之虞者，得請求防止之。

發明專利權人對於因故意或過失侵害其專利權者，得請求損害賠償。

發明專利權人為第一項之請求時，對於侵害專利權之物或從事侵害行為之原料或器具，得請求銷毀或為其他必要之處置。

專屬被授權人在被授權範圍內，得為前三項之請求。但契約另有約定者，從其約定。

發明人之姓名表示權受侵害時，得請求表示發明人之姓名或為其他回復名譽之必要處分。

第二項及前項所定之請求權，自請求權人知有損害及賠償義務人時起，二年間不行使而消滅；自行為時起，逾十年者，亦同。

**第97條**　依前條請求損害賠償時，得就下列各款擇一計算其損害：

一、依民法第二百十六條之規定。但不能提供證據方法以證明其損害時，發明專利權人得就其實施專利權通常所可獲得之利益，減除受害後實施同一專利權所得之利益，以其差額為所受損害。

二、依侵害人因侵害行為所得之利益。

三、依授權實施該發明專利所得收取之合理權利金為基礎計算損害。

依前項規定，侵害行為如屬故意，法院得因被害人之請求，依侵害情節，酌定損害額以上之賠償。但不得超過已證明損害額之三倍。

**第97-1條**　專利權人對進口之物有侵害其專利權之虞者，得申請海關先予查扣。

前項申請，應以書面為之，並釋明侵害之事實，及提供相當於海關核估該進口物完稅價格之保證金或相當之擔保。

海關受理查扣之申請，應即通知申請人；如認符合前項規定而實施查扣時，應以書面通知申請人及被查扣人。

被查扣人得提供第二項保證金二倍之保證金或相當之擔保，請求海關廢止查扣，並依有關進口貨物通關規定辦理。

海關在不損及查扣物機密資料保護之情形下，得依申請人或被查扣人之申請，同意其檢視查扣物。

查扣物經申請人取得法院確定判決，屬侵害專利權者，被查扣人應負擔查扣物之貨櫃延滯費、倉租、裝卸費等有關費用。

**第97-2條**　有下列情形之一，海關應廢止查扣：

一、申請人於海關通知受理查扣之翌日起十二日內，未依第九十六條規定就查扣物為侵害物提起訴訟，並通知海關者。

二、申請人就查扣物為侵害物所提訴訟經法院裁判駁回確定者。

三、查扣物經法院確定判決，不屬侵害專利權之物者。

四、申請人申請廢止查扣者。

五、符合前條第四項規定者。

前項第一款規定之期限，海關得視需要延長十二日。

海關依第一項規定廢止查扣者，應依有關進口貨物通關規定辦理。

查扣因第一項第一款至第四款之事由廢止者，申請人應負擔查扣物之貨櫃延滯費、倉租、裝卸費等有關費用。

**第97-3條** 查扣物經法院確定判決不屬侵害專利權之物者，申請人應賠償被查扣人因查扣或提供第九十七條之一第四項規定保證金所受之損害。

申請人就第九十七條之一第四項規定之保證金，被查扣人就第九十七條之一第二項規定之保證金，與質權人有同一權利。但前條第四項及第九十七條之一第六項規定之貨櫃延滯費、倉租、裝卸費等有關費用，優先於申請人或被查扣人之損害受償。

有下列情形之一者，海關應依申請人之申請，返還第九十七條之一第二項規定之保證金：

一、申請人取得勝訴之確定判決，或與被查扣人達成和解，已無繼續提供保證金之必要者。

二、因前條第一項第一款至第四款規定之事由廢止查扣，致被查扣人受有損害後，或被查扣人取得勝訴之確定判決後，申請人證明已定二十日以上之期間，催告被查扣人行使權利而未行使者。

三、被查扣人同意返還者。

有下列情形之一者，海關應依被查扣人之申請，返還第九十七條之一第四項規定之保證金：

一、因前條第一項第一款至第四款規定之事由廢止查扣，或被查扣人與申請人達成和解，已無繼續提供保證金之必要者。

二、申請人取得勝訴之確定判決後，被查扣人證明已定二十日以上之期間，催告申請人行使權利而未行使者。

三、申請人同意返還者。

**第97-4條** 前三條規定之申請查扣、廢止查扣、檢視查扣物、保證金或擔保之繳納、提供、返還之程序、應備文件及其他應遵行事項之辦法，由主管機關會同財政部定之。

**第98條** 專利物上應標示專利證書號數；不能於專利物上標示者，得於標籤、包裝或以其他足以引起他人認識之顯著方式標示之；其未附加標示者，於請求損害賠償時，應舉證證明侵害人明知或可得而知為專利物。

**第99條** 製造方法專利所製成之物在該製造方法申請專利前，為國內外未見者，他人製造相同之物，推定為以該專利方法所製造。

前項推定得提出反證推翻之。被告證明其製造該相同物之方法與專利方法不同者，為已提出反證。被告舉證所

揭示製造及營業秘密之合法權益,應予充分保障。

**第100條** 發明專利訴訟案件,法院應以判決書正本一份送專利專責機關。

**第101條** 舉發案涉及侵權訴訟案件之審理者,專利專責機關得優先審查。

**第102條** 未經認許之外國法人或團體,就本法規定事項得提起民事訴訟。

**第103條** 法院為處理發明專利訴訟案件,得設立專業法庭或指定專人辦理。

司法院得指定侵害專利鑑定專業機構。

法院受理發明專利訴訟案件,得囑託前項機構為鑑定。

## 第三章　新型專利

**第104條** 新型,指利用自然法則之技術思想,對物品之形狀、構造或組合之創作。

**第105條** 新型有妨害公共秩序或善良風俗者,不予新型專利。

**第106條** 申請新型專利,由專利申請權人備具申請書、說明書、申請專利範圍、摘要及圖式,向專利專責機關申請之。

申請新型專利,以申請書、說明書、申請專利範圍及圖式齊備之日為申請日。

說明書、申請專利範圍及圖式未於申請時提出中文本,而以外文本提出,且於專利專責機關指定期間內補正中文本者,以外文本提出之日為申請日。

未於前項指定期間內補正中文本者,其申請案不予受理。但在處分前補正者,以補正之日為申請日,外文本視為未提出。

**第107條** 申請專利之新型,實質上為二個以上之新型時,經專利專責機關通知,或據申請人申請,得為分割之申請。

分割申請應於下列各款之期間內為之:

一、原申請案處分前。

二、原申請案核准處分書送達後三個月內。

**第108條** 申請發明或設計專利後改請新型專利者,或申請新型專利後改請發明專利者,以原申請案之申請日為改請案之申請日。

改請之申請,有下列情事之一者,不得為之:

一、原申請案准予專利之審定書、處分書送達後。

二、原申請案為發明或設計,於不予專利之審定書送達後逾二個月。

三、原申請案為新型,於不予專利之處分書送達後逾三十日。

改請後之申請案,不得超出原申請案申請時說明書、申請專利範圍或圖式所揭露之範圍。

第**109**條 專利專責機關於形式審查新型專利時，得依申請或依職權通知申請人限期修正說明書、申請專利範圍或圖式。

第**110**條 說明書、申請專利範圍及圖式，依第一百零六條第三項規定，以外文本提出者，其外文本不得修正。依第一百零六條第三項規定補正之中文本，不得超出申請時外文本所揭露之範圍。

第**111**條 新型專利申請案經形式審查後，應作成處分書送達申請人。經形式審查不予專利者，處分書應備具理由。

第**112**條 新型專利申請案，經形式審查認有下列各款情事之一，應為不予專利之處分：

一、新型非屬物品形狀、構造或組合者。

二、違反第一百零五條規定者。

三、違反第一百二十條準用第二十六條第四項規定之揭露方式者。

四、違反第一百二十條準用第三十三條規定者。

五、說明書、申請專利範圍或圖式未揭露必要事項，或其揭露明顯不清楚者。

六、修正，明顯超出申請時說明書、申請專利範圍或圖式所揭露之範圍者。

第**113**條 申請專利之新型，經形式審查認無不予專利之情事者，應予專利，並應將申請專利範圍及圖式公告之。

第**114**條 新型專利權期限，自申請日起算十年屆滿。

第**115**條 申請專利之新型經公告後，任何人得向專利專責機關申請新型專利技術報告。

專利專責機關應將申請新型專利技術報告之事實，刊載於專利公報。

專利專責機關應指定專利審查人員作成新型專利技術報告，並由專利審查人員具名。

專利專責機關對於第一項之申請，應就第一百二十條準用第二十二條第一項第一款、第二項、第一百二十條準用第二十三條、第一百二十條準用第三十一條規定之情事，作成新型專利技術報告。

依第一項規定申請新型專利技術報告，如敘明有非專利權人為商業上之實施，並檢附有關證明文件者，專利專責機關應於六個月內完成新型專利技術報告。

新型專利技術報告之申請，於新型專利權當然消滅後，仍得為之。

依第一項所為之申請，不得撤回。

第**116**條 新型專利權人行使新型專利權時，如未提示新型專利技術報告，不得進行警告。

**第117條**　新型專利權人之專利權遭撤銷時，就其於撤銷前，因行使專利權所致他人之損害，應負賠償責任。但其係基於新型專利技術報告之內容，且已盡相當之注意者，不在此限。

**第118條**　新型專利權人除有依第一百二十條準用第七十四條第三項規定之情形外，僅得於下列期間申請更正：

一、新型專利權有新型專利技術報告申請案件受理中。

二、新型專利權有訴訟案件繫屬中。

**第119條**　新型專利權有下列情事之一，任何人得向專利專責機關提起舉發：

一、違反第一百零四條、第一百零五條、第一百零八條第三項、第一百十條第二項、第一百二十條準用第二十二條、第一百二十條準用第二十三條、第一百二十條準用第二十六條、第一百二十條準用第三十一條、第一百二十條準用第三十四條第四項、第六項前段、第一百二十條準用第四十三條第二項、第一百二十條準用第四十四條第三項、第一百二十條準用第六十七條第二項至第四項規定者。

二、專利權人所屬國家對中華民國國民申請專利不予受理者。

三、違反第十二條第一項規定或新型專利權人為非新型專利申請權人者。

以前項第三款情事提起舉發者，限於利害關係人始得為之。

新型專利權得提起舉發之情事，依其核准處分時之規定。但以違反第一百零八條第三項、第一百二十條準用第三十四條第四項、第六項前段、第一百二十條準用第四十三條第二項或第一百二十條準用第六十七條第二項、第四項規定之情事，提起舉發者，依舉發時之規定。

舉發審定書，應由專利審查人員具名。

**第120條**　第二十二條、第二十三條、第二十六條、第二十八條至第三十一條、第三十三條、第三十四條第三項至第七項、第三十五條、第四十三條第二項、第三項、第四十四條第三項、第四十六條第二項、第四十七條第二項、第五十一條、第五十二條第一項、第二項、第四項、第五十八條第一項、第二項、第四項、第五項、第五十九條、第六十二條至第六十五條、第六十七條、第六十八條、第六十九條、第七十條、第七十二條至第八十二條、第八十四條至第九十八條、第一百條至第一百零三條，於新型專利準用之。

## 第四章　設計專利

**第121條**　設計，指對物品之全部或部分之形狀、花紋、色彩或其結合，透過視覺訴求之創作。

應用於物品之電腦圖像及圖形化使用者介面，亦得依本法申請設計專利。

**第122條**　可供產業上利用之設計，無下列情事之一，得依本法申請取得設計專利：

一、申請前有相同或近似之設計，已見於刊物者。

二、申請前有相同或近似之設計，已公開實施者。

三、申請前已為公眾所知悉者。

設計雖無前項各款所列情事，但為其所屬技藝領域中具有通常知識者依申請前之先前技藝易於思及時，仍不得取得設計專利。

申請人出於本意或非出於本意所致公開之事實發生後六個月內申請者，該事實非屬第一項各款或前項不得取得設計專利之情事。

因申請專利而在我國或外國依法於公報上所為之公開係出於申請人本意者，不適用前項規定。

**第123條**　申請專利之設計，與申請在先而在其申請後始公告之設計專利申請案所附說明書或圖式之內容相同或近似者，不得取得設計專利。但其申請人與申請在先之設計專利申請案之申請人相同者，不在此限。

**第124條**　下列各款，不予設計專利：

一、純功能性之物品造形。

二、純藝術創作。

三、積體電路電路布局及電子電路布局。

四、物品妨害公共秩序或善良風俗者。

**第125條**　申請設計專利，由專利申請權人備具申請書、說明書及圖式，向專利專責機關申請之。

申請設計專利，以申請書、說明書及圖式齊備之日為申請日。

說明書及圖式未於申請時提出中文本，而以外文本提出，且於專利專責機關指定期間內補正中文本者，以外文本提出之日為申請日。

未於前項指定期間內補正中文本者，其申請案不予受理。但在處分前補正者，以補正之日為申請日，外文本視為未提出。

**第126條**　說明書及圖式應明確且充分揭露，使該設計所屬技藝領域中具有通常知識者，能瞭解其內容，並可據以實現。

說明書及圖式之揭露方式，於本法施行細則定之。

第**127**條　同一人有二個以上近似之設計，得申請設計專利及其衍生設計專利。

衍生設計之申請日，不得早於原設計之申請日。

申請衍生設計專利，於原設計專利公告後，不得為之。

同一人不得就與原設計不近似，僅與衍生設計近似之設計申請為衍生設計專利。

第**128**條　相同或近似之設計有二以上之專利申請案時，僅得就其最先申請者，准予設計專利。但後申請者所主張之優先權日早於先申請者之申請日者，不在此限。

前項申請日、優先權日為同日者，應通知申請人協議定之；協議不成時，均不予設計專利。其申請人為同一人時，應通知申請人限期擇一申請；屆期未擇一申請者，均不予設計專利。

各申請人為協議時，專利專責機關應指定相當期間通知申請人申報協議結果；屆期未申報者，視為協議不成。

前三項規定，於下列各款不適用之：

一、原設計專利申請案與衍生設計專利申請案間。

二、同一設計專利申請案有二以上衍生設計專利申請案者，該二以上衍生設計專利申請案間。

第**129**條　申請設計專利，應就每一設計提出申請。

二個以上之物品，屬於同一類別，且習慣上以成組物品販賣或使用者，得以一設計提出申請。

申請設計專利，應指定所施予之物品。

第**130**條　申請專利之設計，實質上為二個以上之設計時，經專利專責機關通知，或據申請人申請，得為分割之申請。

分割申請，應於原申請案再審查審定前為之。

分割後之申請案，應就原申請案已完成之程序續行審查。

第**131**條　申請設計專利後改請衍生設計專利者，或申請衍生設計專利後改請設計專利者，以原申請案之申請日為改請案之申請日。

改請之申請，有下列情事之一者，不得為之：

一、原申請案准予專利之審定書送達後。

二、原申請案不予專利之審定書送達後逾二個月。

改請後之設計或衍生設計，不得超出原申請案申請時說明書或圖式所揭露之範圍。

第**132**條　申請發明或新型專利後改請設計專利者，以原申請案之申請日

為改請案之申請日。

改請之申請，有下列情事之一者，不得為之：

一、原申請案准予專利之審定書、處分書送達後。

二、原申請案為發明，於不予專利之審定書送達後逾二個月。

三、原申請案為新型，於不予專利之處分書送達後逾三十日。

改請後之申請案，不得超出原申請案申請時說明書、申請專利範圍或圖式所揭露之範圍。

**第133條**　說明書及圖式，依第一百二十五條第三項規定，以外文本提出者，其外文本不得修正。

第一百二十五條第三項規定補正之中文本，不得超出申請時外文本所揭露之範圍。

**第134條**　設計專利申請案違反第一百二十一條至第一百二十四條、第一百二十六條、第一百二十七條、第一百二十八條第一項至第三項、第一百二十九條第一項、第二項、第一百三十一條第三項、第一百三十二條第三項、第一百三十三條第二項、第一百四十二條第一項準用第三十四條第四項、第一百四十二條第一項準用第四十三條第二項、第一百四十二條第一項準用第四十四條第三項規定者，應為不予專利之審定。

**第135條　設計專利權期限，自申請日起算十五年屆滿**；衍生設計專利權期限與原設計專利權期限同時屆滿。

**第136條**　設計專利權人，除本法另有規定外，專有排除他人未經其同意而實施該設計或近似該設計之權。

設計專利權範圍，以圖式為準，並得審酌說明書。

**第137條**　衍生設計專利權得單獨主張，且及於近似之範圍。

**第138條**　衍生設計專利權，應與其原設計專利權一併讓與、信託、繼承、授權或設定質權。

原設計專利權依第一百四十二條第一項準用第七十條第一項第三款或第四款規定已當然消滅或撤銷確定，其衍生設計專利權有二以上仍存續者，不得單獨讓與、信託、繼承、授權或設定質權。

**第139條**　設計專利權人申請更正專利說明書或圖式，僅得就下列事項為之：

一、誤記或誤譯之訂正。

二、不明瞭記載之釋明。

更正，除誤譯之訂正外，不得超出申請時說明書或圖式所揭露之範圍。

依第一百二十五條第三項規定，說明書及圖式以外文本提出者，其誤譯之

訂正，不得超出申請時外文本所揭露之範圍。

更正，不得實質擴大或變更公告時之圖式。

**第140條**　設計專利權人非經被授權人或質權人之同意，不得拋棄專利權。

**第141條**　設計專利權有下列情事之一，任何人得向專利專責機關提起舉發：

一、違反第一百二十一條至第一百二十四條、第一百二十六條、第一百二十七條、第一百二十八條第一項至第三項、第一百三十一條第三項、第一百三十二條第三項、第一百三十三條第二項、第一百三十九條第二項至第四項、第一百四十二條第一項準用第三十四條第四項、第一百四十二條第一項準用第四十三條第二項、第一百四十二條第一項準用第四十四條第三項規定者。

二、專利權人所屬國家對中華民國國民申請專利不予受理者。

三、違反第十二條第一項規定或設計專利權人為非設計專利申請權人者。

以前項第三款情事提起舉發者，限於利害關係人始得為之。

設計專利權得提起舉發之情事，依其核准審定時之規定。但以違反第一百三十一條第三項、第一百三十二條第三項、第一百三十九條第二項、第四項、第一百四十二條第一項準用第三十四條第四項或第一百四十二條第一項準用第四十三條第二項規定之情事，提起舉發者，依舉發時之規定。

**第142條**　第二十八條、第二十九條、第三十四條第三項、第四項、第三十五條、第三十六條、第四十二條、第四十三條第一項至第三項、第四十四條第三項、第四十五條、第四十六條第二項、第四十七條、第四十八條、第五十條、第五十二條第一項、第二項、第四項、第五十八條第二項、第五十九條、第六十二條至第六十五條、第六十八條、第七十條、第七十二條、第七十三條第一項、第三項、第四項、第七十四條至第七十八條、第七十九條第一項、第八十條至第八十二條、第八十四條至第八十六條、第九十二條至第九十八條、第一百條至第一百零三條規定，於設計專利準用之。

第二十八條第一項所定期間，於設計專利申請案為六個月。

第二十九條第二項及第四項所定期間，於設計專利申請案為十個月。

第五十九條第一項第三款但書所定期間，於設計專利申請案為六個月。

## 第五章　附則

**第143條**　專利檔案中之申請書件、說明書、申請專利範圍、摘要、圖式及圖說，經專利專責機關認定具保存價值者，應永久保存。

前項以外之專利檔案應依下列規定定期保存：

一、發明專利案除經審定准予專利者保存三十年外，應保存二十年。

二、新型專利案除經處分准予專利者保存十五年外，應保存十年。

三、設計專利案除經審定准予專利者保存二十年外，應保存十五年。

前項專利檔案保存年限，自審定、處分、撤回或視為撤回之日所屬年度之次年首日開始計算。

本法中華民國一百零八年四月十六日修正之條文施行前之專利檔案，其保存年限適用修正施行後之規定。

**第144條**　主管機關為獎勵發明、新型或設計之創作，得訂定獎助辦法。

**第145條**　依第二十五條第三項、第一百零六條第三項及第一百二十五條第三項規定提出之外文本，其外文種類之限定及其他應載明事項之辦法，由主管機關定之。

**第146條**　第九十二條、第一百二十條準用第九十二條、第一百四十二條第一項準用第九十二條規定之申請費、證書費及專利年費，其收費辦法由主管機關定之。

第九十五條、第一百二十條準用第九十五條、第一百四十二條第一項準用第九十五條規定之專利年費減免，其減免條件、年限、金額及其他應遵行事項之辦法，由主管機關定之。

**第147條**　中華民國八十三年一月二十三日前所提出之申請案，不得依第五十三條規定，申請延長專利權期間。

**第148條**　本法中華民國八十三年一月二十一日修正施行前，已審定公告之專利案，其專利權期限，適用修正前之規定。但發明專利案，於世界貿易組織協定在中華民國管轄區域內生效之日，專利權仍存續者，其專利權期限，適用修正施行後之規定。

本法中華民國九十二年一月三日修正之條文施行前，已審定公告之新型專利申請案，其專利權期限，適用修正前之規定。

新式樣專利案，於世界貿易組織協定在中華民國管轄區域內生效之日，專利權仍存續者，其專利權期限，適用本法中華民國八十六年五月七日修正之條文施行後之規定。

**第149條**　本法中華民國一百年十一月二十九日修正之條文施行前，尚未

審定之專利申請案，除本法另有規定外，適用修正施行後之規定。

本法中華民國一百年十一月二十九日修正之條文施行前，尚未審定之更正案及舉發案，適用修正施行後之規定。

**第150條**　本法中華民國一百年十一月二十九日修正之條文施行前提出，且依修正前第二十九條規定主張優先權之發明或新型專利申請案，其先申請案尚未公告或不予專利之審定或處分尚未確定者，適用第三十條第一項規定。

本法中華民國一百年十一月二十九日修正之條文施行前已審定之發明專利申請案，未逾第三十四條第二項第二款規定之期間者，適用第三十四條第二項第二款及第六項規定。

**第151條**　第二十二條第三項第二款、第一百二十條準用第二十二條第三項第二款、第一百二十一條第一項有關物品之部分設計、第一百二十一條第二項、第一百二十二條第三項第一款、第一百二十七條、第一百二十九條第二項規定，於本法中華民國一百年十一月二十九日修正之條文施行後，提出之專利申請案，始適用之。

**第152條**　本法中華民國一百年十一月二十九日修正之條文施行前，違反修正前第三十條第二項規定，視為未

寄存之發明專利申請案，於修正施行後尚未審定者，適用第二十七條第二項之規定；其有主張優先權，自最早之優先權日起仍在十六個月內者，適用第二十七條第三項之規定。

**第153條**　本法中華民國一百年十一月二十九日修正之條文施行前，依修正前第二十八條第三項、第一百零八條準用第二十八條第三項、第一百二十九條第一項準用第二十八條第三項規定，以違反修正前第二十八條第一項、第一百零八條準用第二十八條第一項、第一百二十九條第一項準用第二十八條第一項規定喪失優先權之專利申請案，於修正施行後尚未審定或處分，且自最早之優先權日起，發明、新型專利申請案仍在十六個月內，設計專利申請案仍在十個月內者，適用第二十九條第四項、第一百二十條準用第二十九條第四項、第一百四十二條第一項準用第二十九條第四項之規定。

本法中華民國一百年十一月二十九日修正之條文施行前，依修正前第二十八條第三項、第一百零八條準用第二十八條第三項、第一百二十九條第一項準用第二十八條第三項規定，以違反修正前第二十八條第二項、第一百零八條準用第二十八條第二項、第一百二十九條第一項準用第二十八條第二項規定喪失優先權之專利申請案，於修正施行後尚未

審定或處分，且自最早之優先權日起，發明、新型專利申請案仍在十六個月內，設計專利申請案仍在十個月內者，適用第二十九條第二項、第一百二十條準用第二十九條第二項、第一百四十二條第一項準用第二十九條第二項之規定。

第**154**條　本法中華民國一百年十一月二十九日修正之條文施行前，已提出之延長發明專利權期間申請案，於修正施行後尚未審定，且其發明專利權仍存續者，適用修正施行後之規定。

第**155**條　本法中華民國一百年十一月二十九日修正之條文施行前，有下列情事之一，不適用第五十二條第四項、第七十條第二項、第一百二十條準用第五十二條第四項、第一百二十條準用第七十條第二項、第一百四十二條第一項準用第五十二條第四項、第一百四十二條第一項準用第七十條第二項之規定：

一、依修正前第五十一條第一項、第一百零一條第一項或第一百十三條第一項規定已逾繳費期限，專利權自始不存在者。

二、依修正前第六十六條第三款、第一百零八條準用第六十六條第三款或第一百二十九條第一項準用第六十六條第三款規定，於本法修正施行前，專利權已當然消滅者。

第**156**條　本法中華民國一百年十一月二十九日修正之條文施行前，尚未審定之新式樣專利申請案，申請人得於修正施行後三個月內，申請改為物品之部分設計專利申請案。

第**157**條　本法中華民國一百年十一月二十九日修正之條文施行前，尚未審定之聯合新式樣專利申請案，適用修正前有關聯合新式樣專利之規定。

本法中華民國一百年十一月二十九日修正之條文施行前，尚未審定之聯合新式樣專利申請案，且於原新式樣專利公告前申請者，申請人得於修正施行後三個月內申請改為衍生設計專利申請案。

第**157-1**條　中華民國一百零五年十二月三十日修正之第二十二條、第五十九條、第一百二十二條及第一百四十二條，於施行後提出之專利申請案，始適用之。

第**157-2**條　本法中華民國一百零八年四月十六日修正之條文施行前，尚未審定之專利申請案，除本法另有規定外，適用修正施行後之規定。

本法中華民國一百零八年四月十六日修正之條文施行前，尚未審定之更正案及舉發案，適用修正施行後之規定。

第**157-3**條　本法中華民國一百零八年四月十六日修正之條文施行前，已審定或處分之專利申請案，尚未逾第

三十四條第二項第二款、第一百零七條第二項第二款規定之期間者，適用修正施行後之規定。

**第157-4條**　本法中華民國一百零八年四月十六日修正之條文施行之日，設計專利權仍存續者，其專利權期限，適用修正施行後之規定。

本法中華民國一百零八年四月十六日修正之條文施行前，設計專利權因第一百四十二條第一項準用第七十條第一項第三款規定之事由當然消滅，而

於修正施行後準用同條第二項規定申請回復專利權者，其專利權期限，適用修正施行後之規定。

**第158條**　本法施行細則，由主管機關定之。

**第159條**　本法之施行日期，由行政院定之。

本法中華民國一百零二年五月三十一日修正之條文，自公布日施行。

## 二、專利法施行細則　修正日期：民國112年03月24日

### 第一章　總則

**第1條**　本細則依專利法（以下簡稱本法）第一百五十八條規定訂定之。

**第2條**　依本法及本細則所為之申請，除依本法第十九條規定以電子方式為之者外，應以書面提出，並由申請人簽名或蓋章；委任有代理人者，得僅由代理人簽名或蓋章。專利專責機關認有必要時，得通知申請人檢附身分證明或法人證明文件。

依本法及本細則所為之申請，以書面提出者，應使用專利專責機關指定之書表；其格式及份數，由專利專責機關定之。

**第3條**　技術用語之譯名經國家教

育研究院編譯者，應以該譯名為原則；未經該院編譯或專利專責機關認有必要時，得通知申請人附註外文原名。

申請專利及辦理有關專利事項之文件，應用中文；證明文件為外文者，專利專責機關認有必要時，得通知申請人檢附中文譯本或節譯本。

**第4條**　依本法及本細則所定應檢附之證明文件，以原本或正本為之。

原本或正本，除優先權證明文件外，經當事人釋明與原本或正本相同者，得以影本代之。但舉發證據為書證影本者，應證明與原本或正本相同。

原本或正本，經專利專責機關驗證無訛後，得予發還。

**第5條**　專利之申請及其他程序，以書面提出者，應以書件到達專利專責機關之日為準；如係郵寄者，以郵寄地郵戳所載日期為準。

郵戳所載日期不清晰者，除由當事人舉證外，以到達專利專責機關之日為準。

**第6條**　依本法及本細則指定之期間，申請人得於指定期間屆滿前，敘明理由向專利專責機關申請延展。

**第7條**　申請人之姓名或名稱、印章、住居所或營業所變更時，應檢附證明文件向專利專責機關申請變更。但其變更無須以文件證明者，免予檢附。

**第8條**　因繼受專利申請權申請變更名義者，應備具申請書，並檢附下列文件：

一、因受讓而變更名義者，其受讓專利申請權之契約或讓與證明文件。但公司因併購而承受者，為併購之證明文件。

二、因繼承而變更名義者，其死亡及繼承證明文件。

**第9條**　申請人委任代理人者，應檢附委任書，載明代理之權限及送達處所。

有關專利之申請及其他程序委任代理人辦理者，其代理人不得逾三人。

代理人有二人以上者，均得單獨代理申請人。

違反前項規定而為委任者，其代理人仍得單獨代理。

申請人變更代理人之權限或更換代理人時，非以書面通知專利專責機關，對專利專責機關不生效力。

代理人之送達處所變更時，應向專利專責機關申請變更。

**第10條**　代理人就受委任之權限內有為一切行為之權。但選任或解任代理人、撤回專利申請案、撤回分割案、撤回改請案、撤回再審查申請、撤回更正申請、撤回舉發案或拋棄專利權，非受特別委任，不得為之。

**第11條**　申請文件不符合法定程式而得補正者，專利專責機關應通知申請人限期補正；屆期未補正或補正仍不齊備者，依本法第十七條第一項規定辦理。

**第12條**　依本法第十七條第二項規定，申請回復原狀者，應敘明遲誤期間之原因及其消滅日期，並檢附證明文件向專利專責機關為之。

## 第二章　發明專利之申請及審查

**第13條**　本法第二十二條所稱申請前及第二十三條所稱申請在先，如依本法第二十八條第一項或第三十條第一項規定主張優先權者，指該優先權日前。

本法第二十二條所稱刊物，指向公眾公開之文書或載有資訊之其他儲存媒體。

本法第二十二條第三項所定之十二個月，自同條項所定事實發生之次日起算至本法第二十五條第二項規定之申請日止。有多次本法第二十二條第三項所定事實者，前述期間之計算，應自第一次事實發生之次日起算。

**第14條**　本法第二十二條、第二十六條及第二十七所稱所屬技術領域中具有通常知識者，指具有申請時該發明所屬技術領域之一般知識及普通技能之人。

前項所稱申請時，如依本法第二十八條第一項或第三十條第一項規定主張優先權者，指該優先權日。

**第15條**　因繼承、受讓、僱傭或出資關係取得專利申請權之人，就其被繼承人、讓與人、受雇人或受聘人在申請前之公開行為，適用本法第二十二條第三項及第四項規定。

**第16條**　**申請發明專利者，其申請書應載明下列事項：**
一、發明名稱。
二、發明人姓名、國籍。
三、申請人姓名或名稱、國籍、住居所或營業所；有代表人者，並應載明代表人姓名。

四、委任代理人者，其姓名、事務所。

有下列情事之一，並應於申請時敘明之：
一、主張本法第二十八條第一項規定之優先權者。
二、主張本法第三十條第一項規定之優先權者。
三、聲明本法第三十二條第一項規定之同一人於同日分別申請發明專利及新型專利者。

**第17條**　申請發明專利者，其說明書應載明下列事項：
一、發明名稱。
二、技術領域。
三、先前技術：申請人所知之先前技術，並得檢送該先前技術之相關資料。
四、發明內容：發明所欲解決之問題、解決問題之技術手段及對照先前技術之功效。
五、圖式簡單說明：有圖式者，應以簡明之文字依圖式之圖號順序說明圖式。
六、實施方式：記載一個以上之實施方式，必要時得以實施例說明；有圖式者，應參照圖式加以說明。
七、符號說明：有圖式者，應依圖號或符號順序列出圖式之主要符號並加以說明。

說明書應依前項各款所定順序及方式撰寫，並附加標題。但發明之性質以其他方式表達較為清楚者，不在此限。

說明書得於各段落前，以置於中括號內之連續四位數之阿拉伯數字編號依序排列，以明確識別每一段落。

發明名稱，應簡明表示所申請發明之內容，不得冠以無關之文字。

申請生物材料或利用生物材料之發明專利，其生物材料已寄存者，應於說明書載明寄存機構、寄存日期及寄存號碼。申請前已於國外寄存機構寄存者，並應載明國外寄存機構、寄存日期及寄存號碼。

生物材料寄存於本法第二十七條第五項規定之寄存機構者，該寄存機構出具之證明文件，應具有該生物材料之存活證明。

發明專利包含一個或多個核苷酸或胺基酸序列者，說明書應包含依專利專責機關訂定之格式單獨記載之序列表。其序列表得以專利專責機關規定之電子檔為之。

**第18條** 發明之申請專利範圍，得以一項以上之獨立項表示；其項數應配合發明之內容；必要時，得有一項以上之附屬項。獨立項、附屬項，應以其依附關係，依序以阿拉伯數字編號排列。

獨立項應敘明申請專利之標的名稱及申請人所認定之發明之必要技術特徵。

附屬項應敘明所依附之項號，並敘明標的名稱及所依附請求項外之技術特徵，其依附之項號並應以阿拉伯數字為之；於解釋附屬項時，應包含所依附請求項之所有技術特徵。

依附於二項以上之附屬項為多項附屬項，應以選擇式為之。

附屬項僅得依附在前之獨立項或附屬項。但多項附屬項間不得直接或間接依附。

獨立項或附屬項之文字敘述，應以單句為之。

**第19條** 請求項之技術特徵，除絕對必要外，不得以說明書之頁數、行數或圖式、圖式中之符號予以界定。

請求項之技術特徵得引用圖式中對應之符號，該符號應附加於對應之技術特徵後，並置於括號內；該符號不得作為解釋請求項之限制。

請求項得記載化學式或數學式，不得附有插圖。

複數技術特徵組合之發明，其請求項之技術特徵，得以手段功能用語或步驟功能用語表示。於解釋請求項時，應包含說明書中所敘述對應於該功能之結構、材料或動作及其均等範圍。

**第20條** 獨立項之撰寫，以二段式為之者，前言部分應包含申請專利之標的名稱及與先前技術共有之必要技術特徵；特徵部分應以「其特徵在

於」、「其改良在於」或其他類似用語，敘明有別於先前技術之必要技術特徵。

解釋獨立項時，特徵部分應與前言部分所述之技術特徵結合。

**第21條**　摘要，應簡要敘明發明所揭露之內容，並以所欲解決之問題、解決問題之技術手段及主要用途為限；其字數，以不超過二百五十字為原則；有化學式者，應揭示最能顯示發明特徵之化學式。

摘要，不得記載商業性宣傳用語。

摘要不符合前二項規定者，專利專責機關得通知申請人限期修正，或依職權修正後通知申請人。

申請人應指定最能代表該發明技術特徵之圖為代表圖，並列出其主要符號，簡要加以說明。

未依前項規定指定或指定之代表圖不適當者，專利專責機關得通知申請人限期補正，或依職權指定或刪除後通知申請人。

**第22條**　說明書、申請專利範圍及摘要中之技術用語及符號應一致。

前項之說明書、申請專利範圍及摘要，應以打字或印刷為之。

說明書、申請專利範圍及摘要以外文本提出者，其補正之中文本，應提供正確完整之翻譯。

**第23條**　發明之圖式，應參照工程製圖方法以墨線繪製清晰，於各圖縮小至三分之二時，仍得清晰分辨圖式中各項細節。

圖式應註明圖號及符號，並依圖號順序排列，除必要註記外，不得記載其他說明文字。

**第24條**　發明專利申請案之說明書有部分缺漏或圖式有缺漏之情事，而經申請人補正者，以補正之日為申請日。但有下列情事之一者，仍以原提出申請之日為申請日：

一、補正之說明書或圖式已見於主張優先權之先申請案。

二、補正之說明書或圖式，申請人於專利專責機關確認申請日之處分書送達後三十日內撤回。

前項之說明書或圖式以外文本提出者，亦同。

**第25條**　本法第二十八條第一項所定之十二個月，自在與中華民國相互承認優先權之國家或世界貿易組織會員第一次申請日之次日起算至本法第二十五條第二項規定之申請日止。

本法第三十條第一項第一款所定之十二個月，自先申請案申請日之次日起算至本法第二十五條第二項規定之申請日止。

**第26條**　依本法第二十九條第二項規定檢送之優先權證明文件應為正本。

申請人於本法第二十九條第二項規定期間內檢送之優先權證明文件為影本者，專利專責機關應通知申請人限期補正與該影本為同一文件之正本；屆期未補正或補正仍不齊備者，依本法第二十九條第三項規定，視為未主張優先權。但其正本已向專利專責機關提出者，得以載明正本所依附案號之影本代之。

第一項優先權證明文件，經專利專責機關與該國家或世界貿易組織會員之專利受理機關已為電子交換者，視為申請人已提出。

第一項規定之正本，得以專利專責機關規定之電子檔代之，並應釋明其與正本相符。

**第26-1條** 依本法第三十條第一項規定主張優先權者，如同時或先後亦就其先申請案依本法規定繳納證書費及第一年專利年費，專利專責機關應通知申請人限期撤回其後申請案之優先權主張或先申請案之領證申請；屆期未擇一撤回者，其先申請案不予公告，並通知申請人得申請退還證書費及第一年專利年費。

**第26-2條** 本法第三十二條第一項所稱同日，指發明專利及新型專利分別依本法第二十五條第二項及第一百零六條第二項規定之申請日相同；若主張優先權，其優先權日亦須相同。

本法第三十二條第一項所定申請人未分別聲明，包括於發明專利申請案及新型專利申請案中皆未聲明，或其中一申請案未聲明之情形。

本法第三十二條之新型專利權，如於發明專利核准審定後公告前，發生已當然消滅或撤銷確定之情形者，發明專利不予公告。

**第27條** 本法第三十三條第二項所稱屬於一個廣義發明概念者，指二個以上之發明，於技術上相互關聯。

前項技術上相互關聯之發明，應包含一個或多個相同或對應之特別技術特徵。

前項所稱特別技術特徵，指申請專利之發明整體對於先前技術有所貢獻之技術特徵。

二個以上之發明於技術上有無相互關聯之判斷，不因其於不同之請求項記載或於單一請求項中以擇一形式記載而有差異。

**第28條** 發明專利申請案申請分割者，應就每一分割案，備具申請書，並檢附下列文件：

一、說明書、申請專利範圍、摘要及圖式。

二、申請生物材料或利用生物材料之發明專利者，其寄存證明文件。

有下列情事之一，並應於每一分割申請案申請時敘明之：

一、主張本法第二十八條第一項規
　　定之優先權者。

二、主張本法第三十條第一項規定
　　之優先權者。

第一項第一款規定之說明書，未完全
援用原申請案申請時之說明書內容
者，應檢附差異部分之劃線頁；其為
刪除原內容者，應劃線於刪除之文字
上；其為新增內容者，應劃線於新增
之文字下方；並得於第一項規定之申
請書就差異部分為說明。

分割申請，不得變更原申請案之專利
種類。

**第29條**　（刪除）

**第30條**　依本法第三十五條規定申請
專利者，應備具申請書，並檢附舉發
撤銷確定證明文件。

**第31條**　專利專責機關公開發明專利
申請案時，應將下列事項公開之：

一、申請案號。

二、公開編號。

三、公開日。

四、國際專利分類。

五、申請日。

六、發明名稱。

七、發明人姓名。

八、申請人姓名或名稱、住居所或
　　營業所。

九、委任代理人者，其姓名。

十、摘要。

十一、最能代表該發明技術特徵之圖
　　　式及其符號說明。

十二、主張本法第二十八條第一項優
　　　先權之各第一次申請專利之國
　　　家或世界貿易組織會員、申請
　　　案號及申請日。

十三、主張本法第三十條第一項優先
　　　權之各申請案號及申請日。

十四、有無申請實體審查。

**第32條**　發明專利申請案申請實體審
查者，應備具申請書，載明下列事項：

一、申請案號。

二、發明名稱。

三、申請實體審查者之姓名或名稱、
　　國籍、住居所或營業所；有代表
　　人者，並應載明代表人姓名。

四、委任代理人者，其姓名、事務所。

五、是否為專利申請人。

**第33條**　發明專利申請案申請優先審
查者，應備具申請書，載明下列事
項：

一、申請案號及公開編號。

二、發明名稱。

三、申請優先審查者之姓名或名稱、
　　國籍、住居所或營業所；有代
　　表人者，並應載明代表人姓名。

四、委任代理人者，其姓名、事務所。

五、是否為專利申請人。

六、發明專利申請案之商業上實施
　　狀況；有協議者，其協議經過。

申請優先審查之發明專利申請案尚未申請實體審查者，並應依前條規定申請實體審查。

依本法第四十條第二項規定應檢附之有關證明文件，為廣告目錄、其他商業上實施事實之書面資料或本法第四十一條第一項規定之書面通知。

**第34條** 專利專責機關通知面詢、實驗、補送模型或樣品、修正說明書、申請專利範圍或圖式，屆期未辦理或未依通知內容辦理者，專利專責機關得依現有資料續行審查。

**第35條** 說明書、申請專利範圍或圖式之文字或符號有明顯錯誤者，專利專責機關得依職權訂正，並通知申請人。

**第36條** 發明專利申請案申請修正說明書、申請專利範圍或圖式者，應備具申請書，並檢附下列文件：
一、修正部分劃線之說明書或申請專利範圍修正頁；其為刪除原內容者，應劃線於刪除之文字上；其為新增內容者，應劃線於新增之文字下方。但刪除請求項者，得以文字加註為之。
二、修正後無劃線之說明書、申請專利範圍或圖式替換頁；如修正後致說明書、申請專利範圍或圖式之頁數、項號或圖號不連續者，應檢附修正後之全份說明書、申請專利範圍或圖式。

前項申請書，應載明下列事項：
一、修正說明書者，其修正之頁數、段落編號與行數及修正理由。
二、修正申請專利範圍者，其修正之請求項及修正理由。
三、修正圖式者，其修正之圖號及修正理由。

修正申請專利範圍者，如刪除部分請求項，其他請求項之項號，應依序以阿拉伯數字編號重行排列；修正圖式者，如刪除部分圖式，其他圖之圖號，應依圖號順序重行排列。

發明專利申請案經專利專責機關為最後通知者，第二項第二款之修正理由應敘明本法第四十三條第四項各款規定之事項。

**第37條** 因誤譯申請訂正說明書、申請專利範圍或圖式者，應備具申請書，並檢附下列文件：
一、訂正部分劃線之說明書或申請專利範圍訂正頁；其為刪除原內容者，應劃線於刪除之文字上；其為新增內容者，應劃線於新增加之文字下方。
二、訂正後無劃線之說明書、申請專利範圍或圖式替換頁。

前項申請書，應載明下列事項：
一、訂正說明書者，其訂正之頁數、段落編號與行數、訂正理由及對應外文本之頁數、段落編號與行數。

二、訂正申請專利範圍者，其訂正之請求項、訂正理由及對應外文本之請求項之項號。

三、訂正圖式者，其訂正之圖號、訂正理由及對應外文本之圖號。

**第38條** 發明專利申請案同時申請誤譯訂正及修正說明書、申請專利範圍或圖式者，得分別提出訂正及修正申請，或以訂正申請書分別載明其訂正及修正事項為之。

發明專利同時申請誤譯訂正及更正說明書、申請專利範圍或圖式者，亦同。

**第39條** 發明專利申請案審定前，任何人認該發明應不予專利時，得向專利專責機關陳述意見，並得附具理由及相關證明文件。

## 第三章　新型專利之申請及審查

**第40條** 新型專利申請案之說明書有部分缺漏或圖式有缺漏之情事，而經申請人補正者，以補正之日為申請日。但有下列情事之一者，仍以原提出申請之日為申請日：

一、補正之說明書或圖式已見於主張優先權之先申請案。

二、補正之說明書或部分圖式，申請人於專利專責機關確認申請日之處分書送達後三十日內撤回。

前項之說明書或圖式以外文本提出者，亦同。

**第41條** 本法第一百二十條準用第二十八條第一項所定之十二個月，自在與中華民國相互承認優先權之國家或世界貿易組織會員第一次申請日之次日起算至本法第一百零六條第二項規定之申請日止。

本法第一百二十條準用第三十條第一項第一款所定之十二個月，自先申請案申請日之次日起算至本法第一百零六條第二項規定之申請日止。

**第42條** 依本法第一百十五條第一項規定申請新型專利技術報告者，應備具申請書，載明下列事項：

一、申請案號。

二、新型名稱。

三、申請新型專利技術報告者之姓名或名稱、國籍、住居所或營業所；有代表人者，並應載明代表人姓名。

四、委任代理人者，其姓名、事務所。

五、是否為專利權人。

**第43條** 依本法第一百十五條第五項規定檢附之有關證明文件，為專利權人對為商業上實施之非專利權人之書面通知、廣告目錄或其他商業上實施事實之書面資料。

**第44條** 新型專利技術報告應載明下列事項：

一、新型專利證書號數。

二、申請案號。

三、申請日。

四、優先權日。

五、技術報告申請日。

六、新型名稱

七、專利權人姓名或名稱、住居所或營業所。

八、申請新型專利技術報告者之姓名或名稱。

九、委任代理人者，其姓名。

十、專利審查人員姓名。

十一、國際專利分類。

十二、先前技術資料範圍。

十三、比對結果。

**第45條** 第十三條至第二十三條、第二十六條至第二十八條、第三十條、第三十四條至第三十八條規定，於新型專利準用之。

## 第四章　設計專利之申請及審查

**第46條** 本法第一百二十二條所稱申請前及第一百二十三條所稱申請在先，如依本法第一百四十二條第一項準用第二十八條第一項規定主張優先權者，指該優先權日前。

本法第一百二十二條所稱刊物，指向公眾公開之文書或載有資訊之其他儲存媒體。

本法第一百二十二條第三項所定之六個月，自同條項所定事實發生之次日起算至本法第一百二十五條第二項規定之申請日止。有多次本法第一百二十二條第三項所定事實者，前述期間之計算，應自第一次事實發生之次日起算。

**第47條** 本法第一百二十二條及第一百二十六條所稱所屬技藝領域中具有通常知識者，指具有申請時該設計所屬技藝領域之一般知識及普通技能之人。

前項所稱申請時，如依本法第一百四十二條第一項準用第二十八條第一項規定主張優先權者，指該優先權日。

**第48條** 因繼承、受讓、僱傭或出資關係取得專利申請權之人，就其被繼承人、讓與人、受雇人或受聘人在申請前之公開行為，適用本法第一百二十二條第三項及第四項規定。

**第49條** 申請設計專利者，其申請書應載明下列事項：

一、設計名稱。

二、設計人姓名、國籍。

三、申請人姓名或名稱、國籍、住居所或營業所；有代表人者，並應載明代表人姓名。

四、委任代理人者，其姓名、事務所。

有主張本法第一百四十二條第一項準用第二十八條第一項規定之優先權者，應於申請時敘明之。

申請衍生設計專利者，除前二項規定事項外，並應於申請書載明原設計申請案號。

**第50條** 申請設計專利者，其說明書應載明下列事項：

一、設計名稱。

二、物品用途。

三、設計說明。

說明書應依前項各款所定順序及方式撰寫，並附加標題。但前項第二款或第三款已於設計名稱或圖式表達清楚者，得不記載。

**第51條** 設計名稱，應明確指定所施予之物品，不得冠以無關之文字。

物品用途，指用以輔助說明設計所施予物品之使用、功能等敘述。

設計說明，指用以輔助說明設計之形狀、花紋、色彩或其結合等敘述。其有下列情事之一，應敘明之：

一、圖式揭露內容包含不主張設計之部分。

二、應用於物品之電腦圖像及圖形化使用者介面設計具變化外觀者，應敘明變化順序。

三、各圖間因相同、對稱或其他事由而省略者。

有下列情事之一，必要時得於設計說明簡要敘明之：

一、有因材料特性、機能調整或使用狀態之變化，而使設計之外觀產生變化者。

二、有輔助圖或參考圖者。

三、以成組物品設計申請專利者，其各構成物品之名稱。

**第52條** 說明書所載之設計名稱、物品用途、設計說明之用語應一致。

前項之說明書，應以打字或印刷為之。

依本法第一百二十五條第三項規定提出之外文本，其說明書應提供正確完整之翻譯。

**第53條** 設計之圖式，應備具足夠之視圖，以充分揭露所主張設計之外觀；設計為立體者，應包含立體圖；設計為連續平面者，應包含單元圖。

前項所稱之視圖，得為立體圖、前視圖、後視圖、左側視圖、右側視圖、俯視圖、仰視圖、平面圖、單元圖或其他輔助圖。

圖式應參照工程製圖方法，以墨線圖、電腦繪圖或以照片呈現，於各圖縮小至三分之二時，仍得清晰分辨圖式中各項細節。

主張色彩者，前項圖式應呈現其色彩。

圖式中主張設計之部分與不主張設計之部分，應以可明確區隔之表示方式呈現。

標示為參考圖者，不得作為設計專利權範圍，但得用於說明應用之物品或使用環境。

**第54條** 設計之圖式，應標示各圖名稱，並指定立體圖或最能代表該設計之圖為代表圖。

未依前項規定指定或指定之代表圖不適當者，專利專責機關得通知申請人限期補正，或依職權指定後通知申請人。

**第55條** 設計專利申請案之說明書或圖式有部分缺漏之情事，而經申請人補正者，以補正之日為申請日。但有下列情事之一者，仍以原提出申請之日為申請日：

一、補正之說明書或圖式已見於主張優先權之先申請案。

二、補正之說明書或圖式，申請人於專利專責機關確認申請日之處分書送達後三十日內撤回。

前項之說明書或圖式以外文本提出者，亦同。

**第56條** 本法第一百四十二條第二項所定之六個月，自在與中華民國相互承認優先權之國家或世界貿易組織會員第一次申請日之次日起算至本法第一百二十五條第二項規定之申請日止。

**第57條** 本法第一百二十九條第二項所稱同一類別，指國際工業設計分類表同一大類之物品。

**第58條** 設計專利申請案申請分割者，應就每一分割案，備具申請書，並檢附說明書及圖式。

有主張本法第一百四十二條第一項準用第二十八條第一項規定之優先權者，應於每一分割申請案申請時敘明之。

分割申請，不得變更原申請案之專利種類。

**第59條** 設計專利申請案申請修正說明書或圖式者，應備具申請書，並檢附下列文件：

一、修正部分劃線之說明書修正頁；其為刪除原內容者，應劃線於刪除之文字上；其為新增內容者，應劃線於新增之文字下方。

二、修正後無劃線之全份說明書或圖式。

前項申請書，應載明下列事項：

一、修正說明書者，其修正之頁數與行數及修正理由。

二、修正圖式者，其修正之圖式名稱及修正理由。

**第60條** 因誤譯申請訂正說明書或圖式者，應備具申請書，並檢附下列文件：

一、訂正部分劃線之說明書訂正頁；其為刪除原內容者，應劃線於刪除之文字上；其為新增內容者，應劃線於新增加之文字下方。

二、訂正後無劃線之全份說明書或圖式。

前項申請書，應載明下列事項：

一、訂正說明書者，其訂正之頁數與行數、訂正理由及對應外文本之頁數與行數。

二、訂正圖式者，其訂正之圖式名稱、訂正理由及對應外文本之圖式名稱。

**第61條**　第二十六條、第三十條、第三十四條、第三十五條及第三十八條規定，於設計專利準用之。

本章之規定，適用於衍生設計專利。

## 第五章　專利權

**第62條**　本法第五十九條第一項第三款、第九十九條第一項所定申請前，於依本法第二十八條第一項或第三十條第一項規定主張優先權者，指該優先權日前。

**第63條**　申請專利權讓與登記者，應由原專利權人或受讓人備具申請書，並檢附讓與契約或讓與證明文件。

公司因併購申請承受專利權登記者，前項應檢附文件，為併購之證明文件。

**第64條**　申請專利權信託登記者，應由原專利權人或受託人備具申請書，並檢附下列文件：

一、申請信託登記者，其信託契約或證明文件。

二、信託關係消滅，專利權由委託人取得時，申請信託塗銷登記者，其信託契約或信託關係消滅證明文件。

三、信託關係消滅，專利權歸屬於第三人時，申請信託歸屬登記者，其信託契約或信託歸屬證明文件。

四、申請信託登記其他變更事項者，其變更證明文件。

**第65條**　申請專利權授權登記者，應由專利權人或被授權人備具申請書，並檢附下列文件：

一、申請授權登記者，其授權契約或證明文件。

二、申請授權變更登記者，其變更證明文件。

三、申請授權塗銷登記者，被授權人出具之塗銷登記同意書、法院判決書及判決確定證明書或依法與法院確定判決有同一效力之證明文件。但因授權期間屆滿而消滅者，免予檢附。

前項第一款之授權契約或證明文件，應載明下列事項：

一、發明、新型或設計名稱或其專利證書號數。

二、授權種類、內容、地域及期間。

專利權人就部分請求項授權他人實施者，前項第二款之授權內容應載明其請求項次。

第二項第二款之授權期間，以專利權期間為限。

**第66條** 申請專利權再授權登記者，應由原被授權人或再被授權人備具申請書，並檢附下列文件：

一、申請再授權登記者，其再授權契約或證明文件。

二、申請再授權變更登記者，其變更證明文件。

三、申請再授權塗銷登記者，再被授權人出具之塗銷登記同意書、法院判決書及判決確定證明書或依法與法院確定判決有同一效力之證明文件。但因原授權或再授權期間屆滿而消滅者，免予檢附。

前項第一款之再授權契約或證明文件應載明事項，準用前條第二項之規定。

再授權範圍，以原授權之範圍為限。

**第67條** 申請專利權質權登記者，應由專利權人或質權人備具申請書，並檢附下列文件：

一、申請質權設定登記者，其質權設定契約或證明文件。

二、申請質權變更登記者，其變更證明文件。

三、申請質權塗銷登記者，其債權清償證明文件、質權人同意塗銷質權設定之證明文件、法院判決書及判決確定證明書或依法與法院確定判決有同一效力之證明文件。

前項第一款之質權設定契約或證明文件，應載明下列事項：

一、發明、新型或設計名稱或其專利證書號數。

二、債權金額及質權設定期間。前項第二款之質權設定期間，以專利權期間為限。

**第68條** 申請前五條之登記，依法須經第三人同意者，並應檢附第三人同意之證明文件。

**第69條** 申請專利權繼承登記者，應備具申請書，並檢附死亡與繼承證明文件。

**第70條** 依本法第六十七條規定申請更正說明書、申請專利範圍或圖式者，應備具申請書，並檢附下列文件：

一、更正後無劃線之說明書、圖式替換頁。

二、更正申請專利範圍者，其全份申請專利範圍。

三、依本法第六十九條規定應經被授權人、質權人或全體共有人同意者，其同意之證明文件。

前項申請書，應載明下列事項：

一、更正說明書者，其更正之頁數、段落編號與行數、更正內容及理由。

二、更正申請專利範圍者，其更正之請求項、更正內容及理由。

三、更正圖式者，其更正之圖號及更正理由。

更正內容，應載明更正前及更正後之內容；其為刪除原內容者，應劃線於刪除之文字上；其為新增內容者，應劃線於新增之文字下方。

第二項之更正理由並應載明適用本法第六十七條第一項之款次。

更正申請專利範圍者，如刪除部分請求項，不得變更其他請求項之項號；更正圖式者，如刪除部分圖式，不得變更其他圖之圖號。

專利權人於舉發案審查期間申請更正者，並應於更正申請書載明舉發案號。

**第71條** 依本法第七十二條規定，於專利權當然消滅後提起舉發者，應檢附對該專利權之撤銷具有可回復之法律上利益之證明文件。

**第72條** 本法第七十三條第一項規定之舉發聲明，於發明、新型應敘明請求撤銷全部或部分請求項之意旨；其就部分請求項提起舉發者，並應具體指明請求撤銷之請求項；於設計應敘明請求撤銷設計專利權。

本法第七十三條第一項規定之舉發理由，應敘明舉發所主張之法條及具體事實，並敘明各具體事實與證據間之關係。

**第73條** 舉發案之審查及審定，應於舉發聲明範圍內為之。

舉發審定書主文，應載明審定結果；於發明、新型應就各請求項分別載明。

**第74條** 依本法第七十七條第一項規定合併審查之更正案與舉發案，應先就更正案進行審查，經審查認應不准更正者，應通知專利權人限期申復；屆期未申復或申復結果仍應不准更正者，專利專責機關得逕予審查。

依本法第七十七條第一項規定合併審定之更正案與舉發案，舉發審定書主文應分別載明更正案及舉發案之審定結果。但經審查認應不准更正者，僅於審定理由中敘明之。

**第75條** 專利專責機關依本法第七十八條第一項規定合併審查多件舉發案時，應將各舉發案提出之理由及證據通知各舉發人及專利權人。

各舉發人及專利權人得於專利專責機關指定之期間內就各舉發案提出之理由及證據陳述意見或答辯。

**第76條** 舉發案審查期間，專利專責機關認有必要時，得協商舉發人與專利權人，訂定審查計畫。

**第77條** 申請專利權之強制授權者，應備具申請書，載明申請理由，並檢附詳細之實施計畫書及相關證明文件。

申請廢止專利權之強制授權者，應備具申請書，載明申請廢止之事由，並檢附證明文件。

第**78**條　依本法第八十八條第二項規定，強制授權之實施應以供應國內市場需要為主者，專利專責機關應於核准強制授權之審定書內載明被授權人應以適當方式揭露下列事項：

一、強制授權之實施情況。

二、製造產品數量及產品流向。

第**79**條　本法第九十八條所定專利證書號數標示之附加，在專利權消滅或撤銷確定後，不得為之。但於專利權消滅或撤銷確定前已標示並流通進入市場者，不在此限。

第**80**條　有下列情形之一者，專利權人得備具申請書並敘明理由，申請補發或換發專利證書：

一、專利證書滅失或遺失。

二、專利證書陳舊或毀損。

三、專利證書記載事項異動。

依前項規定補發或換發專利證書時，原專利證書應公告作廢。

第**81**條　依本法第一百三十九條規定申請更正說明書或圖式者，應備具申請書，並檢附更正後無劃線之全份說明書或圖式。

前項申請書，應載明下列事項：

一、更正說明書者，其更正之頁數與行數、更正內容及理由。

二、更正圖式者，其更正之圖式名稱及更正理由。

更正內容，應載明更正前及更正後之內容；其為刪除原內容者，應劃線於刪除之文字上；其為新增內容者，應劃線於新增之文字下方。

第二項之更正理由並應載明適用本法第一百三十九條第一項之款次。

專利權人於舉發案審查期間申請更正者，並應於更正申請書載明舉發案號。

第**82**條　專利權簿應載明下列事項：

一、發明、新型或設計名稱。

二、專利權期限。

三、專利權人姓名或名稱、國籍、住居所或營業所。

四、委任代理人者，其姓名及事務所。

五、申請日及申請案號。

六、主張本法第二十八條第一項優先權之各第一次申請專利之國家或世界貿易組織會員、申請案號及申請日。

七、主張本法第三十條第一項優先權之各申請案號及申請日。

八、公告日及專利證書號數。

九、受讓人、繼承人之姓名或名稱及專利權讓與或繼承登記之年、月、日。

十、委託人、受託人之姓名或名稱及信託、塗銷或歸屬登記之年、月、日。

十一、被授權人之姓名或名稱及授權登記之年、月、日。

十二、質權人姓名或名稱及質權設定、變更或塗銷登記之年、月、日。

十三、強制授權之被授權人姓名或名稱、國籍、住居所或營業所及核准或廢止之年、月、日。

十四、補發證書之事由及年、月、日。

十五、延長或延展專利權期限及核准之年、月、日。

十六、專利權消滅或撤銷之事由及其年、月、日；如發明或新型專利權之部分請求項經刪除或撤銷者，並應載明該部分請求項項號。

十七、寄存機構名稱、寄存日期及號碼。

十八、其他有關專利之權利及法令所定之一切事項。

**第83條** 專利專責機關公告專利時，應將下列事項刊載專利公報：

一、專利證書號數。

二、公告日。

三、發明專利之公開編號及公開日。

四、國際專利分類或國際工業設計分類。

五、申請日。

六、申請案號。

七、發明、新型或設計名稱。

八、發明人、新型創作人或設計人姓名。

九、申請人姓名或名稱、住居所或營業所。

十、委任代理人者，其姓名。

十一、發明專利或新型專利之申請專利範圍及圖式；設計專利之圖式。

十二、圖式簡單說明或設計說明。

十三、主張本法第二十八條第一項優先權之各第一次申請專利之國家或世界貿易組織會員、申請案號及申請日。

十四、主張本法第三十條第一項優先權之各申請案號及申請日。

十五、生物材料或利用生物材料之發明，其寄存機構名稱、寄存日期及寄存號碼。

十六、同一人就相同創作，於同日另申請發明專利之聲明。

**第84條** 專利專責機關於核准更正後，應將下列事項刊載專利公報：

一、專利證書號數。

二、原專利公告日。

三、申請案號。

四、發明、新型或設計名稱。

五、專利權人姓名或名稱。

六、更正事項。

**第85條** 專利專責機關於舉發審定後，應將下列事項刊載專利公報：

一、被舉發案號數。

二、發明、新型或設計名稱。

三、專利權人姓名或名稱、住居所或營業所。

四、舉發人姓名或名稱。

五、委任代理人者，其姓名。

六、舉發日期。

七、審定主文。

八、審定理由。

**第86條** 專利申請人有延緩公告專利之必要者，應於繳納證書費及第一年專利年費時，向專利專責機關申請延緩公告。所請延緩之期限，不得逾六個月。

## 第六章　附則

**第87條** 依本法規定檢送之模型、樣品或書證，經專利專責機關通知限期領回者，申請人屆期未領回時，專利專責機關得逕行處理。

**第88條** 依本法及本細則所為之申請，其申請書、說明書、申請專利範圍、摘要及圖式，應使用本法修正施行後之書表格式。

有下列情事之一者，除申請書外，其說明書、圖式或圖說，得使用本法修正施行前之書表格式：

一、本法修正施行後三個月內提出之發明或新型專利申請案。

二、本法修正施行前以外文本提出之申請案，於修正施行後六個月內補正說明書、申請專利範圍、圖式或圖說。

三、本法修正施行前或依第一款規定提出之申請案，於本法修正施行後申請修正或更正，其修正或更正之說明書、申請專利範圍、圖式或圖說。

**第89條** 依本法第一百二十一條第二項、第一百二十九條第二項規定提出之設計專利申請案，其主張之優先權日早於本法修正施行日者，以本法修正施行日為其優先權日。

**第89-1條** 本法第一百四十三條第一項所定專利檔案中之申請書件、說明書、申請專利範圍、摘要、圖式及圖說，經專利專責機關認定具保存價值者，指下列之專利案：

一、強制授權申請之發明專利案。

二、獲得諾貝爾獎之我國國民所申請之專利案。

三、獲得國家發明創作獎之專利案。

四、經提起行政救濟之舉發案。

五、經提起行政救濟之異議案。

六、其他經專利專責機關認定具重要歷史意義之技術發展、經濟價值或重大訴訟之專利案。

**第90條** 本細則自中華民國一百零二年一月一日施行。

本細則修正條文，除中華民國一百零

六年四月十九日修正條文自一百零六年五月一日施行；一百零八年九月二十七日修正條文自一百零八年十一月一日施行者外；一百十二年三月二十四日修正條文自一百十二年五月一日施行者外，自發布日施行。

## 三、商標法　修正日期：民國112年05月24日

### 第一章　總則

**第1條**　為保障商標權、證明標章權、團體標章權、團體商標權及消費者利益，維護市場公平競爭，促進工商企業正常發展，特制定本法。

**第2條**　欲取得商標權、證明標章權、團體標章權或團體商標權者，應依本法申請註冊。

**第3條**　本法之主管機關為經濟部。
商標業務，由經濟部指定專責機關辦理。

**第4條**　外國人所屬之國家，與中華民國如未共同參加保護商標之國際條約或無互相保護商標之條約、協定，或對中華民國國民申請商標註冊不予受理者，其商標註冊之申請，得不予受理。

**第5條**　商標之使用，指為行銷之目的，而有下列情形之一，並足以使相關消費者認識其為商標：
一、將商標用於商品或其包裝容器。

二、持有、陳列、販賣、輸出或輸入前款之商品。
三、將商標用於與提供服務有關之物品。
四、將商標用於與商品或服務有關之商業文書或廣告。
前項各款情形，以數位影音、電子媒體、網路或其他媒介物方式為之者，亦同。

**第6條**　申請商標註冊及其他程序事項，得委任代理人辦理之。但在中華民國境內無住所或營業所者，應委任代理人辦理之。
前項代理人以在國內有住所，並具備下列資格之一者為限：
一、依法得執行商標代理業務之專門職業人員。
二、商標代理人。
前項第二款規定之商標代理人，應經商標專責機關舉辦之商標專業能力認證考試及格或曾從事一定期間之商標審查工作，並申請登錄及每年完成在職訓練，始得執行商標代理業務。

前項商標專業能力認證考試之舉辦、商標審查工作之一定期間、登錄商標代理人之資格與應檢附文件、在職訓練之方式、時數、執行商標代理業務之管理措施、停止執行業務之申請、廢止登錄及其他應遵行事項之辦法，由主管機關定之。

**第7條**　二人以上欲共有一商標，應由全體具名提出申請，並得選定其中一人為代表人，為全體共有人為各項申請程序及收受相關文件。

未為前項選定代表人者，商標專責機關應以申請書所載第一順序申請人為應受送達人，並應將送達事項通知其他共有商標之申請人。

**第8條**　商標之申請及其他程序，除本法另有規定外，遲誤法定期間、不合法定程式不能補正或不合法定程式經指定期間通知補正屆期未補正者，應不受理。但遲誤指定期間在處分前補正者，仍應受理之。

申請人因天災或不可歸責於己之事由，遲誤法定期間者，於其原因消滅後三十日內，得以書面敘明理由，向商標專責機關申請回復原狀。但遲誤法定期間已逾一年者，不得申請回復原狀。

申請回復原狀，應同時補行期間內應為之行為。

前二項規定，於遲誤第三十二條第三項規定之期間者，不適用之。

**第9條**　商標之申請及其他程序，應以書件或物件到達商標專責機關之日為準；如係郵寄者，以郵寄地郵戳所載日期為準。

郵戳所載日期不清晰者，除由當事人舉證外，以到達商標專責機關之日為準。

**第10條**　處分書或其他文件無從送達者，應於商標公報公告之，並於刊登公報後滿三十日，視為已送達。

**第11條**　商標專責機關應刊行公報，登載註冊商標及其相關事項。

前項公報，得以電子方式為之；其實施日期，由商標專責機關定之。

**第12條**　商標專責機關應備置商標註冊簿及商標代理人名簿；商標註冊簿登載商標註冊、商標權異動及法令所定之一切事項，商標代理人名簿登載商標代理人之登錄及其異動等相關事項，並均對外公開之。

前項商標註冊簿及商標代理人名簿，得以電子方式為之。

**第13條**　有關商標之申請及其他程序，得以電子方式為之。商標專責機關之文書送達，亦同。

前項電子方式之適用範圍、效力、作業程序及其他應遵行事項之辦法，由主管機關定之。

**第14條**　商標專責機關對於商標註冊之申請、異議、評定及廢止案件之審查，應指定審查人員審查之。

前項審查人員之資格，以法律定之。

**第15條**　商標專責機關對前條第一項案件之審查，應作成書面之處分，並記載理由送達申請人。

前項之處分，應由審查人員具名。

**第16條**　有關期間之計算，除第三十三條第一項、第七十五條第四項及第一百零三條規定外，其始日不計算在內。

**第17條**　本章關於商標之規定，於證明標章、團體標章、團體商標，準用之。

## 第二章　商標

### 第一節　申請註冊

**第18條**　商標，指任何具有識別性之標識，得以文字、圖形、記號、顏色、立體形狀、動態、全像圖、聲音等，或其聯合式所組成。

前項所稱識別性，指足以使商品或服務之相關消費者認識為指示商品或服務來源，並得與他人之商品或服務相區別者。

**第19條**　申請商標註冊，應備具申請書，載明申請人、商標圖樣及指定使用之商品或服務，向商標專責機關申請之。

申請商標註冊，以提出前項申請書之日為申請日。

第一項之申請人，為自然人、法人、合夥組織、依法設立之非法人團體或依商業登記法登記之商業，而欲從事其所指定商品或服務之業務者。

商標圖樣應以清楚、明確、完整、客觀、持久及易於理解之方式呈現。

申請商標註冊，應以一申請案一商標之方式為之，並得指定使用於二個以上類別之商品或服務。

前項商品或服務之分類，於本法施行細則定之。

類似商品或服務之認定，不受前項商品或服務分類之限制。

申請商標註冊，申請人有即時取得權利之必要時，得敘明事實及理由，繳納加速審查費後，由商標專責機關進行加速審查。但商標專責機關已對該註冊申請案通知補正或核駁理由者，不適用之。

**第20條**　在與中華民國有相互承認優先權之國家或世界貿易組織會員，依法申請註冊之商標，其申請人於第一次申請日後六個月內，向中華民國就該申請同一之部分或全部商品或服務，以相同商標申請註冊者，得主張優先權。

外國申請人為非世界貿易組織會員之國民且其所屬國家與中華民國無相互

承認優先權者，如於互惠國或世界貿易組織會員領域內，設有住所或營業所者，得依前項規定主張優先權。

依第一項規定主張優先權者，應於申請註冊同時聲明，並於申請書載明下列事項：

一、第一次申請之申請日。

二、受理該申請之國家或世界貿易組織會員。

三、第一次申請之申請案號。

申請人應於申請日後三個月內，檢送經前項國家或世界貿易組織會員證明受理之申請文件。

未依第三項第一款、第二款或前項規定辦理者，視為未主張優先權。

主張優先權者，其申請日以優先權日為準。

主張複數優先權者，各以其商品或服務所主張之優先權日為申請日。

**第21條** 於中華民國政府主辦或認可之國際展覽會上，展出使用申請註冊商標之商品或服務，自該商品或服務展出日後六個月內，提出申請者，其申請日以展出日為準。

前條規定，於主張前項展覽會優先權者，準用之。

**第22條** 二人以上於同日以相同或近似之商標，於同一或類似之商品或服務各別申請註冊，有致相關消費者混淆誤認之虞，而不能辨別時間先後者，由各申請人協議定之；不能達成協議時，以抽籤方式定之。

**第23條** 商標圖樣及其指定使用之商品或服務，申請後即不得變更。但指定使用商品或服務之減縮，或非就商標圖樣為實質變更者，不在此限。

**第24條** 申請人之名稱、地址、代理人或其他註冊申請事項變更者，應向商標專責機關申請變更。

**第25條** 商標註冊申請事項有下列錯誤時，得經申請或依職權更正之：

一、申請人名稱或地址之錯誤。

二、文字用語或繕寫之錯誤。

三、其他明顯之錯誤。

前項之申請更正，不得影響商標同一性或擴大指定使用商品或服務之範圍。

**第26條** 申請人得就所指定使用之商品或服務，向商標專責機關請求分割為二個以上之註冊申請案，以原註冊申請日為申請日。

**第27條** 因商標註冊之申請所生之權利，得移轉於他人。

**第28條** 共有商標申請權或共有人應有部分之移轉，應經全體共有人之同意。但因繼承、強制執行、法院判決或依其他法律規定移轉者，不在此限。

共有商標申請權之拋棄，應得全體共
有人之同意。但各共有人就其應有部
分之拋棄，不在此限。

前項共有人拋棄其應有部分者，其應
有部分由其他共有人依其應有部分之
比例分配之。

前項規定，於共有人死亡而無繼承人
或消滅後無承受人者，準用之。

共有商標申請權指定使用商品或服務
之減縮或分割，應經全體共有人之同
意。

### 第二節　審查及核准

**第29條** 商標有下列不具識別性情形
之一，不得註冊：

一、僅由描述所指定商品或服務之
　　品質、用途、原料、產地或相
　　關特性之說明所構成者。

二、僅由所指定商品或服務之通用
　　標章或名稱所構成者。

三、僅由其他不具識別性之標識所
　　構成者。

有前項第一款或第三款規定之情
形，如經申請人使用且在交易上已
成為申請人商品或服務之識別標識
者，不適用之。

商標圖樣中包含不具識別性部分，且
有致商標權範圍產生疑義之虞，申請
人應聲明該部分不在專用之列；未為
不專用之聲明者，不得註冊。

**第30條** 商標有下列情形之一，不得
註冊：

一、僅為發揮商品或服務之功能所
　　必要者。

二、相同或近似於中華民國國旗、
　　國徽、國璽、軍旗、軍徽、印
　　信、勳章或外國國旗，或世界貿
　　易組織會員依巴黎公約第六條
　　之三第三款所為通知之外國國
　　徽、國璽或國家徽章者。

三、相同於國父或國家元首之肖像或
　　姓名者。

四、相同或近似於中華民國政府機關
　　或其主辦展覽會之標章，或其所
　　發給之褒獎牌狀者。

五、相同或近似於國際跨政府組織或
　　國內外著名且具公益性機構之徽
　　章、旗幟、其他徽記、縮寫或
　　名稱，有致公眾誤認誤信之虞
　　者。

六、相同或近似於國內外用以表明品
　　質管制或驗證之國家標誌或印
　　記，且指定使用於同一或類似之
　　商品或服務者。

七、妨害公共秩序或善良風俗者。

八、使公眾誤認誤信其商品或服務之
　　性質、品質或產地之虞者。

九、相同或近似於中華民國或外國之
　　葡萄酒或蒸餾酒地理標示，且指
　　定使用於與葡萄酒或蒸餾酒同
　　一或類似商品，而該外國與中華

民國簽訂協定或共同參加國際條約，或相互承認葡萄酒或蒸餾酒地理標示之保護者。

十、相同或近似於他人同一或類似商品或服務之註冊商標或申請在先之商標，有致相關消費者混淆誤認之虞者。但經該註冊商標或申請在先之商標所有人同意申請，且非顯屬不當者，不在此限。

十一、相同或近似於他人著名商標或標章，有致相關公眾混淆誤認之虞，或有減損著名商標或標章之識別性或信譽之虞者。但得該商標或標章之所有人同意申請註冊者，不在此限。

十二、相同或近似於他人先使用於同一或類似商品或服務之商標，而申請人因與該他人間具有契約、地緣、業務往來或其他關係，知悉他人商標存在，意圖仿襲而申請註冊者。但經其同意申請註冊者，不在此限。

十三、有他人之肖像或著名之姓名、藝名、筆名、稱號者。但經其同意申請註冊者，不在此限。

十四、相同或近似於著名之法人、商號或其他團體之名稱，有致相關公眾混淆誤認之虞者。但經其同意申請註冊者，不在此限。

十五、商標侵害他人之著作權、專利權或其他權利，經判決確定者。但經其同意申請註冊者，不在此限。

前項第九款及第十一款至第十四款所規定之地理標示、著名及先使用之認定，以申請時為準。

第一項第二款、第四款、第五款及第九款規定，於政府機關或相關機構為申請人或經其同意申請註冊者，不適用之。

商標圖樣中包含第一項第一款之功能性部分，未以虛線方式呈現者，不得註冊；其不能以虛線方式呈現，且未聲明不屬於商標之一部分者，亦同。

**第31條** 商標註冊申請案經審查認有第二十九條第一項、第三項、前條第一項、第四項或第六十五條第三項規定不得註冊之情形者，應予核駁審定。

前項核駁審定前，應將核駁理由以書面通知申請人限期陳述意見。

指定使用商品或服務之減縮、商標圖樣之非實質變更、註冊申請案之分割及不專用之聲明，應於核駁審定前為之。

**第32條** 商標註冊申請案經審查無前條第一項規定之情形者，應予核准審定。

經核准審定之商標，申請人應於審定書送達後二個月內，繳納註冊費後，始予

註冊公告，並發給商標註冊證；屆期未繳費者，不予註冊公告。

申請人非因故意，未於前項所定期限繳費者，得於繳費期限屆滿後六個月內，繳納二倍之註冊費後，由商標專責機關公告之。但影響第三人於此期間內申請註冊或取得商標權者，不得為之。

### 第三節　商標權

**第33條** 商標自註冊公告當日起，由權利人取得商標權，商標權期間為十年。

商標權期間得申請延展，每次延展為十年。

**第34條** 商標權之延展，應於商標權期間屆滿前六個月內提出申請，並繳納延展註冊費；其於商標權期間屆滿後六個月內提出申請者，應繳納二倍延展註冊費。

前項核准延展之期間，自商標權期間屆滿日後起算。

**第35條** 商標權人於經註冊指定之商品或服務，取得商標權。

除本法第三十六條另有規定外，下列情形，應經商標權人之同意：

一、於同一商品或服務，使用相同於註冊商標之商標者。

二、於類似之商品或服務，使用相同於註冊商標之商標，有致相關消費者混淆誤認之虞者。

三、於同一或類似之商品或服務，使用近似於註冊商標之商標，有致相關消費者混淆誤認之虞者。

商標經註冊者，得標明註冊商標或國際通用註冊符號。

**第36條** 下列情形，不受他人商標權之效力所拘束：

一、以符合商業交易習慣之誠實信用方法，表示自己之姓名、名稱，或其商品或服務之名稱、形狀、品質、性質、特性、用途、產地或其他有關商品或服務本身之說明，非作為商標使用者。

二、以符合商業交易習慣之誠實信用方法，表示商品或服務之使用目的，而有使用他人之商標用以指示該他人之商品或服務之必要者。但其使用結果有致相關消費者混淆誤認之虞者，不適用之。

三、為發揮商品或服務功能所必要者。

四、在他人商標註冊申請日前，善意使用相同或近似之商標於同一或類似之商品或服務者。但以原使用之範圍為限；商標權人並得要求其附加適當之區別標示。

附有註冊商標之商品，係由商標權人或經其同意之人於國內外市場上交易

流通者，商標權人不得就該商品主張商標權。但為防止商品流通於市場後，發生變質、受損或經他人擅自加工、改造，或有其他正當事由者，不在此限。

**第37條** 商標權人得就註冊商標指定使用之商品或服務，向商標專責機關申請分割商標權。

**第38條** 商標圖樣及其指定使用之商品或服務，註冊後即不得變更。但指定使用商品或服務之減縮，不在此限。

商標註冊事項之變更或更正，準用第二十四條及第二十五條規定。

註冊商標涉有異議、評定或廢止案件時，申請分割商標權或減縮指定使用商品或服務者，應於處分前為之。

**第39條** 商標權人得就其註冊商標指定使用商品或服務之全部或一部指定地區為專屬或非專屬授權。

前項授權，非經商標專責機關登記者，不得對抗第三人。

授權登記後，商標權移轉者，其授權契約對受讓人仍繼續存在。

非專屬授權登記後，商標權人再為專屬授權登記者，在先之非專屬授權登記不受影響。

專屬被授權人在被授權範圍內，排除商標權人及第三人使用註冊商標。

商標權受侵害時，於專屬授權範圍內，專屬被授權人得以自己名義行使權利。但契約另有約定者，從其約定。

**第40條** 專屬被授權人得於被授權範圍內，再授權他人使用。但契約另有約定者，從其約定。

非專屬被授權人非經商標權人或專屬被授權人同意，不得再授權他人使用。

再授權，非經商標專責機關登記者，不得對抗第三人。

**第41條** 商標授權期間屆滿前有下列情形之一，當事人或利害關係人得檢附相關證據，申請廢止商標授權登記：

一、商標權人及被授權人雙方同意終止者。其經再授權者，亦同。

二、授權契約明定，商標權人或被授權人得任意終止授權關係，經當事人聲明終止者。

三、商標權人以被授權人違反授權契約約定，通知被授權人解除或終止授權契約，而被授權人無異議者。

四、其他相關事證足以證明授權關係已不存在者。

**第42條** 商標權之移轉，非經商標專責機關登記者，不得對抗第三人。

**第43條** 移轉商標權之結果，有二以上之商標權人使用相同商標於類似之商品或服務，或使用近似商標於同一

或類似之商品或服務，而有致相關消費者混淆誤認之虞者，各商標權人使用時應附加適當區別標示。

**第44條** 商標權人設定質權及質權之變更、消滅，非經商標專責機關登記者，不得對抗第三人。

商標權人為擔保數債權就商標權設定數質權者，其次序依登記之先後定之。

質權人非經商標權人授權，不得使用該商標。

**第45條** 商標權人得拋棄商標權。但有授權登記或質權登記者，應經被授權人或質權人同意。

前項拋棄，應以書面向商標專責機關為之。

**第46條** 共有商標權之授權、再授權、移轉、拋棄、設定質權或應有部分之移轉或設定質權，應經全體共有人之同意。但因繼承、強制執行、法院判決或依其他法律規定移轉者，不在此限。

共有商標權人應有部分之拋棄，準用第二十八條第二項但書及第三項規定。

共有商標權人死亡而無繼承人或消滅後無承受人者，其應有部分之分配，準用第二十八條第四項規定。

共有商標權指定使用商品或服務之減縮或分割，準用第二十八條第五項規定。

**第47條** **有下列情形之一，商標權當然消滅：**

**一、未依第三十四條規定延展註冊者，商標權自該商標權期間屆滿後消滅。**

**二、商標權人死亡而無繼承人者，商標權自商標權人死亡後消滅。**

**三、依第四十五條規定拋棄商標權者，自其書面表示到達商標專責機關之日消滅。**

### 第四節　異議

**第48條** 商標之註冊違反第二十九條第一項、第三十條第一項或第六十五條第三項規定之情形者，**任何人得自商標註冊公告日後三個月內，向商標專責機關提出異議。**

前項異議，得就註冊商標指定使用之部分商品或服務為之。

異議應就每一註冊商標各別申請之。

**第49條** 提出異議者，應以異議書載明事實及理由，並附副本。異議書如有提出附屬文件者，副本中應提出。

商標專責機關應將異議書送達商標權人限期答辯；商標權人提出答辯書者，商標專責機關應將答辯書送達異議人限期陳述意見。

依前項規定提出之答辯書或陳述意見書有遲滯程序之虞，或其事證已臻明

確者，商標專責機關得不通知相對人答辯或陳述意見，逕行審理。

第50條　異議商標之註冊有無違法事由，除第一百零六條第一項及第三項規定外，依其註冊公告時之規定。

第51條　商標異議案件，應由未曾審查原案之審查人員審查之。

第52條　異議程序進行中，被異議之商標權移轉者，異議程序不受影響。
前項商標權受讓人得聲明承受被異議人之地位，續行異議程序。

第53條　異議人得於異議審定前，撤回其異議。
異議人撤回異議者，不得就同一事實，以同一證據及同一理由，再提異議或評定。

第54條　異議案件經異議成立者，應撤銷其註冊。

第55條　前條撤銷之事由，存在於註冊商標所指定使用之部分商品或服務者，得僅就該部分商品或服務撤銷其註冊。

第56條　經過異議確定後之註冊商標，任何人不得就同一事實，以同一證據及同一理由，申請評定。

## 第五節　評定

第57條　商標之註冊違反第二十九條第一項、第三十條第一項或第六十五條第三項規定之情形者，利害關係人或審查人員得申請或提請商標專責機關評定其註冊。
以商標之註冊違反第三十條第一項第十款規定，向商標專責機關申請評定，其據以評定商標之註冊已滿三年者，應檢附於申請評定前三年有使用於據以主張商品或服務之證據，或其未使用有正當事由之事證。
依前項規定提出之使用證據，應足以證明商標之真實使用，並符合一般商業交易習慣。

第58條　商標之註冊違反第二十九條第一項第一款、第三款、第三十條第一項第九款至第十五款或第六十五條第三項規定之情形，自註冊公告日後滿五年者，不得申請或提請評定。
商標之註冊違反第三十條第一項第九款、第十一款規定之情形，係屬惡意者，不受前項期間之限制。

第59條　商標評定案件，由商標專責機關首長指定審查人員三人以上為評定委員評定之。

第60條　評定案件經評定成立者，應撤銷其註冊。但不得註冊之情形已不存在者，經斟酌公益及當事人利益之衡平，得為不成立之評定。

**第61條** 評定案件經處分後，任何人不得就同一事實，以同一證據及同一理由，申請評定。

**第62條** 第四十八條第二項、第三項、第四十九條至第五十三條及第五十五條規定，於商標之評定，準用之。

## 第六節　廢止

**第63條** 商標註冊後有下列情形之一，商標專責機關應依職權或據申請廢止其註冊：

一、自行變換商標或加附記，致與他人使用於同一或類似之商品或服務之註冊商標構成相同或近似，而有使相關消費者混淆誤認之虞者。

二、無正當事由迄未使用或繼續停止使用已滿三年者。但被授權人有使用者，不在此限。

三、未依第四十三條規定附加適當區別標示者。但於商標專責機關處分前已附加區別標示並無產生混淆誤認之虞者，不在此限。

四、商標已成為所指定商品或服務之通用標章、名稱或形狀者。

五、商標實際使用時有致公眾誤認誤信其商品或服務之性質、品質或產地之虞者。

被授權人為前項第一款之行為，商標權人明知或可得而知而不為反對之表示者，亦同。

有第一項第二款規定之情形，於申請廢止時該註冊商標已為使用者，除因知悉他人將申請廢止，而於申請廢止前三個月內開始使用者外，不予廢止其註冊。

廢止之事由僅存在於註冊商標所指定使用之部分商品或服務者，得就該部分之商品或服務廢止其註冊。

**第64條** 商標權人實際使用之商標與註冊商標不同，而依社會一般通念並不失其同一性者，應認為有使用其註冊商標。

**第65條** 商標專責機關應將廢止申請之情事通知商標權人，並限期答辯；商標權人提出答辯書者，商標專責機關應將答辯書送達申請人限期陳述意見。但申請人之申請無具體事證或其主張顯無理由者，得逕為駁回。

第六十三條第一項第二款規定情形，其答辯通知經送達者，商標權人應證明其有使用之事實；屆期未答辯者，得逕行廢止其註冊。

註冊商標有第六十三條第一項第一款規定情形，經廢止其註冊者，原商標權人於廢止日後三年內，不得註冊、受讓或被授權使用與原註冊圖樣相同或近似之商標於同一或類似之商品或服務；其於商標專責機關處分前，聲明拋棄商標權者，亦同。

第**66**條　商標註冊後有無廢止之事由，適用申請廢止時之規定。

第**67**條　第四十八條第二項、第三項、第四十九條第一項、第三項、第五十二條及第五十三條規定，於廢止案之審查，準用之。

以註冊商標有第六十三條第一項第一款規定申請廢止者，準用第五十七條第二項及第三項規定。

商標權人依第六十五條第二項提出使用證據者，準用第五十七條第三項規定。

## 第七節　權利侵害之救濟

第**68**條　未得商標權人同意，有下列情形之一，為侵害商標權：

一、於同一商品或服務，使用相同於註冊商標之商標者。

二、於類似之商品或服務，使用相同於註冊商標之商標，有致相關消費者混淆誤認之虞者。

三、於同一或類似之商品或服務，使用近似於註冊商標之商標，有致相關消費者混淆誤認之虞者。

為供自己或他人用於與註冊商標同一或類似之商品或服務，未得商標權人同意，為行銷目的而製造、販賣、持有、陳列、輸出或輸入附有相同或近似於註冊商標之標籤、吊牌、包裝容器或與服務有關之物品者，亦為侵害商標權。

第**69**條　商標權人對於侵害其商標權者，得請求除去之；有侵害之虞者，得請求防止之。

商標權人依前項規定為請求時，得請求銷毀侵害商標權之物品及從事侵害行為之原料或器具。但法院審酌侵害之程度及第三人利益後，得為其他必要之處置。

商標權人對於因故意或過失侵害其商標權者，得請求損害賠償。

前項之損害賠償請求權，自請求權人知有損害及賠償義務人時起，二年間不行使而消滅；自有侵權行為時起，逾十年者亦同。

第**70**條　未得商標權人同意，有下列情形之一，視為侵害商標權：

一、明知為他人著名之註冊商標，而使用相同或近似之商標，有致減損該商標之識別性或信譽之虞者。

二、明知為他人著名之註冊商標，而以該著名商標中之文字作為自己公司、商號、團體、網域或其他表彰營業主體之名稱，有致相關消費者混淆誤認之虞或減損該商標之識別性或信譽之虞者。

第**71**條　商標權人請求損害賠償時，得就下列各款擇一計算其損害：

一、依民法第二百十六條規定。但不能提供證據方法以證明其損

害時，商標權人得就其使用註冊商標通常所可獲得之利益，減除受侵害後使用同一商標所得之利益，以其差額為所受損害。

二、依侵害商標權行為所得之利益；於侵害商標權者不能就其成本或必要費用舉證時，以銷售該項商品全部收入為所得利益。

三、就查獲侵害商標權商品之零售單價一千五百倍以下之金額。但所查獲商品超過一千五百件時，以其總價定賠償金額。

四、以相當於商標權人授權他人使用所得收取之權利金數額為其損害。

前項賠償金額顯不相當者，法院得予酌減之。

**第72條** 商標權人對輸入或輸出之物品有侵害其商標權之虞者，得申請海關先予查扣。

前項申請，應以書面為之，並釋明侵害之事實，及提供相當於海關核估該進口物品完稅價格或出口物品離岸價格之保證金或相當之擔保。

海關受理查扣之申請，應即通知申請人；如認符合前項規定而實施查扣時，應以書面通知申請人及被查扣人。

被查扣人得提供第二項保證金二倍之保證金或相當之擔保，請求海關廢止查扣，並依有關進出口物品通關規定辦理。

查扣物經申請人取得法院確定判決，屬侵害商標權者，被查扣人應負擔查扣物之貨櫃延滯費、倉租、裝卸費等有關費用。

**第73條** 有下列情形之一，海關應廢止查扣：

一、申請人於海關通知受理查扣之翌日起十二日內，未依第六十九條規定就查扣物為侵害物提起訴訟，並通知海關者。

二、申請人就查扣物為侵害物所提訴訟經法院裁定駁回確定者。

三、查扣物經法院確定判決，不屬侵害商標權之物者。

四、申請人申請廢止查扣者。

五、符合前條第四項規定者。

前項第一款規定之期限，海關得視需要延長十二日。

海關依第一項規定廢止查扣者，應依有關進出口物品通關規定辦理。

查扣因第一項第一款至第四款之事由廢止者，申請人應負擔查扣物之貨櫃延滯費、倉租、裝卸費等有關費用。

**第74條** 查扣物經法院確定判決不屬侵害商標權之物者，申請人應賠償被查扣人因查扣或提供第七十二條第四項規定保證金所受之損害。

申請人就第七十二條第四項規定之保證金，被查扣人就第七十二條第二項規定之保證金，與質權人有同一之權利。但前條第四項及第七十二條第五

項規定之貨櫃延滯費、倉租、裝卸費等有關費用，優先於申請人或被查扣人之損害受償。

有下列情形之一，海關應依申請人之申請，返還第七十二條第二項規定之保證金：

一、申請人取得勝訴之確定判決，或與被查扣人達成和解，已無繼續提供保證金之必要者。

二、因前條第一項第一款至第四款規定之事由廢止查扣，致被查扣人受有損害後，或被查扣人取得勝訴之確定判決後，申請人證明已定二十日以上之期間，催告被查扣人行使權利而未行使者。

三、被查扣人同意返還者。

有下列情形之一，海關應依被查扣人之申請返還第七十二條第四項規定之保證金：

一、因前條第一項第一款至第四款規定之事由廢止查扣，或被查扣人與申請人達成和解，已無繼續提供保證金之必要者。

二、申請人取得勝訴之確定判決後，被查扣人證明已定二十日以上之期間，催告申請人行使權利而未行使者。

三、申請人同意返還者。

**第75條** 海關於執行職務時，發現輸入或輸出之物品顯有侵害商標權之虞者，應通知商標權人及進出口人。

海關為前項之通知時，應限期商標權人進行認定，並提出侵權事證，同時限期進出口人提供無侵權情事之證明文件。但商標權人或進出口人有正當理由，無法於指定期間內提出者，得以書面釋明理由向海關申請延長，並以一次為限。

商標權人已提出侵權事證，且進出口人未依前項規定提出無侵權情事之證明文件者，海關得採行暫不放行措施。

商標權人提出侵權事證，經進出口人依第二項規定提出無侵權情事之證明文件者，海關應通知商標權人於通知之時起三個工作日內，依第七十二條第一項規定申請查扣。

商標權人未於前項規定期限內，依第七十二條第一項規定申請查扣者，海關得於取具代表性樣品後，將物品放行。

**第76條** 海關在不損及查扣物機密資料保護之情形下，得依第七十二條所定申請人或被查扣人或前條所定商標權人或進出口人之申請，同意其檢視查扣物。

海關依第七十二條第三項規定實施查扣或依前條第三項規定採行暫不放行措施後，商標權人得向海關申請提供相關資料；經海關同意後，提供進出口人、收發貨人之姓名或名稱、地址及疑似侵權物品之數量。

商標權人依前項規定取得之資訊，僅

限於作為侵害商標權案件之調查及提
起訴訟之目的而使用，不得任意洩漏
予第三人。

**第77條** 商標權人依第七十五條第二
項規定進行侵權認定時，得繳交相
當於海關核估進口貨樣完稅價格及
相關稅費或海關核估出口貨樣離岸
價格及相關稅費百分之一百二十之保
證金，向海關申請調借貨樣進行認
定。但以有調借貨樣進行認定之必
要，且經商標權人書面切結不侵害進
出口人利益及不使用於不正當用途者
為限。

前項保證金，不得低於新臺幣三千元。
商標權人未於第七十五條第二項所定
提出侵權認定事證之期限內返還所調
借之貨樣，或返還之貨樣與原貨樣
不符或發生缺損等情形者，海關應留
置其保證金，以賠償進出口人之損
害。

貨樣之進出口人就前項規定留置之保
證金，與質權人有同一之權利。

**第78條** 第七十二條至第七十四條規
定之申請查扣、廢止查扣、保證金或
擔保之繳納、提供、返還之程序、應
備文件及其他應遵行事項之辦法，由
主管機關會同財政部定之。

第七十五條至第七十七條規定之海關
執行商標權保護措施、權利人申請檢
視查扣物、申請提供侵權貨物之相關
資訊及申請調借貨樣，其程序、應備

文件及其他相關事項之辦法，由財政
部定之。

**第79條** 法院為處理商標訴訟案件，
得設立專業法庭或指定專人辦理。

## 第三章　證明標章、團體標章及團體商標

**第80條** 證明標章，指證明標章權人
用以證明他人商品或服務之特定品
質、精密度、原料、製造方法、產地
或其他事項，並藉以與未經證明之商
品或服務相區別之標識。

前項用以證明產地者，該地理區域之
商品或服務應具有特定品質、聲譽或
其他特性，證明標章之申請人得以含
有該地理名稱或足以指示該地理區域
之標識申請註冊為產地證明標章。

主管機關應會同中央目的事業主管機
關輔導與補助艱困產業、瀕臨艱困產
業及傳統產業，提升生產力及產品品
質，並建立各該產業別標示其產品原
產地為臺灣製造之證明標章。

前項產業之認定與輔導、補助之對
象、標準、期間及應遵行事項等，由
主管機關會商各該中央目的事業主管
機關後定之，必要時得免除證明標章
之相關規費。

**第81條** 證明標章之申請人，以具有
證明他人商品或服務能力之法人、團
體或政府機關為限。

前項之申請人係從事於欲證明之商品或服務之業務者，不得申請註冊。

**第82條** 申請註冊證明標章者，應檢附具有證明他人商品或服務能力之文件、證明標章使用規範書及不從事所證明商品之製造、行銷或服務提供之聲明。

申請註冊產地證明標章之申請人代表性有疑義者，商標專責機關得向商品或服務之中央目的事業主管機關諮詢意見。

外國法人、團體或政府機關申請產地證明標章，應檢附以其名義在其原產國受保護之證明文件。

第一項證明標章使用規範書應載明下列事項：

一、證明標章證明之內容。

二、使用證明標章之條件。

三、管理及監督證明標章使用之方式。

四、申請使用該證明標章之程序事項及其爭議解決方式。

商標專責機關於註冊公告時，應一併公告證明標章使用規範書；註冊後修改者，應經商標專責機關核准，並公告之。

**第83條** 證明標章之使用，指經證明標章權人同意之人，依證明標章使用規範書所定之條件，使用該證明標章。

**第84條** 產地證明標章之產地名稱不適用第二十九條第一項第一款及第三項規定。

產地證明標章權人不得禁止他人以符合商業交易習慣之誠實信用方法，表示其商品或服務之產地。

**第85條** 團體標章，指具有法人資格之公會、協會或其他團體，為表彰其會員之會籍，並藉以與非該團體會員相區別之標識。

**第86條** 團體標章註冊之申請，應以申請書載明相關事項，並檢具團體標章使用規範書，向商標專責機關申請之。

前項團體標章使用規範書應載明下列事項：

一、會員之資格。

二、使用團體標章之條件。

三、管理及監督團體標章使用之方式。

四、違反規範之處理規定。

**第87條** 團體標章之使用，指團體會員為表彰其會員身分，依團體標章使用規範書所定之條件，使用該團體標章。

**第88條** 團體商標，指具有法人資格之公會、協會或其他團體，為指示其會員所提供之商品或服務，並藉以與非該團體會員所提供之商品或服務相區別之標識。

前項用以指示會員所提供之商品或服

務來自一定產地者，該地理區域之商品或服務應具有特定品質、聲譽或其他特性，團體商標之申請人得以含有該地理名稱或足以指示該地理區域之標識申請註冊為產地團體商標。

**第89條** 團體商標註冊之申請，應以申請書載明商品或服務，並檢具團體商標使用規範書，向商標專責機關申請之。

前項團體商標使用規範書應載明下列事項：

一、會員之資格。

二、使用團體商標之條件。

三、管理及監督團體商標使用之方式。

四、違反規範之處理規定。

產地團體商標使用規範書除前項應載明事項外，並應載明地理區域界定範圍內之人，其商品或服務及資格符合使用規範書時，產地團體商標權人應同意其成為會員。

商標專責機關於註冊公告時，應一併公告團體商標使用規範書；註冊後修改者，應經商標專責機關核准，並公告之。

**第90條** 團體商標之使用，指團體或其會員依團體商標使用規範書所定之條件，使用該團體商標。

**第91條** 第八十二條第二項、第三項及第八十四條規定，於產地團體商標，準用之。

**第92條** 證明標章權、團體標章權或團體商標權不得移轉、授權他人使用，或作為質權標的物。但其移轉或授權他人使用，無損害消費者利益及違反公平競爭之虞，經商標專責機關核准者，不在此限。

**第93條** 證明標章權人、團體標章權人或團體商標權人有下列情形之一者，商標專責機關得依任何人之申請或依職權廢止證明標章、團體標章或團體商標之註冊：

一、證明標章作為商標使用。

二、證明標章權人從事其所證明商品或服務之業務。

三、證明標章權人喪失證明該註冊商品或服務之能力。

四、證明標章權人對於申請證明之人，予以差別待遇。

五、違反前條規定而為移轉、授權或設定質權。

六、未依使用規範書為使用之管理及監督。

七、其他不當方法之使用，致生損害於他人或公眾之虞。

被授權人為前項之行為，證明標章權人、團體標章權人或團體商標權人明知或可得而知而不為反對之表示者，亦同。

**第94條** 證明標章、團體標章或團體商標除本章另有規定外，依其性質準

用本法有關商標之規定。但第十九條第八項規定，不在準用之列。

# 第四章　罰則

**第95條** 未得商標權人或團體商標權人同意，有下列情形之一，處三年以下有期徒刑、拘役或科或併科新臺幣二十萬元以下罰金：

一、於同一商品或服務，使用相同於註冊商標或團體商標之商標者。

二、於類似之商品或服務，使用相同於註冊商標或團體商標之商標，有致相關消費者混淆誤認之虞者。

三、於同一或類似之商品或服務，使用近似於註冊商標或團體商標之商標，有致相關消費者混淆誤認之虞者。

意圖供自己或他人用於與註冊商標或團體商標同一商品或服務，未得商標權人或團體商標權人同意，為行銷目的而製造、販賣、持有、陳列、輸出或輸入附有相同或近似於註冊商標或團體商標之標籤、吊牌、包裝容器或與服務有關之物品者，處一年以下有期徒刑、拘役或科或併科新臺幣五萬元以下罰金。

前項之行為透過電子媒體或網路方式為之者，亦同。

**第96條** 未得證明標章權人同意，於同一或類似之商品或服務，使用相同或近似於註冊證明標章之標章，有致相關消費者誤認誤信之虞者，處三年以下有期徒刑、拘役或科或併科新臺幣二十萬元以下罰金。

意圖供自己或他人用於與註冊證明標章同一商品或服務，未得證明標章權人同意，為行銷目的而製造、販賣、持有、陳列、輸出或輸入附有相同或近似於註冊證明標章之標籤、吊牌、包裝容器或與服務有關之物品者，處三年以下有期徒刑、拘役或科或併科新臺幣二十萬元以下罰金。

前項之行為透過電子媒體或網路方式為之者，亦同。

**第97條** 販賣或意圖販賣而持有、陳列、輸出或輸入他人所為之前二條第一項商品者，處一年以下有期徒刑、拘役或科或併科新臺幣五萬元以下罰金。

前項之行為透過電子媒體或網路方式為之者，亦同。

**第98條** 侵害商標權、證明標章權或團體商標權之物品或文書，不問屬於犯罪行為人與否，沒收之。

**第98-1條** 未依本法登錄而充任商標代理人或以商標代理人名義招攬業務者，由商標專責機關處新臺幣三萬元以上十五萬元以下罰鍰，並限期令其停止行為；屆期不停止者，按次處罰至停止為止。

前項規定，於商標代理人停止執行業務期間，或經公告撤銷或廢止登錄者，亦適用之。

商標代理人違反第六條第四項所定辦法中有關在職訓練之方式、時數或執行商標代理業務管理措施之規定者，商標專責機關應視其違規情節予以警告、申誡、停止執行業務、撤銷或廢止登錄處分，並公告於商標代理人名簿。

**第99條**　未經認許之外國法人或團體，就本法規定事項得為告訴、自訴或提起民事訴訟。我國非法人團體經取得商標權或證明標章權者，亦同。

## 第五章　附則

**第100條**　本法中華民國九十二年四月二十九日修正之條文施行前，已註冊之服務標章，自本法修正施行當日起，視為商標。

**第101條**　本法中華民國九十二年四月二十九日修正之條文施行前，已註冊之聯合商標、聯合服務標章、聯合團體標章或聯合證明標章，自本法修正施行之日起，視為獨立之註冊商標或標章；其存續期間，以原核准者為準。

**第102條**　本法中華民國九十二年四月二十九日修正之條文施行前，已註冊之防護商標、防護服務標章、防護團體標章或防護證明標章，依其註冊時之規定；於其專用期間屆滿前，應申請變更為獨立之註冊商標或標章；屆期未申請變更者，商標權消滅。

**第103條**　依前條申請變更為獨立之註冊商標或標章者，關於第六十三條第一項第二款規定之三年期間，自變更當日起算。

**第104條**　依本法申請註冊、加速審查、延展註冊、異動登記、異議、評定、廢止及其他各項程序，應繳申請費、註冊費、加速審查費、延展註冊費、登記費、異議費、評定費、廢止費等各項相關規費。

前項收費標準，由主管機關定之。

**第105條**　本法中華民國一百年五月三十一日修正之條文施行前，註冊費已分二期繳納者，第二期之註冊費依修正前之規定辦理。

**第106條**　本法中華民國一百十二年五月九日修正之條文施行前，已受理而尚未處分之異議或評定案件，以註冊時及修正施行後之規定均為違法事由為限，始撤銷其註冊；其程序依修正施行後之規定辦理。但修正施行前已依法進行之程序，其效力不受影響。

對本法中華民國一百十二年五月九日修正之條文施行前註冊之商標、證明標章及團體標章，於修正施行後提出

異議、申請或提請評定者，以其註冊時及修正施行後之規定均為違法事由為限。

第107條　本法中華民國一百年五月三十一日修正之條文施行前，尚未處分之商標廢止案件，適用修正施行後之規定辦理。但修正施行前已依法進行之程序，其效力不受影響。

第108條　本法中華民國一百年五月三十一日修正之條文施行前，以動態、全像圖或其聯合式申請註冊者，以修正之條文施行日為其申請日。

第109條　以動態、全像圖或其聯合式申請註冊，並主張優先權者，其在與中華民國有相互承認優先權之國家或世界貿易組織會員之申請日早於本法中華民國一百年五月三十一日修正之條文施行前者，以一百年五月三十一日修正之條文施行日為其優先權日。

於中華民國政府主辦或承認之國際展覽會上，展出申請註冊商標之商品或服務而主張展覽會優先權，其展出日早於一百年五月三十一日修正之條文施行前者，以一百年五月三十一日修正之條文施行日為其優先權日。

第109-1條　本法中華民國一百十二年五月九日修正之條文施行前三年持續從事商標代理業務，且每年辦理申請商標註冊及其他程序案件達十件者，得於修正施行之翌日起算一年內申請登錄為商標代理人。

未依前項規定登錄為商標代理人，且不具第六條第二項所定資格者，不得繼續執行商標代理業務。但所代理案件於本法中華民國一百十二年五月九日修正之條文施行前業經商標專責機關受理，於尚未審定或處分前，不在此限。

第110條　本法施行細則，由主管機關定之。

第111條　本法之施行日期，由行政院定之。

## 四、商標法施行細則　修正日期：民國107年06月07日

### 第一章　總則

第1條　本細則依商標法（以下簡稱本法）第一百十條規定訂定之。

第2條　依本法及本細則所為之申請，除依本法第十三條規定以電子方式為之者外，應以書面提出，並由申請人簽名或蓋章；委任商標代理人者，得僅由代理人簽名或蓋章。商標專責機關為查核申請人之身分或資格，得通

知申請人檢附身分證明、法人證明或其他資格證明文件。

前項書面申請之書表格式及份數，由商標專責機關定之。

**第3條**　申請商標及辦理有關商標事項之文件，應用中文；證明文件為外文者，商標專責機關認有必要時，得通知檢附中文譯本或節譯本。

**第4條**　依本法及本細則所定應檢附之證明文件，以原本或正本為之。但有下列情形之一，得以影本代之：

一、原本或正本已提交商標專責機關，並載明原本或正本所附之案號者。

二、當事人釋明影本與原本或正本相同者。商標專責機關為查核影本之真實性，得通知當事人檢送原本或正本，並於查核無訛後，予以發還。

**第5條**　委任商標代理人者，應檢附委任書，載明代理之權限。

前項委任，得就現在或未來一件或多件商標之申請註冊、異動、異議、評定、廢止及其他相關程序為之。

代理人權限之變更，非以書面通知商標專責機關，對商標專責機關不生效力。

代理人送達處所變更，應以書面通知商標專責機關。

**第6條**　代理人就受委任權限內有為一切行為之權。但選任及解任代理人、減縮申請或註冊指定使用之商品或服務、撤回商標之申請或拋棄商標權，非受特別委任，不得為之。

**第7條**　本法第八條第一項所稱屆期未補正，指於指定期間內迄未補正或於指定期間內補正仍不齊備者。

**第8條**　依本法及本細則指定應作為之期間，除第三十四條規定外，得於指定期間屆滿前，敘明理由及延長之期間，申請商標專責機關延長之。

**第9條**　依本法第八條第二項規定，申請回復原狀者，應敘明遲誤期間之原因及其消滅日期，並檢附證明文件。

**第10條**　商標註冊簿應登載下列事項：

一、商標註冊號及註冊公告日期。

二、商標申請案號及申請日。

三、商標權人姓名或名稱、住居所或營業所；商標權人在國內無住居所或營業所者，其國籍或地區。

四、商標代理人。

五、商標種類、型態及圖樣為彩色或墨色。

六、商標名稱、商標圖樣及商標描述。

七、指定使用商品或服務之類別及名稱。

八、優先權日及受理申請之國家或世界貿易組織會員；展覽會優先權日及展覽會名稱。

九、依本法第二十九條第二項及第三項、第三十條第一項第十款至第十五款各款但書及第四項規定註冊之記載。

十、商標註冊變更及更正事項。

十一、商標權之延展註冊，商標權期間迄日；延展註冊部分商品或服務者，其延展註冊之商品或服務及其類別。

十二、商標權之分割，原商標之註冊簿應記載分割後各註冊商標之註冊號數；分割後商標之註冊簿應記載原商標之註冊號及其註冊簿記載事項。

十三、減縮部分商品或服務之類別及名稱。

十四、繼受商標權者之姓名或名稱、住居所或營業所及其商標代理人。

十五、被授權人姓名或名稱、專屬或非專屬授權、授權始日，有終止日者，其終止日、授權使用部分商品或服務及其類別及授權使用之地區；再授權，亦同。

十六、質權人姓名或名稱及擔保債權額。

十七、商標授權、再授權、質權變更事項。

十八、授權、再授權廢止及質權消滅。

十九、商標撤銷或廢止註冊及其法律依據；撤銷或廢止部分商品或服務之註冊，其類別及名稱。

二十、商標權拋棄或消滅。

二十一、法院或行政執行機關通知強制執行、行政執行或破產程序事項。

二十二、其他有關商標之權利及法令所定之一切事項。

**第11條** 商標註冊簿登載事項，應刊載於商標公報。

## 第二章　商標申請及審查

**第12條** 申請商標註冊者，應備具申請書，聲明商標種類及型態，載明下列事項：

一、申請人姓名或名稱、住居所或營業所、國籍或地區；有代表人者，其姓名或名稱。

二、委任商標代理人者，其姓名及住居所或營業所。

三、商標名稱。

四、商標圖樣。

五、指定使用商品或服務之類別及名稱。

六、商標圖樣含有外文者，其語文別。

七、應提供商標描述者，其商標描述。

八、依本法第二十條主張優先權者，第一次申請之申請日、受

理該申請之國家或世界貿易組織會員及申請案號。

九、依本法第二十一條主張展覽會優先權者，第一次展出之日期及展覽會名稱。

十、有本法第二十九條第三項或第三十條第四項規定情形者，不專用之聲明。

**第13條** 申請商標註冊檢附之商標圖樣，應符合商標專責機關公告之格式。商標專責機關認有必要時，得通知申請人檢附商標描述及商標樣本，以輔助商標圖樣之審查。

商標圖樣得以虛線表現商標使用於指定商品或服務之方式、位置或內容態樣，並於商標描述中說明。該虛線部分，不屬於商標之一部分。

第一項所稱商標描述，指對商標本身及其使用於商品或服務情形所為之相關說明。

第一項所稱商標樣本，指商標本身之樣品或存載商標之電子載體。

**第14條** 申請註冊顏色商標者，商標圖樣應呈現商標之顏色，並得以虛線表現顏色使用於指定商品或服務之方式、位置或內容態樣。

申請人應提供商標描述，說明顏色及其使用於指定商品或服務之情形。

**第15條** 申請註冊立體商標者，商標圖樣為表現立體形狀之視圖；該視圖

以六個為限。

前項商標圖樣得以虛線表現立體形狀使用於指定商品或服務之方式、位置或內容態樣。

申請人應提供商標描述，說明立體形狀；商標包含立體形狀以外之組成部分者，亦應說明。

**第16條** 申請註冊動態商標者，商標圖樣為表現動態影像變化過程之靜止圖像；該靜止圖像以六個為限。

申請人應提供商標描述，依序說明動態影像連續變化之過程，並檢附符合商標專責機關公告格式之電子載體。

**第17條** 申請註冊全像圖商標者，商標圖樣為表現全像圖之視圖；該視圖以四個為限。

申請人應提供商標描述，說明全像圖；因視角差異產生不同圖像者，應說明其變化情形。

**第18條** 申請註冊聲音商標者，商標圖樣為表現該聲音之五線譜或簡譜；無法以五線譜或簡譜表現該聲音者，商標圖樣為該聲音之文字說明。

前項商標圖樣為五線譜或簡譜者，申請人應提供商標描述。

申請註冊聲音商標應檢附符合商標專責機關公告格式之電子載體。

**第19條** 申請商標註冊，應依商品及服務分類之類別順序，指定使用之商品或服務類別，並具體列舉商品或服

務名稱。

商品及服務分類應由商標專責機關依照世界智慧財產權組織之商標註冊國際商品及服務分類尼斯協定發布之類別名稱公告之。

於商品及服務分類修正前已註冊之商標，其指定使用之商品或服務類別，以註冊類別為準；未註冊之商標，其指定使用之商品或服務類別，以申請時指定之類別為準。

**第20條**　本法第二十條第一項所定之六個月，自在與中華民國相互承認優先權之國家或世界貿易組織會員第一次申請日之次日起算至本法第十九條第二項規定之申請日止。

**第21條**　依本法第二十一條規定主張展覽會優先權者，應檢送展覽會主辦者發給之參展證明文件。

前項參展證明文件，應包含下列事項：

一、展覽會名稱、地點、主辦者名稱及商品或服務第一次展出日。

二、參展者姓名或名稱及參展商品或服務之名稱。

三、商品或服務之展示照片、目錄、宣傳手冊或其他足以證明展示內容之文件。

**第22條**　依本法第二十一條規定主張展覽會優先權者，其自該商品或服務展出後之六個月，準用第二十條之規定。

**第23條**　依本法第二十二條規定須由各申請人協議者，商標專責機關應指定相當期間，通知各申請人協議；屆期不能達成協議時，商標專責機關應指定期日及地點，通知各申請人抽籤決定之。

**第24條**　本法第二十三條但書所稱非就商標圖樣實質變更，指下列情形之一：

一、刪除不具識別性或有使公眾誤認誤信商品或服務性質、品質或產地之虞者。

二、刪除商品重量或成分標示、代理或經銷者電話、地址或其他純粹資訊性事項者。

三、刪除國際通用商標或註冊符號者。

四、不屬商標之部分改以虛線表示者。

前項第一款規定之情形，有改變原商標圖樣給予消費者識別來源之同一印象者，不適用之。

**第25條**　依本法第二十四條規定申請變更商標註冊申請事項者，應備具申請書，並檢附變更證明文件。但其變更無須以文件證明者，免予檢附。

前項申請，應按每一商標各別申請。但相同申請人有二以上商標，其變更事項相同者，得於一變更申請案同時申請之。

第**26**條　依本法第二十五條規定申請商標註冊申請事項之更正，商標專責機關認有查證之必要時，得要求申請人檢附相關證據。

第**27**條　申請分割註冊申請案者，應備具申請書，載明分割件數及分割後各商標之指定使用商品或服務。

分割後各商標申請案之指定使用之商品或服務不得重疊，且不得超出原申請案指定之商品或服務範圍。

核准審定後註冊公告前申請分割者，商標專責機關應於申請人繳納註冊費，商標經註冊公告後，再進行商標權分割。

第**28**條　依本法第二十七條規定移轉商標註冊申請所生之權利，申請變更申請人名義者，應備具申請書，並檢附移轉契約或其他移轉證明文件。

前項申請應按每一商標各別申請。但繼受權利之人自相同之申請人取得二以上商標申請權者，得於一變更申請案中同時申請之。

第**29**條　商標註冊申請人主張有本法第二十九條第二項規定，在交易上已成為申請人商品或服務之識別標識者，應提出相關事證證明之。

第**30**條　本法第三十條第一項第十款但書所稱顯屬不當，指下列情形之一：

一、申請註冊商標相同於註冊或申請在先商標，且指定使用於同一商品或服務者。

二、註冊商標經法院禁止處分者。

三、其他商標專責機關認有顯屬不當之情形者。

第**31**條　本法所稱著名，指有客觀證據足以認定已廣為相關事業或消費者所普遍認知者。

第**32**條　本法第三十條第一項第十四款所稱法人、商號或其他團體之名稱，指其特取名稱。

第**33**條　同意他人依本法第三十條第一項第十款至第十五款各款但書規定註冊者，嗣後本人申請註冊之商標有本法第三十條第一項第十款規定之情形時，仍應依該款但書規定取得該他人之同意後，始得註冊。

第**34**條　本法第三十一條第二項規定限期陳述意見之期間，於申請人在中華民國境內有住居所或營業所者，為一個月；無住居所或營業所者，為二個月。

前項期間，申請人得敘明理由申請延長。申請人在中華民國境內有住居所或營業所者，得延長一個月；無住居所或營業所者，得延長二個月。

前項延長陳述意見期間，申請人再申請延長者，商標專責機關得依補正之事項、延長之理由及證據，再酌予延長期間；其延長之申請無理由者，不受理之。

## 第三章　商標權

第35條　申請延展商標權期間，商標權人應備具申請書，就註冊商標指定之商品或服務之全部或一部為之。

對商標權存續有利害關係之人，亦得載明理由，提出前項延展商標權期間之申請。

第36條　申請分割商標權，準用第二十七條第一項及第二項規定，並應按分割件數檢送分割申請書副本。

商標權經核准分割者，商標專責機關應就分割後之商標，分別發給商標註冊證。

第37條　申請變更或更正商標註冊事項，準用第二十五條及第二十六條之規定。

第38條　申請商標授權登記者，應由商標權人或被授權人備具申請書，載明下列事項：

一、商標權人及被授權人之姓名或名稱、住居所或營業所、國籍或地區；有代表人者，其姓名或名稱。

二、委任代理人者，其姓名及住居所或營業所。

三、商標註冊號數。

四、專屬授權或非專屬授權。

五、授權始日。有終止日者，其終止日。

六、授權使用部分商品或服務者，其類別及名稱。

七、授權使用有指定地區者，其地區名稱。

前項授權登記由被授權人申請者，應檢附授權契約或其他足資證明授權之文件；由商標權人申請者，商標專責機關為查核授權之內容，亦得通知檢附前述授權證明文件。

前項申請，應按每一商標各別申請。但商標權人有二以上商標，以註冊指定之全部商品或服務，授權相同之人於相同地區使用，且授權終止日相同或皆未約定授權終止日者，得於一授權申請案中同時申請之。

申請商標再授權登記者，準用前三項規定，除本法第四十條第一項本文規定之情形外，並應檢附有權為再授權之證明文件。

再授權登記使用之商品或服務、期間及地區，不得逾原授權範圍。

第39條　申請商標權之移轉登記者，應備具申請書，並檢附移轉契約或其他移轉證明文件。

前項申請，應按每一商標各別申請。但繼受權利之人自相同之商標權人取得二以上商標權者，得於一移轉申請案中同時申請之。

第40條　申請商標權之質權設定、移轉或消滅登記者，應由商標權人或質權人備具申請書，並依其登記事項檢附下列文件：

一、設定登記者，其質權設定契約或其他質權設定證明文件。

二、移轉登記者，其質權移轉證明文件。

三、消滅登記者，其債權清償證明文件、質權人同意塗銷質權設定之證明文件、法院判決書及判決確定證明書或與法院確定判決有同一效力之證明文件。

申請質權設定登記者，並應於申請書載明該質權擔保之債權額。

第**41**條　有下列情形之一，商標權人得備具申請書並敘明理由，申請換發或補發商標註冊證：

一、註冊證記載事項異動。

二、註冊證陳舊或毀損。

三、註冊證滅失或遺失。

依前項規定補發或換發商標註冊證時，原商標註冊證應公告作廢。

第**42**條　異議之事實及理由不明確或不完備者，商標專責機關得通知異議人限期補正。

異議人於商標註冊公告日後三個月內，得變更或追加其主張之事實及理由。

第**43**條　商標權人或異議人依本法第四十九條第二項規定答辯或陳述意見者，其答辯書或陳述意見書如有附屬文件，副本亦應附具該文件。

第**44**條　於商標權經核准分割公告後，對分割前註冊商標提出異議者，商標

專責機關應通知異議人，限期指定被異議之商標，分別檢附相關申請文件，並按指定被異議商標之件數，重新核計應繳納之規費；規費不足者，應為補繳；有溢繳者，異議人得檢據辦理退費。

第**45**條　於異議處分前，被異議之商標權經核准分割者，商標專責機關應通知異議人，限期聲明就分割後之各別商標續行異議；屆期未聲明者，以全部續行異議論。

第**46**條　第四十二條第一項、第四十三條至前條規定，於評定及廢止案件準用之。

## 第四章　證明標章、團體標章及團體商標

第**47**條　證明標章權人為證明他人之商品或服務，得在其監督控制下，由具有相關檢測能力之法人或團體進行檢測或驗證。

第**48**條　證明標章、團體標章及團體商標，依其性質準用本細則關於商標之規定。

## 第五章　附則

第**49**條　申請商標及辦理有關商標事項之證據及物件，欲領回者，應於該案確定後一個月內領取。

前項證據及物件，經商標專責機關通知限期領回，屆期未領回者，商標專責機關得逕行處理。

**第50條**　本細則自發布日施行。

## 五、著作權法　修正日期：民國111年06月15日

### 第一章　總則

**第1條**　為保障著作人著作權益，調和社會公共利益，促進國家文化發展，特制定本法。本法未規定者，適用其他法律之規定。

**第2條**　本法主管機關為經濟部。**著作權業務，由經濟部指定專責機關辦理。**

**第3條**　本法用詞，定義如下：

一、**著作：指屬於文學、科學、藝術或其他學術範圍之創作。**

二、**著作人：指創作著作之人。**

三、**著作權：指因著作完成所生之著作人格權及著作財產權。**

四、公眾：指不特定人或特定之多數人。但家庭及其正常社交之多數人，不在此限。

五、重製：指以印刷、複印、錄音、錄影、攝影、筆錄或其他方法直接、間接、永久或暫時之重複製作。於劇本、音樂著作或其他類似著作演出或播送時予以錄音或錄影；或依建築設計圖或建築模型建造建築物者，亦屬之。

六、**公開口述：指以言詞或其他方法向公眾傳達著作內容。**

七、公開播送：指基於公眾直接收聽或收視為目的，以有線電、無線電或其他器材之廣播系統傳送訊息之方法，藉聲音或影像，向公眾傳達著作內容。由原播送人以外之人，以有線電、無線電或其他器材之廣播系統傳送訊息之方法，將原播送之聲音或影像向公眾傳達者，亦屬之。

八、公開上映：指以單一或多數視聽機或其他傳送影像之方法於同一時間向現場或現場以外一定場所之公眾傳達著作內容。

九、公開演出：指以演技、舞蹈、歌唱、彈奏樂器或其他方法向現場之公眾傳達著作內容。以擴音器或其他器材，將原播送之聲音或影像向公眾傳達者，亦屬之。

十、公開傳輸：指以有線電、無線電之網路或其他通訊方法，藉聲音或影像向公眾提供或傳達

著作內容，包括使公眾得於其各自選定之時間或地點，以上述方法接收著作內容。

十一、改作：指以翻譯、編曲、改寫、拍攝影片或其他方法就原著作另為創作。

十二、散布：指不問有償或無償，將著作之原件或重製物提供公眾交易或流通。

十三、公開展示：指向公眾展示著作內容。

十四、發行：指權利人散布能滿足公眾合理需要之重製物。

十五、公開發表：指權利人以發行、播送、上映、口述、演出、展示或其他方法向公眾公開提示著作內容。

十六、原件：指著作首次附著之物。

十七、權利管理電子資訊：指於著作原件或其重製物，或於著作向公眾傳達時，所表示足以確認著作、著作名稱、著作人、著作財產權人或其授權之人及利用期間或條件之相關電子資訊；以數字、符號表示此類資訊者，亦屬之。

十八、防盜拷措施：指著作權人所採取有效禁止或限制他人擅自進入或利用著作之設備、器材、零件、技術或其他科技方法。

十九、網路服務提供者，指提供下列服務者：

(一) 連線服務提供者：透過所控制或營運之系統或網路，以有線或無線方式，提供資訊傳輸、發送、接收，或於前開過程中之中介及短暫儲存之服務者。

(二) 快速存取服務提供者：應使用者之要求傳輸資訊後，透過所控制或營運之系統或網路，將該資訊為中介及暫時儲存，以供其後要求傳輸該資訊之使用者加速進入該資訊之服務者。

(三) 資訊儲存服務提供者：透過所控制或營運之系統或網路，應使用者之要求提供資訊儲存之服務者。

(四) 搜尋服務提供者：提供使用者有關網路資訊之索引、參考或連結之搜尋或連結之服務者。

前項第八款所定現場或現場以外一定場所，包含電影院、俱樂部、錄影帶或碟影片播映場所、旅館房間、供公眾使用之交通工具或其他供不特定人進出之場所。

**第4條**　外國人之著作合於下列情形之一者，得依本法享有著作權。但條

約或協定另有約定，經立法院議決通過者，從其約定：

一、於中華民國管轄區域內首次發行，或於中華民國管轄區域外首次發行後三十日內在中華民國管轄區域內發行者。但以該外國人之本國，對中華民國人之著作，在相同之情形下，亦予保護且經查證屬實者為限。

二、依條約、協定或其本國法令、慣例，中華民國人之著作得在該國享有著作權者。

## 第二章　著作

**第5條**　本法所稱著作，例示如下：

一、語文著作。

二、音樂著作。

三、戲劇、舞蹈著作。

四、美術著作。

五、攝影著作。

六、圖形著作。

七、視聽著作。

八、錄音著作。

九、建築著作。

十、電腦程式著作。

前項各款著作例示內容，由主管機關訂定之。

**第6條**　就原著作改作之創作為衍生著作，以獨立之著作保護之。

衍生著作之保護，對原著作之著作權不生影響。

**第7條**　就資料之選擇及編排具有創作性者為編輯著作，以獨立之著作保護之。

編輯著作之保護，對其所收編著作之著作權不生影響。

**第7-1條**　表演人對既有著作或民俗創作之表演，以獨立之著作保護之。

表演之保護，對原著作之著作權不生影響。

**第8條**　二人以上共同完成之著作，其各人之創作，不能分離利用者，為共同著作。

**第9條**　下列各款不得為著作權之標的：

一、憲法、法律、命令或公文。

二、中央或地方機關就前款著作作成之翻譯物或編輯物。

三、標語及通用之符號、名詞、公式、數表、表格、簿冊或時曆。

四、單純為傳達事實之新聞報導所作成之語文著作。

五、依法令舉行之各類考試試題及其備用試題。

前項第一款所稱公文，包括公務員於職務上草擬之文告、講稿、新聞稿及其他文書。

## 第三章　著作人及著作權

### 第一節　通則

**第10條**　著作人於著作完成時享有著作權。但本法另有規定者，從其規定。

第**10-1**條 依本法取得之著作權,其保護僅及於該著作之表達,而不及於其所表達之思想、程序、製程、系統、操作方法、概念、原理、發現。

## 第二節 著作人

第**11**條 **受雇人於職務上完成之著作,以該受雇人為著作人。但契約約定以雇用人為著作人者,從其約定。**

依前項規定,以受雇人為著作人者,其著作財產權歸雇用人享有。但契約約定其著作財產權歸受雇人享有者,從其約定。

前二項所稱受雇人,包括公務員。

第**12**條 **出資聘請他人完成之著作,除前條情形外,以該受聘人為著作人。但契約約定以出資人為著作人者,從其約定。**

依前項規定,以受聘人為著作人者,其著作財產權依契約約定歸受聘人或出資人享有。未約定著作財產權之歸屬者,其著作財產權歸受聘人享有。

依前項規定著作財產權歸受聘人享有者,出資人得利用該著作。

第**13**條 在著作之原件或其已發行之重製物上,或將著作公開發表時,以通常之方法表示著作人之本名或眾所周知之別名者,推定為該著作之著作人。

前項規定,於著作發行日期、地點及著作財產權人之推定,準用之。

第**14**條 (刪除)

## 第三節 著作人格權

第**15**條 著作人就其著作享有公開發表之權利。但公務員,依第十一條及第十二條 規定為著作人,而著作財產權歸該公務員隸屬之法人享有者,不適用之。

有下列情形之一者,推定著作人同意公開發表其著作:

一、著作人將其尚未公開發表著作之著作財產權讓與他人或授權他人利用時,因著作財產權之行使或利用而公開發表者。

二、著作人將其尚未公開發表之美術著作或攝影著作之著作原件或其重製物讓與他人,受讓人以其著作原件或其重製物公開展示者。

三、依學位授予法撰寫之碩士、博士論文,著作人已取得學位者。

依第十一條第二項及第十二條第二項規定,由雇用人或出資人自始取得尚未公開發表著作之著作財產權者,因其著作財產權之讓與、行使或利用而公開發表者,視為著作人同意公開發表其著作。

前項規定,於第十二條第三項準用之。

**第16條**　著作人於著作之原件或其重製物上或於著作公開發表時，有表示其本名、別名或不具名之權利。著作人就其著作所生之衍生著作，亦有相同之權利。

前條第一項但書規定，於前項準用之。

利用著作之人，得使用自己之封面設計，並加冠設計人或主編之姓名或名稱。但著作人有特別表示或違反社會使用慣例者，不在此限。

依著作利用之目的及方法，於著作人之利益無損害之虞，且不違反社會使用慣例者，得省略著作人之姓名或名稱。

**第17條**　著作人享有禁止他人以歪曲、割裂、竄改或其他方法改變其著作之內容、形式或名目致損害其名譽之權利。

**第18條**　著作人死亡或消滅者，關於其著作人格權之保護，視同生存或存續，任何人不得侵害。但依利用行為之性質及程度、社會之變動或其他情事可認為不違反該著作人之意思者，不構成侵害。

**第19條**　共同著作之著作人格權，非經著作人全體同意，不得行使之。各著作人無正當理由者，不得拒絕同意。

共同著作之著作人，得於著作人中選定代表人行使著作人格權。

對於前項代表人之代表權所加限制，不得對抗善意第三人。

**第20條**　未公開發表之著作原件及其著作財產權，除作為買賣之標的或經本人允諾者外，不得作為強制執行之標的。

**第21條**　著作人格權專屬於著作人本身，不得讓與或繼承。

### 第四節　著作財產權

#### 第一款　著作財產權之種類

**第22條**　著作人除本法另有規定外，專有重製其著作之權利。

表演人專有以錄音、錄影或攝影重製其表演之權利。

前二項規定，於專為網路合法中繼性傳輸，或合法使用著作，屬技術操作過程中必要之過渡性、附帶性而不具獨立經濟意義之暫時性重製，不適用之。但電腦程式著作，不在此限。

前項網路合法中繼性傳輸之暫時性重製情形，包括網路瀏覽、快速存取或其他為達成傳輸功能之電腦或機械本身技術上所不可避免之現象。

**第23條**　著作人專有公開口述其語文著作之權利。

**第24條**　著作人除本法另有規定外，專有公開播送其著作之權利。

表演人就其經重製或公開播送後之表演，再公開播送者，不適用前項規定。

**第25條** 著作人專有公開上映其視聽著作之權利。

**第26條** 著作人除本法另有規定外，專有公開演出其語文、音樂或戲劇、舞蹈著作之權利。

表演人專有以擴音器或其他器材公開演出其表演之權利。但將表演重製後或公開播送後再以擴音器或其他器材公開演出者，不在此限。

錄音著作經公開演出者，著作人得請求公開演出之人支付使用報酬。

**第26-1條** 著作人除本法另有規定外，專有公開傳輸其著作之權利。

表演人就其經重製於錄音著作之表演，專有公開傳輸之權利。

**第27條** 著作人專有公開展示其未發行之美術著作或攝影著作之權利。

**第28條** 著作人專有將其著作改作成衍生著作或編輯成編輯著作之權利。但表演不適用之。

**第28-1條** 著作人除本法另有規定外，專有以移轉所有權之方式，散布其著作之權利。

表演人就其經重製於錄音著作之表演，專有以移轉所有權之方式散布之權利。

**第29條** 著作人除本法另有規定外，專有出租其著作之權利。

表演人就其經重製於錄音著作之表演，專有出租之權利。

**第29-1條** 依第十一條第二項或第十二條第二項規定取得著作財產權之雇用人或出資人，專有第二十二條至第二十九條規定之權利。

### 第二款　著作財產權之存續期間

**第30條** 著作財產權，除本法另有規定外，存續於著作人之生存期間及其死亡後五十年。

著作於著作人死亡後四十年至五十年間首次公開發表者，著作財產權之期間，自公開發表時起存續十年。

**第31條** 共同著作之著作財產權，存續至最後死亡之著作人死亡後五十年。

**第32條** 別名著作或不具名著作之著作財產權，存續至著作公開發表後五十年。但可證明其著作人死亡已逾五十年者，其著作財產權消滅。

前項規定，於著作人之別名為眾所周知者，不適用之。

**第33條** 法人為著作人之著作，其著作財產權存續至其著作公開發表後五十年。但著作在創作完成時起算五十年內未公開發表者，其著作財產權存續至創作完成時起五十年。

**第34條** **攝影、視聽、錄音及表演之著作財產權存續至著作公開發表後五十年。**
前條但書規定，於前項準用之。

**第35條** 第三十條至第三十四條所定存續期間，以該期間屆滿當年之末日為期間之終止。

繼續或逐次公開發表之著作，依公開發表日計算著作財產權存續期間時，如各次公開發表能獨立成一著作者，著作財產權存續期間自各別公開發表日起算。如各次公開發表不能獨立成一著作者，以能獨立成一著作時之公開發表日起算。

前項情形，如繼續部分未於前次公開發表日後三年內公開發表者，其著作財產權存續期間自前次公開發表日起算。

**第三款 著作財產權之讓與、行使及消滅**

**第36條** 著作財產權得全部或部分讓與他人或與他人共有。

著作財產權之受讓人，在其受讓範圍內，取得著作財產權。

著作財產權讓與之範圍依當事人之約定；其約定不明之部分，推定為未讓與。

**第37條** 著作財產權人得授權他人利用著作，其授權利用之地域、時間、內容、利用方法或其他事項，依當事人之約定；其約定不明之部分，推定為未授權。

前項授權不因著作財產權人嗣後將其著作財產權讓與或再為授權而受影響。

非專屬授權之被授權人非經著作財產權人同意，不得將其被授與之權利再授權第三人利用。

專屬授權之被授權人在被授權範圍內，得以著作財產權人之地位行使權利，並得以自己名義為訴訟上之行為。著作財產權人在專屬授權範圍內，不得行使權利。

第二項至前項規定，於中華民國九十年十一月十二日本法修正施行前所為之授權，不適用之。

有下列情形之一者，不適用第七章規定。但屬於著作權集體管理團體管理之著作，不在此限：

一、音樂著作經授權重製於電腦伴唱機者，利用人利用該電腦伴唱機公開演出該著作。

二、將原播送之著作再公開播送。

三、以擴音器或其他器材，將原播送之聲音或影像向公眾傳達。

四、著作經授權重製於廣告後，由廣告播送人就該廣告為公開播送或同步公開傳輸，向公眾傳達。

**第38條** （刪除）

**第39條** 以著作財產權為質權之標的物者，除設定時另有約定外，著作財產權人得行使其著作財產權。

第**40**條　共同著作各著作人之應有部分，依共同著作人間之約定定之；無約定者，依各著作人參與創作之程度定之。各著作人參與創作之程度不明時，推定為均等。

共同著作之著作人拋棄其應有部分者，其應有部分由其他共同著作人依其應有部分之比例分享之。

前項規定，於共同著作之著作人死亡無繼承人或消滅後無承受人者，準用之。

第**40-1**條　共有之著作財產權，非經著作財產權人全體同意，不得行使之；各著作財產權人非經其他共有著作財產權人之同意，不得以其應有部分讓與他人或為他人設定質權。各著作財產權人，無正當理由者，不得拒絕同意。

共有著作財產權人，得於著作財產權人中選定代表人行使著作財產權。對於代表人之代表權所加限制，不得對抗善意第三人。

前條第二項及第三項規定，於共有著作財產權準用之。

第**41**條　著作財產權人投稿於新聞紙、雜誌或授權公開播送著作者，除另有約定外，推定僅授與刊載或公開播送一次之權利，對著作財產權人之其他權利不生影響。

第**42**條　著作財產權因存續期間屆滿而消滅。於存續期間內，有下列情形之一者，亦同：

一、著作財產權人死亡，其著作財產權依法應歸屬國庫者。

二、著作財產權人為法人，於其消滅後，其著作財產權依法應歸屬於地方自治團體者。

第**43**條　著作財產權消滅之著作，除本法另有規定外，任何人均得自由利用。

### 第四款　著作財產權之限制

第**44**條　中央或地方機關，因立法或行政目的所需，認有必要將他人著作列為內部參考資料時，在合理範圍內，得重製他人之著作。但依該著作之種類、用途及其重製物之數量、方法，有害於著作財產權人之利益者，不在此限。

第**45**條　專為司法程序使用之必要，在合理範圍內，得重製他人之著作。

前條但書規定，於前項情形準用之。

第**46**條　依法設立之各級學校及其擔任教學之人，為學校授課目的之必要範圍內，得重製、公開演出或公開上映已公開發表之著作。

前項情形，經採取合理技術措施防止未有學校學籍或未經選課之人接收者，得公開播送或公開傳輸已公開發表之著作。

第四十四條但書規定，於前二項情形準用之。

**第46-1條** 依法設立之各級學校或教育機構及其擔任教學之人，為教育目的之必要範圍內，得公開播送或公開傳輸已公開發表之著作。但有營利行為者，不適用之。

前項情形，除符合前條第二項規定外，利用人應將利用情形通知著作財產權人並支付適當之使用報酬。

**第47條** 為編製依法規應經審定或編定之教科用書，編製者得重製、改作或編輯已公開發表之著作，並得公開傳輸該教科用書。

前項規定，除公開傳輸外，於該教科用書編製者編製附隨於該教科用書且專供教學之人教學用之輔助用品，準用之。

前二項情形，利用人應將利用情形通知著作財產權人並支付使用報酬；其使用報酬率，由主管機關定之。

**第48條** 供公眾使用之圖書館、博物館、歷史館、科學館、藝術館、檔案館或其他典藏機構，於下列情形之一，得就其收藏之著作重製之：

一、應閱覽人供個人研究之要求，重製已公開發表著作之一部分，或期刊或已公開發表之研討會論文集之單篇著作，每人以一份為限。但不得以數位重製物提供之。

二、基於避免遺失、毀損或其儲存形式無通用技術可資讀取，且無法於市場以合理管道取得而有保存資料之必要者。

三、就絕版或難以購得之著作，應同性質機構之要求者。

四、數位館藏合法授權期間還原著作之需要者。

國家圖書館為促進國家文化發展之目的，得以數位方式重製下列著作：

一、為避免原館藏滅失、損傷或污損，替代原館藏提供館內閱覽之館藏著作。但市場已有數位形式提供者，不適用之。

二、中央或地方機關或行政法人於網路上向公眾提供之資料。

依第一項第二款至第四款及前項第一款規定重製之著作，符合下列各款規定，或依前項第二款規定重製之著作，符合第二款規定者，得於館內公開傳輸提供閱覽：

一、同一著作同一時間提供館內使用者閱覽之數量，未超過該機構現有該著作之館藏數量。

二、提供館內閱覽之電腦或其他顯示設備，未提供使用者進行重製、傳輸。

國家圖書館依第二項第一款規定重製之著作，除前項規定情形外，不得作其他目的之利用。

**第48-1條** 中央或地方機關、依法設立之教育機構或供公眾使用之圖書館,得重製下列已公開發表之著作所附之摘要:

一、依學位授予法撰寫之碩士、博士論文,著作人已取得學位者。

二、刊載於期刊中之學術論文。

三、已公開發表之研討會論文集或研究報告。

**第49條** 以廣播、攝影、錄影、新聞紙、網路或其他方法為時事報導者,在報導之必要範圍內,得利用其報導過程中所接觸之著作。

**第50條** 以中央或地方機關或公法人之名義公開發表之著作,在合理範圍內,得重製、公開播送或公開傳輸。

**第51條** 供個人或家庭為非營利之目的,在合理範圍內,得利用圖書館及非供公眾使用之機器重製已公開發表之著作。

**第52條** 為報導、評論、教學、研究或其他正當目的之必要,在合理範圍內,得引用已公開發表之著作。

**第53條** 中央或地方政府機關、非營利機構或團體、依法立案之各級學校,為專供視覺障礙者、學習障礙者、聽覺障礙者或其他感知著作有困難之障礙者使用之目的,得以翻譯、點字、錄音、數位轉換、口述影像、附加手語或其他方式利用已公開發表之著作。

前項所定障礙者或其代理人為供該障礙者個人非營利使用,準用前項規定。

依前二項規定製作之著作重製物,得於前二項所定障礙者、中央或地方政府機關、非營利機構或團體、依法立案之各級學校間散布或公開傳輸。

**第54條** 中央或地方機關、依法設立之各級學校或教育機構辦理之各種考試,得重製已公開發表之著作,供為試題之用。但已公開發表之著作如為試題者,不適用之。

**第55條** 非以營利為目的,未對觀眾或聽眾直接或間接收取任何費用,且未對表演人支付報酬者,得於活動中公開口述、公開播送、公開上映或公開演出他人已公開發表之著作。

**第56條** 廣播或電視,為公開播送之目的,得以自己之設備錄音或錄影該著作。但以其公開播送業經著作財產權人之授權或合於本法規定者為限。

前項錄製物除經著作權專責機關核准保存於指定之處所外,應於錄音或錄影後六個月內銷燬之。

**第56-1條** 為加強收視效能,得以依法令設立之社區共同天線同時轉播依法設立無線電視臺播送之著作,不得變更其形式或內容。

**第57條** 美術著作或攝影著作原件或合法重製物之所有人或經其同意之人,得公開展示該著作原件或合法重製物。

前項公開展示之人,為向參觀人解說著作,得於說明書內重製該著作。

**第58條** 於街道、公園、建築物之外壁或其他向公眾開放之戶外場所長期展示之美術著作或建築著作,除下列情形外,得以任何方法利用之:

一、以建築方式重製建築物。

二、以雕塑方式重製雕塑物。

三、為於本條規定之場所長期展示目的所為之重製。

四、專門以販賣美術著作重製物為目的所為之重製。

**第59條** 合法電腦程式著作重製物之所有人得因配合其所使用機器之需要,修改其程式,或因備用存檔之需要重製其程式。但限於該所有人自行使用。

前項所有人因滅失以外之事由,喪失原重製物之所有權者,除經著作財產權人同意外,應將其修改或重製之程式銷燬之。

**第59-1條** 在中華民國管轄區域內取得著作原件或其合法重製物所有權之人,得以移轉所有權之方式散布之。

**第60條** 著作原件或其合法著作重製物之所有人,得出租該原件或重製物。但錄音及電腦程式著作,不適用之。

附含於貨物、機器或設備之電腦程式著作重製物,隨同貨物、機器或設備合法出租且非該項出租之主要標的物者,不適用前項但書之規定。

**第61條** 揭載於新聞紙、雜誌或網路上有關政治、經濟或社會上時事問題之論述,得由其他新聞紙、雜誌轉載或由廣播或電視公開播送,或於網路上公開傳輸。但經註明不許轉載、公開播送或公開傳輸者,不在此限。

**第62條** 政治或宗教上之公開演說、裁判程序及中央或地方機關之公開陳述,任何人得利用之。但專就特定人之演說或陳述,編輯成編輯著作者,應經著作財產權人之同意。

**第63條** 依第四十四條、第四十五條、第四十八條第一款、第四十八條之一至第五十條、第五十二條至第五十五條、第六十一條及第六十二條規定得利用他人著作者,得翻譯該著作。

依第四十六條及第五十一條規定得利用他人著作者,得改作該著作。

依第四十六條至第五十條、第五十二條至第五十四條、第五十七條第二項、第五十八條、第六十一條及第六十二條規定利用他人著作者,得散布該著作。

第**64**條 依第四十四條至第四十七條、第四十八條之一至第五十條、第五十二條、第五十三條、第五十五條、第五十七條、第五十八條、第六十條至第六十三條規定利用他人著作者，應明示其出處。

前項明示出處，就著作人之姓名或名稱，除不具名著作或著作人不明者外，應以合理之方式為之。

第**65**條 著作之合理使用，不構成著作財產權之侵害。

著作之利用是否合於第四十四條至第六十三條所定之合理範圍或其他合理使用之情形，應審酌一切情狀，尤應注意下列事項，以為判斷之基準：

一、利用之目的及性質，包括係為商業目的或非營利教育目的。

二、著作之性質。

三、所利用之質量及其在整個著作所占之比例。

四、利用結果對著作潛在市場與現在價值之影響。

著作權人團體與利用人團體就著作之合理使用範圍達成協議者，得為前項判斷之參考。

前項協議過程中，得諮詢著作權專責機關之意見。

第**66**條 第四十四條至第六十三條及第六十五條規定，對著作人之著作人格權不生影響。

### 第五款 著作利用之強制授權

第**67**條 （刪除）

第**68**條 （刪除）

第**69**條 錄有音樂著作之銷售用錄音著作發行滿六個月，欲利用該音樂著作錄製其他銷售用錄音著作者，經申請著作權專責機關許可強制授權，並給付使用報酬後，得利用該音樂著作，另行錄製。

前項音樂著作強制授權許可、使用報酬之計算方式及其他應遵行事項之辦法，由主管機關定之。

第**70**條 依前條規定利用音樂著作者，不得將其錄音著作之重製物銷售至中華民國管轄區域外。

第**71**條 依第六十九條規定，取得強制授權之許可後，發現其申請有虛偽情事者，著作權專責機關應撤銷其許可。

依第六十九條規定，取得強制授權之許可後，未依著作權專責機關許可之方式利用著作者，著作權專責機關應廢止其許可。

第**72**條 （刪除）

第**73**條 （刪除）

第**74**條 （刪除）

第**75**條 （刪除）

第**76**條　（刪除）

第**77**條　（刪除）

第**78**條　（刪除）

## 第四章　製版權

第**79**條　無著作財產權或著作財產權消滅之文字著述或美術著作，經製版人就文字著述整理印刷，或就美術著作原件以影印、印刷或類似方式重製首次發行，並依法登記者，製版人就其版面，專有以影印、印刷或類似方式重製之權利。

製版人之權利，自製版完成時起算存續十年。

前項保護期間，以該期間屆滿當年之末日，為期間之終止。

製版權之讓與或信託，非經登記，不得對抗第三人。

製版權登記、讓與登記、信託登記及其他應遵行事項之辦法，由主管機關定之。

第**80**條　第四十二條及第四十三條有關著作財產權消滅之規定、第四十四條至第四十八條、第四十九條、第五十一條、第五十二條、第五十四條、第六十四條及第六十五條關於著作財產權限制之規定，於製版權準用之。

## 第四章之一　權利管理電子資訊及防盜拷措施

第**80-1**條　著作權人所為之權利管理電子資訊，不得移除或變更。但有下列情形之一者，不在此限：

一、因行為時之技術限制，非移除或變更著作權利管理電子資訊即不能合法利用該著作。

二、錄製或傳輸系統轉換時，其轉換技術上必要之移除或變更。

明知著作權利管理電子資訊，業經非法移除或變更者，不得散布或意圖散布而輸入或持有該著作原件或其重製物，亦不得公開播送、公開演出或公開傳輸。

第**80-2**條　著作權人所採取禁止或限制他人擅自進入著作之防盜拷措施，未經合法授權不得予以破解、破壞或以其他方法規避之。

破解、破壞或規避防盜拷措施之設備、器材、零件、技術或資訊，未經合法授權不得製造、輸入、提供公眾使用或為公眾提供服務。

前二項規定，於下列情形不適用之：

一、為維護國家安全者。

二、中央或地方機關所為者。

三、檔案保存機構、教育機構或供公眾使用之圖書館，為評估是否取得資料所為者。

四、為保護未成年人者。

五、為保護個人資料者。

六、為電腦或網路進行安全測試者。

七、為進行加密研究者。

八、為進行還原工程者。

九、為依第四十四條至第六十三條
　　及第六十五條規定利用他人著
　　作者。

十、其他經主管機關所定情形。

前項各款之內容，由主管機關定
之，並定期檢討。

## 第五章　著作權集體管理團體與著作權審議及調解委員會

**第81條**　著作財產權人為行使權利、收受及分配使用報酬，經著作權專責機關之許可，得組成著作權集體管理團體。

專屬授權之被授權人，亦得加入著作權集體管理團體。

第一項團體之許可設立、組織、職權及其監督、輔導，另以法律定之。

**第82條**　著作權專責機關應設置著作權審議及調解委員會，辦理下列事項：

一、第四十七條第四項規定使用報酬率之審議。

二、著作權集體管理團體與利用人間，對使用報酬爭議之調解。

三、著作權或製版權爭議之調解。

四、其他有關著作權審議及調解之諮詢。

前項第三款所定爭議之調解，其涉及刑事者，以告訴乃論罪之案件為限。

**第82-1條**　著作權專責機關應於調解成立後七日內，將調解書送請管轄法院審核。

前項調解書，法院應儘速審核，除有違反法令、公序良俗或不能強制執行者外，應由法官簽名並蓋法院印信，除抽存一份外，發還著作權專責機關送達當事人。

法院未予核定之事件，應將其理由通知著作權專責機關。

**第82-2條**　調解經法院核定後，當事人就該事件不得再行起訴、告訴或自訴。

前項經法院核定之民事調解，與民事確定判決有同一之效力；經法院核定之刑事調解，以給付金錢或其他代替物或有價證券之一定數量為標的者，其調解書具有執行名義。

**第82-3條**　民事事件已繫屬於法院，在判決確定前，調解成立，並經法院核定者，視為於調解成立時撤回起訴。

刑事事件於偵查中或第一審法院辯論終結前，調解成立，經法院核定，並經當事人同意撤回者，視為於調解成立時撤回告訴或自訴。

**第82-4條**　民事調解經法院核定後，有無效或得撤銷之原因者，當事人得向原核定法院提起宣告調解無效或撤銷調解之訴。

前項訴訟，當事人應於法院核定之調解書送達後三十日內提起之。

**第83條** 前條著作權審議及調解委員會之組織規程及有關爭議之調解辦法，由主管機關擬訂，報請行政院核定後發布之。

## 第六章　權利侵害之救濟

**第84條** 著作權人或製版權人對於侵害其權利者，得請求排除之，有侵害之虞者，得請求防止之。

**第85條** 侵害著作人格權者，負損害賠償責任。雖非財產上之損害，被害人亦得請求賠償相當之金額。

前項侵害，被害人並得請求表示著作人之姓名或名稱、更正內容或為其他回復名譽之適當處分。

**第86條** 著作人死亡後，除其遺囑另有指定外，下列之人，依順序對於違反第十八條或有違反之虞者，得依第八十四條及前條第二項規定，請求救濟：
一、配偶。
二、子女。
三、父母。
四、孫子女。
五、兄弟姊妹。
六、祖父母。

**第87條** 有下列情形之一者，除本法另有規定外，視為侵害著作權或製版權：
一、以侵害著作人名譽之方法利用其著作者。

二、明知為侵害製版權之物而散布或意圖散布而公開陳列或持有者。
三、輸入未經著作財產權人或製版權人授權重製之重製物或製版物者。
四、未經著作財產權人同意而輸入著作原件或其國外合法重製物者。
五、以侵害電腦程式著作財產權之重製物作為營業之使用者。
六、明知為侵害著作財產權之物而以移轉所有權或出租以外之方式散布者，或明知為侵害著作財產權之物，意圖散布而公開陳列或持有者。
七、未經著作財產權人同意或授權，意圖供公眾透過網路公開傳輸或重製他人著作，侵害著作財產權，對公眾提供可公開傳輸或重製著作之電腦程式或其他技術，而受有利益者。
八、明知他人公開播送或公開傳輸之著作侵害著作財產權，意圖供公眾透過網路接觸該等著作，有下列情形之一而受有利益者：
(一) 提供公眾使用匯集該等著作網路位址之電腦程式。
(二) 指導、協助或預設路徑供公眾使用前目之電腦程式。
(三) 製造、輸入或銷售載有第一目之電腦程式之設備或器材。

前項第七款、第八款之行為人，採取廣告或其他積極措施，教唆、誘使、煽惑、說服公眾利用者，為具備該款之意圖。

**第87-1條** 有下列情形之一者，前條第四款之規定，不適用之：

一、為供中央或地方機關之利用而輸入。但為供學校或其他教育機構之利用而輸入或非以保存資料之目的而輸入視聽著作原件或其重製物者，不在此限。

二、為供非營利之學術、教育或宗教機構保存資料之目的而輸入視聽著作原件或一定數量重製物，或為其圖書館借閱或保存資料之目的而輸入視聽著作以外之其他著作原件或一定數量重製物，並應依第四十八條規定利用之。

三、為供輸入者個人非散布之利用或屬入境人員行李之一部分而輸入著作原件或一定數量重製物者。

四、中央或地方政府機關、非營利機構或團體、依法立案之各級學校，為專供視覺障礙者、學習障礙者、聽覺障礙者或其他感知著作有困難之障礙者使用之目的，得輸入以翻譯、點字、錄音、數位轉換、口述影像、附加手語或其他方式重製之著作重製物，並應依第五十三條規定利用之。

五、附含於貨物、機器或設備之著作原件或其重製物，隨同貨物、機器或設備之合法輸入而輸入者，該著作原件或其重製物於使用或操作貨物、機器或設備時不得重製。

六、附屬於貨物、機器或設備之說明書或操作手冊隨同貨物、機器或設備之合法輸入而輸入者。但以說明書或操作手冊為主要輸入者，不在此限。

前項第二款及第三款之一定數量，由主管機關另定之。

**第88條** 因故意或過失不法侵害他人之著作財產權或製版權者，負損害賠償責任。

數人共同不法侵害者，連帶負賠償責任。

前項損害賠償，被害人得依下列規定擇一請求：

一、依民法第二百十六條之規定請求。但被害人不能證明其損害時，得以其行使權利依通常情形可得預期之利益，減除被侵害後行使同一權利所得利益之差額，為其所受損害。

二、請求侵害人因侵害行為所得之利益。但侵害人不能證明其成本或必要費用時，以其侵害行為所得之全部收入，為其所得利益。

依前項規定，如被害人不易證明其

實際損害額，得請求法院依侵害情節，在新臺幣一萬元以上一百萬元以下酌定賠償額。如損害行為屬故意且情節重大者，賠償額得增至新臺幣五百萬元。

**第88-1條** 依第八十四條或前條第一項請求時，對於侵害行為作成之物或主要供侵害所用之物，得請求銷燬或為其他必要之處置。

**第89條** 被害人得請求由侵害人負擔費用，將判決書內容全部或一部登載新聞紙、雜誌。

**第89-1條** 第八十五條及第八十八條之損害賠償請求權，自請求權人知有損害及賠償義務人時起，二年間不行使而消滅。自有侵權行為時起，逾十年者亦同。

**第90條** 共同著作之各著作權人，對於侵害其著作權者，得各依本章之規定，請求救濟，並得按其應有部分，請求損害賠償。

前項規定，於因其他關係成立之共有著作財產權或製版權之共有人準用之。

**第90-1條** 著作權人或製版權人對輸入或輸出侵害其著作權或製版權之物者，得申請海關先予查扣。

前項申請應以書面為之，並釋明侵害之事實，及提供相當於海關核估該進口貨物完稅價格或出口貨物離岸價格之保證金，作為被查扣人因查扣所受損害之賠償擔保。

海關受理查扣之申請，應即通知申請人。如認符合前項規定而實施查扣時，應以書面通知申請人及被查扣人。

申請人或被查扣人，得向海關申請檢視被查扣之物。

查扣之物，經申請人取得法院民事確定判決，屬侵害著作權或製版權者，由海關予以沒入。沒入物之貨櫃延滯費、倉租、裝卸費等有關費用暨處理銷燬費用應由被查扣人負擔。

前項處理銷燬所需費用，經海關限期通知繳納而不繳納者，依法移送強制執行。

有下列情形之一者，除由海關廢止查扣依有關進出口貨物通關規定辦理外，申請人並應賠償被查扣人因查扣所受損害：

一、查扣之物經法院確定判決，不屬侵害著作權或製版權之物者。

二、海關於通知申請人受理查扣之日起十二日內，未被告知就查扣物為侵害物之訴訟已提起者。

三、申請人申請廢止查扣者。

前項第二款規定之期限，海關得視需要延長十二日。

有下列情形之一者，海關應依申請人之申請返還保證金：

一、申請人取得勝訴之確定判決或與被查扣人達成和解，已無繼續提供保證金之必要者。

二、廢止查扣後，申請人證明已定二十日以上之期間，催告被查扣人行使權利而未行使者。

三、被查扣人同意返還者。

被查扣人就第二項之保證金與質權人有同一之權利。

海關於執行職務時，發現進出口貨物外觀顯有侵害著作權之嫌者，得於一個工作日內通知權利人並通知進出口人提供授權資料。權利人接獲通知後對於空運出口貨物應於四小時內，空運進口及海運進出口貨物應於一個工作日內至海關協助認定。權利人不明或無法通知，或權利人未於通知期限內至海關協助認定，或經權利人認定系爭標的物未侵權者，若無違反其他通關規定，海關應即放行。

經認定疑似侵權之貨物，海關應採行暫不放行措施。

海關採行暫不放行措施後，權利人於三個工作日內，未依第一項至第十項向海關申請查扣，或未採行保護權利之民事、刑事訴訟程序，若無違反其他通關規定，海關應即放行。

**第90-2條** 前條之實施辦法，由主管機關會同財政部定之。

**第90-3條** 違反第八十條之一或第八十條之二規定，致著作權人受損害者，負賠償責任。數人共同違反者，負連帶賠償責任。

第八十四條、第八十八條之一、第八十九條之一及第九十條之一規定，於違反第八十條之一或第八十條之二規定者，準用之。

## 第六章之一　網路服務提供者之民事免責事由

**第90-4條** 符合下列規定之網路服務提供者，適用第九十條之五至第九十條之八之規定：

一、以契約、電子傳輸、自動偵測系統或其他方式，告知使用者其著作權或製版權保護措施，並確實履行該保護措施。

二、以契約、電子傳輸、自動偵測系統或其他方式，告知使用者若有三次涉有侵權情事，應終止全部或部分服務。

三、公告接收通知文件之聯繫窗口資訊。

四、執行第三項之通用辨識或保護技術措施。

連線服務提供者於接獲著作權人或製版權人就其使用者所為涉有侵權行為之通知後，將該通知以電子郵件轉送該使用者，視為符合前項第一款規定。

著作權人或製版權人已提供為保護著作權或製版權之通用辨識或保護技術

措施，經主管機關核可者，網路服務提供者應配合執行之。

**第90-5條** 有下列情形者，連線服務提供者對其使用者侵害他人著作權或製版權之行為，不負賠償責任：
一、所傳輸資訊，係由使用者所發動或請求。
二、資訊傳輸、發送、連結或儲存，係經由自動化技術予以執行，且連線服務提供者未就傳輸之資訊為任何篩選或修改。

**第90-6條** 有下列情形者，快速存取服務提供者對其使用者侵害他人著作權或製版權之行為，不負賠償責任：
一、未改變存取之資訊。
二、於資訊提供者就該自動存取之原始資訊為修改、刪除或阻斷時，透過自動化技術為相同之處理。
三、經著作權人或製版權人通知其使用者涉有侵權行為後，立即移除或使他人無法進入該涉有侵權之內容或相關資訊。

**第90-7條** 有下列情形者，資訊儲存服務提供者對其使用者侵害他人著作權或製版權之行為，不負賠償責任：
一、對使用者涉有侵權行為不知情。

二、未直接自使用者之侵權行為獲有財產上利益。
三、經著作權人或製版權人通知其使用者涉有侵權行為後，立即移除或使他人無法進入該涉有侵權之內容或相關資訊。

**第90-8條** 有下列情形者，搜尋服務提供者對其使用者侵害他人著作權或製版權之行為，不負賠償責任：
一、對所搜尋或連結之資訊涉有侵權不知情。
二、未直接自使用者之侵權行為獲有財產上利益。
三、經著作權人或製版權人通知其使用者涉有侵權行為後，立即移除或使他人無法進入該涉有侵權之內容或相關資訊。

**第90-9條** 資訊儲存服務提供者應將第九十條之七第三款處理情形，依其與使用者約定之聯絡方式或使用者留存之聯絡資訊，轉送該涉有侵權之使用者。但依其提供服務之性質無法通知者，不在此限。

前項之使用者認其無侵權情事者，得檢具回復通知文件，要求資訊儲存服務提供者回復其被移除或使他人無法進入之內容或相關資訊。

資訊儲存服務提供者於接獲前項之回復通知後，應立即將回復通知文件轉送著作權人或製版權人。

著作權人或製版權人於接獲資訊儲存服務提供者前項通知之次日起十個工作日內，向資訊儲存服務提供者提出已對該使用者訴訟之證明者，資訊儲存服務提供者不負回復之義務。

著作權人或製版權人未依前項規定提出訴訟之證明，資訊儲存服務提供者至遲應於轉送回復通知之次日起十四個工作日內，回復被移除或使他人無法進入之內容或相關資訊。但無法回復者，應事先告知使用者，或提供其他適當方式供使用者回復。

**第90-10條**　有下列情形之一者，網路服務提供者對涉有侵權之使用者，不負賠償責任：

一、依第九十條之六至第九十條之八之規定，移除或使他人無法進入該涉有侵權之內容或相關資訊。

二、知悉使用者所為涉有侵權情事後，善意移除或使他人無法進入該涉有侵權之內容或相關資訊。

**第90-11條**　因故意或過失，向網路服務提供者提出不實通知或回復通知，致使用者、著作權人、製版權人或網路服務提供者受有損害者，負損害賠償責任。

**第90-12條**　第九十條之四聯繫窗口之公告、第九十條之六至第九十條

之九之通知、回復通知內容、應記載事項、補正及其他應遵行事項之辦法，由主管機關定之。

## 第七章　罰則

**第91條**　擅自以重製之方法侵害他人之著作財產權者，處三年以下有期徒刑、拘役，或科或併科新臺幣七十五萬元以下罰金。

意圖銷售或出租而擅自以重製之方法侵害他人之著作財產權者，處六月以上五年以下有期徒刑，得併科新臺幣二十萬元以上二百萬元以下罰金。

著作僅供個人參考或合理使用者，不構成著作權侵害。

**第91-1條**　擅自以移轉所有權之方法散布著作原件或其重製物而侵害他人之著作財產權者，處三年以下有期徒刑、拘役，或科或併科新臺幣五十萬元以下罰金。

明知係侵害著作財產權之重製物而散布或意圖散布而公開陳列或持有者，處三年以下有期徒刑，得併科新臺幣七萬元以上七十五萬元以下罰金。

犯前項之罪，經供出其物品來源，因而破獲者，得減輕其刑。

**第92條**　擅自以公開口述、公開播送、公開上映、公開演出、公開傳輸、公開展示、改作、編輯、出租之

方法侵害他人之著作財產權者，處三年以下有期徒刑、拘役，或科或併科新臺幣七十五萬元以下罰金。

第**93**條　有下列情形之一者，處二年以下有期徒刑、拘役，或科或併科新臺幣五十萬元以下罰金：

一、侵害第十五條至第十七條規定之著作人格權者。

二、違反第七十條規定者。

三、以第八十七條第一項第一款、第三款、第五款或第六款方法之一侵害他人之著作權者。但第九十一條之一第二項及第三項規定情形，不在此限。

四、違反第八十七條第一項第七款或第八款規定者。

第**94**條　（刪除）

第**95**條　違反第一百十二條規定者，處一年以下有期徒刑、拘役，或科或併科新臺幣二萬元以上二十五萬元以下罰金。

第**96**條　違反第五十九條第二項或第六十四條規定者，科新臺幣五萬元以下罰金。

第**96-1**條　有下列情形之一者，處一年以下有期徒刑、拘役，或科或併科新臺幣二萬元以上二十五萬元以下罰金：

一、違反第八十條之一規定者。

二、違反第八十條之二第二項規定者。

第**96-2**條　依本章科罰金時，應審酌犯人之資力及犯罪所得之利益。如所得之利益超過罰金最多額時，得於所得利益之範圍內酌量加重。

第**97**條　（刪除）

第**97-1**條　事業以公開傳輸之方法，犯第九十一條、第九十二條及第九十三條第四款之罪，經法院判決有罪者，應即停止其行為；如不停止，且經主管機關邀集專家學者及相關業者認定侵害情節重大，嚴重影響著作財產權人權益者，主管機關應限期一個月內改正，屆期不改正者，得命令停業或勒令歇業。

第**98**條　（刪除）

第**98-1**條　（刪除）

第**99**條　犯第九十一條至第九十三條、第九十五條之罪者，因被害人或其他有告訴權人之聲請，得令將判決書全部或一部登報，其費用由被告負擔。

第**100**條　本章之罪，須告訴乃論。但有下列情形之一，就有償提供著作全部原樣利用，致著作財產權人受有新臺幣一百萬元以上之損害者，不在此限：

一、犯第九十一條第二項之罪，其重
　　製物為數位格式。

二、意圖營利犯第九十一條之一第二
　　項明知係侵害著作財產權之重製
　　物而散布之罪，其散布之重製物
　　為數位格式。

三、犯第九十二條擅自以公開傳輸
　　之方法侵害他人之著作財產權
　　之罪。

**第101條**　法人之代表人、法人或自
然人之代理人、受雇人或其他從業人
員，因執行業務，犯第九十一條至第
九十三條、第九十五條至第九十六條
之一之罪者，除依各該條規定處罰其
行為人外，對該法人或自然人亦科各
該條之罰金。

對前項行為人、法人或自然人之一方
告訴或撤回告訴者，其效力及於他方。

**第102條**　未經認許之外國法人，
對於第九十一條至第九十三條、第
九十五條至第九十六條之一之罪，得
為告訴或提起自訴。

**第103條**　司法警察官或司法警察
對侵害他人之著作權或製版權，經
告訴、告發者，得依法扣押其侵害
物，並移送偵辦。

**第104條**　（刪除）

## 第八章　附則

**第105條**　依本法申請強制授權、製
版權登記、製版權讓與登記、製版權
信託登記、調解、查閱製版權登記或
請求發給謄本者，應繳納規費。

前項收費基準，由主管機關定之。

**第106條**　著作完成於中華民國八十
一年六月十日本法修正施行前，且合
於中華民國八十七年一月二十一日修
正施行前本法第一百零六條至第一百
零九條規定之一者，除本章另有規定
外，適用本法。

著作完成於中華民國八十一年六月十
日本法修正施行後者，適用本法。

**第106-1條**　著作完成於世界貿易組
織協定在中華民國管轄區域內生效日
之前，未依歷次本法規定取得著作權
而依本法所定著作財產權期間計算仍
在存續中者，除本章另有規定外，適
用本法。但外國人著作在其源流國保
護期間已屆滿者，不適用之。

前項但書所稱源流國依西元一九七一
年保護文學與藝術著作之伯恩公約第
五條規定決定之。

**第106-2條**　依前條規定受保護之
著作，其利用人於世界貿易組織協定
在中華民國管轄區域內生效日之前，
已著手利用該著作或為利用該著作已
進行重大投資者，除本章另有規定
外，自該生效日起二年內，得繼續利

用，不適用第六章及第七章規定。

自中華民國九十二年六月六日本法修正施行起，利用人依前項規定利用著作者，除出租或出借之情形外，應對被利用著作之著作財產權人支付該著作一般經自由磋商所應支付合理之使用報酬。

依前條規定受保護之著作，利用人未經授權所完成之重製物，自本法修正公布一年後，不得再行銷售。但仍得出租或出借。

利用依前條規定受保護之著作另行創作之著作重製物，不適用前項規定。

但除合於第四十四條至第六十五條規定外，應對被利用著作之著作財產權人支付該著作一般經自由磋商所應支付合理之使用報酬。

**第106-3條**　於世界貿易組織協定在中華民國管轄區域內生效日之前，就第一百零六條之一著作改作完成之衍生著作，且受歷次本法保護者，於該生效日以後，得繼續利用，不適用第六章及第七章規定。

自中華民國九十二年六月六日本法修正施行起，利用人依前項規定利用著作者，應對原著作之著作財產權人支付該著作一般經自由磋商所應支付合理之使用報酬。

前二項規定，對衍生著作之保護，不生影響。

**第107條**　（刪除）

**第108條**　（刪除）

**第109條**　（刪除）

**第110條**　第十三條規定，於中華民國八十一年六月十日本法修正施行前已完成註冊之著作，不適用之。

**第111條**　有下列情形之一者，第十一條及第十二條規定，不適用之：

一、依中華民國八十一年六月十日修正施行前本法第十條及第十一條規定取得著作權者。

二、依中華民國八十七年一月二十一日修正施行前本法第十一條及第十二條規定取得著作權者。

**第112條**　中華民國八十一年六月十日本法修正施行前，翻譯受中華民國八十一年六月十日修正施行前本法保護之外國人著作，如未經其著作權人同意者，於中華民國八十一年六月十日本法修正施行後，除合於第四十四條至第六十五條規定者外，不得再重製。

前項翻譯之重製物，於中華民國八十一年六月十日本法修正施行滿二年後，不得再行銷售。

**第113條**　自中華民國九十二年六月六日本法修正施行前取得之製版權，依本法所定權利期間計算仍在存續中者，適用本法規定。

**第114條**　（刪除）

**第115條**　本國與外國之團體或機構互訂保護著作權之協議，經行政院核准者，視為第四條所稱協定。

**第115-1條**　製版權登記簿、註冊簿或製版物樣本，應提供民眾閱覽抄錄。中華民國八十七年一月二十一日本法修正施行前之著作權註冊簿、登記簿或著作樣本，得提供民眾閱覽抄錄。

**第115-2條**　法院為處理著作權訴訟案件，得設立專業法庭或指定專人辦理。

著作權訴訟案件，法院應以判決書正本一份送著作權專責機關。

**第116條**　（刪除）

**第117條**　本法除中華民國八十七年一月二十一日修正公布之第一百零六條之一至第一百零六條之三規定，自世界貿易組織協定在中華民國管轄區域內生效日起施行，九十五年五月三十日修正公布條文，自九十五年七月一日施行，及一百十一年四月十五日修正之條文，其施行日期由行政院定之外，自公布日施行。

## 六、營業秘密法　修正日期：民國109年01月15日

**第1條**　為保障營業秘密，維護產業倫理與競爭秩序，調和社會公共利益，特制定本法。本法未規定者，適用其他法律之規定。

**第2條**　本法所稱營業秘密，係指方法、技術、製程、配方、程式、設計或其他可用於生產、銷售或經營之資訊，而符合左列要件者：
一、非一般涉及該類資訊之人所知者。
二、因其秘密性而具有實際或潛在之經濟價值者。
三、所有人已採取合理之保密措施者。

**第3條**　受雇人於職務上研究或開發之營業秘密，歸雇用人所有。但契約另有約定者，從其約定。
受雇人於非職務上研究或開發之營業秘密，歸受雇人所有。但其營業秘密係利用雇用人之資源或經驗者，雇用人得於支付合理報酬後，於該事業使用其營業秘密。

**第4條**　出資聘請他人從事研究或開發之營業秘密，其營業秘密之歸屬依契約之約定；契約未約定者，歸受聘人所有。但出資人得於業務上使用其營業秘密。

**第5條**　數人共同研究或開發之營業秘密，其應有部分依契約之約定；無約定者，推定為均等。

**第6條**　營業秘密得全部或部分讓與他人或與他人共有。

營業秘密為共有時，對營業秘密之使用或處分，如契約未有約定者，應得共有人之全體同意。但各共有人無正當理由，不得拒絕同意。

各共有人非經其他共有人之同意，不得以其應有部分讓與他人。但契約另有約定者，從其約定。

**第7條**　營業秘密所有人得授權他人使用其營業秘密。其授權使用之地域、時間、內容、使用方法或其他事項，依當事人之約定。

前項被授權人非經營業秘密所有人同意，不得將其被授權使用之營業秘密再授權第三人使用。

營業秘密共有人非經共有人全體同意，不得授權他人使用該營業秘密。但各共有人無正當理由，不得拒絕同意。

**第8條**　營業秘密不得為質權及強制執行之標的。

**第9條**　公務員因承辦公務而知悉或持有他人之營業秘密者，不得使用或無故洩漏之。

當事人、代理人、辯護人、鑑定人、證人及其他相關之人，因司法機關偵查或審理而知悉或持有他人營業秘密者，不得使用或無故洩漏之。

仲裁人及其他相關之人處理仲裁事件，準用前項之規定。

**第10條**　有左列情形之一者，為侵害營業秘密。

一、以不正當方法取得營業秘密者。

二、知悉或因重大過失而不知其為前款之營業秘密，而取得、使用或洩漏者。

三、取得營業秘密後，知悉或因重大過失而不知其為第一款之營業秘密，而使用或洩漏者。

四、因法律行為取得營業秘密，而以不正當方法使用或洩漏者。

五、依法令有守營業秘密之義務，而使用或無故洩漏者。

前項所稱之不正當方法，係指竊盜、詐欺、脅迫、賄賂、擅自重製、違反保密義務、引誘他人違反其保密義務或其他類似方法。

**第11條**　營業秘密受侵害時，被害人得請求排除之，有侵害之虞者，得請求防止之。

被害人為前項請求時，對於侵害行為作成之物或專供侵害所用之物，得請求銷燬或為其他必要之處置。

**第12條**　因故意或過失不法侵害他人之營業秘密者，負損害賠償責任。數人共同不法侵害者，連帶負賠償責任。

前項之**損害賠償請求權，自請求權人知有行為及賠償義務人時起，二年間不行使而消滅；自行為時起，逾十年者亦同。**

**第13條** 依前條請求損害賠償時，被害人得依左列各款規定擇一請求：

一、依民法第二百十六條之規定請求。但被害人不能證明其損害時，得以其使用時依通常情形可得預期之利益，減除被侵害後使用同一營業秘密所得利益之差額，為其所受損害。

二、請求侵害人因侵害行為所得之利益。但侵害人不能證明其成本或必要費用時，以其侵害行為所得之全部收入，為其所得利益。

依前項規定，侵害行為如屬故意，法院得因被害人之請求，依侵害情節，酌定損害額以上之賠償。但不得超過已證明損害額之三倍。

**第13-1條** 意圖為自己或第三人不法之利益，或損害營業秘密所有人之利益，而有下列情形之一，處五年以下有期徒刑或拘役，得併科新臺幣一百萬元以上一千萬元以下罰金：

一、以竊取、侵占、詐術、脅迫、擅自重製或其他不正方法而取得營業秘密，或取得後進而使用、洩漏者。

二、知悉或持有營業秘密，未經授權或逾越授權範圍而重製、使用或洩漏該營業秘密者。

三、持有營業秘密，經營業秘密所有人告知應刪除、銷毀後，不為刪除、銷毀或隱匿該營業秘密者。

四、明知他人知悉或持有之營業秘密有前三款所定情形，而取得、使用或洩漏者。

前項之未遂犯罰之。

科罰金時，如犯罪行為人所得之利益超過罰金最多額，得於所得利益之三倍範圍內酌量加重。

**第13-2條** 意圖在外國、大陸地區、香港或澳門使用，而犯前條第一項各款之罪者，處一年以上十年以下有期徒刑，得併科新臺幣三百萬元以上五千萬元以下之罰金。

前項之未遂犯罰之。

科罰金時，如犯罪行為人所得之利益超過罰金最多額，得於所得利益之二倍至十倍範圍內酌量加重。

**第13-3條** 第十三條之一之罪，須告訴乃論。

對於共犯之一人告訴或撤回告訴者，其效力不及於其他共犯。

公務員或曾任公務員之人，因職務知悉或持有他人之營業秘密，而故意犯前二條之罪者，加重其刑至二分之一。

第**13-4**條　法人之代表人、法人或自然人之代理人、受雇人或其他從業人員，因執行業務，犯第十三條之一、第十三條之二之罪者，除依該條規定處罰其行為人外，對該法人或自然人亦科該條之罰金。但法人之代表人或自然人對於犯罪之發生，已盡力為防止行為者，不在此限。

第**13-5**條　未經認許之外國法人，就本法規定事項得為告訴、自訴或提起民事訴訟。

第**14**條　法院為審理營業秘密訴訟案件，得設立專業法庭或指定專人辦理。

當事人提出之攻擊或防禦方法涉及營業秘密，經當事人聲請，法院認為適當者，得不公開審判或限制閱覽訴訟資料。

第**14-1**條　檢察官偵辦營業秘密案件，認有偵查必要時，得核發偵查保密令予接觸偵查內容之犯罪嫌疑人、被告、被害人、告訴人、告訴代理人、辯護人、鑑定人、證人或其他相關之人。

受偵查保密令之人，就該偵查內容，不得為下列行為：

一、實施偵查程序以外目的之使用。

二、揭露予未受偵查保密令之人。

前項規定，於受偵查保密令之人，在偵查前已取得或持有該偵查之內容時，不適用之。

第**14-2**條　偵查保密令應以書面或言詞為之。以言詞為之者，應當面告知並載明筆錄，且得予營業秘密所有人陳述意見之機會，於七日內另以書面製作偵查保密令。

前項書面，應送達於受偵查保密令之人，並通知營業秘密所有人。於送達及通知前，應給予營業秘密所有人陳述意見之機會。但已依前項規定，給予營業秘密所有人陳述意見之機會者，不在此限。

偵查保密令以書面為之者，自送達受偵查保密令之人之日起發生效力；以言詞為之者，自告知之時起，亦同。

偵查保密令應載明下列事項：

一、受偵查保密令之人。

二、應保密之偵查內容。

三、前條第二項所列之禁止或限制行為。

四、違反之效果。

第**14-3**條　偵查中應受保密之原因消滅或偵查保密令之內容有變更必要時，檢察官得依職權撤銷或變更其偵查保密令。

案件經緩起訴處分或不起訴處分確定者，或偵查保密令非屬起訴效力所及之部分，檢察官得依職權或受偵查保密令之人之聲請，撤銷或變更其偵查保密令。

檢察官為前二項撤銷或變更偵查保密令之處分，得予受偵查保密令之人及

營業秘密所有人陳述意見之機會。該處分應以書面送達於受偵查保密令之人及營業秘密所有人。

案件起訴後，檢察官應將偵查保密令屬起訴效力所及之部分通知營業秘密所有人及受偵查保密令之人，並告知其等關於秘密保持命令、偵查保密令之權益。營業秘密所有人或檢察官，得依智慧財產案件審理法之規定，聲請法院核發秘密保持命令。偵查保密令屬起訴效力所及之部分，在其聲請範圍內，自法院裁定確定之日起，失其效力。

案件起訴後，營業秘密所有人或檢察官未於案件繫屬法院之日起三十日內，向法院聲請秘密保持命令者，法院得依受偵查保密令之人或檢察官之聲請，撤銷偵查保密令。偵查保密令屬起訴效力所及之部分，在法院裁定予以撤銷之範圍內，自法院裁定確定之日起，失其效力。

法院為前項裁定前，應先徵詢營業秘密所有人及檢察官之意見。前項裁定並應送達營業秘密所有人、受偵查保密令之人及檢察官。

受偵查保密令之人或營業秘密所有人，對於第一項及第二項檢察官之處分，得聲明不服；檢察官、受偵查保密令之人或營業秘密所有人，對於第五項法院之裁定，得抗告。

前項聲明不服及抗告之程序，準用刑事訴訟法第四百零三條至第四百十九條之規定。

**第14-4條** 違反偵查保密令者，處三年以下有期徒刑、拘役或科或併科新臺幣一百萬元以下罰金。

於外國、大陸地區、香港或澳門違反偵查保密令者，不問犯罪地之法律有無處罰規定，亦適用前項規定。

**第15條** 外國人所屬之國家與中華民國如未共同參加保護營業秘密之國際條約或無相互保護營業秘密之條約、協定，或對中華民國國民之營業秘密不予保護者，其營業秘密得不予保護。

**第16條** 本法自公布日施行。

# 111 年第 1 次中級無形資產評價

## 評價概論及評價準則

( )　**1** 甲公司為合併乙公司而出資以$2,520收購乙公司90%之股權，並因而取得對乙公司的控制權。其餘10%不具控制權的股權公平市場價值為$160。若乙公司可辨淨資產的公允價值為$2,400，且流動性溢價為$200，則甲公司收購價中含有控制權溢價的金額為何？　(A)$0　(B)$180　(C)$360　(D)$1,080。

( )　**2** 甲公司為股票於集中市場交易之公開發行公司。乙公司以$1,260收購甲公司60%之股權，並因而取得對甲公司的控制權。若其餘40%不具控制權的股權公平市場價值為$800，且甲公司可辨淨資產的價值為$1,400，且流動性溢價為$400，則甲公司收購價中的控制權溢價金額為何？　(A)$60　(B)$180　(C)$240　(D)$360。

( )　**3** 甲公司於X7年12月31日持有乙公司15%之股權，但對乙公司沒有影響或控制力。若乙公司為股票於集中市場交易的公司，甲公司採市價對稅前盈餘比法，評估乙公司整體股權的公平市場價值為$4,000,000，且無控制權折價為25%、流通性折價為30%，請問甲公司持有乙公司15%股權之價值，下列何者正確？　(A)$315,000　(B)$420,000　(C)$450,000　(D)$600,000。

( )　**4** 下列有關未上市（櫃）公司股權公平市場價值之評估，何時無需調整流動性折價？　(A)股權交易欠缺公開市場時　(B)需於短期內將股權變現時　(C)解散、清算未上市（櫃公司，並分派賸餘財產予股東時　(D)參考外部過往折價比率約為10%~30%時。

(　　) **5** 甲資產於政府實施「量化寬鬆（QuantitativeEasing）」前，預期於X1年至X3年間，每年年底可產生現金流入$1,200，甲資產之正常報酬率為8%，則實施「量化寬鬆」後，甲資產之價值下列何者正確？ (A)$3,093　(B)$3,000　(C)$2,958　(D)$2,850。

(　　) **6** 甲專利技術無法獨立產生現金流量，但利用該技術所生產出的乙產品能於X1年至X4年間之每年年底產生銷貨收入$100,000，若無甲專利技術之產品能於X1年至X4年間之每年年底產生銷貨收入$80,000，則甲專利技術之合理價值下列何者正確？ (A)$60,000 (B)$80,000　(C)$100,000　(D)$120,000。

(　　) **7** 甲資產可以交換$120,000或8個Bitcoin。若每個Bitcoin價值為$16,000，則甲資產之價值下列何者正確？ (A)$100,000 (B)$110,000　(C)$120,000　(D)$128,000。

(　　) **8** 甲公司預估X1年至X3年間，每年稅後淨利$800,000，每年折舊及攤銷等非現金費用$100,000，每年資本支出$100,000，每年營運資金增加$100,000，每年償還債務$100,000，每年借入$200,000，債務餘額於X3年底一次清償。若甲公司權益之要求報酬率為5%，則X1年初權益之價值為下列何者？ (A)$2,000,000　(B)$2,423,248 (C)$2,723,248　(D)$3,000,000。

(　　) **9** 甲公司X1年稅後淨利$200,000，資本支出$150,000，並發放現金股利$50,000。若甲公司X1年期初總資產為$1,000,000，則其資產成長率下列何者正確？ (A)5%　(B)9%　(C)15%　(D)20%。

(　　) **10** 甲公司X1年稅前盈餘$300,000，所得稅率17%，折舊及攤銷等非現金費用$100,000，資本支出$100,000，營運資金增加$100,000。請問甲公司之企業自由現金流量之金額為下列何者？ (A)$149,000 (B)$166,000　(C)$200,000　(D)$400,000。

(　　) **11** 「不可能的三頭馬車（Impossible Trinity）」係經濟理論中的著名理論，該理論內容 下列何者有誤？ (A)資本自由進出（Capital mobility）　(B)固定匯率（Exchange rate）　(C)獨立自主的貨幣政策（Monetary policy）　(D)充分就業（Full employment）。

（　　）**12** 下列何者並非評價人員可受委任之案件？　(A)評價案件　(B)評價覆核案件　(C)爭訟案件　(D)涉及價值決定之案件。

（　　）**13** 有關評價人員的不應作為之敘述，下列何者有誤？　(A)不得損害公共利益　(B)不得明知而出具不實報告　(C)不得為不公平競爭　(D)不得書面揭露仲介人及支付仲介費。

（　　）**14** 執行企業評價案件時應取得的財務資訊不包括下列何者？　(A)企業主要競爭者　(B)企業編製之財務預測　(C)企業股權過去交易之條件及情況　(D)業主之薪酬、福利、退職金等資訊。

（　　）**15** 有關評價人員的應作為之敘述，下列何者有誤？　(A)應出具獨立性聲明　(B)應書面揭露或有酬金　(C)應書面揭露仲介人及支付仲介費之事實　(D)應盡專業上應有之注意。

（　　）**16** 有關評價複核的敘述，下列何者有誤？　(A)執行評價複核時，應妥適規劃並執行適當複核流程　(B)承接複核案件時，評價複核人員應與委任人簽訂評價獨立聲明書　(C)執行評價複核時，評價複核人員應維持獨立性　(D)評價複核人員對複核過程所得之資訊應予以保密。

（　　）**17** 有關評價複核報告的敘述，下列何者正確？　(A)為求完整性，複核報告可以任何形式為之　(B)評價複核報告不應包含酬金金額及其計算基礎　(C)評價複核人員應於複核報告中逐項敘明同意或不同意評價流程中各項輸入值之採用與推論　(D)評價複核人員僅須對其不同意之評價流程項目說明理由。

（　　）**18** 有關評價準則公報所用名詞之敘述，下列何者有誤？　(A)評價基準日是指反映評價標的價值的特定時點　(B)評價報告是指評價人員對評價結果所出具之各種形式報告　(C)價值結論是指遵循評價準則公報所決定的評價標的價值之估計數　(D)收益法為評價一般性方法之一。

（　　）**19** 有關評價流程之敘述，下列何者有誤？　(A)評價人員於評價流程中，應力求資訊使用之適當性，以確保評價之合理性　(B)評價委任人與評價人員應簽訂委任書，以規範彼此之間權利義務關係　(C)為確保評價相關資料之保密，評價工作底稿檔案應於評價報告出具後

立即銷毀　(D)評價人員應依據專業判斷，採用最適用於評價案件的評價方法。

(　　) **20** 針對影響評價標的價值的可能情境所作的假設，下列何者正確？
(A)評價限制　(B)評價假設　(C)價值前提　(D)價值標準。

(　　) **21** 下列何種評價方法須以繼續經營為前提，以推估重新組成評價標的所需之對價？　(A)資產法　(B)重置成本法　(C)重製成本法　(D)可類比交易法。

(　　) **22** 評價人員於執行基本分析以瞭解各項資訊對於評價標的價值之影響時，應將下列何者與評價標的相關之事項納入分析？　(A)過去營運或使用結果　(B)目前營運或使用狀況　(C)未來展望　(D)產業、總體經濟環境及法令。

(　　) **23** 進行資產評價時，於採用下列何種價值標準下，須排除一般市場參與者未能具備之企業特定因素？　(A)公平價值　(B)投資價值　(C)使用價值　(D)公平市場價值。

(　　) **24** 下列有關評價不確定性之敘述，何者有誤？　(A)最適當評價特定方法之選擇可能為評價不確定性的來源之一　(B)評價不確定性僅涉及於估計評價基準日價值過程中所產生之不確定性　(C)若評價基準日係緊接在某一市場失序事件之後，通常不會導致評價不確定性　(D)評價模式之選擇所造成之評價不確定性，通常可藉由比較價值估計間之差異予以衡量。

(　　) **25** 下列有關企業評價之敘述，何者有誤？　(A)企業權益之部分價值，不必然等於企業權益之全部價值與其所有權比例之乘積　(B)企業繼續經營前提下之價值不必然大於清算前提下之價值　(C)常用之評價方法包括收益法、市場法與資產法　(D)若以繼續經營為價值前提時，通常應以資產法評估企業價值。

(　　) **26** 運用現金流量折現法於企業或資產評價，相較於其他評價特定方法，下列何種情況可提供較佳價值指標？
1.企業經歷重大成長

2.企業已達到營運之成熟階段

3.存續期間有限之資產

4.資產短期內各期間之現金流量可能波動

(A)僅1、3　(B)僅1、4　(C)僅2、3　(D)僅1、3、4。

(　)27 下列有關非系統性風險之敘述，何者正確？　(A)係指影響整個市場而非僅影響特定企業或資產之風險　(B)又稱市場風險　(C)無法透過分散投資而消除　(D)係指個別企業或資產所特有之風險。

(　)28 下列有關收益法下，預估資產利益流量之敘述，何者有誤？　(A)僅反映於評價基準日標的資產所預期產生之利益流量　(B)僅涵蓋在合理之預期維持性支出情況下可達成之利益流量　(C)應以與利益流量之金額、時點及不確定性等有關之展望性財務資訊作為利益流量之輸入值　(D)若未來增加投資可提升資產之利益流量，則預估資產利益流量應包括增加投資可額外獲得之利益流量。

(　)29 下列關於執行評價案件之敘述，何者有誤？　(A)執行評價案件對於評價標的相關財務報表之常規化調整，係為了消除異常情況並提高財務報表之比較性　(B)執行評價案件對於評價標的相關財務報表之常規化調整，通常包括非營運之資產及負債、非重複性、非經濟性或其他特殊性項目所作之財務報表調整　(C)評價案件之限制條件，係指評價人員與委任人雙方達成關於公費支付之限制條件　(D)評價執行流程係指對特定評價案件實際所執行之評價流程。

(　) 30 下列關於評價報告相關之敘述，何者正確？　(A)評價報告內容至少應包括評價報告首頁、摘要、聲明事項、目錄及本文，必要時得增加附錄　(B)評價報告附錄應註明下列警語：「本報告相關限制請見本報告聲明事項」　(C)評價報告及價值結論是否受特殊假設及限制條件之影響，無須於聲明事項中說明　(D)評價委任案件之酬金支付方式及支付之時程，應於聲明事項中說明。

(　) 31 當評價標的為企業權益之非控制性3%股權，且經過參考、運用相關資料庫後，認為應該對初步評價結果進行30%之非控制（少數）股權折價及20%之缺乏市場可銷售性之折價，則兩項折價調整占

初步評價結果之百分比為下列何者？　(A)50%　(B)56%　(C)14%
(D)44%。

( 　) **32** 假設A公司之權益資金成本（Cost of Equity, Ke）為16.5%，稅前
舉債之平均資金成本（Pre-tax Average Cost of Debt, Kd-ptx）為
6.5%，A公司適用之所得稅率為20%，A公司評價基準日之資本
結構（以市場公平價值計算）為80（權益）：20（舉債），則以
A公司評價基準日之資本結構所計算之該公司加權平均資金成本
（Weighted Average Cost of Capital, WACC）下列何者正確？　(A)
11.60%　(B)11.86%　(C)14.24%　(D)23.00%。

( 　) **33** 在採用「Ibbotson堆疊法（Ibbotson Build-up Method）」決定權益
資金成本以作為適當折現率的前提下，經過參考Ibbotson Associate
SBBI Year Book及審慎評估、分析及計算後，Ibbotson Build-up
Method之各項參數值如下：
Rf:1.8%；
可類比上市上櫃公司之β: 1.3；
ERP（Equity Risk Premium）: 10.5%；
SRP（Size Risk Premium）: 4.5%；
SCRP（Specific Corporate Risk Premium）: 3.0%
則運用Ibbotson Build-up Method決定之適當折現率為下列何者？
(A)19.80%　(B)20.61%　(C)21.95%　(D)22.95%。

( 　) **34** 下列關於評價準則相關之敘述，何者正確？　(A)主要市場或最有利
市場之選擇應以市場投資者之立場判斷　(B)財務報導目的之評價案
件使用之輸入值類別，可分為第一級輸入值及第二級輸入值　(C)評
價人員執行財務報導目的評價時、應優先使用第一級輸入值及第二
級輸入值　(D)同時存在主要市場或最有利市場時，應優先考量最以
利市場之資訊。

( 　) **35** 假設A公司之各類營運資產（Operating Assets）稅前公平報酬率
（Pre-tax Fair Return）如下：
淨營運資金：5.5%；

財產、廠房及設備：10.5%；

無形資產：13.5%。

A公司適用之所得稅率為20%，A 公司評價基準日之營運資產結構（以市場公平價值計算）為30（淨營運資金）：30（財產、廠房及設備）：40（無形資產），則以A公司評價基準日之營運資產結構所計算之該公司稅後加權平均資產報酬率（Weighted Average Return on Assets, WARA）為下列何者？　(A)7.16%　(B)8.16%　(C)10.20%　(D)11.20%。

( 　) **36** 下列有關評價複核報告之敘述，何者正確？　(A)評價複核之標的可能為整體評價案件、評價報告或局部評價工作　(B)評價複核報告係指評價複核人員協助出具評價報告所出具之書面意見　(C)評價複核係指評價人員協助另一評價人員完成整體評價案件、評價報告或局部評價工作　(D)評價複核案件得依委任人之要求對評價複核標的另行提出價值結論。

( 　) **37** 下列有關評價委任書之敘述，何者有誤？　(A)委任期間為評價委任書至少應載明之項目之一　(B)評價委任書應載明評價報告之使用人　(C)評價委任書應載明或有酬金之禁止　(D)評價委任書應載明執行評價案件應使用之評價方法與主要使用之資訊。

( 　) **38** 執行企業評價案件時應取得的財務資訊下列何者有誤？　(A)企業之營業所得稅申報及核定情形　(B)企業關係人交易資訊　(C)企業企業主要產品或服務模式　(D)企業過去3-5年財務報表。

( 　) **39** 下列有關執行企業評價案件時的步驟及其說明何者有誤？　(A)委任前需與客戶初步討論以了解評價目的、報告用途、案件背景等資訊　(B)資料蒐集時應以總體經濟、產業及同業研究為主，避免接收來自客戶提供的資料，以保持評價之客觀中立性　(C)視個案情況可選擇一種以上適合的評價方法　(D)價值結論應考量並反映經濟環境因素。

( 　) **40** A公司為從事疫苗開發的生技產業新創公司，B公司為資本管理公司，B公司看好A公司未來獲利潛力，基於投資目的欲取得其20%

股權。本案應選用下列何種價值前提較為合適？　(A)持續經營
(B)有序清算　(C)強迫清算　(D)以上皆可。

(　　) **41** 下列關於財務報表常規化調整之描述何者有誤？　(A)依據公認會計
準則所編製的報表，有時候無法完全反映企業經營活動的真實經濟
意義　(B)不同企業的財務報表可能存在一定的作法差異，為比較受
評企業及同業的財務績效，需對企業財報進行適當調整　(C)許多未
公開發行的中小企業，其財務報表有可能扭曲實際的收益或成本以
降低營業所得稅　(D)若能取得5年以上該企業經公證會計師簽證之
財務報表，基於信任會計師已盡應盡之查核義務，不應再對報表進
行任何調整。

(　　) **42** 進行財務報表常規化調整時，有關應收款項，下列何者非屬應進行
之必要調整？　(A)與股東、高級主管、員工或關係人非因營業行為
而發生之應收帳款　(B)一年以上之長期應收帳款　(C)如有外幣應
收帳款，應查明是否已依資產負債表日之即期匯率進行調整　(D)公
司壞帳之收回。

(　　) **43** 進行財務報表常規化調整時，有關應收票據，下列何者非屬應取
得之必要資訊？　(A)取得應收票據明細　(B)應收票據之付款銀行
(C)該應收票據之到期日　(D)該企業是否持有債權憑證。

(　　) **44** 進行財務報表常規化調整時，有關存貨評價之描述，下列何者有
誤？　(A)企業若無明確的存貨減值政策，資產帳面上可能留有許多
呆滯的物料或設備，導致該企業實際實產價值被膨脹　(B)對於存放
在外之存貨，應向保管人發函詢證或實地盤點　(C)損壞、變質或歷
久滯銷之存貨應按原售價、淨變現價值及成本孰高評價　(D)買入而
未入庫之存貨，應查明其主權是否已屬委任人，並就有關托運單、
提貨單等運送憑證查核是否已列在途存貨。

(　　) **45** 有關企業評價方法中的收益法，下列敘述何者正確？　(A)只有當
企業具有持續的獲利能力時，採用收益法評估企業價值才具有意
義　(B)收益法中的企業收益有多種形式，如淨利潤、淨現金流量、
息前淨現金流量等，無論評價人員採用哪一種收益形式，理應產生

一致的價值結論　(C)若委託人無法提供企業財務預測，評價人員應盡可能參與或代為編製財務預測，以確保財測的合理性及可達成性　(D)為賦與評價結論更高的具體性及明確性，對於未來存在多種變化的因素，應避免對輸入值進行敏感性檢驗。

(　) **46** 若從股東的角度評估一間企業的價值，下列何種收益形式較為合適作為評估的基礎？　(A)稅後淨利　(B)稅前收益+利息費用+折舊攤銷及其他非現金費用=息前稅前折舊前攤銷前收益(EBITDA)　(C)稅後淨利+折舊攤銷及其他非現金費用-資本支出-新增淨營運資金-新增長期負債=淨現金流量　(D)稅前收益+利息費用×(1-所得稅率)+折舊攤銷及其他非現金費用-新增淨營運資金=自由現金流量。

(　) **47** A公司為未上市公司，委任評價人員對整體企業價值進行評估，若評價人員採用市場法途徑蒐集四家上市公司做為受評企業的可類比對象，估算結果應進行下列何種調整？　(A)缺乏控制權折價及缺乏市場流通性折價　(B)具控制權溢價及缺乏市場流通性折價　(C)具控制權溢價及具市場流通性溢價　(D)缺乏控制權折價及具市場流通性溢價。

(　) **48** A公司為未上市的新創公司，目前約90%的股權掌握在創辦人手中，B公司有意向投資A公司並取得約20%的股權，委任評價人員對A公司進行評價以作為投資股價參考。評價人員採取現金流量折現法，並參考A公司營運計畫書中未來5年的財務預測作為可預測期及永續期的現金流量預估基礎，其價值估算結果應進行下列何種調整？　(A)缺乏控制權折價及缺乏市場流通性折價　(B)具控制權溢價及缺乏市場流通性折價　(C)具控制權溢價及具市場流通性溢價　(D)缺乏控制權折價及具市場流通性溢價。

(　) **49** 若10年期政府公債之殖利率為5%，甲公司對大盤波動敏感度的 $\beta$ 為1.2，大盤預期報酬率為7%，公司特定風險溢酬為3%，請問甲公司以CAPM所估算之權益資金成本，下列何者正確？　(A)10.4%　(B)16.4%　(C)5.4%　(D)8.6%。

( ) **50** 甲公司於20X0年每股盈餘為\$10，股利支付比率為80%，預期未來股利成長率可維持10%，目前每股市價為\$100，則公司於20X0年的股票要求報酬率為下列何者？ (A)18% (B)18.8% (C)20% (D)21%

---

## 解答及解析

**1 (D)**。合併商譽
=2,520+160−2,400= 280
歸屬甲公司（母公司）商譽
= 2,520−2,400×90%=360
歸屬非控制權益商譽
=160−2,400×10%=-80
非控制權溢價商譽（比例商譽）
=−80÷10%=−800
控制權溢價（商譽）
=280−(800)= 1,080
故此題答案為(D)。

**2 (A)**。合併商譽
=1,260+800−1,400=660
歸屬甲公司（母公司）商譽
=1,260−1,400×60%=420
歸屬非控制權益商譽
=800−1,400×40%=240
非控制權溢價商譽（比例商譽）
=240÷40%=600
控制權溢價（商譽）=660−600=60
故此題答案為(A)。

**3 (D)**。乙公司股票係於集中市場交易之公司，甲公司採市價對稅前盈餘比法評估乙公司整體股權的公平價值為\$4,000,000，甲公司持有乙公司15%股權，故甲公司持有乙公司15%股權價值=\$4,000,000×15%=\$600,000
故此題答案為(D)。

**4 (C)**。市場流通性係指企業股權能在所有權人之自由選擇下，迅速且確定轉換成為現金之程度。未上市（櫃）公司通常缺乏交易市場，故流通性低，故針對未上市（櫃）公司評價時，通常需考量流通性折價。但若該公司已預計進行解散及清算並分派賸餘財產予股東時，流通性已相對不重要，故評估時無需考量流通性折價。
故此題答案為(C)。

**5 (A)**。由於預期X1年至X3年，甲資產每年年底可產生現金流入\$1,200，故依甲資產正常報酬率8%三年年金現值及年底可產生之現金流入評估其甲資產之價值，計算如下：
甲資產之價值＝1,200×2.5771＝3,093
故此題答案為(A)。

**6 (A)**。甲專利技術所增加之現金流量為100,000−80,000=20,000（每年）
20,000×3=60,000
故此題答案為(A)。

**7 (D)**。16,000×8＝128,000
故此題答案為(D)。

**8 (B)**

**9 (C)**。期末總資產＝$1,000,000＋$150,000＝$1,150,000
資產成長率＝(1,150,000－1,000,000)÷1,000,000＝15%
故此題答案為(C)。

**10 (A)**。自由現金流量＝息稅前利潤×(1－所得稅率)+折舊－資本支出－營運資本增加
計算如下：
$300,000×(1－17%)＋100,000－100,000－100,000＝149,000$
故此題答案為(A)。

**11 (D)**。「不可能的三頭馬車（Impossible Trinity）」又稱不可能的三位一體、三難選擇或不可能三角，是國際金融學中的原則，指一個國家不可能同時完成下列三者：
1.資本自由進出（Capital mobility）。
2.固定匯率（Exchange rate）。
3.獨立自主的貨幣政策（Monetary policy）。
因此選項(D)充分就業非屬該理論內容，故本題答案為(D)。

**12 (C)**。評價準則公報第二號第3條：委任案件：評價案件、評價複核案件或其他涉及價值決定之案件。
評價準則公報第三號第4條：因進行訴訟、仲裁或調處程序，依相關法令而執行之評價，其評價報告得不適用本公告。
故訴訟案件非屬評價準則公報規範可受委任之案件，此題答案為(C)。

**13 (D)**。評價準則公報第二號：
第4條：評價人員應誠實正直、敬業負責，於承接評價案件、執行評價工作及報告評價結果時，應公正、獨立及客觀，不得損害公共利益，並盡專業上應有之注意。
第10條：評價人員及其所隸屬之評價機構不得要求或收取或有酬金。
第11條：評價人員於報告評價結果時，應出具獨立性聲明。
第12條：評價人員及其所隸屬之評價機構若接受仲介而承接業務，應向委任人書面揭露仲介人及支付仲介費之事實。
選項(D)錯誤，有仲介人及支付仲介費之事實應揭露。
故此題答案為(D)。

**14 (A)**。評價準準則公報第十一號：
第8條：價人員執行企業評價時，應取得足夠及適切之非財務資訊並評估其對價值結論之可能影響，該等資訊通常包括：
(1) 企業之屬性（行業別、組織型態及公開發行與否等）與歷史。
(2) 企業資產之配置與使用。
(3) 組織架構、經營團隊及企業治理。
(4) 核心技術、研發能力、行銷網路及特許經營權等。
(5) 權益之種類、等級與相關之權利、義務及限制。
(6) 產品或服務。
(7) 主要客戶與供應商。
(8) 競爭者。
(9) 企業風險。
(10)產品或服務之市場區域與其產業市場概況。
(11)產業發展、總體經濟環境及政治與監理環境。

(12)策略與未來規劃。

(13)評價標的之市場流通性與變現性。

(14)其他影響價值結論之因素，例如組織章程之限制性條款或股東協議、合夥協議、投資協議、表決權信託協議、權利買賣協議、貸款契約、營運協議及其他契約上之義務或限制。

第9條：評價人員執行企業評價時，應取得足夠及適切之財務資訊並評估其對價值結論之可能影響，該等資訊通常包括：

(1) 歷史性財務資訊，包括適當期間之年度與期中財務報表及關鍵財務比率與相關統計數據。

(2) 展望性財務資訊，例如企業編製之預算、預測與推估。

(3) 企業本身過去適當期間財務資訊之比較分析。

(4) 企業與其所處產業財務資訊之比較分析。

(5) 用以評估企業之潛在風險與未來展望及其所處產業之趨勢分析。

(6) 企業之營利事業所得稅結算申報及其核定情形。

(7) 業主之薪酬資訊，包括福利與企業負擔業主個人費用。

(8) 企業權益本身過去公開市場交易之價格、條件及情況。

(9) 關係人交易資訊。

(10)管理階層所提供之其他相關資訊，例如對企業有利或不利之契約、或有事項、財務報表外之資產負債及公司股權之過去交易資訊。

故選項(A)企業主要競爭者係非財務資訊，故此題答案為(A)。

**15 (B)**。 評價準則公報第二號：

第4條：「評價人員應誠實正直……執行評價工作及報告評價結果時，應公正、獨立及客觀、不得損害公共利益，並進專業上應有之注意。」

第10條：「評價人員及其所隸屬之評價機構不得要求或收取或有酬金。」

第11條：「評價人員於報告評價結果時，應出具獨立性聲明」。

第12條：「評價人員及其所隸屬之評價機構若接受仲介而承接業務，應向委任人書面揭露仲介人及支付仲介費之事實。」

故選項(B)應書面揭露或有酬金意味已接受或有酬金，第10條規範不得收取或有酬金，因此選項(B)錯。

故此題答案為(B)。

**16 (B)**。 評價準則公報第二號第11條規定，「評價人員於報告評價結果時，應出具獨立性聲明」，並未規範評價人員應與委任人簽訂評價獨立聲明書，係評價人員自行出具，而非與委任人簽訂，故選項(B)錯誤。

故此題答案為(B)。

**17 (C)**。 評價準則公報第八號：

第25條：評價複核人員應於評價複核報告中逐項敘明同意或不同意評價流程中各項輸入值之採用與各項推論，及其同意或不同意之理由。

第26條：「評價複核報告內容應包括充分資訊，使委任人及評價複核報告使用人得以瞭解複核結論及其依據。評價複核報告至少應包含下列項目：……9. 符合第十九、二十一

或二十三條之規定所採用之主要資訊。…12. 酬金金額及計算基礎。」
選項(A)錯誤，評價複核報告應依照評價準則公報第八號第26條規定。
選項(B)錯誤，評價準則公報第八號第26條規定，評價複核報告至少應包含下列項目……12. 酬金金額及計算基礎。
選項(D)錯誤，依照評價準則公報第八號第25條規定，評價複核報告中逐項敘明同意或不同意評價流程中各項輸入值之採用與各項推論，及其同意或不同意之理由。
故此題答案為(C)。

18 **(B)**。　評價準則公報第三號第12條：「評價報告內容至少應包括評價報告首頁、摘要、聲明事項、目錄及本文，必要時得增列附錄。」
因此選項(B)敘述評價報告是指評價人於對評價結果所出具之各種形式報告錯誤，報告內容應依照評價準則公報第三號第12條規定出具。
故此答案為(B)。

19 **(C)**。
1.評價準則公報第二號第3條：「委任書：委任人與評價人員或其所隸屬之評價機構就評價案件所簽訂之契約文件，以規範彼此間之權利義務關係。」
2.評價準則公報第四號：
(1) 第5條：評價人員於評價流程中，應盡專業上應有之注意，力求資訊使用之適切性及正確性，以及其分析與評估之合理性，以維持評價報告之品質符合專業上可接受之水準。

(2) 第23條：「評價人員應依據專業判斷，考量評價案件之性質及所有可能之常用評價方法，採用最能合理反映評價標的價值之一種或多種評價方法。」
(3) 第41條：評價人員及其所隸屬之評價機構應遵循評價工作底稿準則，保管評價工作底稿檔案。
選項(A)正確，評價準則公報第四號第5條規定：「評價人員於評價流程中，應盡專業上應有之注意，力求資訊使用之適切性及正確性，以及其分析與評估之合理性。」
選項(B)正確，評價準則公報第二號第3條定義委任書係規範委任人與評價人員彼此間之權利義務關係。
選項(C)錯誤，評價準則公報第四號第41條規定評價人員及其所隸屬之評價機構應遵循評價工作底稿準則，保管評價工作底稿檔案，並未提及出具評價報告後立即銷毀。
選項(D)正確，評價準則公報第四號第23條規範評價人員應依據專業判斷，考量評價案件之性質及所有可能之常用評價方法。
故此題答案為(C)。

20 **(C)**。　評價準則公報第三號第5條：「價值前提係針對評價標的可能被使用之情境所作之假設。」
故此題答案為(C)。

21 **(A)**。　評價準則公報第四號第29條：「資產法係於繼續經營假設下推估重新組成或取得評價標的所需之對價。」
故此題答案為(A)。

**22 (D)**。 評價準則公報第四號第13條：「評價人員應考量評價標的及案件之性質及工作範圍，執行適當之基本分析，以瞭解各項資訊對於評價標的價值之影響。前項基本分析應包括對下列事項之分析：
(1) 評價標的之過去營運或使用結果。
(2) 評價標的之目前營運或使用狀況。
(3) 評價標的之未來展望。
(4) 產業、總體經濟環境及法令。」
官方公告答案為(D)，但(A)、(B)及(C)選項亦是公報規定之事項，故(A)(B)(C)亦正確。

**23 (D)**。 評價準則公報第四號第17條：「當評價人員採用市場價值作為價值標準時，應排除一般市場參與者未能具備之企業特定因素。」
故此題答案為(D)。

**24 (C)**。 實務指引第二號第19條：「若評價基準日係在某一市場失序事件之同時或緊接其後，通常會導致評價不確定性。」因此選項(C)為不會導致為錯誤。
故此題答案為(C)。

**25 (D)**。 評價準則公報第十一號第21條：「在繼續經營假設下，除因評價標的之特性而慣用資產法進行評估外，評價人員不得以資產法為唯一之評價方法。若繼續經營假設不適當，評價人員通常以資產法評估企業價值。」
選項(D)錯誤，若以繼續經營為價值前提時，不得以資產法評估企業價值。
故此題答案為(D)。

**26 (D)**。 實務指引第一號第5條：「現金流量折現法可用於評價大多數產生現金流量之資產，相較於其他評價特定方法，此方法於下列情況可提供較佳價值指標：
(1) 資產或企業經歷重大成長或尚未達到營運之成熟階段，例如對新企業之投資。
(2) 短期內各期間之現金流量可能波動，例如投資性不動產因其租賃條款及條件所產生租金收益之波動；或企業因產品需求週期性變動所造成收益之波動。
(3) 存續期間有限之資產，例如能源產業或天然資源產業之資產、企業及業務。」
故第2點企業已達營運之成熟階段非第5條所列之情況，故此題答案為(D)。

**27 (D)**。 實務指引第一號第4條針對系統性風險及非系統性風險之定義如下：
1. 系統性風險：係指影響整個市場而非僅影響特定企業或資產之風險。系統性風險通常無法透過分散投資而消除，亦稱為市場風險。
2. 非系統性風險：企業或資產之風險。系統性風險通常無法透過分散投資而消除，亦稱為市場風險。
選項(A)(B)為系統性風險定義
故此題答案為(D)。

**28 (D)**。 採用收益法評價企業時，應依據受評企業本身及所處產業之狀況與未來發展並進行常規劃調整以及考量預期未來利益流量之成長或衰退、資本資出及非現金項目等因

素。選項(D)除考量增加投資可額外
獲得之利益流量，另還要考量所增
加之資本支出等項目。
故此題答案為(D)。

**29 (C)**。評價準則公報第三號所定義之
限制條件係評價人員執行評價案件
時，受限於現存狀況，而與客戶協
議或雙方共同認知之限制，例如無
法執行實地訪查。因此選項(C)所述
係評價人員與委任人雙方達成關於
公費支付之限制條件有誤。
故此答案為(C)

**30 (A)**。評價準則公報第三號：
第12條：評價報告內容至少應包括
評價報告首頁、摘要、聲明事項、
目錄及本文，必要時得增列附錄。
第15條：評價報告中之聲明事項應
摘要說明引導評價案件執行之因
素，至少針對下列項目提醒報告使
用人注意：
(1) 評價人員執行評價案件所遵循之
相關法令及是否遵循評價準則公
報。
(2) 評價人員已秉持嚴謹公正之態度
及獨立客觀之精神，恪遵職業道
德規範，並盡專業上應有之注意。
(3) 評價人員及其所隸屬之評價機構
與評價標的、委任案件委任人或
相關當事人間未涉有除該案件酬
金以外之現在或預期之重大財務
或非財務利益。若涉有除該案件
酬金以外之現在或預期之非重大
財務或非財務利益時，該利益之
性質及對評價案件之影響，暨評
價人員及其所隸屬之評價機構維
持獨立性之措施及其結果。

(4) 評價報告及價值結論是否受特殊
假設、限制條件及重大之評價不
確定性之影響。
(5) 評價人員是否接受外部專家協
助；如接受時，應具體敘明該等
協助者之姓名、該等協助之性
質、範圍、目的及評價人員承擔
之責任。
(6) 評價人員是否使用外部資訊；如
有使用，該外部資訊之性質與來
源，以及評價人員承擔之責任。
(7) 評價報告之全部或部分是否僅限
特定人使用；如僅限特定人使用，
該限制之性質與情況及其理由。
(8) 評價報告交付後，評價人員是否
承擔依評價報告日後所獲得之資
訊，更新評價報告或價值結論之
責任。
(9) 酬金金額及計算基礎。
(10)其他須特別聲明之內容。
選項(B)錯誤，係應註明下列項目提
醒報告使用人注意，非警語。
選項(C)錯誤，依據第15條規定，
評價報告及價值結論是否受特殊假
設、限制條件及重大之評價不確定
性之影響應聲明事項中說明。
選項(D)錯誤，依據第15條規定，係
說明酬金計算基礎，而非支付之時
程。
故此題答案為(A)。

**31 (D)**。1－(70%×80%)＝44%
故此題答案為(D)。

**32 (C)**。加權平均資金成本＝
20%×6.5%×(1－20%)＋80%×
16.5%＝14.24%
故此題答案為(C)。

**33 (A)**。 Ke＝Rf +(Rm – Rf)×β+SRP+
SCR+SCRP
股權成本(ERP)=無風險利率+β×股
權系統風險溢價
1.8%+10.5%+4.5%+3.0%=19.8%
故此題答案為(A)。

**34 (C)**。 選項(A)：評價準則公報第六
號第3條針對主要市場定義係指報
導企業得以最大交易量與最高活絡
程度出售該資產或移轉該負債之市
場；最有利市場係指考量交易成本
及運輸成本後，能以最大化金額出
售資產之市場，或能以最小化金額
移轉負債之市場。因此市場選擇應
以上述之標準判斷，而非市場投資
者之立場。故選項(A)錯誤。
選項(B)：評價準則公報第六號第
11條：「評價案件使用之輸入值類
別分為可觀察輸入值（包括第一等
級輸入值及第二等級輸入值）及不
可觀察輸入值（即第三等級輸入
值）」，因此選項(B)僅分為第一等
級及第二等級輸入值有誤。
選項(C)：評價準則公報第六號第11
條：「評價人員執行財務報導目的
之評價時，應依序採用第一等級至
第三等級之輸入值。」故選項(C)正
確。
選項(D)：評價準則公報第六號第10
條：主要市場或最有利市場之選擇
應以報導企業之立場判斷，若有主
要市場，應優先考量主要市場之資
訊。因此選項(D)優先考量最有利市
場有誤，應為優先考量主要市場。
故此題答案為(C)。

**35 (B)**。 稅後加權平均資產報酬率
WARA=〔30%×5.5%＋30%×
10.5%＋40%×13.5%〕×(1－20%)
＝8.16%
故此題答案為(B)。

**36 (A)**。 選項(A)：評價準則公報第八
號第4條：評價複核之標的可能為整
體評價案件、評價報告及局部評價
工作。故選項(A)正確。
選項(B)：評價準則公報第八號第5
條針對評價複核報告定義係「評價
複核人員對複核結果所出具之書面
報告。」因此選項(B)評價複核人員
「協助出具」有誤。
選項(C)：評價準則公報第八號第5
條針對評價複核定義係「評價人員
以獨立公正之立場複核另一評價人
員之整體評價案件、評價報告或局
部評價工作，以評估其允當性及品
質」，因此選項(C)有誤。
選項(D)：評價準則公報第八號第8
條規定，評價複核案件若依委任人
要求對評價複核標的另行提出價值
結論則應屬評價案件，而非評價複
核案件。因此選項(D)錯。
故此題答案為(A)。

**37 (D)**。 評價準則公報第九號第5條：
「評價委任書至少應載明下列項
目，以免簽約各方對委任內容產生
誤解：
(1) 評價目的及評價標的。
(2) 評價工作之範圍及限制。
(3) 委任人及評價人員就評價人員及
其所隸屬之評價機構獨立性及潛
在利益衝突之共識及說明。
(4) 委任期間。

(5) 擬出具評價報告之類型係詳細報告或簡明報告。

(6) 評價報告之使用人。

(7) 評價報告之使用限制。

(8) 評價基準日，且該評價基準日應為單一日期。

(9) 委任人及相關當事人須配合之事項，包括所安排之實地訪查及應提供評價所需之詳實資訊。

(10)評價報告出具之期限及份數。

(11)酬金金額、計算基礎、支付方式及期限。

(12)或有酬金之禁止。

(13)簽約各方之簽章及日期。

選項(D)非上述所規定得列入之事項。

故此題答案為(D)。

**38 (C)**。 評價準則公報第十一號第9條：「評價人員執行企業評價時，應取得足夠及適切之財務資訊並評估其對價值結論之可能影響，該等資訊通常包括：

(1) 歷史性財務資訊，包括適當期間之年度與期中財務報表及關鍵財務比率與相關統計數據。

(2) 展望性財務資訊，例如企業編製之預算、預測與推估。

(3) 企業本身過去適當期間財務資訊之比較分析。

(4) 企業與其所處產業財務資訊之比較分析。

(5) 用以評估企業之潛在風險與未來展望及其所處產業之趨勢分析。

(6) 企業之營利事業所得稅結算申報及其核定情形。

(7) 業主之薪酬資訊，包括福利與企業負擔業主個人費用。

(8) 企業權益本身過去公開市場交易之價格、條件及情況。

(9) 關係人交易資訊。

(10)管理階層所提供之其他相關資訊，例如對企業有利或不利之契約、或有事項、財務報表外之資產負債及公司股權之過去交易資訊。」

選項(C)非上述所述之財務資訊，主要產品或服務模式應為非財務資訊。

故此題答案為(C)

**39 (B)**。 評價準則公報第十一號第7條：「評價人員執行企業評價時應取得足夠及適切之財務資訊及非財務資訊，並應對委任人、相關當事人或其他外部專家所提供之資料進行合理性評估。」因此資料蒐集有大部份資料都需仰賴客戶提供，才能足夠及適切之資訊執行，故選項(B)有誤。

故此題答案為(B)。

**40 (A)**。 企業評價常假設企業未來將繼續經營，本例A公司為新創公司，且被看好未來具獲利潛力，因此價值前提應以持續經營為合適。

故此題答案為(A)。

**41 (D)**。 評價準則公報第十一號第10條：「評價人員執行企業評價時，應就影響評價之重大事項，對財務報表進行常規化調整，以反映利益流量與資產負債表項目之經濟實質。」

因此選項(D)即使取得五年以上經會計師簽證之財務報表，評價人員執行企業評價時，仍應對財務報表進

行常規化調整，以反映利益流量與資產負債表項目之經濟實質。故選項(D)錯誤。

故此題答案為(D)。

**42 (D)**。 公司壞帳之回收係屬公司正常營業行為之下可能發生之項目，故非屬評價準則公報第十一號第10條所述之非常規事項，因此選項(D)公司壞帳之收回飛屬應進行之必要調整。

故此題答案為(D)。

**43 (B)**。 評價人員執行企業評價時針對應收票據進行常規劃調整時，應收票據明細、到期日及企業是否持有債權憑證都可能會影響調整之金額及必要，故此三項資訊為應取得之必要資訊；而應收票據之付款銀行不影響調整之金額，故非屬應取得之必要資訊。

故此題答案為(B)。

**44 (C)**。 依照國際會計準則（IAS）第2號「存貨」之規定，損壞、變質或歷久滯銷之存貨應按成本與淨變現價值孰低者評價，故選項(C)錯誤。

故此題答案為(C)。

**45 (A)**。 選項(A)：收益法係以評價標的所創造之未來利益流量為評價基礎，因此當期業具有持續的獲利能力時適合採用收益法評價。

選項(B)：收益法各種形式評價所得出之價值結論不一定會相同。

選項(C)：若由評價人員參與或代為編製財務預測，將影響評價之獨立性。

選項(D)：評價人員不論採用何種方法評價企業，均應對各評價方法之

輸入值及結果進行合理性檢驗，必要時進行敏感度分析。

故此題答案為(A)。

**46 (C)**。 股東通常所重視係企業是否具有獲利能力、成長潛力及所獲配的股利，而淨現金流量係反映企業淨增加或淨減少的現金並考量了資本支出及負債。故已股東角度評估企業價值，應以淨現金流量作為收益法評估的基礎較為合適。

故此題答案為(C)。

**47 (B)**。 採用市場法之可類比上市櫃公司法進行企業評價，由於係以市場交易所產生之價值乘數計算，該價值已為非控制之權益價格，故不需考慮非控制權折價，但仍因考慮市場流通性折價。

故此題答案為(B)。

**48 (A)**。 進行未上市櫃公司股權評價時，由於缺乏市場流通性及缺乏部分或全部之控制權，故通常需調整缺乏控制權折價及市場流通性折價。

故此題答案為(A)。

**49 (A)**。 權益資金成本＝殖利率＋敏感度×（預期報酬率－殖利率）＋公司特定風險溢酬＝ 5% ＋ 1.2×(7%－5%) ＋3%＝ 10.4%

故此題答案為(A)

**50 (A)**。 股價＝明年股利÷（預期報酬率－股利成長率）

100 ＝ 10×80% ÷（預期報酬率－10%）

故預期報酬率＝18%

故此題答案為(A)。

## 智慧財產權法

（　） **1** 下列關於繼受專利申請權之敘述，何者正確？　(A)專利申請權，不得讓與或繼承　(B)繼受專利申請權者，如在申請時非以繼受人名義申請專利，得以之對抗第三人　(C)繼受專利申請權者，未在申請後向專利專責機關申請變更名義者，不得以之對抗第三人　(D)變更名義申請者，不論受讓或繼承，均不必檢具證明文件。

（　） **2** 下列有關專利審查人員之敘述，何者正確？　(A)專利審查人員於任職期內，得申請專利及直接、間接受有關專利之任何權益　(B)專利審查人員對職務上知悉或持有關於專利之發明、新型或設計，或申請人事業上之秘密，不負有保密之義務　(C)若專利審查人員現為該專利案申請人、專利權人、舉發人或代理人之五親等內血親，其應自行迴避　(D)專利審查人員有應迴避而不迴避之情事者，專利專責機關得依職權或依申請撤銷其所為之處分後，另為適當之處分。

（　） **3** 下列關於發明專利申請程序之敘述，何者有誤？　(A)由專利申請權人備具申請書、說明書、申請專利範圍、摘要及必要之圖式，向專利專責機關申請之　(B)以申請書、說明書、申請專利範圍及必要之圖式齊備之日為申請日　(C)說明書、申請專利範圍及必要之圖式，僅於申請時提出外文本者，以外文本提出之日為申請日　(D)未於指定期間內補正說明書、申請專利範圍及必要圖式之中文本者，其申請案不予受理。

（　） **4** 下列關於發明專利之說明書、申請專利範圍、摘要及圖式揭露的方式，何者有誤？　(A)說明書應明確且充分揭露，使該發明所屬技術領域中具有通常知識者，能瞭解其內容，並可據以實現　(B)申請專利範圍應界定申請專利之發明　(C)摘要應敘明所揭露發明內容之概要　(D)摘要得用於決定揭露是否充分，及申請專利之發明是否符合專利要件。

（　） **5** 下列有關生物材料寄存之敘述，何者有誤？　(A)申請生物材料或利用生物材料之發明專利，申請人最遲應於申請日將該生物材料寄存

於專利專責機關指定之國內寄存機構　(B)生物材料為所屬技術領域中具有通常知識者易於獲得時，仍須寄存　(C)申請人應於申請日後四個月內檢送寄存證明文件，並載明寄存機構、寄存日期及寄存號碼屆期未檢送者，視為未寄存　(D)申請人檢送寄存證明文件之期間，如依本法之規定主張優先權者，為最早之優先權日後十六個月內。

（　　）**6** 下列有關專利國際優先權之敘述，何者有誤？　(A)申請人就相同發明在與中華民國相互承認優先權之國家或世界貿易組織會員第一次依法申請專利，並於第一次申請專利之日後十二個月內，向中華民國申請專利者，得主張優先權　(B)申請人於一申請案中主張二項以上優先權時，就期間之計算以最晚之優先權日為準　(C)外國申請人為非世界貿易組織會員之國民且其所屬國家與中華民國無相互承認優先權者，如於世界貿易組織會員或互惠國領域內，設有住所或營業所，亦得依本法之規定主張優先權　(D)主張優先權者，其專利要件之審查，以優先權日為準。

（　　）**7** 下列何者非申請人基於其在中華民國先申請之發明或新型專利案再提出專利之申請時，得就先申請案申請時說明書、申請專利範圍或圖式所載之發明或新型，主張其國內優先權之情事？　(A)自先申請案申請日後已逾十二個月者　(B)先申請案享有衍生之權利　(C)先申請案為設計，已經公告或不予專利審定確定者　(D)先申請案為新型，已經公告或不予專利處分確定者。

（　　）**8** 下列有關同一人就相同創作，於同日分別申請發明專利及新型專利之敘述，何者有誤？　(A)發明專利及新型專利同時申請者，應於申請時分別聲明　(B)發明專利核准審定前，已取得新型專利權，專利專責機關應通知申請人限期擇一　(C)同時申請發明專利及新型專利者，若未分別聲明，亦或發明專利核准審定前，已取得新型專利權，申請人屆期未擇一時，不予新型專利　(D)同時申請發明專利及新型專利者，若依本法之規定選擇發明專利者，其新型專利權，自發明專利公告之日消滅。

( 　 ) 9 下列關於發明專利早期公開制度之論述，何者有誤？　(A)專利專責機關接到發明專利申請文件後，經審查認為無不合規定程式，且無應不予公開之情事者，自申請日後經過十六個月，應將該申請案公開之　(B)專利專責機關得因申請人之申請，提早公開其申請案　(C)發明專利申請案，乃自申請日後十五個月內撤回者，不予公開　(D)發明專利申請案，若涉及妨害公共秩序或善良風俗者，不予公開。

( 　 ) 10 關於發明專利申請實體審查之論述，下列何者有誤？　(A)專利權責機關得因申請人之申請，提早公開其申請案　(B)依專利法之規定為申請分割或申請新型專利後改請發明專利者，逾三年期間者，得於申請分割或改請後三十日內，向專利專責機關申請實體審查　(C)發明專利實體審查之申請，得加以撤回　(D)未依專利法規定之期間內申請實體審查者，該發明專利申請案，視為撤回。

( 　 ) 11 下列有關「後天識別性」的描述，何者有誤？　(A)坊間通曉之「優美家具」商標，是屬於後天識別性　(B)具有無法指示及區別來源性質的商標，均屬後天識別性　(C)後天識別性的取得，必須以國內相關消費者的認知為主　(D)可以用外銷的銷售量或營業額，來證明取得後天識別性。

( 　 ) 12 下列何者不屬於「商標之使用」之構成三要件？　(A)主觀上係為行銷之目的　(B)客觀上需先申請註冊　(C)客觀上有使用商標之行為　(D)客觀上需足以使相關消費者認識其為商標。

( 　 ) 13 商標法第36條規範商標的「合理使用」，包含下列哪四種態樣？1.善意合理使用、2.優先權主張、3.功能性之使用、4.無混淆之虞的使用、5.善意先使用、6.商標權耗盡　(A)1235　(B)1256　(C)1345　(D)1356。

( 　 ) 14 未得商標權人或團體商標權人同意，為行銷目的而有商標侵權之情形者，將處以下何種罰則？　(A)一年以下有期徒刑、拘役　(B)併科新臺幣二十萬元以下罰金　(C)三年以下有期徒刑、拘役或科或併科新臺幣二十萬元以下罰金　(D)一年以下有期徒刑、拘役或科或併科新臺幣五十萬元以下罰金。

( ) **15** 商標權人依第75條第2項規定進行侵權認定時,得繳交相當於海關核估進口貨樣完稅價格及相關稅費,或海關核估出口貨樣離岸價格及相關稅費多少百分比的保證金,才能向海關申請調借貨樣進行認定? (A)100% (B)120% (C)150% (D)200%。

( ) **16** 有關商標法第36條第1項第1款規定之「商標的善意合理使用」內容,下列敘述何者有誤? (A)須符合商業交易習慣之誠實信用方法 (B)限定為非商業使用 (C)該款可分為「描述性合理使用」與「指示性合理使用」兩類 (D)無需考量商標權人之商標本身識別度的高低。

( ) **17** 有關商標審查制度,下列描述何者有誤? (A)申請商標異議人僅限利害關係者才能申請 (B)商標異議之對象為違法註冊的商標 (C)商標廢止之對象為已合法取得註冊的商標 (D)商標審查人員得提請商標評定。

( ) **18** 關於侵害商標權之民事救濟及其時效,下列描述何者有誤? (A)有「侵權除去或侵害防止請求權」與「損害賠償請求權」兩類型 (B)客觀上雖具有侵害之虞,可提請侵害防止請求權,但侵權行為人仍須有故意過失之犯意 (C)自有侵權行為時起,逾十年均不行使將消滅請求權利 (D)自請求權人知有損害及賠償義務人時起,在二年間不行使將消滅請求權利。

( ) **19** 根據商標法第71條第1項第3款規定賠償以「就查獲侵害商標權商品之零售單價1500倍以下之金額。但所查獲商品超過1500件時,以其總價定賠償金額。」,請問下列敘述何者正確? (A)零售單價係指商標權人商品之零售價或批發價 (B)總價係指侵害他人商標權之商品零售總價 (C)我國實務判決上鮮少採用 (D)此計算方式會增加商標權人舉證之難度。

( ) **20** 有關申請海關查扣程序,下列敘述何者有誤? (A)商標權人對輸入出物品有侵害其商標權之虞者,即可以書面或其他緊急方式申請海關查扣 (B)商標權人申請海關查扣時,須提供海關核估「該進口物品完稅價格或出口物品離岸價格」之保證金或相當之擔保 (C)被查

扣人得提供「該進口物品完稅價格或出口物品離岸價格」保證金二
倍之保證金或相當之擔保，請求海關廢止查扣，並依進出口物品通
關規定辦理　(D)若查扣物經法院確定判決屬侵害商標權者，被查扣
人應負擔查扣物之貨櫃延滯費、倉租、裝卸費等有關費用。

( 　 ) **21** 依我國現行著作權法的規定，下列何種行為並不構成著作權之侵
害？　(A)甲於夜市販賣盜版CD　(B)丙燒燬乙親手創作的美術作品
(C)乙合法購買正版軟體，並將備用存檔之軟體借給丁使用　(D)戊
將合法購買的CD轉成MP3檔案，並公開於網路上供他人存取。

( 　 ) **22** 有關著作權之合理使用，下列敘述何者有誤？　(A)基於非營利性教
育目的就是合理使用　(B)須判斷使用的內容占整個著作之比例高低
(C)須判斷使用的結果是否會造成市場替代效應　(D)創作性越高的
著作，通常會受到較高的保護。

( 　 ) **23** 甲受僱於乙公司時，因執行公司業務而侵害他人著作權。依我國現
行著作權法規定，請問侵權責任應由何人負責？　(A)由甲全權負
責，與乙公司無關　(B)乙公司全權負責，甲無任何責任　(C)對乙
公司刑事處罰，甲則負責民事賠償　(D)甲涉及刑事處罰，乙公司亦
涉及罰金刑責。

( 　 ) **24** 有關著作權之消滅與繼承，下列敘述何者有誤？　(A)著作人格權專
屬於著作人本身，不得繼承　(B)已非著作財產權保護的著作，屬任
何人得自由利用的公共財　(C)著作人不明之公開發表著作，其著作
財產權之保護期間自發表後起算50年　(D)著作人死亡70年後公開發
表之著作，其著作財產權之保護期間自發表後起算10年。

( 　 ) **25** 依我國現行著作權法規定，下列敘述何者有誤？　(A)甲於腦海中構
思的電腦程式得受著作權法保護　(B)製版權需要向專責機關登記之
後，才能取得保護　(C)圖書館出借購買之書籍，無須經由著作財產
權人之同意　(D)乙親手繪畫美術作品所享有之著作人格權，不得由
他人繼承。

( ) **26** 甲公司與乙簽訂專屬授權契約，授權乙發行甲公司製作家用版電影光碟，且限制該光碟不得公開播放（送）。丙大學於上開授權區域之市場上購買該光碟後，放置於校內圖書館供學生放映使用。下列敘述何者正確？ (A)乙侵害甲公司之其著作權 (B)丙大學侵害乙之公開上映權 (C)學生得於教室公開播放該光碟 (D)甲與乙均得主張著作財產權受侵害。

( ) **27** 有關出資聘請他人完成著作之權利歸屬，下列敘述何者有誤？ (A)如無特別約定，其著作權皆屬於受聘人 (B)當事人不得另外約定著作人格權之權利歸屬 (C)如未約定著作財產權之歸屬，則歸屬受聘人 (D)出資人雖不擁有著作權，仍得自行利用該著作。

( ) **28** 依我國現行法規定，有關侵害著作權之敘述，下列何者有誤？ (A)未經認許之外國法人，對於我國境內重製著作物者，得為告訴或提起自訴 (B)法人之代表人因執行職務，而違法重製他人之著作者，該法人亦科以罰金 (C)警察對侵害他人之著作權之案件，經告訴者，得依法扣押其侵害物，並移送偵辦 (D)對違法重製著作之法人及受雇人提出告訴後，因故對法人撤回告訴者，其效力不及於他方。

( ) **29** 甲從免稅店購買多樣化妝商品，自行於化妝品公司的官方網站上下載特別設計之商品圖片，並放在自己的網拍賣場供買家參考。有關甲的行為，下列敘述何者正確？ (A)甲有公開展示權 (B)甲侵害化妝品公司的輸入權 (C)甲是合理使用化妝品公司的商品圖片 (D)化妝品公司得主張甲侵害其重製權。

( ) **30** 甲公司雇用乙翻譯德文書籍，有關乙於職務上完成之翻譯著作之權利歸屬，下列敘述何者有誤？ (A)乙以外之人得擁有著作財產權 (B)當事人可以約定甲公司是著作人 (C)以契約之約定決定其權利之歸屬 (D)如無特別約定，其著作之所有權利皆屬於乙。

( ) **31** 按照現行法規定，下列關於營業秘密之敘述何者正確？ (A)外國人所屬之國家若與我國簽訂相互保護營業秘密之條約或協定才受到保護 (B)外國人所有之營業秘密需先向主管或專責機關登記才可以在我國受到保護 (C)侵害他人營業秘密僅需負擔民事損害賠償責任

(D)營業秘密受侵害時，依據營業秘密法、公平交易法與民法規定之民事救濟方式，包括命令歇業。

( ) **32** 行為人以竊取等不正方法取得他人營業秘密，即構成犯罪，下列敘述何者正確？　(A)只要後續沒有洩漏便不構成犯罪　(B)只要後續沒有出現使用之行為便不構成犯罪　(C)只要後續沒有造成所有人之損害便不構成犯罪　(D)不以有後續之使用洩漏或已造成所有人之損害為必要。

( ) **33** 下列何者不屬於營業秘密的保護措施？　(A)員工如果有大量移動或複製工作檔案、將工作檔案異常寄至私人信箱等，皆有記錄可追溯　(B)機密文件除要妥善保存外，亦需落實回收銷毀之機制，若是電子文件，更要採取不可回復之刪除銷毀措施　(C)未對含有機密性資訊的文件資料標示「機密」、「限閱」、「僅供內部參考」或其他類似字樣　(D)員工在離職前透過系統協助進行離職前資料存取的監控，確認是否有異常的文件分享，以確保員工無心或有意的外洩營業秘密。

( ) **34** 下列何者不得作為專利申請人？　(A)分公司　(B)政府機關　(C)公立學校　(D)自然人。

( ) **35** 下列有關專利權之相關敘述，何者有誤？　(A)專利申請權及專利權，均得讓與或繼承　(B)專利申請權得為質權之標的　(C)強制授權不得設定質權　(D)除契約另有約定外，質權人不得實施該專利權。

( ) **36** 下列何者無法取得發明專利權保護？　(A)蘭花病原體的檢測方法　(B)於活體外製造假牙的方法　(C)出血性中風之治療儀器　(D)冠狀動脈繞道的手術方法。

( ) **37** 關於共同創作，下列敘述何者有誤？　(A)二人以上共同完成之著作，為共同著作　(B)共同著作之著作人格權，非經著作人全體同意，不得行使之　(C)共同著作之著作人，得於著作人中選定代表人行使著作人格權　(D)共同著作之著作財產權，存續至最後死亡之著作人死亡後五十年。

(　　) **38** 關於著作財產權之限制，以下敘述何者正確？　(A)中央或地方機關，因立法或行政目的所需，得重製他人之著作　(B)為學校授課需要，得重製他人已公開發表之著作　(C)供公眾使用之圖書館或其他文教機構，基於保存資料之必要者，得就其收藏之著作重製之　(D)為編製依法令應經教育行政機關審定之教科用書，得重製、改作或編輯他人已公開發表之著作。

(　　) **39** 下列關於著作權相關之敘述，何者有誤？　(A)錄有音樂著作之銷售用錄音著作發行滿一年，可申請著作權專責機關許可強制授權　(B)製版人之權利，自製版完成時起算存續十年　(C)著作於著作人死亡後四十年至五十年間首次公開發表者，著作財產權之期間，自公開發表時起存續十年　(D)別名著作或不具名著作之著作財產權，存續至著作公開發表後五十年。

(　　) **40** 下列何者的國際公約與其所涉及之內涵配對有誤？　(A)布達佩斯條約：專利程序上的微生物寄存　(B)伯恩公約：營業秘密　(C)馬德里協定：商標　(D)巴黎公約：專利。

(　　) **41** 下列何者須經註冊始獲得保護？　(A)著作權　(B)營業秘密　(C)商標　(D)以上皆是。

(　　) **42** 若訴訟程序中涉及當事人之營業秘密資料，下列何者有誤？　(A)當事人可請求限制他造閱覽秘密資料　(B)可請求法院裁定秘密保持命令，禁止他造及他造之訴訟代理人閱覽秘密資料　(C)當事人可請求不公開審判　(D)以上皆非。

(　　) **43** 下列關於商標爭議程序之敘述何者有誤？　(A)商標評定案件，由商標專責機關首長指定審查人員三人以上為評定委員評定之　(B)商標異議案件，由商標專責機關首長指定審查人員三人以上為異議委員審查之　(C)商標之註冊違反第29條第1項、第30條第1項或第65條第3項規定之情形者，任何人得自商標註冊公告日後三個月內，向商標專責機關提出異議　(D)商標註冊後有商標法第63條第1項各款情形之一，商標專責機關應依職權或據申請廢止其註冊。

(　) **44** 下列者並非商標因不具識別性而不得註冊之情形？　(A)僅由所指定商品或服務之通用標章或名稱所構成者　(B)僅由描述所指定商品或服務之品質、用途之說明所構成者　(C)僅由申請人使用且在交易上已成為申請人商品或服務之識別標識者　(D)僅由描述所指定商品或服務之原料、產地或相關特性之說明所構成。

(　) **45** 下列何者非屬不得註冊商標之情形？　(A)僅為發揮商品或服務之功能所必要者　(B)妨害公共秩序或善良風俗者　(C)相同或近似於他人同一或類似商品或服務之註冊商標或申請在先之商標，雖有致相關消費者混淆誤認之虞者，但經該註冊商標或申請在先之商標所有人同意申請，且非顯屬不當者　(D)相同或近似於他人著名商標或標章，有致相關公眾混淆誤認之虞者。

(　) **46** 下列何者並非營業秘密所需具備之要件？　(A)因其秘密性而具潛在之經濟價值者　(B)所有人已採取合理之保密措施者　(C)具有在該業界重大突破之價值者　(D)非一般涉及該類資訊之人所知者。

(　) **47** 下列關於營業秘密之敘述，何者有誤？　(A)營業秘密可以為質權之標的　(B)營業秘密所有人得授權他人使用其營業秘密　(C)營業秘密得部分讓與他人或與他人共有　(D)各共有人非經其他共有人之同意，不得以其應有部分讓與他人。

(　) **48** 下列何者不屬於侵害營業秘密？　(A)因重大過失而不知其為前款之營業秘密，而使用者　(B)因法律行為取得營業秘密，而以不正當方法使用者　(C)依法令有守營業秘密之義務，而使用者　(D)不知其為不正當方法所取得之營業秘密，而洩漏者。

(　) **49** 下列關於營業秘密之授權，何者有誤？　(A)營業秘密所有人得授權他人使用其營業秘密　(B)營業秘密共有人非經共有人全體同意，不得授權他人使用該營業秘密。但各共有人即便具正當理，亦不得拒絕同意　(C)被授權人非經營業秘密所有人同意，不得將其被授權使用之營業秘密再授權第三人使用　(D)授權使用之地域、時間、內容、使用方法或其他事項，依當事人之約定。

( ) **50** 下列關於侵害營業秘密之刑罰規定，何者有誤？ (A)以竊取、侵占、詐術、脅迫、擅自重製或其他不正方法而取得營業秘密，處罰之 (B)持有營業秘密，經營業秘密所有人告知應刪除、銷毀後，已刪除、銷毀該營業秘密者，仍應處罰之 (C)知悉或持有營業秘密，未經授權或逾越授權範圍而重製、使用或洩漏該營業秘密者，處罰之 (D)以竊取、侵占、詐術、脅迫、擅自重製或其他不正方法而取得營業秘密，或取得後進而使用、洩漏者，處罰之。

---

### 解答及解析

**1 (C)**。專利法第14條第1項：「繼受專利申請權者，如在申請時非以繼受人名義申請專利，或未在申請後向專利專責機關申請變更名義者，不得以之對抗第三人。」

**2 (D)**。專利法第15條：「I.專利專責機關職員及專利審查人員於任職期內，除繼承外，不得申請專利及直接、間接受有關專利之任何權益。II.專利專責機關職員及專利審查人員對職務上知悉或持有關於專利之發明、新型或設計，或申請人事業上之秘密，有保密之義務，如有違反者，應負相關法律責任。III.專利審查人員之資格，以法律定之。」
專利法第16條：「I.專利審查人員有下列情事之一，應自行迴避：
一、本人或其配偶，為該專利案申請人、專利權人、舉發人、代理人、代理人之合夥人或與代理人有僱傭關係者。二、現為該專利案申請人、專利權人、舉發人或代理人之四親等內血親，或三親等內姻親。三、本人或其配偶，就該專利案與申請人、專利權人、舉發人有共同權利人、共同義務人或償還義務人之關係者。四、現為或曾為該專利案申請人、專利權人、舉發人之法定代理人或家長家屬者。五、現為或曾為該專利案申請人、專利權人、舉發人之訴訟代理人或輔佐人者。六、現為或曾為該專利案之證人、鑑定人、異議人或舉發人者。II.專利審查人員有應迴避而不迴避之情事者，專利專責機關得依職權或依申請撤銷其所為之處分後，另為適當之處分。」

**3 (C)**。民法第25條：「I.申請發明專利，由專利申請權人備具申請書、說明書、申請專利範圍、摘要及必要之圖式，向專利專責機關申請之。
II.申請發明專利，以申請書、說明書、申請專利範圍及必要之圖式齊備之日為申請日。
III.說明書、申請專利範圍及必要之圖式未於申請時提出中文本，而以外文本提出，且於專利專責機關指定期間內補正中文本者，以外文本提出之日為申請日。

IV.未於前項指定期間內補正中文本者，其申請案不予受理。但在處分前補正者，以補正之日為申請日，外文本視為未提出。」

**4 (D)**。專利法第26條第1項：「I.說明書應明確且充分揭露，使該發明所屬技術領域中具有通常知識者，能瞭解其內容，並可據以實現。II.申請專利範圍應界定申請專利之發明；其得包括一項以上之請求項，各請求項應以明確、簡潔之方式記載，且必須為說明書所支持。III. 摘要應敘明所揭露發明內容之概要；其不得用於決定揭露是否充分，及申請專利之發明是否符合專利要件。」

**5 (B)**。專利法第27條：「I.申請生物材料或利用生物材料之發明專利，申請人最遲應於申請日將該生物材料寄存於專利專責機關指定之國內寄存機構。但該生物材料為所屬技術領域中具有通常知識者易於獲得時，不須寄存。II.申請人應於申請日後四個月內檢送寄存證明文件，並載明寄存機構、寄存日期及寄存號碼；屆期未檢送者，視為未寄存。III.前項期間，如依第28條規定主張優先權者，為最早之優先權日後十六個月內。IV.申請前如已於專利專責機關認可之國外寄存機構寄存，並於第2項或前項規定之期間內，檢送寄存於專利專責機關指定之國內寄存機構之證明文件及國外寄存機構出具之證明文件者，不受第1項最遲應於申請日在國內寄存之限制。V.請人在與中華民國有相

互承認寄存效力之外國所指定其國內之寄存機構寄存，並於第2項或第3項規定之期間內，檢送該寄存機構出具之證明文件者，不受應在國內寄存之限制。VI.第1項生物材料寄存之受理要件、種類、型式、數量、收費費率及其他寄存執行之辦法，由主管機關定之。」

**6 (B)**。專利法第28條第1項：「I.申請人就相同發明在與中華民國相互承認優先權之國家或世界貿易組織會員第一次依法申請專利，並於第一次申請專利之日後十二個月內，向中華民國申請專利者，得主張優先權。II.申請人於一申請案中主張二項以上優先權時，前項期間之計算以最早之優先權日為準。III.外國申請人為非世界貿易組織會員之國民且其所屬國家與中華民國無相互承認優先權者，如於世界貿易組織會員或互惠國領域內，設有住所或營業所，亦得依第1項規定主張優先權。V.主張優先權者，其專利要件之審查，以優先權日為準。」

**7 (C)**。專利法第30條：「I. 申請人基於其在中華民國先申請之發明或新型專利案再提出專利之申請者，得就先申請案申請時說明書、申請專利範圍或圖式所載之發明或新型，主張優先權。但有下列情事之一，不得主張之：一、自先申請案申請日後已逾十二個月者。二、先申請案中所記載之發明或新型已經依第二十八條或本條規定主張優先權者。三、先申請案係第三十四條第一項或第一百零七條第一項規定之

分割案，或第108條第1項規定之改請案。…五、先申請案為新型，已經公告或不予專利處分確定者。」

**8 (C)**。專利法第32條：「I.同一人就相同創作，於同日分別申請發明專利及新型專利者，應於申請時分別聲明；其發明專利核准審定前，已取得新型專利權，專利專責機關應通知申請人限期擇一；申請人未分別聲明或屆期未擇一者，不予發明專利。II. 申請人依前項規定選擇發明專利者，其新型專利權，自發明專利公告之日消滅。III. 發明專利審定前，新型專利權已當然消滅或撤銷確定者，不予專利。」

**9 (A)**。專利法第37條第1項：「I.專利專責機關接到發明專利申請文件後，經審查認為無不合規定程式，且無應不予公開之情事者，自申請日後經過十八個月，應將該申請案公開之。II. 專利專責機關得因申請人之申請，提早公開其申請案。III. 發明專利申請案有下列情事之一，不予公開：一、自申請日後十五個月內撤回者。…三、妨害公共秩序或善良風俗者。」

**10 (C)**。 (A)專利法第37條第2項：「專利專責機關得因申請人之申請，提早公開其申請案。」
(B)專利法第32條第2項：「依第三十四條第一項規定申請分割，或依第一百零八條第一項規定改請為發明專利，逾前項期間者，得於申請分割或改請後三十日內，向專利專責機關申請實體審查。」

(C)(D)專利法第38條第4項：「未於第一項或第二項規定之期間內申請實體審查者，該發明專利申請案，視為撤回。」

**11 (D)**。 專利法第18條：「I.商標，指任何具有識別性之標識，得以文字、圖形、記號、顏色、立體形狀、動態、全像圖、聲音等，或其聯合式所組成。II.前項所稱識別性，指足以使商品或服務之相關消費者認識為指示商品或服務來源，並得與他人之商品或服務相區別者。」

**12 (B)**。 商標法第5條：「商標之使用，指為行銷之目的，而有下列情形之一，並足以使相關消費者認識其為商標：一、將商標用於商品或其包裝容器。二、持有、陳列、販賣、輸出或輸入前款之商品。三、將商標用於與提供服務有關之物品。四、將商標用於與商品或服務有關之商業文書或廣告。前項各款情形，以數位影音、電子媒體、網路或其他媒介物方式為之者，亦同。」

**13 (D)**。 商標法第36條：「I.下列情形，不受他人商標權之效力所拘束：一、以符合商業交易習慣之誠實信用方法，表示自己之姓名、名稱，或其商品或服務之名稱、形狀、品質、性質、特性、用途、產地或其他有關商品或服務本身之說明，非作為商標使用者。→善意合理使用
二、為發揮商品或服務功能所必要者。→功能性使用
三、在他人商標註冊申請日前，善

意使用相同或近似之商標於同一或類似之商品或服務者。但以原使用之商品或服務為限；商標權人並得要求其附加適當之區別標示。→善意先使用

II.附有註冊商標之商品，由商標權人或經其同意之人於國內外市場上交易流通，商標權人不得就該商品主張商標權。但為防止商品流通於市場後，發生變質、受損，或有其他正當事由者，不在此限。→商標權耗盡」

**14 (C)**。商標法第96條第2項：「意圖供自己或他人用於與註冊證明標章同一商品或服務，未得證明標章權人同意，為行銷目的而製造、販賣、持有、陳列、輸出或輸入附有相同或近似於註冊證明標章之標籤、吊牌、包裝容器或與服務有關之物品者，處三年以下有期徒刑、拘役或科或併科新臺幣二十萬元以下罰金。」

**15 (B)**。商標法第75條第2項：「海關為前項之通知時，應限期商標權人至海關進行認定，並提出侵權事證，同時限期進出口人提供無侵權情事之證明文件。但商標權人或進出口人有正當理由，無法於指定期間內提出者，得以書面釋明理由向海關申請延長，並以一次為限。」
商標法第77條第1項：「商標權人依第七十五條第二項規定進行侵權認定時，得繳交相當於海關核估進口貨樣完稅價格及相關稅費或海關核估出口貨樣離岸價格及相關稅費百分之一百二十之保證金，向海關申

請調借貨樣進行認定。但以有調借貨樣進行認定之必要，且經商標權人書面切結不侵害進出口人利益及不使用於不正當用途者為限。」

**16 (D)**。商標法第36條第1項第1款：「下列情形，不受他人商標權之效力所拘束：一、以符合商業交易習慣之誠實信用方法，表示自己之姓名、名稱，或其商品或服務之名稱、形狀、品質、性質、特性、用途、產地或其他有關商品或服務本身之說明，非作為商標使用者。二、為發揮商品或服務功能所必要者。三、在他人商標註冊申請日前，善意使用相同或近似之商標於同一或類似之商品或服務者。但以原使用之商品或服務為限；商標權人並得要求其附加適當之區別標示。II.附有註冊商標之商品，由商標權人或經其同意之人於國內外市場上交易流通，商標權人不得就該商品主張商標權。但為防止商品流通於市場後，發生變質、受損，或有其他正當事由者，不在此限。」

**17 (A)**。(A)(D)商標法第57條第1項：「商標之註冊違反第二十九條第一項、第三十條第一項或第六十五條第三項規定之情形者，利害關係人或審查人員得申請或提請商標專責機關評定其註冊。」
(B)商標法第48條第1項：「商標之註冊違反第二十九條第一項、第三十條第一項或第六十五條第三項規定之情形者，任何人得自商標註冊公告日後三個月內，向商標專責機關提出異議。」

(C)商標法第63條第1項本文：「商標註冊後有下列情形之一，商標專責機關應依職權或據申請廢止其註冊：…。」

**18 (B)**。 商標法第69條：「I.商標權人對於侵害其商標權者，得請求除去之；有侵害之虞者，得請求防止之。II.商標權人依前項規定為請求時，得請求銷毀侵害商標權之物品及從事侵害行為之原料或器具。但法院審酌侵害之程度及第三人利益後，得為其他必要之處置。商標權人對於因故意或過失侵害其商標權者，得請求損害賠償。III.前項之損害賠償請求權，自請求權人知有損害及賠償義務人時起，二年間不行使而消滅；自有侵權行為時起，逾十年者亦同。」

**19 (B)**。 商標法第71條第1項第3款：「商標權人請求損害賠償時，得就下列各款擇一計算其損害：就查獲侵害商標權商品之零售單價一千五百倍以下之金額。但所查獲商品超過一千五百件時，以其總價定賠償金額。」
目前實務見解（最高法院95年度台上字第295號民事判決）：「……此零售單價係指侵害他人商標專用權之商品實際出售之單價，並非指商標專用權人自己商品之零售價或批發價…」故總價為前述單價之計算方法後成以個數即為總價。

**20 (A)**。 商標法第72條：「I.商標權人對輸入或輸出之物品有侵害其商標權之虞者，得申請海關先予查扣。

II.前項申請，應以書面為之，並釋明侵害之事實，及提供相當於海關核估該進口物品完稅價格或出口物品離岸價格之保證金或相當之擔保。III.海關受理查扣之申請，應即通知申請人；如認符合前項規定而實施查扣時，應以書面通知申請人及被查扣人。IV.被查扣人得提供第二項保證金二倍之保證金或相當之擔保，請求海關廢止查扣，並依有關進出口物品通關規定辦理。V.查扣物經申請人取得法院確定判決，屬侵害商標權者，被查扣人應負擔查扣物之貨櫃延滯費、倉租、裝卸費等有關費用。」

**21 (B)**。 (B)構成對財產權之侵害。

**22 (A)**。 著作權法第46條第1項：「依法設立之各級學校及其擔任教學之人，為學校授課目的之必要範圍內，得重製、公開演出或公開上映已公開發表之著作。」依前述規定，還要符合必要範圍內之要件，才可以算得上是合理使用。

**23 (D)**。 著作權法第101條第1項：「法人之代表人、法人或自然人之代理人、受雇人或其他從業人員，因執行業務，犯第九十一條至第九十三條、第九十五條至第九十六條之一之罪者，除依各該條規定處罰其行為人外，對該法人或自然人亦科各該條之罰金。」

**24 (D)**。 (A)著作權法第21條：「著作人格權專屬於著作人本身，不得讓與或繼承。」

(C)(D)著作權法第30條第1項：「著作財產權，除本法另有規定外，存續於著作人之生存期間及其死亡後五十年。」

25 **(A)**。 著作權法第3條第1項第3款：「本法用詞，定義如下：三、著作權：指因著作完成所生之著作人格權及著作財產權。」

26 **(B)**。 (A)乙已經被合法授權
(B)題目有明示限制該光碟不得公開播放（送）
(C)教室非屬不特定多數人得進入之地點

27 **(B)**。 著作權法第12條：「I.出資聘請他人完成之著作，除前條情形外，以該受聘人為著作人。但契約約定以出資人為著作人者，從其約定。II.依前項規定，以受聘人為著作人者，其著作財產權依契約約定歸受聘人或出資人享有。未約定著作財產權之歸屬者，其著作財產權歸受聘人享有。III.依前項規定著作財產權受聘人享有者，出資人得利用該著作。」

28 **(D)**。 著作權法第101條第2項：「對前項行為人、法人或自然人之一方告訴或撤回告訴者，其效力及於他方。」

29 **(D)**。 著作權法第87條第1項第2款：「有下列情形之一者，除本法另有規定外，視為侵害著作權或製版權：二、明知為侵害製版權之物而散布或意圖散布而公開陳列或持有者。」

30 **(D)**。 著作權法第11條：「I.受雇人於職務上完成之著作，以該受雇人為著作人。但契約約定以雇用人為著作人者，從其約定。II.依前項規定，以受雇人為著作人者，其著作財產權歸雇用人享有。但契約約定其著作財產權歸受雇人享有者，從其約定。III.前二項所稱受雇人，包括公務員。」

31 **(A)**。 營業秘密法第15條：「外國人所屬之國家與中華民國如未共同參加保護營業秘密之國際條約或無相互保護營業秘密之條約、協定，或對中華民國國民之營業秘密不予保護者，其營業秘密得不予保護。」

32 **(D)**。 營業秘密法第13條之1：「I.意圖為自己或第三人不法之利益，或損害營業秘密所有人之利益，而有下列情形之一，處五年以下有期徒刑或拘役，得併科新臺幣一百萬元以上一千萬元以下罰金：
一、以竊取、侵占、詐術、脅迫、擅自重製或其他不正方法而取得營業秘密，或取得後進而使用、洩漏者。
二、知悉或持有營業秘密，未經授權或逾越授權範圍而重製、使用或洩漏該營業秘密者。
三、持有營業秘密，經營業秘密所有人告知應刪除、銷毀後，不為刪除、銷毀或隱匿該營業秘密者。
四、明知他人知悉或持有之營業秘密有前三款所定情形，而取得、使用或洩漏者。
II.前項之未遂犯罰之。

III.科罰金時，如犯罪行為人所得之
利益超過罰金最多額，得於所得利
益之三倍範圍內酌量加重。」

**33 (C)**。 (C)未對相關資訊為客觀上接
觸權限與管制措施之管制，故非屬
營業秘密的保護措施。

**34 (A)**。 (A)因分公司於目前實務及學
說上不具法人地位，故不得作為專
利申請人。

**35 (B)**。專利法第6條第2項：「專利申
請權，不得為質權之標的。」

**36 (D)**。 專利法第24條：「下列各款，
不予發明專利：二、人類或動物之
診斷、治療或外科手術方法。」

**37 (A)**。 著作權法第8條：「二人以上
共同完成之著作，其各人之創作，
不能分離利用者，為共同著作。」

**38 (C)**。 著作權法第48條本文：「供
公眾使用之圖書館、博物館、歷史
館、科學館、藝術館、檔案館或其
他典藏機構，於下列情形之一，得
就其收藏之著作重製之：……。」

**39 (A)**。 專利法第69條：「I.錄有音
樂著作之銷售用錄音著作發行滿六
個月，欲利用該音樂著作錄製其他
銷售用錄音著作者，經申請著作權
專責機關許可強制授權，並給付使
用報酬後，得利用該音樂著作，另
行錄製。II.前項音樂著作強制授權
許可、使用報酬之計算方式及其他
應遵行事項之辦法，由主管機關定
之。」

**40 (B)**。 著作權法第106之1：「I.著
作完成於世界貿易組織協定在中華
民國管轄區域內生效日之前，未依
歷次本法規定取得著作權而依本法
所定著作財產權期間計算仍在存續
中者，除本章另有規定外，適用本
法。但外國人著作在其源流國保護
期間已屆滿者，不適用之。II.前項
但書所稱源流國依西元一九七一年
保護文學與藝術著作之伯恩公約第5
條規定決定之。」

**41 (C)**。 商標法第2條：「欲取得商標
權、證明標章權、團體標章權或團
體商標權者,應依本法申請註冊。」

**42 (B)**。 商標法第14條：「I.法院為
審理營業秘密訴訟案件，得設立專
業法庭或指定專人辦理。II.當事人
提出之攻擊或防禦方法涉及營業秘
密，經當事人聲請，法院認為適當
者，得不公開審判或限制閱覽訴訟
資料。」

**43 (B)**。 (B)商標法第59條：「商標評定
案件，由商標專責機關首長指定審查
人員三人以上為評定委員評定之。」

**44 (C)**。 (C)本選項由其文義所示，即
為商標識別性之表徵。商標法第18
條：「I.商標，指任何具有識別性之
標識，得以文字、圖形、記號、顏
色、立體形狀、動態、全像圖、聲
音等，或其聯合式所組成。II.前項
所稱識別性，指足以使商品或服務
之相關消費者認識為指示商品或服
務來源，並得與他人之商品或服務
相區別者。」

**45 (C)**。 商標法第22條：「二人以上於同日以相同或近似之商標，於同一或類似之商品或服務各別申請註冊，有致相關消費者混淆誤認之虞，而不能辨別時間先後者，由各申請人協議定之；不能達成協議時，以抽籤方式定之。」

**46 (C)**。 營業秘密法第2條：「本法所稱營業秘密，係指方法、技術、製程、配方、程式、設計或其他可用於生產、銷售或經營之資訊，而符合左列要件者：一、非一般涉及該類資訊之人所知者。二、因其秘密性而具有實際或潛在之經濟價值者。三、所有人已採取合理之保密措施者。」

**47 (A)**。 營業秘密法第8條：「營業秘密不得為質權及強制執行之標的。」

**48 (D)**。 營業秘密法第10條：「I.有左列情形之一者，為侵害營業秘密。一、以不正當方法取得營業秘密者。二、知悉或因重大過失而不知其為前款之營業秘密，而取得、使用或洩漏者。三、取得營業秘密後，知悉或因重大過失而不知其為第1款之營業秘密，而使用或洩漏者。四、因法律行為取得營業秘密，而以不正當方法使用或洩漏者。五、依法令有守營業秘密之義務，而使用或無故洩漏者。II.前項所稱之不正當方法，係指竊盜、詐欺、脅迫、賄賂、擅自重製、違反保密義務、引誘他人違反其保密義務或其他類似方法。」

**49 (B)**。 營業秘密法第6條：「I.營業秘密得全部或部分讓與他人或與他人共有。II.營業秘密為共有時，對營業秘密之使用或處分，如契約未有約定者，應得共有人之全體同意。但各共有人無正當理由，不得拒絕同意。III.各共有人非經其他共有人之同意，不得以其應有部分讓與他人。但契約另有約定者，從其約定。」

**50 (B)**。 營業秘密法第13條之1第1項第3款：「意圖為自己或第三人不法之利益，或損害營業秘密所有人之利益，而有下列情形之一，處五年以下有期徒刑或拘役，得併科新臺幣一百萬元以上一千萬元以下罰金：三、持有營業秘密，經營業秘密所有人告知應刪除、銷毀後，不為刪除、銷毀或隱匿該營業秘密者。」

# 無形資產評價概論(二)

( ) **1** 關於評價人員採用收益法評價無形資產,下列敘述何者有誤? (A)未來利益流量之風險應反映於利益流量之估計、折現率之估計或兩者之估計 (B)超額盈餘法係以可歸屬於貢獻性資產之利益流量,計算可歸屬於標的無形資產之利益流量並將其折現之價值 (C)增額收益法係比較企業使用與未使用標的無形資產所賺取之未來利益流量,以計算使用該無形資產所產生之預估增額利益流量並將其折現之價值 (D)權利金節省法係經由估計因擁有標的無形資產而無須支付之權利金並將其折現之價值。

( ) **2** 可類比交易法屬於下列何種評價方法? (A)現金流量折現法 (B)收益法 (C)市場法 (D)成本法。

( ) **3** 企業自行開發之管理資訊系統亦是企業重要的無形資產,對此管理資訊系統之評價,下列何者為其最適的評價方法? (A)現金流量折現法 (B)市場法 (C)成本法 (D)收益法。

( ) **4** 評價人員採用收益法評價無形資產時,應考量是否有租稅攤銷利益,則下列敘述何者有誤? (A)考量租稅攤銷利益,雖可反映資產所產生之收益,但不包括因資產攤銷而導致應付稅額之減少 (B)若評價標準為公平市場價值,則租稅攤銷利益僅於市場參與者在該租稅制度下通常可取得者 (C)若價值標準非為公平市場價值,則租稅攤銷利益僅於該企業可取得者,評價人員應判斷是否須於利益流量中予以調整 (D)決定租稅攤銷利益金額時,應考量影響企業攤銷無形資產之因素,包括課稅管轄權及相關之稅法、稅率及攤銷年限。

( ) **5** LC公司20X1年初以$900,000購入一專利配方,生產嬰兒食品,該專利權年限尚餘9年,每年年底依直線法提攤銷費用。但20X2年初經舉報該嬰兒食品有毒,衛生單位即下令LC公司永遠不能再生產該食品,試求20X2年底,LC公司針對該專利權應承認之費用,下列何者正確? (A)$0 (B)$700,000 (C)$800,000 (D)$900,000。

(　　) **6** 甲公司20X7年初以$10,000,000取得乙公司100%股權，乙公司隨即消滅，收購日乙公司淨資產公平市價$6,000,000，其淨資產中含有商譽$200,000及未攤銷專利權$200,000，試求甲公司於該項購併中，帳上該承認的商譽金額下列何者正確？　(A)$0　(B)$4,000,000　(C)$4,200,000　(D)$4,400,000。

(　　) **7** 預估未來利益流量若已經完全反映各項風險，此時折現率應僅包括下列哪一項內涵？　(A)租稅攤銷利益　(B)該無形資產經濟年限　(C)貨幣的時間價值　(D)未來技術革新的風險。

(　　) **8** 應用確定性等值觀念作評價時，若未能直接估計確定性等值利益流量，則可以應用下列哪種觀念？　(A)以風險調整後期望利益流量作間接估計　(B)作蒙地卡羅財務模擬　(C)以重製成本法作估計　(D)請資深的評價人員估計。

(　　) **9** 假設某公司於20X1年取得一項專利權，法定效期20年，在20X5年初，為確保原先的專利權在市場上的優勢而再購入另一項具競爭性的專利權，法定效期尚有8年。該公司購入該專利權乃基於策略考量，並不會使用這項專利權，則該購入的專利權成本之處理方式何者正確？　(A)在購入年度當成費用處理　(B)依該購入的專利權剩餘年限攤銷　(C)依該公司原先的專利權剩餘耐用年限攤銷　(D)不必攤銷，但每年應作價值減損測試。

(　　) **10** NK公司自行研發一項高科技技術，獲得專利權，法定年限20年，但公司高層發現，與該專利權類似的技術在同業間正如火如荼競相研發，經評估該公司的這項專利權在市場上僅能維持兩年的實質優勢，之後應該會被更先進的技術取代，試問該專利權攤銷年限為下列何者？　(A)當年度全額攤銷，固年限僅一年　(B)兩年　(C)20年　(D)不必攤銷，但每年應作價值減損測試。

(　　) **11** 某公司目前仍有10億元的未履約訂單，此屬於下列何者？　(A)行銷相關的無形資產　(B)客戶或供應商相關的無形資產　(C)商譽　(D)非無形資產。

(　　) **12** 評價人員評價無形資產時，應依評價案件性質及目的，決定採用公平市場價值或公平市場價值以外之價值，這是評價過程中哪一項程序？　(A)評價目的的決定　(B)價值標準的決定　(C)價值前提的決定　(D)評價方法的決定。

(　　) **13** 無形資產不具備下列何種特性？　(A)可辨認性　(B)不可辨認性　(C)可為企業所控制　(D)不一定為特定企業所控制。

(　　) **14** 企業自行研發成果，何時開始認列無形資產成本？　(A)發想原創構想那一天　(B)研究階段符合相關條件開始　(C)發展階段符合相關條件開始　(D)現金開始流入時。

(　　) **15** 有關權利金節省法下，權利金率之設定與檢驗，下列敘述何者有誤？　(A)權利金率之設定應反映可類比無形資產與標的無形資產間之差異　(B)權利金率之設定應反映可類比權利金協議間之差異　(C)檢驗權利金率合理性之項目包括扣除前之利潤　(D)評價人員不得調整權利金率。

(　　) **16** 評價專利與技術時，採用方法優先順序為下列何者？甲.成本法、乙.市場法、丙.收益法　(A)丙→乙→甲　(B)甲→乙→丙　(C)甲→丙→乙　(D)丙→甲→乙。

(　　) **17** 無形資產重置成本為$120,000，發生實體性減損$12,000，修復損壞部分$20,000，另外有經濟性減損$18,000及功能性減損$6,000，請問該無形資產若採成本法計算，其價值為下列何者？　(A)$84,000　(B)$64,000　(C)$104,000　(D)$80,000。

(　　) **18** 下列有關評價工作相關之敘述，何者有誤？　(A)評價人員不論採用何種評價特定方法評價無形資產，均應對各評價特定方法之輸入值進行交互檢驗及對結果進行合理性檢驗　(B)評價人員採用公平市場價值以外之價值作為價值標準時，應判斷是否需將企業特定因素納入考量　(C)評價人員進行合理性檢驗時，應作適當之敏感性分析，但無需將檢驗及分析之方法與結果記錄於工作底稿　(D)評價人員於評價無形資產時，應估計其剩餘經濟效益年度及殘值，並於評價報告中敘明如何估計。

（　）**19** 有關收益法之敘述，下列何者有誤？　(A)採用收益法評價無形資產時，未來利益流量之風險應反映於利益流量之估計、折現率之估計或兩者之估計，均應同時反映　(B)採用收益法評價無形資產時，應蒐集展望性財務資訊作為收益法之輸入值　(C)展望性財務資訊應包含利益流量之金額、時點及不確定性之資訊　(D)權利金節省法是經由估計因擁有標的無形資產而無須支付之權利金並將其折現，以決定標的無形資產之價值。

（　）**20** 有關貢獻性資產之敘述，下列何者有誤？　(A)貢獻性資產不包含人力團隊資產　(B)貢獻性資產計提回報不得重複扣除，亦不得遺漏　(C)估計貢獻性資產計提回報時，不就營運資金計提投資之回收，但仍應計提期投資報酬　(D)當貢獻性資產對多項業務之利益流量有貢獻時，應將期計提回收與報酬分攤至該等業務。

（　）**21** 光電業者開發出一個新的專利，經查與該專利具有相近應用領域之其他專利曾採用授權交易以銷售額的5%專屬授權予美國公司。該美國公司在取得該專利後，投入大量行銷預算，同步開拓所屬應用領域及產品的市場知名度，經評估能額外帶來15%的市場成長效益。假設除上述條件外，無其他增減權利金率之影響因素。請問本案權利金率之值下列何者正確？　(A)5%　(B)15%　(C)5.75%　(D)15.75%。

（　）**22** 公司下列各項資產之公允價值分別為營運資金$10,000元，不動產、廠房及設備$30,000元、商標$6,000，合約資產$7,500及外購取得之商譽$25,000，其要求之稅後報酬率分別為0.3%、6%、12%、15%及20%。另公司的負債資金成本為4%，整體公司的股債比為8：2，請問公司權益資金成本為下列何者（假設無所得稅之影響）？　(A)1%　(B)11.05%　(C)12.81%　(D)20%。

（　）**23** 某公司的債務與股權各半，債息為12%，期望報酬率為20%，稅率40%，經估計其風險溢酬為3%，則其適用的折現率下列何者正確？　(A)13.6%　(B)16.6%　(C)18.4%　(D)19.2%。

(　　) **24** 某公司的債務占60%、股權占40%，債息為12%，期望報酬率為20%，稅率40%，其加權平均資本成本為下列何者？　(A)9.12% (B)12.00%　(C)12.32%　(D)15.20%。

(　　) **25** 有關無形資產評價方法的敘述，下列何者有誤？　(A)決定評價方法時應考量評價輸入值的穩健性　(B)評價人員應選定單一的評價方法評價無形資產　(C)評價人員應對評價輸入值進行交互檢驗　(D)對於評價的各式檢驗及分析方法皆應紀錄於工作底稿。

(　　) **26** X公司之盈餘為$200百萬，其某一技術的成交價值為$42百萬，Y公司與X公司的性質非常相似，其盈餘為$250百萬，若Y公司亦有一技術與X公司的技術相近，則在可類比交易法下，Y公司該技術的公允價值為下列何者？　(A)$42百萬　(B)$45.5百萬　(C)$50.5百萬 (D)$52.5百萬。

(　　) **27** 某公司淨資產之公允價值為$1,200,000，過去五年之累計盈餘為$1,000,000，其中包括停業單位損失$50,000，同業平均之淨資產報酬率為15%。若商譽係以平均超額盈餘以6年、12%折現之現值，則商譽之估計價值為下列何者？　(A)$103,342　(B)$113,342 (C)$123,342　(D)$133,342。

(　　) **28** 某公司淨資產之公允價值為$1,200,000，過去五年之累計盈餘為$1,000,000，其中包括停業單位損失$50,000，同業平均之淨資產報酬率為15%。若商譽係以平均超額盈餘按16%資本化，則商譽之估計價值下列何者正確？　(A)$33,600　(B)$133,600　(C)$180,000 (D)$187,500。

(　　) **29** 有關展望性財務資訊之預估，下列何者有誤？　(A)展望性財務資訊的預估期間無須考量無形資產預期剩餘經濟效益年限　(B)估計時應考量使用標的無形資產的市場占有率　(C)估計時應考量標的無形資產的歷史性利潤率　(D)估計時應考量預估期間的收益成長率。

(　　) **30** 某公司預估第一年的收入為$2,000,000，預估後續三年每年成長7%，若評估人員評估公司品牌的稅前權利金率為收入的5%，而在

預測期間公司長期稅率預設為23%，若折現率為9%，則在權利金節省法下，此公司品牌的公允價值下列何者正確？　(A)$254,887 (B)$264,887　(C)$274,887　(D)$284,887。

( 　) **31** 針對權利金節省法下有關權利金率之設定與檢驗，下列敘述何者有誤？　(A)權利金率之設定應反映可類比無形資產與標的無形資產間之差異　(B)權利金率之設定應反映可類比權利金協議間之差異 (C)檢驗權利金率合理性時，無須考量權利金扣除前之利潤　(D)評價人員得調整權利金率。

( 　) **32** 下列對功能價值類比法之敘述何者有誤？　(A)對照標的與評價標的功能差異比較後，得直接用以計算評價標的價值的方法　(B)利用對照標的的成本價格推算出評價標的的價值　(C)當被評價資產價值與其功能呈指數關係時，採規模經濟效益指數法　(D)當被評價資產價值與其功能呈線性關係時，採生產能力比例法。

( 　) **33** 子公司主要生產光電太陽能板之相關技術。該公司自106年自行開發出第一代之技術，不再仰賴原本母公司之技術而轉為自行生產。106年積極研發第二代技術，預計三年後可投入量產，並取代第一代技術。過去子公司每年按月平均支付1,000,000元的授權金給母公司。評價人員接受委託對於該專利進行評價，評價基準日訂106年12月31日，折現率8%，專利屬於防禦性專利，並不對外授權。請問該第一代技術專利價值下列何者正確（以最接近值表達，取自小數點後四位計算）？　(A)$3,000,000　(B)$2,676,200　(C)$2,577,000 (D)$0。

( 　) **34** 公司有關資訊如下，過去三年度加權平均歷史稅後息前經濟盈餘為 $300,000、最近一年之調整後資產淨值為$1,500,000、推定公司調整資產淨值之合理報酬率為15%。甲公司之稅前資本化率為20%。請問公司無形資產之價值為下列何者？　(A)$500,000　(B)$375,000 (C)$0　(D)$45,000。

( 　) **35** 下列有關收益法之敘述何者正確？　(A)採用收益法評價無形資產時，收益法之輸入值得忽略展望性財務資訊之蒐集　(B)權利金節省

法之應用非屬收益法之範疇　(C)展望性財務資訊應僅包含利益流量之時點及不確定性之資訊　(D)採用收益法評價無形資產時，未來利益流量之風險應反映於利益流量之估計、折現率之估計或兩者之估計，惟不可重複反映。

(　　) **36** 在評價流程中，針對「分析各評價方法之適用性並選擇適合之評價方法」，下列敘述何者有誤？　(A)僅採用單一評價方法，應取得充分之可觀察輸入值或事實，否則應採用多種之評價方法（Approach）或評價特定方法（Method）　(B)評價人員於決定無形資產評價方法及其下之評價特定方法時，須考量該等評價特定方法的適當性及評價輸入值的穩健性　(C)評價人員須於評價報告中敘明所採用之評價特定方法，但無須提及採用之理由　(D)採用多種之評價方法或評價特定方法時，就各方法所產生之價值估計數進行分析及說明，並須權衡各方法之結果。

(　　) **37** 下列敘述何者有誤？　(A)評價人員不論採用何種評價特定方法評價無形資產，均應對各評價特定方法之輸入值進行交互檢驗及對結果進行合理性檢驗　(B)評價人員採用公平市場價值以外之價值作為價值標準時，無須判斷是否需將企業或無形資產之特定因素納入考量　(C)評價人員進行合理性檢驗時，應作適當之敏感性分析，且應將檢驗及分析之方法與結果記錄於工作底稿　(D)評價人員於評價無形資產時，應估計其剩餘經濟效益年度及殘值，並於評價報告中敘明如何估計。

(　　) **38** 下列有關貢獻性資產之敘述何者正確？　(A)貢獻性資產不應包含人力團隊資產　(B)貢獻性資產計提回報不得重複扣除，亦不得遺漏　(C)估計貢獻性資產計提回報時，應就營運資金計提投資之回收，並計提其投資報酬　(D)評價人員估計貢獻性資產計提回報時，若採稅後估計利益流量，則應以稅前基礎估計貢獻性資產計提回報。

(　　) **39** 某業者開發出一個新的專利，擬授權予3個被授權單位。經查與該專利具有相近應用領域之其他專利曾採用授權交易以銷售額的9%專屬授權予美國公司。該美國公司在取得該專利後，投入大量行銷預

算，同步開拓所屬應用領域及產品的市場知名度，經評估能額外帶來11%的市場成長效益。假設除上述條件外，無其他增減權利金率之影響因素。請問本案權利金率之值為下列何者？　(A)9%　(B)3%　(C)9.99%　(D)3.33%。

( 　) 40 公司下列各項資產之公允價值分別為營運資金$50,000元，不動產、廠房及設備$100,000、商標$30,000，合約資產$75,000及外購取得之商譽$25,000，其要求之稅前報酬率分別為0.8%、4%、10.5%、15%及20%。另公司的稅後的負債資金成本為4%，整體公司的股債比為8：2，請問公司稅後的權益資金成本應為下列何者（假設各資產及負債適用之所得稅率均為20%）？　(A)12.03%　(B)9.625%　(C)9.375%　(D)7.50%。

( 　) 41 下列何者不是無形資產評價的交易目的？　(A)企業全部或部分業務的收購　(B)無形資產的授權　(C)企業破產時資產的清算　(D)無形資產的質押。

( 　) 42 請考慮以下二個關於商譽評價的敘述，並回答何者正確？　甲、一般採用收益法來評估商譽的價值乙、可採用評價方法所估計之企業權益價值扣除淨資產價值後之剩餘價值，做為商譽的價值。　(A)僅甲是對的　(B)僅乙是對的　(C)兩者皆對　(D)兩者皆錯。

( 　) 43 下列何者不是無形資產評價方法中的收益法？　(A)超額盈餘法　(B)增額收益法　(C)權利金節省法　(D)可類比交易法。

( 　) 44 請考慮以下二個關於執行無形資產評價的敘述，並回答何者正確？甲、評價人員決定評價方法後，只要是常用的評價方法且評價輸入值的穩健性無慮，則採用該方法的理由可以不用於報告中贅述。乙、評價人員一旦採用多種評價方法，應取以各方法評價之結果的平均值作為最終之價值估計數。　(A)僅甲是對的　(B)僅乙是對的　(C)兩者皆對　(D)兩者皆錯。

( 　) 45 請考慮以下關於兩種無形資產評價方法的敘述，並回答何者正確？甲、超額盈餘法係比較企業使用與未使用標的無形資產所賺取的額

外未來利益流量，並將其折現，以決定標的無形資產之價值。乙、增額收益法係排除可歸屬於貢獻性資產之利益流量後，計算屬於標的無形資產之利益流量，並將其折現，以決定標的無形資產之價值。
(A)僅甲是對的　(B)僅乙是對的　(C)兩者皆對　(D)兩者皆錯。

(　　) 46 下列何項無形資產，評價人員最不可能以「超額盈餘法」進行評價？　(A)非專利技術　(B)已組合之勞動力　(C)客戶關係　(D)行銷通路。

(　　) 47 下列何項資產，評價人員最不可能以「重置成本法」進行評價？
(A)已組合之勞動力　(B)軟體　(C)進行中的研發　(D)商標。

(　　) 48 使用收益法進行標的無形資產評價時，假設該無形資產估計之經濟效益期間為無限，且展望性財務資訊的預估期間最後一年的現金流量是$1,653，爾後的成長率是3%，若折現率是15%，以Gordon growth formula估算其終值（terminal value）為下列何者？
(A)$879　(B)$1,703　(C)$7,325　(D)$14,190。

(　　) 49 常用的無形資產評價方法包括收益法、市場法與成本法。當得採用其中另外兩種方法評價時，下列何種方法不得為唯一的評價方法？
(A)收益法　(B)市場法　(C)成本法　(D)都不可以單獨使用。

(　　) 50 假設：短期貸款利率3%，固定資產融資利率8%，WACC 12.5%，股本成本（costofequity）15%；在估計各項貢獻性資產計提回報時，對於歸因「設備廠房」貢獻的現金流量，合理的折現率會接近下列何者？　(A)3%　(B)8%　(C)12.5%　(D)大於15%。

---

## 解答及解析

**1 (B)**。評價準則公報第七號：
　1.第20條：評價人員採用收益法評價無形資產時，未來利益流量之風險應反映於利益流量之估計、折現率之估計 或兩者之估計，惟不得遺漏或重複反映。

2.第22條：超額盈餘法係排除可歸屬於貢獻性資產之利益流量後，計算可歸屬於標的無形資產之利益流量並將其折現，以決定標的無形資產之價值。

3.第23條：增額收益法係比較企業

使用與未使用標的無形資產所賺取之未來利益流量，以計算使用該無形資產所產生之預估增額利益流量並將其折現，以決定標的無形資產之價值。

4.第24條：權利金節省法係經由估計因擁有標的無形資產而無須支付之權利金並將其折現，以決定標的無形資產之價值。

選項(A)20條，選項(B)22條，選項(C)23條，選項(D)24條。

選項(B) 超額盈餘法係以可歸屬於貢獻性資產之利益流量有誤，應修正為排除可歸屬於貢獻性資產之利益流量後⋯⋯

故此題答案為(B)。

**2 (C)**。評價準則公報第十一號第19條：「市場法下常用之評價特定方法，包括可類比公司法及可類比交易法」，故此題答案為(C)。

**3 (C)**。評價準則公報第七號第27條：「成本法主要用於評價不具可辨認利益流量之無形資產。該等無形資產通常係由企業內部產生並用於企業內部，例如管理資訊系統、企業網站及人力團隊。」

故此題答案為(C)。

**4 (A)**。評價準則公報第七號：

(A)第29條：評價人員採用收益法評價無形資產時，應考量是否有租稅攤銷利益，以反映資產所產生之收益不僅包括透過使用產生之直接收益，亦可能包括因資產攤銷而導致應付稅額減少之事實。

(B)第30條：若評價案件之價值標準

為市場價值，則租稅攤銷利益僅於市場參與者在該租稅制度下通常可取得者，始應於利益流量中予以調整。

(C)第30條後段：若評價案件之價值標準非為市場價值，則租稅攤銷利益僅於該企業可取得者，評價人員始應判斷是否須於利益流量中予以調整。

(D)第29條後段：評價人員決定該利益金額時，應考量影響企業攤銷無形資產之因素，包括課稅管轄權及相關之稅法、稅率與攤銷年限。

選項(A)但不包括因資產攤銷而導致應付稅額之減少有誤，應修改為包括。

故此答案為(A)。

**5 (C)**。每年底攤銷費用

$100,000 ($900,000÷9=$100,000)

截至20X2年初專利權已攤銷$100,000，專利權帳面價值剩餘$800,000，由於20X2年初被舉報該嬰兒食品有毒，衛生單位已下令永遠不能再生產，故此專利權已無價值，於20X2年底，LC公司應針對專利權帳面價值全數認列費用，故此答案為(C)$800,000。

**6 (C)**。收購成本＝可辨認淨資產公平市價－未攤銷專利權＋商譽

10,000,000－6,000,000＋200,000＝4,200,000

故此題答案為(C)。

**7 (C)**。評價準則公報第七號第31條：「評價人員評價無形資產時，應決定標的無形資產之預估利益流量，

並採用與其相對應之折現率。若預估利益流量已完全反映風險，則折現率應僅反映貨幣時間價值。若預估利益流量未完全反映風險，則折現率應反映尚未反映於利益流量之風險與貨幣時間價值。」

故此題答案為(C)。

**8 (A)**。評價準則公報第七號第31條第2項第2款：「當應用確定性等值觀念時，評價人員應將未來利益流量風險之假設納入預估利益流量中，俾據以估計確定性等值利益流量；若未能直接估計確定性等值利益流量，則得以期望利益流量減除風險溢酬金額後之風險調整後期望利益流量，間接估計確定性等值利益流量。若該確定性等值利益流量已完全反映標的無形資產之風險，則應以無風險利率折現，以反映其貨幣時間價值。」

故此題答案為(A)。

**9 (A)**。由於新購入之專利權係基於策略考量，且不會使用該專利權，因此新購入專利權無法預期未來經濟效益很有可能會流入企業，不符合無形資產認列條件，故應於購入年度當成費用處理。

故此題答案為(A)。

**10 (C)**。NK公司所獲得的專利權應以法定年限20年攤銷，但由於公司高層評估這項專利權在市場上僅能維持兩年的實質優勢，故可能有減損跡象，若評估有減損跡象時，應針對專利權價值執行減損測試。

故此題答案為(C)。

**11 (B)**。評價準則公報第七號第7條：「無形資產通常可歸屬於下列一種或多種類型，或歸屬於商譽：2.客戶相關：客戶相關之無形資產包括客戶名單、尚未履約訂單、客戶合約，以及合約性及非合約性之客戶關係。」因此未履行訂單係屬客戶相關之無形資產。

故此題答案為(B)。

**12 (B)**。評價準則公報第七號第10條：「評價人員評價無形資產時，應依評價案件之委任內容及目的，決定採用市場價值或市場價值以外之價值作為價值標準。」故此題答案為(B)。

**13 (B)**。評價準則公報第七號第6條：「評價人員評價無形資產時，應確認標的無形資產係屬可辨認或不可辨認。無形資產若屬不可辨認者，通常為商譽。」

故此題答案為(B)。

**14 (C)**。國際會計準則（IAS）38號之無形資產規範：「經由企業合併所取得進行中之研究專案計畫，若為研究支出，發生時即應認列為費用；若為發展支出，且不符合第57段認列為無形資產之條件，發生時即應認列為費用；及若為發展支出，且符合第57段認列為無形資產之條件，則應增加所取得之進行中研究或發展計畫之帳面金額。因此若發展階段符合無形資產之條件時，其研發成果應該使認列為無形資產。」

故此題答案為(C)。

**15 (D)**。 評價準則公報第七號第62條：
「評價人員建立權利金率時，可使用兩種方法推估假設性之權利金率。」因此評價人員應依照準則所規定的方法建立權利金率，並非不得調整。故選項(D)錯誤。
故此題答案為(D)。

**16 (A)**。 評價人員應依據專業判斷，考量價評價標的與性質及可能常用之評價方法，選擇最能合理反映評價標的的價值的方法。
收益法係以評價標的所創造之未來利益流量為評估基礎，透過資本化或折現過程，將未來利益流量轉換為評價標的之價值。因此專利或技術等無形資產公司通常都認為能夠透過此專利或技術創造未來之利潤，因此當執行評價專利或技術時，通常收益法為優先採用之評價方法；而市場法則是選擇數個與評價標的情況較類似的比較案例去進行比較，除非委任人所提供之資訊評價人員無法評估其未來利潤流量之合理性，才會選擇市場法；而成本法則是指評價標的於評價基準日當時重建或重置所需成本，扣除其累計攤提或其他應扣除部分，以推算評價標的的價值之方法，除非市場上無與評價標的情況較類似的案例比較，才會採行成本法。
故評價專利或技術時，優先採用收益法→市場法→成本法。
故此題答案為(A)。

**17 (A)**。 成本法係評價標的於評價基準日當時重建或重置所需成本，扣除

其累計攤提或其他應扣除部分，以推算評價標的價值之方法。
$120,000 - 12,000 - 18,000 - 6,000 = 84,000$。
註：修復損壞部分非重建成本或重置成本，故不得扣除。
故此題答案為(A)。

**18 (C)**。 評價準則公報第七號：
1. 第12條：當評價人員採用市場價值以外之價值作為價值標準時，應判斷是否須將企業特定因素納入考量。
2. 第16條：評價人員不論採用何種評價特定方法評價無形資產，均應對各評價特定方法之輸入值及結果進行合理性檢驗，必要時進行敏感性分析，並應將分析之方法與結果記錄於工作底稿。
3. 第17條：評價人員評價無形資產時，應估計其剩餘經濟效益年限及殘值，並於評價報告中敘明如何估計。
選項(C)錯誤，應將將分析之方法與結果記錄於工作底稿，故此答案為(C)。

**19 (A)**。 評價準則公報第7號第20條：
「評價人員採用收益法評價無形資產時，未來利益流量之風險應反映於利益流量之估計、折現率之估計或兩者之估計，惟不得遺漏或重複反映。」
選項(A)均應同時反映，應為「不得遺漏或重複反映」，故選項(A)錯誤。
選項(B)與(C)正確：評價準則公報第7號第21條。

選項(D)正確：評價準則公報第7號第24條。
故此題答案為(A)。

**20 (A)。** 評價準則公報第7號第50條：「貢獻性資產項目通常包括下列項目：1.營運資金 2.固定資產 3.人力團隊資產 4.其他有形資產及無形資產。」
選項(A)錯誤，應包含人力團資產資產。
選項(B)正確：評價準則公報第7號第48條第3款。
選項(C)正確：評價準則公報第7號第51條。
選項(D)正確：評價準則公報第7號第48條第4款。
故此題答案為(A)。

**21 (C)。** 權利金比率通常會可量專屬授權及市場成長率因素建立，故5%×1.15%=5.75%
故此題答案為(C)。

**22 (C)。** [(10,000×0.3%+30,000×6%+6,000×12%+7,500×15%+25,000×20%)÷(10,000+30,000+6,000+7,500+25,000)+4%]×(8/(8+2))
故此題答案為(C)。

**23 (B)。** 加權平均資金成本=50%×12%×(1−40%)+50%×20%+3%＝16.6%
故此題答案為(B)。

**24 (C)。** 加權平均資金成本=60%×12%×(1−40%)+40%×20%＝12.32%
故此題答案為(C)。

**25 (B)。** 評價準則公報第7號第15條：「評價人員如擬僅採用單一之評價方法或評價特定方法評價無形資產時，應取得足以充分支持所採用方法之可觀察輸入值或事實，否則應採用多種之評價方法或評價特定方法。」
選項(B)：評價人員應選定單一的評價方法評價無形資產。此敘述不完整，若擬僅採用單一之評價方法，應應取得足以充分支持所採用方法之可觀察輸入值或事實，否則應採用多種之評價方法或評價特定方法。
選項(A)正確：評價準則公報第7號第14條。
選項(C)及(D)正確：評價準則公報第7號第16條。
故此題答案為(B)。

**26 (D)。** X公司盈餘200百萬，某一技術成交價值為42百萬。
Y公司盈餘250百萬，某一技術成交價值為？百萬。
由於Y公司與X公司性質相似，且亦有一技術與X公司相近，故在可類比交易法之下依照X公司技術成交價值占X公司盈餘比率推估Y公司技術成交價值。42÷200＝0.21，0.21×250=52.5
故此題答案為(D)。

**27 (C)。** 商譽之估計：
(1) 估計所有可辨認資產之公平市價。
(2) 選擇適當之投資報酬率以計算正常盈餘。
(3) 預測未來盈餘。
(4) 計算每年超額盈餘。

(5) 估計超額盈餘之年限。

(6) 將超額盈餘資本化，即為估計之商譽。

同業正常盈餘＝$1,200,000×15%＝$180,000

超額盈餘＝$180,000－($1,000,000÷5－$50,000)＝$30,000

$30,000×六期12%年金現值＝$123,342

故此題答案為(C)。

**28 (D)**。 商譽之估計：

(1) 估計所有可辨認資產之公平市價。

(2) 選擇適當之投資報酬率以計算正常盈餘。

(3) 預測未來盈餘。

(4) 計算每年超額盈餘。

(5) 估計超額盈餘之年限。

(6) 將超額盈餘資本化，即為估計之商譽。

同業正常盈餘＝$1,200,000×15%＝$180,000

超額盈餘＝$180,000－($1,000,000÷5－$50,000)＝$30,000

$30,000÷16%＝$187,500

故此題答案為(D)。

**29 (A)**。 評價準則公報第7號第28條：「收益法下之所有評價特定方法皆高度依賴展望性財務資訊，包括5.估計剩餘經濟效益年限。」

選項(A)錯。應考量無形資產預期剩餘經濟效益年限。

選項(B)(C)(D)正確：評價準則公報第7號第34條。

故此題答案為(A)。

**30 (C)**。

| | 第一年 | 第二年 | 第三年 | 第四年 |
|---|---|---|---|---|
| 營業收入 | 2,000,000 | 2,140,000 | 2,289,800 | 2,450,086 |
| 權利金5% | 100,000 | 107,000 | 114,490 | 122,505 |
| 稅後權利金(1-23%) | 77,000 | 82,930 | 88,157 | 94,283 |
| 折現率9% | 0.91743 | 0.84168 | 0.77218 | 0.70843 |
| 現值 | 70,642 | 69,346 | 68,074 | 66,825 |

預估四年現值合計＝70,642+69,346+68,074+66,825=274,887。

故此題答案為(D)。

**31 (C)**。 評價準則公報第七號第64條規定，評價人員針對所選定之權利金率進行合理性檢驗時，若所選定之權利金率係使用第62條所述之第一種方法推估時，評價人員可使用利潤分割法對所選定之權利金率進行合理性檢驗。因此檢驗金合理性時須考量權利金扣除前之利潤，故選項(C)錯誤。

故此題答案為(C)。

**32 (A)**。 功能價值類比法又稱類比估價法，功能價值類比法是以參照物的成交價格為基礎，考慮參照物與評估對象之間的功能差異進行調整來估算評估對象價值的方法。

當資產的功能變化與其價格或重置成本的變化呈線性關係時，線性關係下的功能價值類比法稱之為生產能力比例法，而把非線性關係條件下的功能價值法稱之為規模經濟效益指數法。

選項(A)錯誤，功能價值類比法並非是對照標的與評價標的的功能差異比較計算，而係用對標的的成本價格去推算。

故此題答案為(A)。

**33 (B)**。 該第二代技術預計三年可投入
量產，因此依據折現率8%三年年金
現值及過去子公司支付之授權金評
估專利權價值，計算如下：
$=1,000,000/(1+0.08)^1+1,000,000/$
$(1+0.08)^2+1,000,000/(1+0.08)^3$
$=1,000,0000 \times 2.5771 = 2,577,100$
$\fallingdotseq 2,577,000$
官方答案給(B)，此題答案應為(C)。

**34 (B)**。 商譽之估計：
(1) 估計所有可辨認資產之公平市價。
(2) 選擇適當之投資報酬率以計算正
常盈餘。
(3) 預測未來盈餘。
(4) 計算每年超額盈餘。
(5) 估計超額盈餘之年限。
(6) 將超額盈餘資本化，即為估計之
商譽。
同業正常盈餘＝$\$1,500,000 \times 15\%=$
$\$225,000$
超額盈餘＝$\$300,000-\$225,000 =$
$\$75,000$
$\$75,000 \div 20\% = \$375,000$
故此題答案為(B)。

**35 (D)**。 選項(A)：評價準則公報第七
號第28條：「收益法之所有評價特
定方法皆高度依賴展望性財務資
訊」，故(A)錯。
選項(B)：評價準則公報第七號第19
條：「評價人員評價無形資產時，
常用之評價特定方法包括：1.收益
法下之超額盈餘法、增額收益法及
權利金節省法」，故(B)錯。
選項(C)：評價準則公報第七號第21
條第2項：「展望性財務資訊應包括
利益流量之金額、時點及不確定性

之資訊」，選項(C)未有金額，故(C)
錯。
選項(D)：評價準則公報第七號第20
條：「評價人員採用收益法評價無
形資產時，未來利益流量之風險應
反映於利益流量之估計、折現率之
估計或兩者之估計，惟不得遺漏或
重複反映。」故(D)正確。
故此題答案為(D)。

**36 (C)**。 評價準則公報第七號第14條：
「評價人員於決定無形資產評價方
法及其下之評價特定方法時，應考
量該等評價特定方法之適當性及評
價輸入值之穩健性，並應將所採用
之評價特定方法及理由於評價報告
中敘明。」
故選項(C)無須提及採用之理由錯誤
選項(A)、(D)正確：評價準則公報
第7號第15條。選項(B)正確：評價
準則公報第7號第14條。故此題答案
為(C)。

**37 (B)**。 選項(B)：評價準則公報第七
號第十二條：「當評價人員採用市
場價值以外之價值作為價值標準
時，應判斷是否須將企業特定因素
納入考量。」選項(B)為無須判斷，
故錯誤。正確為「應判斷是否須將
企業特定因素納入考量」
選項(A)及(C)正確：評價準則公報第
7號第16條。選項(D)正確：評價準
則公報第7號第17條。故此題答案為
(B)。

**38 (B)**。 選項(A)：評價準則公報第七
號第50條：「貢獻性資產通常包括
下列項目：1.營運資金　2.固定資產

3.人力團隊資產　4.其他有形及無形資產。」選項(A)為不應包括人力團隊資產，故選項(A)錯誤。

選項(B)：評價準則公報第七號第48條第3款：「貢獻性資產計提回報不得重複扣除，亦不得遺漏。」選項(B)正確。

選項(C)：評價準則公報第七號第51條：「評價人員於估計貢獻性資產計提回報時，不就營運資金計提及投資之回收，但仍應計提其提投資報酬。」選項(C)「……應就營運資金計提投資之回收……」錯誤，故選項(C)錯誤。

選項(D)：評價準則公報第七號第47條：「評價人員估計貢獻性資產計提回報時，應採用與利益流量一致之基礎，例如若以稅後基礎估計利益流量，則亦應以稅後基礎估計貢獻性資產計提回報。選項(D)「……若採稅後估計利益流量，則應以稅前基礎估計……」，應採一致性基礎，故選項(D)錯誤。

故此題答案為(B)。

**39 (D)。** 計算權利金率時應考量市場成長效益及其他相似於專利，此例與新專利具有相近應用領域之其他專利曾授權交易係以銷售額的9%專屬授權給美國公司。

此新專利擬授予3個授權單位，故平均一個授權單位為9%÷3＝3%，考量額外帶來的市場成長效益，故本案權利金率之值為3%×1.11%＝3.33%。

故此題答案為(D)。

**40 (D)。** [(50,0000×0.8%×(1-0.2)+100,000×4%×(1-0.2)+30,000×10.5%×(1-0.2)+75,000×15%×(1-0.2)+25,000×20%×(1-0.2))÷(50,000+100,000+30,000+75,000+25,000)+4%×(1-0.2)]×(8÷(8+2))

故此題答案為(D)。

**41 (C)。** 評價準則公報第七號第3條：「無形資產評價之目的通常包括交易目的，例如：(1)企業全部或部分業務之收購或出售(2)無形資產之買賣或授權，包括作價投資。(3)無形資產之質押或投保。」

選項(C)非上述之目的。故此題答案為(C)。

**42 (B)。** 商譽為一組無法單獨辨認之資產集合所代表之價值，故其無法單獨辨認其所產生之未來收益，難以採用一般之評價方法進行評估。

故此題答案為(B)。

**43 (D)。** 評價準則公報第七號第19條：「可類比交易法為市場法之評價方法，非屬收益法。」故此題答案為(D)。

**44 (D)。** 參考評價準則公報第七號第14條、第15條：

評價人員決定評價方法後，應將所採用之評價特定方法及裡由於評價報告說中敘明，故甲錯誤。

評價人員如採用兩種以上之評價方法或評價特定方法時，應對採用不同評價方法所得之價值估計間之差異予以分析並調節，即評價人員應綜合考量不同評價方法（或評價特定方法）與價值估計之合理性及所

使用資訊之品質與數量，據以形成合理之價值結論。故乙「平均值作為最終之價值估計數」錯誤
故此題答案為(D)。

**45 (D)**。 甲及乙兩者定義顛倒，故兩者皆錯。（參考評價準則公報第七號第22條及23條），故此題答案為(D)。

**46 (B)**。 超額盈餘法通常適用於客戶合約、客戶關係、技術或進行中之研究及發展計畫之評價。已組合之勞動力難以預估其利益流量及報酬，故已組合之勞動路最不可能以超額盈餘法進行評價。
故此題答案為(B)。

**47 (D)**。 重置成本法係以重新購買或製作與評價標的效用相近之資產之成本評估評價標的價值。商標係指代表企業產的文字、標記或圖樣，可替公司創造經濟效益，故評價商標價值時通常使用收益法評價，且商標若要重新購買或是內部自行研發較屬困難，且購買成本難以評估其合理性，因此不可能以重置成本法針對商標進行評價。
故此題答案為(D)。

**48 (D)**。 Terminal value = ($1653 × (1 + 3%) / (15% - 3%)) = $ 14,188.25
故此題答案為(D)。

**49 (C)**。 評價準則公報第七號第27條：「若無形資產之評價得採用市場法或收益法時，不得以成本法為唯一評價方法。」
故此題答案為(C)。

**50 (B)**。 評價準則公報第七號第49條：「估計各項貢獻性資產計提回報通常包括下列步驟：
1.評估貢獻性資產之貢獻及其程度。
2.估計貢獻性資產之回收金額。
3.估計貢獻性資產之市場價值。
4.估計合理反映貢獻性資產風險之要求報酬率。
5.依據第三款及第四款估計貢獻性資產之要求報酬金額。」
因此本例貢獻性資產之貢獻主要是歸因於設備廠房，故最合理的能反映貢獻資產風險的折現率係固定資產融資利率8%。
故此題答案為(B)。

# 112 年第 1 次初級無形資產評價

## 無形資產評價概論(一)

( ) **1** 關於一項資產要滿足無形資產的可辨認性，其符合的條件下列何者正確？甲、必須可與企業分離或區分，且可各別或隨相關合約，可辨認資產或負債出售、移轉、授權、出租或交換，而不論企業是否有意圖進行此項交易。乙、由合約或其他法定權利所產生，而不論是否可以移轉或是否可以與企業或其他權利及義務分離。　(A)僅甲符合　(B)僅乙符合　(C)兩者皆符合　(D)兩者皆不符合。

( ) **2** 下列二個關於商譽的敘述何者正確？　甲、商譽指的是客戶對公司的商標或產品品牌的整體印象。乙、商譽是不可辨認的無形資產。(A)僅甲是對的　(B)僅乙是對的　(C)兩者皆對　(D)兩者皆錯。

( ) **3** 下列關於無形資產評價的敘述何者正確？　甲、未取得專利的生產技術，雖然已在公司內部使用，也不算無形資產，評價人員無法評估其價值。乙、『員工是公司重要的資產』僅是口號，實務上我們無法評估一家公司人力團隊的價值　(A)僅甲是對的　(B)僅乙是對的　(C)兩者皆對　(D)兩者皆錯。

( ) **4** X公司的資產總值為5,000,000台幣，其負債總額為500,000台幣。請問X公司的股東權益何者正確？　(A)5,000,000　(B)4,500,000　(C)5,500,000　(D)資料不足，無法估計。

( ) **5** 如果X公司有無形資產，我們通常可以在X公司的何種財務報表上找到該公司無形資產的帳面價值？　(A)在綜合損益表的營業費用的區塊　(B)在資產負債表的流動資產區塊　(C)在資產 負債表的非流動資產區塊　(D)在資產負債表的股東權益區塊。

( ) **6** XYZ公司於2018年將一項專利授權給ABC公司，雙方同意：ABC公司將按該授權專利衍生產品的營收金額的2%做為權利金，每年支付給XYZ。2019年度，ABC公司總營收為5,000,000台幣，其中該授權

專利產品的營收占25%，請問2019年度，ABC公司應付給XYZ公司多少權利金？ (A)100,000台幣 (B)250,000台幣 (C)50,000台幣 (D)25,000台幣。

( ) **7** 下列關於無形資產的敘述何者正確？ 甲、無形資產的可辨認性係可分離，即可與企業分離或區分，且可各別或隨相關合約，可辨認資產或負債出售、移轉、授權、出租或交換，而不論企業是否有意圖進行此項交易。乙、無線廣播電台業者的特定無線電頻率使用特許執照，為其事業的核心，無法與企業經營分離或區分，所以無法以無形資產進行評價。 (A)僅甲是對的 (B)僅乙是對的 (C)兩者皆對 (D)兩者皆錯。

( ) **8** 下列關於商譽的敘述何者正確？ (A)可單獨出售的資產 (B)不可單獨辨認的資產 (C)可單獨評價的資產 (D)可與企業或資產群組分離。

( ) **9** 下列何項無形資產之價值，是以評價方法所估算之企業權益價值扣除淨資產價值後之剩餘金額？ (A)專利 (B)商標 (C)商譽 (D)品牌。

( ) **10** 下列有關無形資產之敘述，何者有誤？ (A)商譽指自企業合併取得之不可辨認及未單獨認列未來經濟效益之無形資產 (B)某些無形資產可能包括於或是以實體形式存在 (C)依照國際會計準則第38號規定，在符合一定條件下，內部產生之商譽可認列為資產 (D)商譽無法與企業其他各種可辨認資產分開單獨出售。

( ) **11** 下列有關無形資產之敘述，幾項為正確？ (1)無形資產之後續增添、部分重置或維修等支出，除極少數情況外，一般均可認列為資產；(2)無形資產之後續支出若能維持現有無形資產之預期未來經濟效益，則符合國際會計準則第38號對無形資產之認列條件；(3)企業應使用合理且可佐證之假設評估預期未來經濟效益之可能性；(4)無形資產須該成本能可靠衡量或預期未來經濟效益很有可能流入企業，始能認列。 (A)1項 (B)2項 (C)3項 (D)4項。

(　　) **12** 甲公司的存貨週轉天數為30天，應收帳款收現天數為60天，應付帳款付現天數為45天，總資產週轉天數為120天，試問甲公司之現金循環天數下列何者正確？ (A)75天 (B)90天 (C)165天 (D)45天。

(　　) **13** 甲公司總資產為\$100、負債為\$40、營業收入為\$200、淨利率為10%，試問甲公司之股東權益報酬率下列何者正確？ (A)33% (B)20% (C)66% (D)12%。

(　　) **14** 甲公司於20X0年營業活動之現金流量為\$200，發放股票股利為\$50，流動資產為\$100，長期投資為\$350，不動產、廠房及設備總額為\$450及其累計折舊為\$250，其他非流動資產為\$50，流動負債為\$50，其他非流動負債為\$100，試問甲公司之現金再投資比率下列何者正確？ (A)16% (B)22% (C)23% (D)31%。

(　　) **15** 下列何者非為企業主要的融資資金管道？ (A)運用經營成果產生之資金 (B)出售投資變現 (C)發行股票 (D)發行債券。

(　　) **16** 甲公司於20X0年每股盈餘為\$10，股利支付比率為80%，預期未來股利成長率可維持10%，目前每股市價為\$100，若甲公司擬辦理現金增加\$3億元，承銷費率2%，試算公司於20X0年現金增資的資金成本下列何者正確？ (A)16% (B)17% (C)18% (D)19%。

(　　) **17** 若10年期政府公債之利率為5%，甲公司對大盤波動敏感度的 $\beta$ 為1.2，權益市場風險溢酬為7%，公司特定風險溢酬為3%，長期負債利率為6%，所得稅率為20%，長期負債與權益比例為4:6，試算公司之加權平均資金成本下列何者正確？ (A)8.2% (B)8.6% (C)11.8% (D)12.2%。

(　　) **18** 下列有關無形資產的敘述何者有誤？ (A)若無形資產之會計政策採成本模式，則無形資產原始認列後，應以其成本減除所有累計攤銷及累計減損損失後之金額列報 (B)若無形資產之會計政策採重估價模式，則無形資產原始認列後，應以重估價金額列報重估價金額為重估價日之公允價值減除所有累計攤銷及累計減損損失後之金

額　(C)重估價模式不允許對先前未認列為資產之無形資產重估價 (D)無形資產之帳面價值若因重估價而增加，則增加數應認列於「其他綜合損益」相反地，無形資產之帳面價值若因重估價而減少，該減少數亦認列於「其他綜合損益」。

(　　) **19** 關於商譽之會計處理，下列敘述何者正確？　(A)商譽係指企業合併所移轉對價超過所取得可辨認資產及承擔之負債於收購日之淨公允價值　(B)因企業合併所產生之廉價購買，須將廉價購買金額按金額比例分攤至所取得可辨認資產及承擔之負債　(C)商譽需每年進行減損測試，亦即不論商譽是否有任何減損之跡象，其可回收金額應至少每年衡量　(D)商譽之以前年度認列之減損損失，如該資產之可回收金額上升，則其減損金額應予以轉回。

(　　) **20** 甲公司於X1年間有下列支出，若不考慮折舊或攤銷，則依國際財務報導準則（IFRS）之規定，該公司得認列於財務報表之無形資產之最佳金額何者正確？　(1)與客戶餐敘之交際費$100；(2)因產生照片與圖像所支付之員工福利成本$200；(3)法定權利之登記及註冊費$300；(4)用以產生音樂作品之薪資費用$400。　(A)$700　(B)$800, (C)$900　(D)$1,000。

(　　) **21** 下列有關貢獻性資產之敘述，何者不符合評價準則公報第七號之規定？　(A)貢獻性資產係指：與標的無形資產共同使用以實現與標的無形資產有關之展望性利益流量之資產　(B)貢獻性資產對於與標的無形資產共同使用而創造之利益流量之貢獻，簡稱貢獻性資產計提回報　(C)貢獻性資產計提回報係貢獻性資產價值之合理報酬，而於某些情況下，亦須考量貢獻性資產之回收　(D)貢獻性資產之計提回報係指參與者對該資產所要求之投資報酬。

(　　) **22** 商標、營業名稱、獨特之商業設計及網域名稱等，主要用於推廣產品或 務之無形資產，通常歸類於下列何種類型？　(A)行銷相關 (B)客戶相關　(C)文化創意相關　(D)合約相關。

（　）**23** 甲公司之資產及負債，若經評價後有下列金額，則甲公司可辨認淨資產價值為何？
可辨認之有形資產價值：$400
可辨認之無形資產價值：$200
實際負債之價值：$10
潛在負債之價值：$20
(A)$600　(B)$590　(C)$570　(D)$300。

（　）**24** 依據國際會計準則第38號，貨幣性資產之定義下列何者正確？
(A)係指持有之貨幣，及收取具有固定或可決定貨幣金額之資產
(B)係指持有之貨幣，及收取具有固定、不固定或可決定貨幣金額之資產　(C)係指持有之貨幣，及收取具有固定或可決定貨幣金額之資產及負債　(D)係指持有之貨幣，及收取具有固定、不固定或可決定貨幣金額之資產及負債。

（　）**25** 企業可能擁有客戶族群或市場占有率，並因致力於建立客戶關係及忠誠度，而預期客戶將持續與企業進行交易。但由於下列何種原因，可能不符合國際會計準則（IAS38）無形資產之定義？　(A)企業通常無法充分控制來自客戶關係及忠誠度所產生之預期經濟效益
(B)在缺乏法定權利以保護客戶關係之情況下，卻有交換相同或相似非合約之客戶關係之交易　(C)有證據顯示企業能控制自客戶關係所產生之預期未來經濟效益　(D)來自客戶關係及忠誠度之經濟利益具有可辨認性且企業對該經濟利益具有控制力。

（　）**26** 下列有關內部產生品牌之敘述，何者錯誤？　(A)依據國際會計準則第38號之規定，內部產生之品牌不得認列為無形資產　(B)內部產生之品牌仍可成為評價準則公報第七號之評價標的　(C)內部產生品牌不具有未來經濟效益　(D)內部產生品牌之支出無法與發展整體業務之成本相區分。

（　）**27** 下列有關商譽之敘述何者正確？　(A)商譽不屬於評價準則公報定義之無形資產　(B)商譽於評價準則公報中之定義，可能不同於會計及稅務上對商譽之定義　(C)評價人員通常採用收益法，直接評估商譽

之價值 (D)商譽若來自於公平交易，則可以與企業、業務或資產群組相分離。

( ) **28** 依評價準則公報第七號「無形資產之評價」規範，下列有關商譽之敘述何者有誤？ (A)商譽係可分離，即可與企業分離或區分，且可個別或隨相關合約、可辨認資產或負債出售、移轉、授權、出租或交換 (B)商譽係源自企業、業務或資產群組之未來經濟效益 (C)商譽係由兩個或多個企業合併所產生之專屬綜效 (D)商譽之價值為採用評價方法所估計之企業權益價值減除可辨認淨資產價值後之剩餘金額。

( ) **29** 依國際會計準則第38號「無形資產」（IAS38-IntangibleAssets）之規範，下列何者適用無形資產之會計處理？ (A)企業於正常營業過程中為供出售而持有之無形資產 (B)開採產業使用之電腦軟體 (C)無形資產之租賃 (D)企業合併所取得之商譽。

( ) **30** 有關無形資產之定義，下列敘述何者正確？ (A)商業會計處理準則第21條對無形資產之定義不包含商譽 (B)企業會計準則公報對無形資產之定義為無實體形式之可辨認非貨幣性資產，但不包含商譽 (C)評價準則公報定義無形資產為無實際形體之非貨幣性資產，包含商譽以外之無形資產及商譽 (D)國際會計準則第38號「無形資產」對無形資產之定義為無實體形式之貨幣性資產。

( ) **31** 下列何者並非常見之無形資產評價目的？ (A)交易目的 (B)法務目的 (C)財務報導目的 (D)企業永續目的。

( ) **32** 下列何者並非商譽以外之無形資產之性質？ (A)無實際形體 (B)貨幣性資產 (C)可辨認 (D)具未來經濟效益。

( ) **33** 依國際會計準則第38號「無形資產」之規定，下列各項中，何者為無形資產之認列條件？甲、可歸屬於該資產之預期未來經濟效益很有可能流入企業；乙、資產之成本能可靠衡量；丙、不可與企業分離或區分。 (A)甲、乙 (B)甲、丙 (C)乙、丙 (D)甲、乙、丙皆是。

( ) **34** 依據國際會計準則第38號「無形資產」之規定，下列關於研究與發展支出會計處理之敘述，何者正確？ (A)研究與發展支出均應認列為當期費用 (B)研究與發展支出均應認列為無形資產 (C)研究支出應認列為當期費用，發展支出應認列為無形資產 (D)研究支出應認列為當期費用，發展支出則可能認列為當期費用或無形資產。

( ) **35** 甲公司已持有專利權A多年，而後購入專利權B，係為防禦之目的，以移除對原持有專利權A之威脅，此二項專利權之剩餘法律年限與經濟年限如下：

|  | 專利權A | 專利權B |
|---|---|---|
| 法律年限 | 10年 | 15年 |
| 經濟年限 | 6年 | 8年 |

試問攤銷B專利權之耐用年限為何？ (A)0年 (B)6年 (C)8年 (D)10年。

( ) **36** 依據國際會計準則第38號「無形資產」之規定，下列有關無形資產之敘述，何 者有誤？
(1)營業秘密屬於行銷相關之無形資產；
(2)研究階段之支出若符合認列條件，則應認列為無形資產之成本；
(3)先前已認列為費用之發展階段支出，若後續發現該支出具有未來經濟效益，則應 迴轉認列為無形資產之成本，但僅限於當年度之支出，不得追溯調整以前年度之支出。
(A)僅1、2 (B)僅1、3 (C)僅2、3 (D)1、2、3。

( ) **37** 依據國際會計準則第38號「無形資產」之規定，下列何者非屬無形資產？ (A)標章 (B)商標 (C)營業秘密 (D)應收帳款。

( ) **38** 甲公司以$5,000,000取得乙公司100%股權，若當時乙公司可辨認資產、負債之帳面金額與公允價值分別如下：

|  | 資產 | 負債 |
|---|---|---|
| 帳面金額 | $5,000,000 | $3,000,000 |
| 公允價值 | $8,000,000 | $4,000,000 |

甲公司於此項交易中應認列之商譽金額何者正確？　(A)$1,000,000
(B)$2,000,000　(C)$3,000,000　(D)$4,000,000。

( 　) **39** 乙公司的本益比為14，股東權益報酬率為12%，則其市值淨值比何
者正確？　(A)1.68　(B)0.86　(C)1.17　(D)以上皆非。

( 　) **40** 丙公司的負債占總資產比率為45%，其負債的資金成本為7.2%，權
益的資金成本為10%，稅率為18%，試問其加權平均資金成本為多
少？　(A)10.44%　(B)12.65%　(C)8.16%　(D)9.21%。

( 　) **41** 資本預算的評估方法有以下五種：
I、回收期間法；II、會計報酬率法；III、淨現值法；IV、獲利指數
法；V、內部報酬率法。
請問上述何者並沒有考慮到現金流量與貨幣時間價值？　(A)III及V
(B)II及IV　(C)I及II　(D)I、II、III及IV。

( 　) **42** 有關融資順位理論的敘述，下面何者有誤？　(A)當企業具有資金
需求時，首先會傾向於先出售有價證券以籌措資金　(B)企業向外
進行融資的順序，則依序由債券、可轉換公司債、特別股至普通
股　(C)企業需向外進行融資時，舉債資金來源優於權益資金之來源
(D)當國內利率處於 史低點且漸浮現通膨隱憂時，是發行公司債的
好時機。

( 　) **43** 下列對股利政策的敘述何者正確？　(A)若投資人預期甲公司今年
發放的股利會比去年多0.5元，且公司宣布發放的股利也如市場預
期，故宣布股利那天股價會上漲，來發射公司未來前景看好的訊號
(B)公司決定採剩餘股利政策，與投資機會沒有關係　(C)當公司把
保 盈餘進行再投資後可以獲利18%的報酬率，遠高於股東所要求的
報酬率12%，公司將採剩餘股利政策　(D)即使公司預期未來有好的
投資機會，為降低投資人對未來預期收入的不確定性，公司宜採穩
定股利政策。

( 　) **44** 下列何者不是公司買回庫藏股的目的？　(A)轉讓給員工　(B)通常
發生在公司股價非理性下跌時，藉以穩定股東對公司的信心　(C)配
合發行附認股權證，以準備作為股權轉讓之用　(D)操縱公司的股價。

( ) **45** 若公司營收成長時，下列何種情況最可能顯示公司有虛增營收的情形？　(A)純益率下降　(B)營業淨益率下降　(C)應收帳款週轉率下降　(D)應收帳款收帳天數下降。

( ) **46** 企業權益總額會因為下列何項交易發生而減少？　(A)以低於面額之價格買回庫藏股　(B)以高於買回價格售出庫藏股票　(C)以低於買回價格售出庫藏股票　(C)註銷先前買回之庫藏股票。

( ) **47** 若企業的負債比率為60%，則負債比率將因發生下列何事項而上升？　(A)買回庫藏股票　(B)以高於買回價格售出庫藏股票　(C)以低於買回價格售出庫藏股票　(D)註銷先前買回之庫藏股票。

( ) **48** 下列交易事項對財務比率影響之敘述何者有誤？　(A)沖銷呆帳不影響速動比率及流動比率　(B)可轉換公司債進行轉換，使負債比率下降　(C)售出庫藏股票，使負債比率下降　(D)提列存貨跌價損失不影響速動比率及流動比率。

( ) **49** 甲公司X8年度銷貨毛利為$108,000，期初與期末應收帳款分別為$102,000與$90,000，若銷貨毛利率為25%，則應收帳款週轉率何者正確？　(A)1.125次　(B)4.5次　(C)5次　(D)5.625次。

( ) **50** 甲公司X6年純益率為5%，權益總額為銷貨淨額20%，所得稅率為20%，若X6年期初與期末權益總額均為$5,000,000，則X6年權益報酬率何者正確？　(A)5%　(B)20%　(C)25%　(D)31.25%

---

### 解答及解析

**1 (C)**。依據國際會計準則公報第三十八號「無形資產」之規定，無形資產符合下列條件之一時，係可辨認：
(1) 係可分離，即可與企業分離或區分，且可個別或隨相關合約、可辨認資產或負債出售、移轉、授權、租賃或交換，而不論企業是否有意圖進行此項交易。

(2) 由合約或其他法定權利所產生，而不論該等權利是否可移轉或是否可與企業或其他權利及義務分離。
甲：可分離或區分；乙：可由合約或其他法定權利所產生
故此題答案為(C)。

**2 (B)**。依據國際會計準則公報第三十八號「無形資產」之規定，商譽無法與企業分離，係屬於不具可辨認性之無形資產。

甲選項錯：商譽為企業合併所產生，為一項代表企業合併去得知其他資產所產生之為個別辨認及單獨認列未來經濟效益之資產。未來經濟效益可能來自於所取得可辨認資產間產生之綜效，亦可能來自不符合財務報表個別認列條件之資產。因此客戶對公司的商標或產品品牌的整體印象非屬企業合併所產生。

故此題答案為(B)。

**3 (D)**。依據國際會計準則公報第三十八號「無形資產」之無形資產定義：可辨認性、可被企業控制之資源、具未來經濟效益。

國際會計準則公報第三十八號「無形資產」之無形資產認列條件：該資產之預期未來經濟效益很有可能流入企業，且資產之成本能可靠衡量。

生產技術是公司於輸入至輸出的過程中，涉及的專業技術，其可為公司帶來預期的經濟效益。

員工是公司的無形資產，因為公司提供良好的薪酬制度、員工福利，可增進員工對公司的向心力。

因此，生產技術和員工皆符合無形資產定義及認列條件。

故此題答案為(D)。

**4 (B)**。股東權益=總資產-總負債
→5,000,000-500,000=4,500,000
故此題答案為(B)。

**5 (C)**。依據國際會計準則公報第一號「財務報表之表達」規定，有下列情況之一者，企業應將資產分類為流動：

(1) 企業預期於其正常營業週期中實現該資產，或意圖將其出售或消耗。

(2) 企業主要為交易目的而持有該資產。

(3) 企業預期於報導期間後十二月內實現該資產。

(4) 該資產為現金或約當現金，除非於報導期間後至少十二個月將該資產交換或用以清償負債受到限制。

不符合上述要件者，企業應將所有其他資產分類為非流動。

無形資產所產生之未來經濟效益通常是超過一個正常營業週期，企業無法在正常營業週期中實現該資產，故應分類為非流動資產。

故此題答案為(C)。

**6 (D)**。權利金是指取得專利授權所支付的費用。

此題權利金是「雙方同意ABC公司將按該授權專利衍生產品的營收金額的2%做為權利金，每年支付給XYZ。」

因此，權利金 = 授權專利衍生產品的營收金額×2%= ($5,000,000×25%)×2% = $25,000

**7 (A)**。依據國際會計準則公報第三十八號「無形資產」之之無形資產定義：可辨認性、可被企業控制之資源、具未來經濟效益。

無形資產若符合「可分離」或「由合約或其他法定權利所產生」其中之一者即屬可辨認之無形資產。

凡各種商標權、專利權、特許權、電腦軟體及商譽等皆屬於無形資產。

特許權：政府或企業授予其他企業，在特定地區經營某業務或用特定方法、技術、名稱銷售某種產品之權利。

因此，甲為可分離、乙為特許權，皆屬於無形資產。

故此題答案為(A)。

**8 (B)**。依據國際會計準則公報第三十八號「無形資產」之規定，商譽無法與企業分離，係屬於不具可辨認性之無形資產。商譽為企業合併所產生，為一項代表企業合併去得知其他資產所產生之為個別辨認及單獨認列未來經濟效益之資產。未來經濟效益可能來自於所取得可辨認資產間產生之綜效，亦可能來自不符合財務報表個別認列條件之資產。因此客戶對公司的商標或產品品牌的整體印象非屬企業合併所產生。

故此題答案為(B)。

**9 (C)**。商譽認列為企業合併所產生，係由購買其他公司支付總成本減除可辨認淨資產之公平價值之金額。專利、商標及品牌可採用收益法、市場法或成本法評價。

故此題答案為(C)。

**10 (C)**。依據國際會計準則公報第三十八號「無形資產」之規定，內部產生之商譽不得認列為資產。

故此題答案為(C)。

**11 (A)**。國際會計準則公報第三十八號「無形資產」之規定：

(1) 無形資產之後續增添、部分重製或等維修支出，若能維持該無形資產之預期未來經濟效益很有可能流入企業以及成本可能可靠衡量，則可認列為資產。故選項(1)錯誤。

(2) 無形資產後續支出除了能維持現有無形資產之預期未來經濟外，還尚須符合成本能可靠衡量條件。故選項(2)錯誤。

(3) IAS38.22段規定：企業應使用合理且可佐證之假設評估預期未來經濟效益之可能性，該等假設代表管理階層在資產耐用年限內將存在之經濟情況所作之最佳估計。選項(3)正確。

(4) IAS38.21段規定：無形資產於且僅於同時符合下列兩條件時，始應認列：可歸屬於該資產之預期未來經濟效益很有可能流入企業；及資產之成本能可靠衡量。選項(4)正確。

此題選項(3)跟選項(4)皆正確，官方答案僅有一項正確，選項(3)由於後段規定未敘述完整，故不能算完成正確，因此完全符合公報規定僅有選項(4)一項。

故此題答案為(A)。

**12 (D)**。現金循環天數(週期)=存貨週轉天數+應收帳款收現天數+應付帳款付現天數

→30+60-45=45

故此題答案為(D)。

**13 (A)**。 股東權益報酬率＝稅後損益÷平均股東權益淨額
股東權益報酬率=(200×10%)/(100-40)=33%
故此題答案為(A)。

**14 (B)**。 現金再投資比率＝（營業活動淨現金流量－現金股利）／（不動產、廠房及設備毛額＋長期投資＋其他非流動資產＋營運資金）
現金再投資比率=(200-0)/(450+350+50+(100-50))=22.22%
故此題答案為(B)。

**15 (B)**。 融資為企業籌措資金的活動，其分為下列二種類型之金融：
直接金融：資金需求者發行有價證券（股票、債券、公司債等），自金融市場籌措資金。
間接金融：透過金融中介機構將資金從供給者移轉至資金需求者。
(B)出售為買賣行為，而非「籌措資金」。
故此題答案為(B)。

**16 (D)**。 要計算股票的資本成本常用的方法是 Gordon Growth Model (常成長股息模型)：
K1＝(D_1)/(P_0-g)
(k) ＝ 股票的資本成本
(D_1) ＝ 明年的預期股利
(P_0) ＝ 股票的當前市價
(g) ＝ 股利的預期成長率
首先，我們需要計算( D_1 )：
[ D_0 =每股盈餘/股利支付比率 = $10 \times 80% = $8 ]
由於預期股利成長率是10%，所以：
[ D_1 =(D_0)/(1+g) = $8/1.1 = $8.80]

使用Gordon Growth Model計算資本成本：
[ k = $8.8/100+ 10% = 8.8% + 10% = 18.8% ]
但考慮到現金增資的承銷費率2%，資金成本會增加：
[ k_{new} = 18.8% + 2% = 20.8% ]
考量承銷費用率，實際可以從市場得到的資金金額為（ $100 ×(1 - 2%) = $98）。
因此，使用新的市價重新計算資本成本：
k = $8.8/98+10%=18.98%
接近19%，故此題答案為(D)

**17 (C)**。 權益資金成本＝殖利率＋敏感度×（預期報酬率 - 殖利率）＋公司特定風險溢酬=5% +1.2 × 7% + 3% ＝16.4%
加權平均資金成本=40%×6%×(1－20%)＋60%×16.4%＝11.76%
≒11.8%
故此題答案為(C)。

**18 (D)**。 國際會計準則公報第三十八號「無形資產」規定（IAS38.85）：無形資產之帳面金額若因重估價而增加，則增加數應認列於其他綜合損益並累計至權益中之重估增值項下。惟該相同資產過去若曾認列重估價減少數為損益者，則重估價之增加數應於迴轉該減少數之範圍內認列為損益。故選項(D)錯誤。
此題答案為(D)。

**19 (C)**。 選項(A)：國際財務報導準則第三號「企業合併」規定（IFRS 3.32）：收購者應認列收購日之商

譽，收購日之移轉對價超過所取得可辨認資產及承擔之負債於收購日之依照國際財務報導準則衡量之淨額。依照國際財務報導準則衡量之淨額為淨公允價值。故選項(A)正確。
選項(B)：依國際財務報導準則第三號「企業合併」規定（IFRS3.35），廉價購買利益收購者應於收購日產生之利益列入損益，且該利益應歸屬於收購者。故選項(B)錯誤。
選項(C)：正確。商譽依照國際會計準則第三十六號「資產減損」之規定（IAS36.10），商譽需每年進行減損測試，亦即不論商譽是否有任何減損之跡象，其可回收金額應至少每年衡量。
選項(D)：國際會計準則第三十六號「資產減損」之規定（IAS36.124），已認列之商譽減損損失，不得於後續期間迴轉。故選項(D)錯誤。
此題答案(A)及(C)皆正確，官方答案為(C)。

20 **(C)**。 國際會計準則公報第三十八號「無形資產」規定，無形資產若為內部產生，其成本包括所有開發、產生及整備資產，使其達到能以管理階層所預期方式運作之必要可直接歸屬成本。可直接歸屬成本如：
(1) 產生無形資產所使用或消耗之材料成本及服務成本。
(2) 因產生無形資產所支付之員工福利成本。
(3) 法定權利之登記規費。
(4) 用以產生無形資產之專利權與特許權之攤銷金額。
本題與客戶餐敘之交際費費用非屬

可直接歸屬成本，其餘(2)~(4)係屬可直接歸屬成本。
→200+300+400=900
故此題答案為(C)。

21 **(D)**。 評價準則公報第七號第五條：貢獻性資產計提回報係貢獻性資產價值之合理報酬，而於某些情況下，亦須考量貢獻性資產之回收。貢獻性資產之合理報酬係參與者對該資產所要求之投資報酬，而貢獻性資產之回收係該資產原始投資之回收。
選項(D)錯，參與者對該資產所要求之投資報酬係指貢獻性資產之合理報酬非計提回報。
故此題答案為(D)。

22 **(A)**。 評價準則公報第七號第七條：無形資產通常可歸屬於下列一種或多種類型，或歸屬於商譽：1.行銷相關：行銷相關之無形資產主要用於產品或 勞務之行銷或推廣。例如商標、營業名稱、獨特之商業設計及網域名稱。
故此題答案為(A)。

23 **(C)**。 國際財務報導準則第三號「企業合併」規定（IFRS3.18）：收購者應按收購日之公允價值，衡量所取得之可辨認資產及承擔之負債。
國際財務報導準則第三號「企業合併」規定（IFRS3.21），衡量其企業合併所取得之商譽，尚需考量認列衡量原則之例外，屬IAS37範圍內之負債及或有負債。
可辨認淨資產價值=可辨認之資產價值（包括有形及無形）－實際負

債－潛在負債（或有負債）
→400+200-10-20=570
故此題答案為(C)。

**24 (A)。** 國際會計準則公報第三十八號「無形資產」規定，貨幣性資產定義：係指持有之貨幣，及收取具有固定或可決定貨幣金額之資產。
故此題答案為(A)。

**25 (A)。** 國際會計準則公報第三十八號「無形資產」規定（IAS38.16），無形資產必須具有可辨認性、對資源之控制及未來經濟效益之存在。選項(A)：企業雖有客戶關係及忠誠度，但無法充分控制及無法衡量之預期經濟效益，因此不符合無形資產一定義。選項(B)：由於有交換相同或相似非合約之客戶關係之交易，故可提供證據顯示企業仍然能控制自客戶關係所產生之預期未來經濟效益。
選項(C)與(D)：具有可辨認性、控制及預期經濟效益，符合無形資產定義。
故此題答案為(A)。

**26 (C)。** 國際會計準則公報第三十八號「無形資產」規定（IAS38.51），有時難以評估內部產生之無形資產是否符合認列條件，其理由在於(1)難以辨認是否存在及何時存在將產生預期未來經濟效益之可辨認資產；(2)可靠決定資產之成本。在某些情況下，內部產生無形資產之成本無法與維持或強化企業內部產生商譽之成本或日常發生之營運成本區分。但若內部產生之品牌符合

IAS38.57發展階段之要件以及無形資產之定義，仍可具有未來經濟效益。故此題答案為(C)。

**27 (B)。** 選項(A)：評價準則公報第七號第五條規定，無形資產係指(1)無實際形體、可辨認及具未來經濟效益之非貨幣性資產(2)商譽。故選項(A)錯。
選項(B)：評價準則公報第七號第五條規定，商譽指源自企業、業務或資產群組之未來經濟效益，且無法與企業、業務或資產群組分離者。此一定義係用於評價案件，可能與會計及稅務上對商譽之定義有所不同。故選項(B)正確。
選項(C)：商譽之價值為採用評價方法所估計之企業權益價值減除可辨認淨資產價值後之剩餘金額。非收益法，故選項(C)錯。
選項(D)：商譽為不可辨認之無形資產，無法與企業、業務或資產群組相分離，故選項(D)錯。
故此題答案為(B)。

**28 (A)。** 評價準則公報第七號第六條規定：無形資產符合下列條件之一時，係可辨認：
(1) 係可分離，即可與企業分離或區分，且可個別或隨相關合約、可辨認資產或負債出售、移轉、授權、租賃或交換，而不論企業是否有意圖進行此項交易。
(2) 由合約或其他法定權利所產生，而不論該等權利是否可移轉或是否可與企業或其他權利及義務分離。
無形資產若屬不可辨認者，通常為商譽。

故選項(A)錯，商譽為不可辨認，即
不可分離。
故此題答案為(A)。

29 **(B)**。 適用國際會計準則第三十八號
「無形資產」規定之會計處理之無
形資產通常有：專利權、著作權、
電腦軟體、商標權及商譽。
選項(A)所指之無形資產為供出售
而持有，應適用國際會計準則第二
號「存貨」之會計處理；選項(D)企
業合併所取得之商譽，雖亦規範於
國際會計準則第三十八號「無形資
產」中，但由於商譽係非確定耐用年
限之無形資產，不得攤銷，但需每年
進行減損測試。選項(C)：租賃並非
屬無形資產，租賃應適用國際財務報
導準則第十六「租賃」之規範。
故此題最適合之選項為(B)。

30 **(C)**。 商業會計處理準則第二十一
條：無形資產，指無實體形式之可
辨認非貨幣性資產及商譽。
企業會計準則公報第十八號第三
條：無形資產係指無實體形式之非
貨幣性資產，包括商譽以外之無形
資產及商譽。
評價準則公報第七號第五條：無形資
產係指無實際形體、可辨認及具未
來經濟效益之非貨幣性資產與商譽。
國際會計準則第三十八號(IAS38.8)：
無形資產係指無實體形式之可辨認
非貨幣性資產。
故此題答案為(C)。

31 **(D)**。 評價準則公報第七號第三條：
無形資產評價之目的通常包括，交
易目的、稅務目的、法律目的、財

務報導目的及管理目的。
故此題答案為(D)。

32 **(B)**。 無形資產係指無實際形體、可
辨認及具未來經濟效益之非貨幣性
資產與商譽，
故此題答案為(B)。

33 **(A)**。 國際會計準則第三十八號「無
形資產」規定（IAS38.21），無形
資產認列條件為具有可辨認性（可
辨認性為係可分離或由合約或其他
法定權利所產生）、控制及未來經
濟效益，且可歸屬於該資產之預期
未來經濟效益很有可能流入企業及
資產之成本能可靠衡量。
選項丙：不可與企業分離或區分不
符合無形資產認列之要件。
故此題答案為(A)。

34 **(D)**。 國際會計準則第三十八號「無
形資產」規定（IAS38.54、57），
研究支出應於發生時認列費用，由
於該費用是在企業的內部計畫之研
究階段，企業並無法證明存在將產
生具有未來經濟效益之無形資產，
因此該支出應於發生時認列費用；
而發展階段之支出，若企業能證明
必要項目並符合無形資產認列之條
件，則可認列無形資產，反之應於
發生時認列費用。
故此題答案為(D)。

35 **(B)**。 本題購入專利權B主要係用於
防衛之目的，以移除對原持有專利
權A之威脅，因此專利權B並未能夠
讓企業未來有經濟效益，因此購入
專利權B之成本應併入專利權A，依

照專利權耐用年限攤銷，購入專利權B是為維持原專利權A之未來經濟效益。因此應按法定年限及經濟年限之較短者攤銷，專利權A經濟年限6年短於法定年限10年，專利權B之成本應按6年攤銷。

故此題答案為(B)。

**36 (D)**。

(1) 評價準則公報第七號第七條：行銷相關之無形資產主要用於產品或勞務之行銷或推廣。例如商標、營業名稱、獨特之商業設計及網域名稱。營業秘密未符合上述之要件。故選項(1)錯。

(2) 國際會計準則第三十八號「無形資產」規定（IAS38.43）：研究階段之支出發生時即應認列為費用。故選項(2)錯。

(3) 國際會計準則第三十八號「無形資產」規定（IAS38.43）：發展階段之支出，若符合認列為無形資產之條件，發生時則可認列為無形資產。準則並未規定後續發現該支出符合要件時，可以迴轉已認列費用之成本。故選項(3)錯誤。

故此題選項皆錯，此題答案為(D)。

**37 (D)**。應收帳款屬於有形資產，並不符合無形資產之定義。

故此題答案為(D)。

**38 (A)**。商譽＝收購價格（由購買其他公司支付總成本）減除可辨認淨資產之公平價值

商譽＝$5,000,000-($8,000,000-$4,000,000)=$1,000,000

故此題答案為(A)。

**39 (A)**。市值淨值比（股票淨值比）＝本益比×股東權益報酬率

市值淨值比=14×12%=1.68

**40 (C)**。加權平均資金成本＝45%×7.2%×（1－18%）＋55%×10%＝8.16%

故此題答案為(C)。

**41 (C)**。回收期間法又成還本期間法，目的在粗略地觀察收回投資所需要的時間。本法優點計算簡單，易於瞭解；缺點則為忽略貨幣時間價值及還本期間後之現金收益（現金流量）、未考慮還本期間後之殘值。

會計報酬率法係從會計純益的角度來評估投資方案的報酬率，會計報酬率的定義為：會計報酬率＝平均稅後純益÷平均投資金額；會計報酬率法的優點是計算簡單而且容易了解，但其缺點是未考量貨幣的時間價值，而且使用的是會計純益而非現金流量

故此題答案為(C)。

**42 (A)**。融資順位理論（Pecking Order Theory）：麥爾斯（Myers）所提出，認為公司在使用資金時會以下列順序來作安排，公司最偏好使用內部融資（Internal Financing），即使用公司自有資金作為融資的來源，因為此舉可省去發行成本及外部人士的監督與限制；當內部融資的資金來源小於資本支出所需資金時，公司才會考慮使用外部融資（External Financing），即向外發行證券集資或向銀行借款；當公司需要外部融資時，會根據成本的高

低，優先考慮使用成本較低的「負債」，然後才會考慮發行成本較高的「普通股」。

選項(A)錯：融資順位理論優先考量內部融資及交易成本最小的作為資金來源，當資金不足時才會考慮出售有價債券，其次舉債，最後才考慮發行新股。

故此題答案為(A)。

**43 (C)。**

1. 穩定股利政策：於保留盈餘中每年皆發放一定金額之現金股利（即每股股利固定）。該政策之優點在於公司得提前就股利之發放進行安排及規劃，成熟期（投資報酬率相對穩定）之公司較適合此股利政策。
2. 剩餘股利政策：此政策主係依據公司未來資本預算規劃來衡量未來年度之資金需求；然後先以保留盈餘融通所需資金後，剩餘之盈餘才以現金股利方式分派。

選項(A)：與股利政策無關

選項(B)：剩餘股利政策係考量未來資本預算，有剩餘之盈餘才會發放，故投資機會可能關係到未來資本支出規劃，故與投資機會可能有關。

選項(D)：穩定股利政策適合生命週期處成熟期之公司

故此題答案為(C)。

**44 (D)。** 買回庫藏股其目的主要可分為下列三類：

1. 轉讓給員工或作為員工認股權證行使認股權時所需之股票來源，以激勵員工士氣並留任優秀人才。
2. 作為附認股權公司債、附認股權

特別股、可轉換公司債或可轉換特別股轉換時所需之股票來源，使公司籌集資金管道多樣化及便利化。

3. 為維護公司信用及股東權益，亦得以買回並銷除股份。

操作操縱股價非屬上述之目的

故此題答案為(D)。

**45 (C)。** 若公司營收成長時，伴隨著純益率、營業淨益率應會相對增加，故若有虛增營收之狀況時，純益率及營業淨益率應會增加而非下降，故選項(A)及(B)錯誤。

另，營收成長時應收帳款週轉天數可能會增加，應收帳款週轉率下降，由於營收大幅成長，各客戶收款條件不盡相同，故可能會使應收帳款週轉天數上升，應收帳款週轉率下降，若有虛增營收之情形，由於並非實際營收，款項不會實際收回，上述比例的變動會更明顯。故選項(C)為虛增營收時可能會產生的情形。

故此題答案為(C)。

**46 (A)。** 選項(A)：以低於面額價格買回庫藏股，庫藏股為股東權益的減項，故買回庫藏股將使權益總額減少。

選項(B)：以高於買回價格售出庫藏股，其差額會貸記資本公積－庫藏股交易，使權益總額增加。

選項(C)：以低於買回價格售出庫藏股其差額會先沖銷（借記）前次庫藏股交易所產生資本公積－庫藏股交易若資本公積不足時再沖銷（借記）保留盈餘，故選項(C)可能使權

益總額減少或不變

選項(D)：註銷先前買回庫藏股，沖銷庫藏股及股本，不影響權益總額。

故此題最適合之答案為(A)。

**47 (A)**。 負債比率＝總負債÷總資產

選項(A)：買回庫藏藏股票（假設買回價格100）

借：庫藏股票　　 100

　　貸：　　現金　　　 100

買回庫藏股，使資產及權益同時減少，使負債比率上升

選項(B)：以高於買回價格售出庫藏股（假設買回價格100，售出價格120）

借：現金1　　　 20

　 貸：資本公積－庫藏股交易　20

　 貸：庫藏股票　　　 100

使資產及權益同時增加，使負債比率下降

選項(C)：以低於買回價格售出庫藏股（假設買回價格100，售出價格80）

借：現金　　　 80

借：資本公積－庫藏股交易（或保留盈餘）　　 20

　　 貸：庫藏股票　　　 100

使資產及權益同時增加，使負債比率下降

選項(D)註銷先前買回的庫藏股

借：普通股股本　　 100

　 貸：庫藏股票　　 100

不影響資產、負債及權益總額，故負債比率不變。

故此題答案為(A)。

**48 (D)**。 選項(A)：沖銷呆帳

借：備抵呆帳

　 貸：應收帳款

同時減少應收帳款及備抵呆帳，流動資產不變，故不影響速動比率及流動比例。

選項(B)：可轉換公司債進行轉換

借：應付公司債

　 貸：　　　　　股本

負債減少，權益增加，使負債比率下降。

選項(C)：售出庫藏股票

借：現金

　 貸　庫藏股

資產增加，權益增加，使負債比率下降

選項(D)提列存貨跌價損失

借：存貨跌價損失

　 貸：備抵存貨跌價損失

資產減少，費損增加，使流動比率及速動比率下降

故此題答案為(D)。

**49 (B)**。 應收帳款週轉率＝

$(108,000 \div 25\%)/((102,000+90,000) \div 2)=4.5$

故此題答案為(B)。

**50 (C)**。 權益總額為銷貨淨額之20%：

銷貨淨額＝$5,000,000 \div 20\%＝25,000,000$

純益率＝稅後淨利÷銷貨淨額

→稅後淨利＝$25,000,000 \times 5\%＝1,250,000$

權益報酬率＝$1,250,000 \div 5,000,000＝25\%$

故此題答案為(C)。

## 智慧財產概論及評價職業道德

( )　**1** 下列有關評價工作之敘述，何者有誤？　(A)評價人員對評價設定情境於合理時間內不可能實現之案件，不得出具評價報告　(B)評價人員若接受其他外部專家之協助，不必事先告知委任人及相關當事人，但應於評價報告中敘明　(C)評價人員執行評價工作及報告評價結果時，包括獲取適當文件、運用相關資訊、設定合理假設、選用適當評價方法及撰寫評價報告等，均應盡專業上應有之注意　(D)評價人員對委任人或相關當事人所提供之關鍵資料應根據外部獨立來源資料進行合理性評估，否則應將該資料之採用明列為限制條件。

( )　**2** 評價人員及其所隸屬之評價機構對下列何種資料應盡善良保管之責任？　(A)工作底稿　(B)評價報告書　(C)委任書　(D)獨立性聲明書。

( )　**3** 未參與執行評價工作之評價人員，可否於評價報告簽章？　(A)可以　(B)事先經由委任人同意即可　(C)不可以　(D)不可以，但是可以允許他人以其名義簽章。

( )　**4** 下列何者不屬於營業秘密？　(A)客戶名單　(B)內部的營運計畫方案　(C)失敗實驗紀　(D)具廣告性質的交易價格。

( )　**5** 下列何者不屬於以不正當方法取得營業秘密？　(A)引誘他人違反其保密義務　(B)擅自重製　(C)竊取　(D)還原工程。

( )　**6** 為避免因員工離職而有使營業秘密遭洩漏之可能，雇主與員工簽訂「一定期間在特定區域不得從事與原職務相似工作」之約定條款，該條款為下列何者？　(A)保密條款　(B)強制執行禁止條款　(C)競業禁止條款　(D)賠償條款。

( )　**7** 智慧財產權所涵蓋之商標權、著作權、專利權與營業秘密，下列敘述何者正確？　(A)違反商標權、著作權與專利權皆須負民事責任，營業秘密則免負民事責任　(B)違反商標權、著作權與專利權皆須負刑事責任，營業秘密則免負刑事責任　(C)著作權與營業秘密皆不須

申請註冊，但侵害皆須負民事責任與刑事責任　(D)商標權、著作權與專利權皆須申請註冊，營業秘密則無需申請註冊。

(　　)　**8** 評價人員於執行評價工作過程中，如遇有下列何者事項，應及時告知委任人並作適當之處理？　(A)導致對委任書內容之共 產生重大改變之事項　(B)對委任範圍有重大限制之事項　(C)對價值結論有重大影響之發現或事件　(D)以上皆是。

(　　)　**9** 有兩申請案分別為「湯匙之把手」的部分設計及「餐叉之把手」的部分設計，此兩案申請之認定應為下列何者？　(A)不相關物品　(B)不近似物品　(C)近似物品　(D)相同物品。

(　　)　**10** 下列關於新型專利之敘述，何者有誤？　(A)係指利用自然法則之技術思想，對於物品之形 、構造或組合之之創作　(B)須件進行實體審查　(C)違反一新型一申請之單一規定，不予新型專利　(D)專利權人只能在新型專利技術報告申請案件受理中或訴訟案件繫屬中申請更正。

(　　)　**11** 關於發明專利，下列敘述何者有誤？　(A)發明專利依類型可分為物的發明及方法發明兩類　(B)人類或動物之診斷方法為法定可取得發明專利的標的　(C)申請發明專利須符合新穎性、進步性及產業利用性之要件　(D)原則上，每一項發明專利應分別提出申請。

(　　)　**12** 下列關於專利之敘述，何者有誤？　(A)經濟部智慧財產局為專利專責機關　(B)專利申請案在公告前稱為專利申請權　(C)專利申請案在公告後稱為專利權　(D)專利申請權不得讓與或繼承。

(　　)　**13** 我國商標法對於商標權之取得，採下列何種保護方式？　(A)強制保護　(B)創作保護　(C)註冊保護　(D)使用保護。

(　　)　**14** 「中華民國專利師公會」屬於下列何者商標類型？　(A)證明標章　(B)團體標章　(C)團體商標　(D)商標。

(　　)　**15** 與我國有相互承認優先權之國家，依法申請註冊之商標，若申請人要向我國就該申請同一之部分或全部商品或服務，以相同商標申請

註冊，應在多久時間內申請，方能主張優先權？　(A)第一次申請後一個月內　(B)第一次申請後三個月內　(C)第一次申請後 個月內　(D)第一次申請後一年內。

(　) 16 關於商標之異議，下列何者有誤？　(A)任何人 可以有異議　(B)自商標註冊公告之日起 個月內，向商標專責機關提出異議　(C)得就註冊商標指定使用之部分商品或服務為之　(D)異議應就每一註冊商標各別申請之。

(　) 17 提神飲料廣告「你累了嗎？」係屬下列何種商標？　(A)顏色商標　(B)圖像商標　(C)聲音商標　(D)立體商標。

(　) 18 下列關於著作財產權之敘述，何者有誤？　(A)著作權人不能禁止圖書 或任何人出借其所擁有的著作重製物　(B)哈利波特的英文版，翻譯為中文版，無須取得原著作權人的同意　(C)在夜市擺攤賣盜版CD的人，因為賣CD會將實體的CD的所有權轉讓予買受人，就是侵害散布權的行為　(D)在學校中利用擴音器將音樂播放予全校師生聽，這是屬於音樂著作的「公開演出」，而非公開播送的行為。

(　) 19 下列何者不屬於著作權法保護之標的？　(A)戲劇、舞蹈著作　(B)音著作　(C)電腦程式著作　(D)標語及通用之符號、名詞、公式、數表、表格、簿冊或時 。

(　) 20 小李於資料庫公司擔任程式設計師，負責抓檔程式撰寫之專案，與公司並無簽訂著作權之合約。小李有時忙不過來會將程式撰寫工作帶回家進行，而小李平常之為寫真拍攝，常拍攝許多有序的照片與同事分享。關於其所撰寫之程式及其拍攝之照片，下列敘述何者有誤？　(A)小李為程式之著作人　(B)小李擁有程式之著作權　(C)小李為照片之著作人　(D)小李擁有照片之著作權。

(　) 21 下列關於著作權保護之敘述，何者有誤？　(A)利用翻譯軟體將國外文章進行翻譯，非屬我國著作權法所保護的『創作』　(B)若作者之故事大綱及腳色架構 僅止於發想未曾口述或撰文分享，則不受我國著作權保護　(C)若不同作者個別獨立完成相似度極高或雷同的作

品，非屬著作權法保護之著作　(D)必須屬於文學、科學、藝術或其他學術範圍。

( )**22** 小美與同學為下個月即將進行之合唱團比賽進行選曲作業，選了一首著作人已逝世超過50年以上之老歌，下列關於著作權之相關敘述何者有誤？　(A)因著作人已逝世超過50年，屬公共財，不需要取得授權　(B)即使著作人已逝世超過50年，仍須取得繼承人之授權　(C)演唱時須表示原著作人之姓名　(D)因該合唱團比賽非以營利為目的並無對外收取任何費用，亦無支付報酬給表演人，可公開演出他人的著作。

( )**23** 下列何者非為法定不予設計專利之項目？　(A)螺釘與螺帽之螺牙　(B)鎖孔與鑰匙條之刻槽及齒槽　(C)積體電路或電子電路布局　(D)以上皆是。

( )**24** 依我國現行專利法規定，針對電腦圖像及圖形化使用者介面，可以下列何種專利類型進行保護？　(A)發明專利　(B)新型專利　(C)設計專利　(D)以上皆非。

( )**25** 依我國專利法規定，下列何種專利類型在專利權人行使權利、進行警告時，應提示技術報告？　(A)發明專利　(B)新型專利　(C)設計專利　(D)以上皆是。

( )**26** 下列何者屬於專利權人的義務？　(A)正確標示專利權　(B)舉發或撤銷案參與處理　(C)專利權異動登記　(D)以上皆是。

( )**27** 依我國專利法規定，發明專利文件提出後，經智慧財產局審查認為合於規定程式，且無應不予公開情事時，則應於申請日後多久期間，將專利申請案公開？　(A)6個月　(B)1年　(C)18個月　(D)2年。

( )**28** 依我國現行專利法之規範，下列何者並不屬於專利侵權損害賠償的計算方式？　(A)被害人所受損害及所失利益的填補　(B)侵害人因侵害行為所得的利益　(C)銷售包含侵權專利物品的全部收入　(D)授權實施該侵權專利所得收取的合理權利金。

（　　）**29** 關於專利之國內優先權與國際優先權的比較，下列何者有誤？
(A)目的：前者賦予專利申請權人在一定期間內改良發明，後者在使
專利申請權人請案獲得保障　(B)申請內容：前者的後申請案包括前
申請案所無或所更正的部份，後者則須與先前所為的國外申請案內
容相同　(C)申請國家：前者的前後申請案須向同一國家提出，後者
的前後申請案國家並不相同　(D)適用範圍：前者包括發明專利、新
型專利、設計專利，後者限於發明專利、新型專利。

（　　）**30** 關於商標註冊之異議，下列何者有誤？　(A)只有利害關係人才可以
提出異議　(B)應於商標註冊公告日後三個月內提出　(C)異議遭駁
回，異議申請人可以提出行政救濟　(D)異議成功，已註冊之商標應
予撤銷。

（　　）**31** 關於商標註冊之評定，下列何者有誤？　(A)只有利害關係人或審查
人員才可以提出或提請評定　(B)只能於商標註冊公告日後五年內
提出　(C)評定遭駁回，異議申請人可以提出行政救濟　(D)評定成
立，原則上，已註冊之商標應予撤銷。

（　　）**32** 關於附有商標之商品，其耗盡原則之適用，下列何者有誤？　(A)必
須是商標權人或經其同意之人於國內外市場上交易流通之商品
(B)國內或國外之商標權人必須是同一人或彼此有授權關係之人
(C)商標權人可以基於保護商譽而回收變質商品　(D)商標權人之贈
品也在適用範圍內。

（　　）**33** 關於商標之授權，下列何者有誤？　(A)商標權人得就其註冊商標指
定使用商品或服務之全部或一部指定地區為授權　(B)授權非經商標
專責機關登記，不得對抗第三人　(C)非專屬授權登記後，商標權人
再為專屬授權登記，得對抗在先之非專屬授權　(D)專屬授權後，商
標權人在授權範圍內，不得使用註冊商標。

（　　）**34** 關於以商標權設定質權，下列何者有誤？　(A)非經商標專責機關登
記，不得對抗第三人　(B)為擔保數債權而就商標權設定數質權者，
其次序依登記之先後定之　(C)商標權人拋棄有質權登記之商標權，
應經質權人同意　(D)質權人有權使用該商標。

(　) **35** 下列何者是我國現行著作權法所允許的強制授權？　(A)音樂著作之強制授權　(B)重製權之強制授權　(C)翻譯權之強制授權　(D)教科書利用之強制授權。

(　) **36** 網紅開網路直播，演唱蘇打 的歌曲，應該取得下列何種授權？(A)公開演出　(B)公開播送　(C)公開上映　(D)公開傳輸。

(　) **37** 下列何者不能成為製版權的標的？　(A)古書　(B)古畫真跡　(C)古畫複製畫　(D)宋版李太白全集。

(　) **38** 下列何者不屬於改作的行為？　(A)將周杰 的歌改編為供交響樂團演奏的歌曲　(B)繪製 、關、張桃園三結義圖像　(C)將三國志翻譯成德文　(D)繪製哈利波特漫畫版。

(　) **39** 甲專屬授權乙得出版其所寫之小說，期間五年。授權期間，甲又將該部小說之著作財產權讓與給丙。請問下列何者有誤？　(A)乙得繼續依甲之授權出版小說，丙不得反對　(B)甲將著作財產權讓與給丙之契約無效　(C)在甲專屬授權之期間內，乙得再授權丁出版甲之小說　(D)甲不得再自行出版小說。

(　) **40** 某資訊廠商C和某國立大學資訊工程系D教授進行產學合作，共同開發人工智慧的技術，開發過程中有產出技術資訊的營業秘密。當要決定此營業秘密所有權的歸屬時，下列敘述何者正確？　(A)應先決定C與D間的關係為我國營業秘密法第3條的僱傭關係或第4條的出資聘用關係　(B)應先檢視C與D產學合作契約中，關於智慧財產權歸屬應用的規定　(C)應直接推定為C與D共有此營業秘密，但C或D事後可以有不同的主張　(D)以上皆非。

(　) **41** 下列有關於專利權與營業秘密比較的敘述，何者有誤？　(A)專利權的取得會使得資訊公開，營業秘密的取得資訊並不會因此公開(B)專利權保護的內容多限於技術性資訊，營業秘密則可能擴及到非技術性資訊　(C)專利權有地域性及時間限制，但營業秘密只有地域性的限制　(D)專利權人有排他權，可排除他人於專利權利範圍內的侵害，營業秘密僅對不當方式做限制，但若是以合法方法探知，是無權排除的。

（　）**42** 在我國現行營業秘密法規範下，下列何者並不屬於營業秘密侵權損害賠償的計算方式？　(A)被害人所受損害及所失利益的填補　(B)侵害人因侵害行為所得的利益　(C)侵害人因侵害行為所得的全部收入　(D)授權實施該侵權營業秘密所得收取的合理權利金。

（　）**43** 依我國營業秘密法的規範，營業秘密的侵害如果是故意的，法院可以根據被害人的請求，依侵害情節，酌定損害額以上的賠償，但是不會超過已證明損害額的＿＿＿＿倍。此即所謂懲罰性的損害賠償請求權。　(A)1.5倍　(B)2倍　(C)3倍　(D)5倍。

（　）**44** 下列關於職業道德之敘述，何者正確？　(A)評價人員得明知而不阻止助理人員誤導他人　(B)評價之助理人員毋須遵循職業道德規範　(C)若接受外部專家之協助，評價人員應提供資訊以促請其遵循評價準則公報第二號「職業道德準則」　(D)以上皆正確。

（　）**45** 評價人員承接評價案件時，下列敘述何者正確？　(A)評價人員不得要求或有酬金　(B)評價人員所隸屬之評價機構不得要求或有酬金　(C)評價人員應評估本人及其所隸屬之評價機構之獨立性是否受損，並作成書面紀　(D)以上皆正確。

（　）**46** 評價人員承接案件時，下列敘述何者有誤？　(A)不得承接價值結論已事先設定之評價案件　(B)得要求或收取或有酬金　(C)應評估本人及其所隸屬評價機構獨立性是否受損　(D)應評估是否具備專業能力及相關經驗以完成擬承接之評價案件。

（　）**47** 下列有關評價人員道德之敘述，何者有誤？　(A)評價人員不得為不公平競爭　(B)評價人員不得為不實之廣告　(C)評價人員及其所隸屬之評價機構得於執行評價工作過程中簽訂委任書　(D)評價人員不得就同一評價標的同時承接二個以上委任人之委任，但已向相關當事人充分揭露並皆取得書面同意，且未損害公共利益者，不在此限。

（　）**48** 評價人員若接受外部專家協助時，下列敘述何者有誤？　(A)得於事後告知委任人　(B)毋須於評價報告中敘明　(C)毋須告知相關當事人　(D)以上皆不正確。

（　）**49** 評價人員於執行評價工作時，下列敘述何者正確？　(A)對工作底稿應盡善良保管之責任　(B)如遇對價值結論有重大影響之發現，應及時告知委任人並作適當之處理　(C)如遇對委任範圍有重大限制之事項，得修訂委任書　(D)以上皆正確。

（　）**50** 下列關於評價之限制條件，何者有誤？　(A)係指評價人員執行評價案件之工作範圍所受到之限制　(B)係指評價人員執行評價案件之可得資訊所受到之限制　(C)該限制不可能於評價案件開始時已存在且為評價人員所知　(D)以上皆不正確。

## 解答及解析

**1 (B)**　**2 (A)**　**3 (C)**

**4 (D)**。營業秘密法第2條：「本法所稱營業秘密，係指方法、技術、製程、配方、程式、設計或其他可用於生產、銷售或經營之資訊，而符合左列要件者：一、非一般涉及該類資訊之人所知者。二、因其秘密性而具有實際或潛在之經濟價值者。三、所有人已採取合理之保密措施者。」(D)選項因有註明廣告，乃大眾皆可知，故選(D)。

**5 (D)**。營業秘密法第10條第2項：「前項所稱之不正當方法，係指竊盜、詐欺、脅迫、賄賂、擅自重製、違反保密義務、引誘他人違反其保密義務或其他類似方法。」

**6 (C)**。又稱旋轉門條款，預防同行之惡性競爭。

**7 (C)**。著作權法第103條：「司法警察官或司法警察對侵害他人之著作權或製版權，經告訴、告發者，

得依法扣押其侵害物，並移送偵辦。」需負刑事責任。

營業秘密法第13條之1本文：「意圖為自己或第三人不法之利益，或損害營業秘密所有人之利益，而有下列情形之一，處五年以下有期徒刑或拘役，得併科新臺幣一百萬元以上一千萬元以下罰金：……」需負刑事責任。民法第184條：「I.因故意或過失，不法侵害他人之權利者，負損害賠償責任。故意以背於善良風俗之方法，加損害於他人者亦同。

II.違反保護他人之法律，致生損害於他人者，負賠償責任。但能證明其行為無過失者，不在此限。」須負民事責任。

**8 (D)**

**9 (C)**。專利法第127條第1項：「同一人有二個以上近似之設計，得申請設計專利及其衍生設計專利。」

**10 (B)**。　(A)專利法第104條：「新型，指利用自然法則之技術思想，對物品之形狀、構造或組合之創作。」
(C)專利法第107條第1項：「申請專利之新型，實質上為二個以上之新型時，經專利專責機關通知，或據申請人申請，得為分割之申請。」
(D)專利法第118條：「新型專利權人除有依第一百二十條準用第七十四條第三項規定之情形外，僅得於下列期間申請更正：一、新型專利權有新型專利技術報告申請案件受理中。二、新型專利權有訴訟案件繫屬中。」

**11 (B)**。　專利法第24條：「下列各款，不予發明專利：一、動、植物及生產動、植物之主要生物學方法。但微生物學之生產方法，不在此限。二、人類或動物之診斷、治療或外科手術方法。三、妨害公共秩序或善良風俗者。」

**12 (D)**。　專利法第6條第1項：「專利申請權及專利權，均得讓與或繼承。」

**13 (C)**。　商標法第2條：「欲取得商標權、證明標章權、團體標章權或團體商標權者，應依本法申請註冊。」

**14 (B)**。　商標法第85條：「團體標章，指具有法人資格之公會、協會或其他團體，為表彰其會員之會籍，並藉以與非該團體會員相區別之標識。」

**15 (C)**。　商標法第20條第1項：「在與中華民國有相互承認優先權之國家或世界貿易組織會員，依法申請註冊之商標，其申請人於第一次申請日後六個月內，向中華民國就該申請同一之部分或全部商品或服務，以相同商標申請註冊者，得主張優先權。」

**16 (B)**。　商標法第48條第1項：「商標之註冊違反第二十九條第一項、第三十條第一項或第六十五條第三項規定之情形者，任何人得自商標註冊公告日後三個月內，向商標專責機關提出異議。」

**17 (C)**。　商標法第18條第1項：「商標，指任何具有識別性之標識，得以文字、圖形、記號、顏色、立體形狀、動態、全像圖、聲音等，或其聯合式所組成。」

**18 (B)**。　著作權法第112條：「I.中華民國八十一年六月十日本法修正施行前，翻譯受中華民國八十一年六月十日修正施行前本法保護之外國人著作，如未經其著作權人同意者，於中華民國八十一年六月十日本法修正施行後，除合於第44條至第65條規定者外，不得再重製。
II.前項翻譯之重製物，於中華民國八十一年六月十日本法修正施行滿二年後，不得再行銷售。」

**19 (D)**。　著作權法第9條第3款：「下列各款不得為著作權之標的：三、標語及通用之符號、名詞、公式、數表、表格、簿冊或時曆。」

**20 (B)**。　著作權法第11條：「I.受雇人於職務上完成之著作，以該受雇人

為著作人。但契約約定以雇用人為著作人者，從其約定。

II.依前項規定，以受雇人為著作人者，其著作財產權歸雇用人享有。但契約約定其著作財產權歸受雇人享有者，從其約定。

III.前二項所稱受雇人，包括公務員。」

**21 (C)**。(A)著作權法第3條第1項第11款：「十一、改作：指以翻譯、編曲、改寫、拍攝影片或其他方法就原著作另為創作。」
(B)未符合著作權法第3條之定義。
(D)著作權法第5條第1項：「本法所稱著作，例示如下：一、語文著作。二、音樂著作。三、戲劇、舞蹈著作。四、美術著作。五、攝影著作。六、圖形著作。七、視聽著作。八、錄音著作。九、建築著作。十、電腦程式著作。」

**22 (B)**。著作權法第30條：「著作財產權，除本法另有規定外，存續於著作人之生存期間及其死亡後五十年。」

**23 (D)**。專利法第124條：「下列各款，不予設計專利：一、純功能性之物品造形。二、純藝術創作。三、積體電路電路布局及電子電路布局。四、物品妨害公共秩序或善良風俗者。」

**24 (C)**。專利法第121條第2項：「應用於物品之電腦圖像及圖形化使用者介面，亦得依本法申請設計專利。」

**25 (B)**。專利法第116條：「新型專利權人行使新型專利權時，如未提示新型專利技術報告，不得進行警告。」

**26 (D)**。(A)專利法第98條：「專利物上應標示專利證書號數；不能於專利物上標示者，得於標籤、包裝或以其他足以引起他人認識之顯著方式標示之；其未附加標示者，於請求損害賠償時，應舉證證明侵害人明知或可得而知為專利物。」
(B)專利法第119條第1項本文：「新型專利權有下列情事之一，任何人得向專利專責機關提起舉發…」
(C)專利法第85條第1項：「專利專責機關應備置專利權簿，記載核准專利、專利權異動及法令所定之一切事項。」

**27 (C)**。專利法第37條第1項：「專利專責機關接到發明專利申請文件後，經審查認為無不合規定程式，且無應不予公開之情事者，自申請日後經過十八個月，應將該申請案公開之。」

**28 (C)**。專利法第97條：「I.依前條請求損害賠償時，得就下列各款擇一計算其損害：一、依民法第216條之規定。但不能提供證據方法以證明其損害時，發明專利權人得就其實施專利權通常所可獲得之利益，減除受害後實施同一專利權所得之利益，以其差額為所受損害。二、依侵害人因侵害行為所得之利益。三、依授權實施該發明專利所得收取之合理權利金為基礎計算損害。
II.依前項規定，侵害行為如屬故

意,法院得因被害人之請求,依侵害情節,酌定損害額以上之賠償。但不得超過已證明損害額之三倍。」

**29 (D)**。 專利法第4條:「外國人所屬之國家與中華民國如未共同參加保護專利之國際條約或無相互保護專利之條約、協定或由團體、機構互訂經主管機關核准保護專利之協議,或對中華民國國民申請專利,不予受理者,其專利申請,得不予受理。」

**30 (A)**。 專利法第73條第2項:「以前項第三款情事提起舉發者,限於利害關係人始得為之」

**31 (B)**。 (B)商標法第58條第1項:「商標之註冊違反第二十九條第一項第一款、第三款、第三十條第一項第九款至第十五款或第六十五條第三項規定之情形,自註冊公告日後滿五年者,不得申請或提請評定。」意旨五年內提出者只有特定類型的商標。

**32 (D)**。 贈品本身和權利無關。

**33 (C)**。 商標法第39條第4項:「非專屬授權登記後,商標權人再為專屬授權登記者,在先之非專屬授權登記不受影響。」

**34 (D)**。 商標法第44條第3項:「質權人非經商標權人授權,不得使用該商標。」

**35 (A)**。 著作權法第69條第1項:「錄有音樂著作之銷售用錄音著作發行滿六個月,欲利用該音樂著作錄製

其他銷售用錄音著作者,經申請著作權專責機關許可強制授權,並給付使用報酬後,得利用該音樂著作,另行錄製。」

**36 (D)**。 著作權法第80條之1第2項:「明知著作權利管理電子資訊,業經非法移除或變更者,不得散布或意圖散布而輸入或持有該著作原件或其重製物,亦不得公開播送、公開演出或公開傳輸。」

**37 (C)**。 著作權法第79條第1項:「無著作財產權或著作財產權消滅之文字著述或美術著作,經製版人就文字著述整理印刷,或就美術著作原件以影印、印刷或類似方式重製首次發行,並依法登記者,製版人就其版面,專有以影印、印刷或類似方式重製之權利。」

**38 (B)**。 著作權法第3條第1項第11款:「改作:指以翻譯、編曲、改寫、拍攝影片或其他方法就原著作另為創作。」

**39 (B)**。 著作權法第37條第2項:「前項授權不因著作財產權人嗣後將其著作財產權讓與或再為授權而受影響。」

**40 (B)**。 著作財產權法第36條:「著作財產權得全部或部分讓與他人或與他人共有。
著作財產權之受讓人,在其受讓範圍內,取得著作財產權。
著作財產權讓與之範圍依當事人之約定;其約定不明之部分,推定為未讓與。」

**41 (C)**。營業秘密法第12條:「I.因故意或過失不法侵害他人之營業秘密者,負損害賠償責任。數人共同不法侵害者,連帶負賠償責任。
II.前項之損害賠償請求權,自請求權人知有行為及賠償義務人時起,二年間不行使而消滅;自行為時起,逾十年者亦同。」營業秘密規定也有時間限制。

**42 (D)**。營業秘密法第13條第1項:「依前條請求損害賠償時,被害人得依左列各款規定擇一請求:一、依民法第216條之規定請求。但被害人不能證明其損害時,得以其使用時依通常情形可得預期之利益,減除被侵害後使用同一營業秘密所得利益之差額,為其所受損害。
二、請求侵害人因侵害行為所得之利益。但侵害人不能證明其成本或必要費用時,以其侵害行為所得之全部收入,為其所得利益。」

**43 (C)**。營業秘密法第13條第2項:「依前項規定,侵害行為如屬故意,法院得因被害人之請求,依侵害情節,酌定損害額以上之賠償。但不得超過已證明損害額之三倍。」

**44 (C)**　　**45 (D)**　　**46 (B)**　　**47 (C)**

**48 (D)**　　**49 (D)**　　**50 (C)**

# 112 年第 2 次初級無形資產評價

## 無形資產評價概論(一)

( ) **1** 資產負債表中列報之商譽，是來自於下列何種情形？ (A)企業長年經營之品牌價值 (B)企業將研究所獲新知運用於生產流程改造所創造 之效益 (C)企業合併 (D)員工訓練。

( ) **2** 甲公司每月的5日發放上月份薪資。若期末漏作調整分錄，將使甲公司發生下列何種情形？ (A)資產低估 (B)負債低估 (C)本期淨利低估 (D)權益低估。

( ) **3** 下列何者為不可辨認之無形資產？ (A)客戶名單 (B)發展中無形資產 (C)商譽 (D)商標權。

( ) **4** 無形資產的價值標準，原則上採用公平市場價值，但在哪些情況下，得以公平市場價值以外之價值為價值標準？ (1)作為稅務與法務處理的依據；(2)依會計原則之規定，得以使用價值測試無形資產是否減損；(3)作為投資策略的依據；(4)評估資產的使用效益 (A) 1, 2 (B) 1,4 (C) 1,2,4 (D) 1,2,3,4。

( ) **5** 考慮以下二個關於執行無形資產評價的敘述，何者正確？ 甲、評價人員決定評價方法後，只要是常用的評價方法且評價輸入值的穩健性無慮，則採用該方法的理由可以不用於報告中贅述。乙、評價人員採用多種評價方法，應權衡各方法評價之結果，以產生最終之價值估計數，且應於評價報告中分析及說明不同價值間之差異。 (A)僅甲是對的 (B)僅乙是對的 (C)兩者皆對 (D)兩者皆錯。

( ) **6** 無形資產評價的交易目的，下列哪幾項正確？ (1)企業全部或部分業務的收購；(2)無形資產的授權；(3)企業破產時資產的清算；(4)無形資產的質押；(5)侵權的訴訟 (A) 1,2,3 (B) 1,2,4 (C) 1,3,5 (D) 2,3,5。

(　　) **7** 下列何者最不可能影響無形資產的價值？　(A)功能性退化　(B)物理性衰減　(C)經濟性折舊　(D)技術性過時。

(　　) **8** 下列是ABC公司在2019年12月31日的資產負債表的一部分（單位：台幣仟元），請問該公司的營運資金何者正確？

| 流動資產 | | 流動負債 | |
|---|---|---|---|
| 現金及存款 | 3,125 | 應付帳款 | 4,245 |
| 應收帳款 | 675 | 短期借款 | 3,255 |
| 庫存 | 4,455 | **長期負債** | |
| | | 長期借款 | 5,900 |

(A) 555　(B) 755　(C) 600　(D) 450。

(　　) **9** 關於無形資產評價的敘述，下列何者有誤？　(A)所評估的利益流量，一般指的是現金流量　(B)商譽是不可辨認但具未來經濟效益的無形資產　(C)所謂的貢獻性資產指的是與標的無形資產共同創造利益流量的 其他無形資產　(D)由合約或法定權利所產生的無形資產，雖然可能無法與其他權 利或義務分離，仍屬於可辨認之無形資產。

(　　) **10** 根據國際財務報表準則第3號，企業併購時，對於被收購公司之每一可辨認資產及負債，應按下列何項價值標準重新評價？　(A)公定價值　(B)公允價格　(C)公平價格　(D)公允價值。

(　　) **11** 下列何項財務比率可以用來衡量舉債經營是否有助於提升股東報酬率？　(A)股東權益報酬率　(B)負債權益比率　(C)財務槓桿比率　(D)財務槓桿指數。

(　　) **12** 依評價準則公報第七號「無形資產之評價」規範，下列何者非屬其所定義之「無形資產」？　(A)商標　(B)營業秘密　(C)商譽　(D)有價證券投資。

(　　) **13** 依評價準則公報第七號「無形資產之評價」規範，辨認無形資產之「可辨認」性，下列之敘述何者有誤？　(A)係可分離，即可與企

業分離或區分，且可個別或隨相關合約、可辨認資產或負債出售、移轉、授權、出租或交換，而不論企業是否有意圖進行此項交易 (B)由 合約或其他法定權利所產生，而不論該等權利是否可移轉 (C)係可分離，即可與企業分離或區分，且可個別或隨相關合約、可辨認資產或負債出售、移轉、授權、出租或交換，且企業應有意圖進行此項交易　(D)由合約或其他法定權利所產生，而不論該等權利是否可與企業或其他權利及義務分離。

(　　) **14** 依評價準則公報第七號「無形資產之評價」規範，商譽之價值為採用評價方法所估計之企業權益價值減除可辨認淨資產價值後之剩餘金額，其形成之要素，下列何者有誤？　(A)未來資產所產生之效益，例如新客戶及未來技術　(B)人力團隊所產生之效益，包括該人力團隊之成員所發展之智慧財產　(C)組合及繼續經營價值　(D)企業擴展業務至不同市場之機會。

(　　) **15** 依國際會計準則第38號「無形資產」（IAS 38-Intangible Assets）之規範，下列何者符合其所涵蓋之「無形資產」？　(A)商譽　(B)購入之研究發展計畫　(C)權益投資　(D)以上皆是。

(　　) **16** 依國際會計準則第38號「無形資產」（IAS 38-Intangible Assets）之規範，下列敘述何者有誤？　(A)一台經由電腦操控之機械工具，若無特定軟體則無法運作時，則電腦軟體為相關硬體之一部分，應將其視為不動產、廠房及設備　(B)一台電腦之作業系統應將其視為電腦硬體之一部分　(C)企業之研究及發展活動可能產出具實體形式之資產〔例如原型（prototype）〕，如該資產之實體要素乃次要於其無形之組成部分時，則該實體部分應一併作為無形資產處理　(D)當電腦軟體並非作業系統之一部分，但仍可視為電腦硬體之一部分。

(　　) **17** 依國際會計準則第38號「無形資產」（IAS 38-Intangible Assets）之規範，下列項目何者不得認列為單獨取得無形資產之成本？　(A)管理成本與其他一般間接成本　(B)為使該資產達營運狀態而直接產生之員工福利成本　(C)為使該資產達營運狀態之專業服務費　(D)測試資產是否正常運作之成本。

(　　) **18** 無形資產可能透過政府補助之方式以名目對價取得，則依國際會計準則第20號「政府補助之會計及政府補助之揭露（IAS 20–Accounting for Government Grants and Disclosure of Government Assistance）」之規範，下列敘述何者有誤？　(A)企業得以公允價值原始認列無形資產及政府補助　(B)企業得以名目金額加計為使該資產達到預定使用狀態之直接可歸屬支出，原始認列該資產　(C)企業可選擇以公允價值原始認列無形資產及政府補助。若企業選擇不以公允價值原始認列該資產，則企業應以名目金額加計為使該資產達到預定使用狀態之直接可歸屬支出，原始認列該資產　(D)企業得以名目金額原始認列該資產，不得加計為使該資產達到預定使用狀態之直接可歸屬支出。

(　　) **19** 無形資產如係透過交換取得，則依國際會計準則第38號「無形資產」（IAS 38-Intangible Assets）之規範，下列敘述何者有誤？(A)交換交易具有商業實質，企業若能可靠衡量換入資產或換出資產之公允價值，應以換出資產之公允價值衡量換入資產之成本　(B)交換交易具有商業實質，企業若能可靠衡量換入資產或換出資產之公允價值，惟換入資產之公允價值較換出資產之公允價值更為明確，則企業應以換入資產之公允價值衡量換入資產之成本　(C)若交換交易缺乏商業實質，則企業應以換出資產之公允價值衡量換入資產之成本　(D)若換入資產非按公允價值衡量，其成本應以換出資產之帳面金額衡量。

(　　) **20** 依國際會計準則第38號「無形資產」（IAS 38-Intangible Assets）之規範，下列有關企業合併之敘述何者有誤？　(A)若企業合併被收購者之進行中研究及發展計畫符合無形資產之定義，則收購者應將其認列為資產，作為商譽之一部分　(B)企業合併所取得且已認列為無形資產之進行中研究或發展計畫，其後續支出若為研究支出，發生時即應認列為費用　(C)企業合併所取得且已認列為無形資產之進行中研究或發展計畫，其後續支出若為發展支出，但不符合認列為無形資產之條件，發生時即應認列為費用　(D)企業合併所取得且已認列為無形資產之進行中研究及發展計畫，其後續支出若為發展支

出，且符合認列為無形資產之條件，則應增加所取得之進行中研究或發展計畫之帳面金額。

(　　) **21** 依國際會計準則第38號「無形資產」（IAS 38-Intangible Assets）之規範，下列關於企業支出之敘述何者有誤？　(A)研究之支出應於發生時認列為費用　(B)發展階段之支出於符合認列無形資產之條件時，認列自發展產生之無形資產　(C)自外部取得之客戶名單，其後續之支出，於發生時應認列為損益　(D)內部產生之品牌，其直接之支出，得認列為無形資產。

(　　) **22** 依國際會計準則第38號「無形資產」（IAS 38-Intangible Assets）之規範，下列敘述何者有誤？　(A)郵寄訂購目錄可提升或創造品牌或客戶關係，進而產生未來經濟效益，故得認列為無形資產　(B)企業若預先支付商品或勞務之廣告價款，且另一方尚未提供該等商品或勞務時，則企業擁有不同之資產，即預付款。當企業已收取相關商品，再將預付款轉認列為費用　(C)企業訓練活動之支出，在發生時認列為費用　(D)企業搬遷或重組企業部分或全部之支出，在發生時認列為費用。

(　　) **23** 有關無形資產認列後之衡量，下列敘述何者有誤？　(A)依國際會計準則第38號「無形資產」（IAS 38-Intangible Assets）之規範，企業可選擇成本模式或重估價模式作為無形資產認列後衡量之會計政策　(B)我國公開發行公司可選擇成本模式或重估價模式作為無形資產認列後衡量之會計政策　(C)我國非公開發行公司可選擇成本模式或重估價模式作為無形資產認列後衡量之會計政策　(D)無形資產之重估增值應於使用該資產時，逐期實現直接轉入保留盈餘，而不列入當期損益。

(　　) **24** 下列有關評價人員對於無形資產評價方法之說明，何者敘述為錯誤？　(A)評價人員應於評價報告中敘明所採用之評價方法或評價特定方法，惟無須說明採用之理由　(B)評價人員如採用兩種以上之評價方法或評價特定方法時，應對採用不同評價方法所得之價值估計間之差異予以分析並調節　(C)評價人員不論採用何種評價特定方法

評價無形資產，均應對各評價特定方法之輸入值及結果進行合理性
檢驗　(D)評價人員於決定無形資產評價方法及其下之評價特定方法
時，應考量該等評價特定方法之適當性及評價輸入值之穩健性。

(　　) **25** 評價人員若欲進行評價工作，應先確認評價之目的。常見之評價目
的包括：(1) 交易目的 (2)稅務目的 (3)法務目的及(4) 財務報導目的
等。請將下列各評價案件之情況分別依前述(1)至(4)之目的分類：
甲、某企業家過世後留下許多藝術品，該等藝品遺產稅之金額決
定。乙、技術作價時股東間決定股權比例之依據。丙、企業合併時
收購者為進行收購價格分攤所進行之評價。丁、企業聲請破產時，
其清算價值之決定。
請選出正確順序：
(A)(3)(2)(1)(4)　(B)(2)(1)(3)(4)　(C)(2)(1)(4)(3)　(D)(3)(1)(4)(2)。

(　　) **26** 下列有關租稅攤銷利益之敘述，何者為正確？ (A)租稅攤銷利益係
指攤銷無形資產而產生之租稅利益　(B)租稅攤銷利益係指無形資產
因出售時所繳納之稅負而能享有後續攤銷之利益　(C)評價案件之價
值標準為市場價值時，租稅攤銷利益僅於原持有該無形資產之企業
可取得者，評價人員始得於利益流量中予以調整　(D)於評價無形資
產時，無論採用何種評價方法皆應考量租稅攤銷利益。

(　　) **27** 下列有關貢獻性資產之敘述，何者為正確？ (A)「貢獻性資產」係
指與標的無形資產共同使用而創造利益流量之有形、無形及貨幣性
資產　(B)增額收益法係排除可歸屬於貢獻性資產之利益流量後，計
算可歸屬於標的無形資產之利益流量並將其折現之概念　(C)「貢獻
性資產之計提回收與報酬」係指標的無形資產以外之其他無形資產
對於利益流量之貢獻　(D)貢獻性資產之回收係指參與者對該資產所
要求之投資報酬。

(　　) **28** 請將下列資產依 (1)行銷相關之無形資產、(2)客戶相關之無形資
產、(3)技術相關之無形資產及 (4)文化創意相關之無形資產予以分
類：甲、可口可樂的配方。乙、鴻海公司尚未履約之訂單。丙、運
動品牌 NIKE 的商標。丁、周杰倫的音樂作品「說好不哭」。
(A)(1)(2)(3)(4)　(B)(3)(1)(2)(4)　(C)(3)(2)(1)(4)　(D)(3)(1)(4)(2)。

( ) **29** 依據國際會計準則第38號「無形資產」之規定，下列關於研究與發展支出會計處理之敘述，何者正確？ (A)研究與發展支出均應認列為當期費用 (B)研究與發展支出均應認列為無形資產 (C)研究支出應認列為當期費用，發展支出應認列為無形資產 (D)研究支出應認列為當期費用，發展支出則可能認列為當期費用或無形資產。

( ) **30** 甲公司已持有專利權A多年，而後購入專利權B，係為防禦之目的，以移除對原持有專利權A之威脅，此二項專利權之剩餘法律年限與經濟年限如下：

|  | 專利權 A | 專利權 B |
|---|---|---|
| 法律年限 | 10 年 | 15 年 |
| 經濟年限 | 6 年 | 8 年 |

試問攤銷B專利權之耐用年限為何？

(A) 0 年　(B) 6 年　(C) 8 年　(D) 10 年。

( ) **31** 依據國際會計準則第38號「無形資產」之規定，下列有關無形資產之敘述，何者有誤？ (1)營業秘密屬於行銷相關之無形資產 (2)研究階段之支出若符合認列條件，則應認列為無形資產之成本 (3)先前已認列為費用之發展階段支出，若後續發現該支出具有未來經濟效益，則應迴轉認列為無形資產之成本，但僅限於當年度之支出，不得追溯調整以前年度之支出。 (A)僅1、2 (B)僅1、3 (C)僅2、3 (D)1、2、3。

( ) **32** 依據國際會計準則第38號「無形資產」之規定，下列何者非屬無形資產？ (A)標章 (B)商標 (C)營業秘密 (D)應收帳款。

( ) **33** 甲公司以$5,000,000取得乙公司100%股權，若當時乙公司可辨認資產、負債之帳面金額與公允價值分別如下：

|  | 資產 | 負債 |
|---|---|---|
| 帳面金額 | $5,000,000 | $3,000,000 |
| 公允價值 | $8,000,000 | $4,000,000 |

甲公司於此項交易中應認列之商譽金額何者正確？　(A)$1,000,000 (B)$2,000,000　(C)$3,000,000　(D)$4,000,000。

(　　) **34** 每季複利一次，有效年利率為12%，則名目利率是多少？　(A)2.87% (B)3.00%　(C)3.85%　(D)0.90%。

(　　) **35** 有關折現率的敘述，下列何者有誤？　(A)期數固定下，折現率愈高，則現值利率因子愈小　(B)一年後的10萬比十年後的10萬有價值 (C)風險會反映在折現率上，且風險與折現率呈正比　(D)貨幣的時間價值與折現率呈反比。

(　　) **36** 從2022年1月1日開始支付一個永續年金，每年支付1,500元。若現在利率為10%，試問此永續年金現值何者正確？　(A)15,000元　(B) 16,500元　(C)20,000元　(D)25,000元。

(　　) **37** 下面有關自由現金流量之敘述，何者有誤？　(A)自由現金流量為正的公司，表示就是好的公司　(B)自由現金流量為負的公司，不一定是不好的公司　(C)有些公司的四季自由現金流量會時而正、時而負，這是正常現象　(D)公司的自由現金流量雖會因發放高股利而減少，但卻能發揮降低發生代理問題的可能性。

(　　) **38** 資本資產定價模式（Capital Asset Pricing Model）常被用來計算個別資產的期望報酬率。今已知市場投資組合的期望報酬率標準差為10%，甲把60%的資金分配在X股票上，剩下40%的資金分配在Y股上。已知X、Y股與市場投資組合的相關係數分別為0.57及0.38，及X與Y股票的報酬率標準差分別為12%及7%。則下列何者有誤？ (A)X股票的貝他值為0.684　(B)Y股票的貝他值為0.266　(C)X與Y股票形成投資組合的貝他值為0.5168　(D)X與Y股票形成投資組合的期望報酬率標準差為7.10%。

(　　) **39** 關於常用的投資方案風險分析方法，請問下列何者正確？ 1.敏感性分析；2.情境分析；3.電腦分析　(A)12　(B)13　(C)23　(D)123。

(　　) **40** 下列關於內部報酬率法之敘述，何者正確？　(A)使投資方案的淨現值為零的折現率　(B)再投資方案的報酬率等於方案的資金成本

(C)淨現值法與內部報酬率法的結論可能不同，因為後者係以選擇符合股東利益最大化為原則，故優於前者　(D)以上皆正確。

(　) **41** 請問用標準差或變異係數來比較投資不同股票之風險時，下列敘述何者正確？　(A)投資報酬率標準差愈小的股票，投資風險愈大　(B)使用標準差與變異係數進行 投資風險比較之結果有可能不同，尤其在各股票的預期平均報酬率相差很大時　(C)所謂的「高風險、高報酬」，意味只要投資高風險股票就一定能帶給投資人高報酬　(D)標準差優於變異係數，因為它的單位與原始資料單位相同。

(　) **42** 甲公司X6年期末漏記一筆起運點交貨之在途進貨，且年度盤點時亦未將該商品列入存貨。此項錯誤對X6年財務報表之影響，下列敘述何者有誤？　(A)期末存貨低估　(B)期末權益低估　(C)銷貨成本無影響　(D)本期淨利無影響。

(　) **43** 甲公司X8年期初存貨為期末存貨之60%，可售商品總額為銷貨成本之125%，則X8年存貨週轉率何者正確？　(A)3.76次　(B)4.22次　(C)5次　(D)5.07次。

(　) **44** 甲公司本期誤將進貨運費記為銷貨運費，若本期進貨均已售出，則該項錯誤對下列何項財務報表項目無影響？　(A)銷貨毛利　(B)銷貨成本　(C)營業費用　(D)稅前淨利。

(　) **45** 下列交易事項對財務比率影響之敘述何者有誤？　(A)沖銷呆帳不影響速動比率及流動比率　(B)可轉換公司債進行轉換，使負債比率下降　(C)售出庫藏股票，使負債比率下降　(D)提列存貨跌價損失不影響速動比率 及流動比率。

(　) **46** 甲公司X8年度銷貨毛利為$108,000，期初與期末應收帳款分別為$102,000與$90,000，若銷貨毛利率為25%，則應收帳款週轉率何者正確？　(A) 1.125 次　(B) 4.5 次　(C) 5 次　(D) 5.625 次。

(　) **47** 甲公司X6年純益率為5%，權益總額為銷貨淨額20%，所得稅率為20%，若X6年期初與期末權益總額均為$5,000,000，則X6年權益報酬率何者正確？　(A) 5%　(B) 20%　(C) 25%　(D) 31.25%。

( 　 ) **48** 甲公司X6年普通股股東權益報酬率為25%，總資產報酬率為20%，X6年底普通股的每股市價為每股帳面金額的4倍。若該公司X6年期初與期末普通股股東權益總額及流通在外股數均相同，所得稅率為25%，則X6年底普通股的本益比為何？　(A)25　(B)16　(C)18　(D)20。

( 　 ) **49** 甲公司以現金$4,000出售帳面金額$5,000存貨，若出售前流動比率及速動比率均大於1，則該出售交易對流動比率及速動比率之影響分別為何？　(A)流動比率及速動比率均下降　(B)流動比率及速動比率均增加　(C)流動比率下降，速動比率增加　(D)流動比率增加，速動比率下降。

( 　 ) **50** 公司流動比率為3，若發生沖銷呆帳及預收貨款之交易，則二項交易對流動比率之影響分別為何？　(A)不變及不變　(B)不變及減少　(C)減少及不變　(D)減少及減少。

---

## 解答及解析

**1 (C)**。國際會計準則（IAS）38號之無形資產規定（IAS38.48）內部產生之商譽不得認列為無形資產，商譽為企業合併時才可認列於財務報表中（規範於IFRS 3企業合併所取得之商譽）。
故此題答案為(C)。

**2 (B)**。假設每月薪水1,000元，月底應有之調整分錄如下：
借：薪資費用　　1,000
　　貸：應付薪資　　1,000
若期末漏作調整分錄
∴將使費用低估、淨利高估、權益高估、負債低估。
故此題答案為(B)。

**3 (C)**。無形資產之定義規定無形資產須可辨認，以便與商譽區分。企業合併所認列之商譽，代表自企業合併所收購之其他資產所產生之未來經濟效益，其無法個別辨認及分別認列，故商譽是不具有可辨認性的無形資產。
故此題答案為(C)。

**4 (D)**。評價準則公報第七號第10條：評價人員評價無形資產時，應依評價案件之委任內容及目的，決定採用市場價值或市場價值以外之價值作為價值標準。採用市場價值以外之價值為價值標準之情況，可能包括：
(1)作為投資決策之依據。
(2)作為處理稅務及法務相關事務之依據。

(3) 依一般公認會計原則之規定，以使用價值測試無形資產是否減損。

(4) 評估資產之使用效益

故此題答案為(D)。

**5 (B)**。評價準則公報第七號第14條：評價人員於決定無形資產評價方法及其下之評價特定方法時，應考量該等評價特定方法之適當性及評價輸入值之穩健性，並應將所採用之評價特定方法及理由於評價報告中敘明。

因此甲錯誤，採用方法之理由要在報告中敘明。此題答案為(B)。

**6 (B)**。評價準則公報第七號第3條：無形資產評價之目的通常包括：

1.交易目的：例如

(1) 企業全部或部分業務之收購或出售。

(2) 無形資產之買賣或授權，包括作價投資。

(3) 無形資產之質押或投保。……

選項(3)與(5)非上述之目的，故此題答案為(B)。

**7 (B)**。無形資產的價值是否有減少，可參酌國際會計準則第三十六號「資產減損」之規範（IAS36.12）：評估是否有任何跡象顯示資產可能有減損時，企業應至少考量的跡象評估。

(A)功能性退化：屬於外部資訊－有資產之價值於當期發生顯著大於因時間經過或正常使用所預期者之下跌之可觀察跡象。

(B)物理性衰退：物理性可能係因自然變化而耗損，但由於無形資產係屬於無實際形體之資產（例如專利權），因此不會像實體資產會有物理性自然耗損之問題，故此因素不太可能會影響無形資產的價值。

(C)經濟性折舊：確定耐用年限之無形資產會依照耐用年限攤提，價值會逐年減少。

(D)技術性過時：屬於外部資訊－企業營運所處之技術、市場、經濟或法律環境或資產特屬之市場，已於當期（或將於未來短期內）發生對企業具不利影響之重大變動。

故此題答案為(B)。

**8 (B)**。營運資金 = 流動資產 － 流動負債 = ($3,125 + $675 + $4,455) － ($4,245 + $3,255)= $755

故此題答案為(B)。

**9 (C)**。貢獻性資產：與標的無形資產共同使用以實現與標的無形資產有關之展望性利益流量之資產。（評價準則公報第七號第五條）

故此題答案為(C)。

**10 (D)**。 國際財務報導準則（IFRS）第3號（IFRS3.18）：為符合採用收購法中認列之規定，收購者取得之可辨認資產及承擔之負債在收購日須依本國際財務報導準則衡量之移轉對價，通常規定為收購日之公允價值。

故此題答案為(D)。

**11 (D)**。 (A)股東權益報酬率（ROE）= 稅後損益÷平均股東權益淨額。

(B)負債權益比率=負債總額÷股東權益總額。

(C)財務槓桿比率=權益乘數=資產總

額÷股東權益總額＝負債總額÷股
東權益總額＋1。
衡量企業長期償還的能力，數值越
大代表負債越重。
(D)財務槓桿指數＝股東權益報酬率
（ROE）÷資產報酬率（ROA）。
財務槓桿指數>1：舉債經營有利；
財務槓桿指數<1：舉債經營不利。
故此題答案為(D)。

**12 (D)**。 評價準則公報第七號規定，無
形資產為無實際形體、可辨認性及
具未來經濟效益之非貨幣性資產以
及商譽。選項(D)有價證券投資為貨
幣性資產。
故此題答案為(D)

**13 (C)**。 評價準則公報第七號第6條：
評價人員評價無形資產時，應確認
標的無形資產係屬可辨認或不可辨
認。無形資產符合下列條件之一
者，即屬可辨認：1.係可分離，即
可與企業分離或區分，且可個別或
隨相關合約、可辨認資產或負債出
售、移轉、授權、出租或交換，而
不論企業是否有意圖進行此項交易。
2. 由合約或其他法定權利所產生，
而不論該等權利是否可移轉或是否
可與企業或其他權利及義務分離。
故此題答案為(C)。

**14 (B)**。 評價準則公報第七號第18條：
商譽之價值為採用評價方法所估計
之企業權益價值減除可辨認淨資產
價值後之剩餘金額。若評價標的為
業務或資產群組時，應採用前項規
定處理。商譽通常包括下列要素，
例如：

1. 兩個或多個企業合併所產生之專
屬綜效（例如營運成本之減少、
規模經濟及產品組合之動態調整
等）。
2. 企業擴展業務至不同市場之機會。
3. 人力團隊所產生之效益（但通常
不包括該人力團隊成員所發展之
任何智慧財產）。
4. 未來資產所產生之效益，例如新
客戶及未來技術。
5. 組合及繼續經營價值。
故此題答案為(B)。

**15 (B)**。 (A)商譽：內部產生之商譽不
得認列，故商譽為企業合併所取
得，係規範於國際財務報導準則第3
號「企業合併」IFRS3。
(C)權益投資：係規範於於國際財務
報導準則第9號「金融工具」IFRS9
故此題答案為(B)。

**16 (D)**。本題主要考點規定於國際會計
準則第38號第4段（IAS38.4）：
某些無形資產可能包含於或以實體
形式存在，例如光碟（在電腦軟體
之情況）、法律文件（在許可權或
專利權之情況）或電影。對同時具
備無形與有形要素之資產，於決定
應依國際會計準則第16號「不動
產、廠房及設備」之規定處理或屬
本準則所規範之無形資產時，企業
應運用判斷以評估何項要素較為重
要。例如，一台經由電腦操控之機
械工具，若無特定軟體則無法運作
時，則電腦軟體為相關硬體整體之
一部分，應將其視為不動產、廠房
及設備。同理其亦適用於電腦作業
系統。當軟體並非相關硬體整體之

一部分時，則電腦軟體應視為無形資產。

(D)：當電腦軟體並非作業系統一部分時，意謂可辨認及可分離，則應視為無形資產，而非視為電腦硬體之一部分，故選項(D)有誤。

故此題答案為(D)。

**17 (A)**。國際會計準則（IAS）38號之無形資產規定（IAS38.29）：非屬無形資產成本之一部分之支出，舉例如下：

(1) 推出新產品或服務之成本（包括廣告及促銷活動成本）；

(2) 新地點或新客戶群之業務開發成本（包括員工訓練成本）；及

(3) 管理成本與其他一般間接成本

選項(B)(C)(D)：無形資產直接可歸屬成本，可參照IAS38.28段規定。

故此題答案為(A)。

**18 (D)**。國際會計準則（IAS）38號之無形資產規定（IAS38.44）：透過政府補助之交換，企業可選擇以公允價值原始認列無形資產及政府補助。若企業選擇不以公允價值原始認列該資產，則企業應以名目金額加計為使該資產達到預定使用狀態之直接可歸屬支出，原始認列該資產。

故選項(D)有誤，此題答案為(D)。

**19 (C)**。國際會計準則（IAS）38號之無形資產規定（IAS38.45）：資產交換，該交換交易缺乏商業實質，或換入資產及換出資產之公允價值均無法可靠衡量，該無形資產之成本應以換出資產之帳面價值衡量。

故選項(C)有誤，此題答案為(C)。

**20 (A)**。國際會計準則（IAS）38號之無形資產規定：經由企業合併所取得進行中之研究專案計畫，若為研究支出，發生時即應認列為費用；若為發展支出，且不符合第57段認列為無形資產之條件，發生時即應認列為費用；及若為發展支出，且符合第57段認列為無形資產之條件，則應增加所取得之進行中研究或發展計畫之帳面金額。

選項(A)若企業合併被收購者之進行中研究及發展計畫符合無形資產之定義，則收購者應將其認列為資產，應增加所取得之進行中研究或發展計畫之帳面金額，而非作為商譽之一部分。故選項(A)錯誤。

故此題答案為(A)。

**21 (D)**。(D)：於內部計畫之研究階段，企業無法證明其存在很有可能產生未來經濟效益。因此，該支出應於發生時認列為「費用」，而不可認列為無形資產。

故此題答案為(D)。

**22 (A)**。國際會計準則（IAS）38號之無形資產規定（IAS38.69）：在某些情況下，所發生之支出雖可對企業提供未來經濟效益，但並未取得或產生可認列之無形資產或其他資產。在提供商品之情況下，企業應於有權利取用該等商品時，將支出認列為費用。在提供勞務之情況下，企業應於收取該等勞務時，將支出認列為費用，但若係屬企業合併所取得之一部分者，不在此限。在發生時認列為費用之支出之其他

例子包括：

1. 開辦活動之支出（即開辦費）。

2. 訓練活動之支出。

3. 廣告及促銷活動支出（包括郵寄訂購目錄）。

4. 搬遷或重組企業部分或全部支出。

選項(A)郵寄訂購目錄應於發生時即認列費用，不得認列無形資產。

故此題答案為(A)。

**23 (B)。** 公開發行公司受金管會監督，金管會考量我國評價實務狀況，基於監理目的，規範無形資產後續衡量應採成本模式，不得採用重估價模式。故選項(B)錯誤，故此題答案為(B)。

**24 (A)。** 評價準則公報第七號第14條及第15條規定：評價人員應於評價報告中敘明所採用之評價方法或評價特定方法，評價人員應於評價報告中敘明給予之權重及其理由。

故選項(A)錯。此題答案為(A)。

**25 (C)。** 甲：此目的與遺產稅金額計算有關，故為稅務目的。是為(2)。

乙：技術作價為公司增資資金來源方法之一，透過技術作價達到股權之交易，故為交易目的。是為(1)。

丙：評價會影響財務報表之表達，故此目的為財務報導目的。是為(4)。

丁：企業聲請破產會涉及許多法律層面及程序，故此目的為法務目的。是為(3)。

故此題答案為(C)。

**26 (A)。** 評價準則公報第七號第5條針對租稅攤銷利益定義：攤銷無形資

產而產生之租稅利益。

故選項(A)正確。

**27 (A)。** (A)正確：評價準則公報第七號第5條第3點。

(B)增額收益法係比較企業使用與未使用標的無形資產所賺取之未來利益流量，以計算使用該無形資產所產生之預估增額利益流量並將其折現，以決定標的無形資產之價值。（評價準則公報第七號第23條）

(C)貢獻性資產計提回報係貢獻性資產對於與標的無形資產共同使用而創造之利益流量之貢獻。（評價準則公報第七號第5條第4點）

(D)貢獻性資產之回收係該資產原始投資之回收。（評價準則公報第七號第五條第4點）

故此題答案為(A)。

**28 (C)。** 評價準則公報第七號第7條：

甲：專利技術、設計、資料庫、配方、軟體通常與技術相關。故可口可樂汁配方係與技術相關之無形資產。是為(3)。

乙：客戶名單、尚未履行之訂單、客戶合約為與客戶相關之無形資產。故鴻海公司尚未履行之訂單係與客戶相關之無形資產。是為(2)。

丙：商標、營業名稱、獨特之商業設計與網域名稱與行銷相關。故運動品牌NIKE的商標屬於行銷相關之無形資產。是為(1)。

丁：戲劇、書籍、電影及音樂係屬文化藝術創意作品。故周杰倫的音樂作品屬行銷相關之無形資產。是為(4)。

故此題答案為(C)。

**29 (D)**。 國際會計準則第38號「無形資產」規定（IAS38.54、57），研究支出應於發生時認列費用，由於該費用是在企業的內部計畫之研究階段，企業並無法證明存在將產生具有未來經濟效益之無形資產，因此該支出應於發生時認列費用；而發展階段之支出，若企業能證明必要項目並符合無形資產認列之條件，則可認列無形資產，反之應於發生時認列費用。
故此題答案為(D)。

**30 (B)**。 本題購入專利權B主要係用於防衛之目的，以移除對原持有專利權A之威脅，因此專利權B並未能夠讓企業未來有經濟效益，因此購入專利權B之成本應併入專利權A，依照專利權耐用年限攤銷，購入專利權B是為維持原專利權A之未來經濟效益。因此應按法定年限及經濟年限之較短者攤銷，專利權A經濟年限6年短於法定年限10年，專利權B之成本應按6年攤銷。
故此題答案為(B)。

**31 (D)**。
(1)評價準則公報第七號第7條：行銷相關之無形資產主要用於產品或勞務之行銷或推廣。例如商標、營業名稱、獨特之商業設計及網域名稱。營業秘密未符合上述之要件。故選項(1)錯。
(2) 國際會計準則第38號「無形資產」規定（IAS38.43）：研究階段之支出發生時即應認列為費用。故選項(2)錯。

(3) 國際會計準則第38號「無形資產」規定（IAS38.43）：發展階段之支出，若符合認列為無形資產之條件，發生時則可認列為無形資產。準則並未規定後續發現該支出符合要件時，可以迴轉已認列費用之成本。故選項(3)錯誤。
故此題選項皆錯，此題答案為(D)。

**32 (D)**。 應收帳款廣義泛指一切債權，狹義定義指因出售商品或勞務所產生之對客戶的貨幣請求權，並不符合無形資產之定義。
故此題答案為(D)。

**33 (A)**。 商譽＝收購價格減除可辨認淨資產之公允價值
商譽=$5,000,000-($8,000,000-$4,000,000)=$1,000,000
故此題答案為(A)。

**34 (A)**。 期利率=名目利率/m = ((1+有效利率)1/m – 1)
=((1+12%)(1/4)-1)
≒2.874%
故此題答案為(A)。

**35 (D)**。 折現率是一種比值，用來說明現在的貨幣，與未來貨幣的價值交換關係。當折現率越大，表示未來貨幣價值貶值的速度越快，而當折現率越小，則貶值的速度越慢。因此選項(D)錯，折現率與貨幣的時間價值成正比。
故此題答案為(D)。

**36 (B)**。 現值(PV) = 年金(PMT)÷利率
= $1,500÷10% = $15,000

由於此永續年金為1月1日開始支付，因此尚須考量第一筆支付之年金，故現值＝15,000+1,500=16,500
故此題答案為(B)。

**37 (A)**。自由現金流量＝營運現金流量－資本支出，自由現金流量係指公司真正可以自由運用的資金。自由現金流量若為正值，不表示就是好的公司，還要檢視營運現金流量以及投資現金流量；反之若為負值，亦不一定是不好的公司，但通常需要仔細評估。
故此題答案為(A)。

**38 (D)**。選項(A)$\dfrac{\dfrac{0.57}{0.12}}{0.10}$=0.684

選項(B)$\dfrac{\dfrac{0.38}{0.07}}{0.10}$=0.266

選項(C)$\dfrac{0.6\times0.57+0.4\times0.38}{0.10}$=0.5168

選項(D)X與Y股票形成投資組合的期望報酬率標準差可以使用共變異數法計算，公式如下：

$$S=\sqrt{w1^2\times s1^2+w2^2\times s2^2+2\times w1\times w2\times s1\times s2\times\rho}$$

w1是X股票的投資比例：60%
w2是Y股票的投資比例：40%
s1是X股票的報酬率標準差：12%
s2是Y股票的報酬率標準差：7%
$\rho$是X與Y股票的相關係數：0.38
故X與Y股票形成投資組合的期望報酬率標準差為8.818%
因此選項(D)錯誤，此題答案為(D)。

**39 (D)**。常用的投資方案風險分析方法為：
1.敏感度分析。
2.情境分析。
3.電腦模擬法。
故此題答案為(D)。

**40 (A)**。(A)正確：內部報酬率法是一種投資的評估方法，也就是找出資產潛在的回報率，其原理是利用內部回報率折現，投資的淨現值恰好等於零。
(B)錯誤：內部報酬率法假設以內部報酬率再投資。
(C)錯誤：內部報酬率法是使投資計畫所產生之現金流量折現值總和恰巧等於期初投入成本的折現率，即能使淨現值剛好為零的折現率。
故此題答案為(A)。

**41 (B)**。(A)錯誤：標準差越大代表預期報酬率及實際報酬率相差。
(C)錯誤：投資即有風險，無法保證獲利。
(D)錯誤：變異係數是一種相對差異量數，用以比較單位不同或單位相同但資料差異甚大的資料分散情形。
故此題答案為(B)。

**42 (B)**。銷貨成本＝期初存貨＋本期進貨－期末存貨，銷貨成本屬費損項目
期末漏記起運點交貨之在途進貨，使期末存貨↓(低估)，進貨↓(低估)
期末存貨↓(低估) → 銷貨成本↑(高估)，則費損↑(高估) →淨利↓(低估) →權益↓(低估)
進貨↓(低估)→銷貨成本↓(低估)，則費損↓(低估)→淨利↑(高估) →權益↑(高估)
綜上，銷貨成本、淨利、權益不影

響，僅期末存貨低估。

故此題答案為(B)。

**43 (C)**。 假設銷貨成本=100

可供銷售商品成本＝100×125%＝125

期末存貨＝125－100＝25

期初存貨＝25×60%＝15

存貨週轉率＝100÷(15+25)/2＝5

故此題答案為(C)。

**44 (D)**。 進貨運費↓(低估)→銷貨成本↓(低估)→銷貨毛利↑(高估) →淨利↑(高估)

銷貨運費↑(高估)→營業費用↑(高估) →淨利↓(低估)

綜上稅前淨利不影響

故此題答案為(D)。

**45 (D)**。

(A)：沖銷呆帳

借：備抵呆帳

　　貸：應收帳款

同時減少應收帳款及備抵呆帳，流動資產不變，故不影響速動比率及流動比例。

(B)：可轉換公司債進行轉換

借：應付公司債

　　貸：　　股本

負債減少，權益增加，使負債比率下降。

(C)：售出庫藏股票

借：現金

　　貸：　　庫藏股

資產增加，權益增加，使負債比率下降

(D)提列存貨跌價損失

借：存貨跌價損失

　　貸：備抵存貨跌價損失

資產減少，費損增加，使流動比率及速動比率下降

故此題答案為(D)。

**46 (B)**。 應收帳款週轉率

$$=\frac{108,000\div25\%}{(102,000+90,000)\div2}=4.5$$

故此題答案為(B)。

**47 (C)**。 權益總額為銷貨淨額之20%：

銷貨淨額＝5,000,000÷20%

　　　　＝25,000,000

純益率＝稅後淨利÷銷貨淨額

→稅後淨利＝25,000,000×5%

　　　　　＝1,250,000

權益報酬率＝1,250,000÷5,000,000

　　　　　＝25%

故此題答案為(C)。

**48 (B)**。 此題目股東權益總額及流通在股數均相同，故可假設稅後淨利=25，股東權益=100，總資產=125

股東權益報酬率=稅後淨利÷股東權益=25÷100=25%

總資產報酬率= 稅後淨利÷資產總額=25÷125=20%

→每股帳面價值=普通股股東權益÷普通股股數=100÷10=10

　每股市價為每股帳面價值的4倍，故每股市價＝4×10=40

　每股盈餘=稅後淨利÷加權平均流通在外普通股股數=25÷10=2.5

∴本益比＝市價÷每股盈餘

　　　　＝40÷2.5=16

故此題答案為(B)。

**49 (C)**。 假設出售前流動資產=10,000（含存貨5,000），流動負債=5,000

流動比率$\frac{10,000}{5,000}=2$，

速動比率$\frac{10,000-5,000}{5,000}=1$

出售存貨交易分錄如下：

借：現金 4,000
　　貸：銷貨收入 4,000
借：銷貨成本 5,000
　　貸：存貨 5,000

→流動資產淨減少1,000

出售存貨後流動比率及速動比率變化如下：

流動比率$\frac{10,000-1,000}{5,000}=1.8$，

速動比率$\frac{5,000+4000}{5,000}=1.8$

流動比率：2→1.8；速動比率：1→1.8，因此該出售交易將使流動比率下降，速動比率增加。

故此題答案為(C)。

**50 (B)**。 流動比率＝流動資產÷流動負債＝3（假設流動資產=300，流動負債=100）

沖銷呆帳分錄：

借：備抵呆帳
　　貸：應收帳款

→不影響應收帳款淨額，因此不影響流動資產則，故不影響流動比率，流動比率不變。

預收貨款分錄：（假設交易金額為100元）

借：銀行存款 100
　　貸：預收貨款 100

→流動比率$=\frac{300+100}{100+100}=2$，因此收到預收貨款將使流動比率下降

故此題答案為(B)。

# 智慧財產概論及評價職業道德

( ) **1** 評價人員執行評價工作及報告評價結果時，何者非屬盡專業上應有之注意？ (A)獲取適當之文件 (B)設定合理之假設 (C)避免失誤超過合理範圍 (D)選用適當評價方法。

( ) **2** 評價人員若與委任案件委任人或相關當事人涉有重大財務或非財務利益時，下列何者正確？ (A)應於評價報告中充分揭露所涉及之利益 (B)向委任人書面揭露，並獲取其書面同意後始得承接案件 (C)於評價報告說明維持獨立性之措施反其結果 (D)應不得承接案件。

（　　）**3** 評價報告日是指下列何者？　(A)評價案件委任之日　(B)評價人員完成評價報告之日　(C)評價人員出具評價報告之日　(D)以上皆非。

（　　）**4** 評價人員及其所隸屬之評價機構若接受仲介而承接業務時，下列何者正確？　(A)應向委任人口頭告知說明仲介人即可　(B)應向委任人口頭告知仲介人及支付仲介費之事實　(C)應向委任人書面揭露仲介人及支付仲介費之事實　(D)應向委任人書面揭露仲介人即可。

（　　）**5** 評價人員對評價設定情境於合理時間內不可實現之案件，下列何者正確？　(A)不得出具評價報告　(B)不得承接案件　(C)要求收取或有酬金　(D)以上皆非。

（　　）**6** 下列關於評價人員之 述，何者有誤？　(A)評價人員執行評價時應公正及獨立、客觀，不得損害公共利益　(B)評價人員可 承接價值結論已事先設定之評價案件　(C)評價人員對任何影響獨立性之案件時可 拒絕承接　(D)評價人員唯有能合理預期具有專業能力及相關經驗以完成擬承接之評價案件時，方能承接案件

（　　）**7** 同一評價標的同時有二個以上委任人之委任時，下列何者正確？　(A)只能選擇承接其中之一人之委任　(B)向相關當事人充分揭露並皆取得書面同意且未損害公共利益之情形，皆可承接　(C)皆不可承接　(D)以上皆非。

（　　）**8** 我國發明專利、新型專利及設計專利之權利期限自何時起算，屆滿期限之年限為下列何者？　(A)自申請日起算，20年、12年、10年　(B)自公告日起算，20年、12年、10年　(C)自申請日起算，20年、10年、15年　(D)自公告日起算，20年、10年、15年。

（　　）**9** A口罩公司研發口罩減壓護套，透過該減壓護套可解決長時間配戴口罩所造成耳背之壓力。A口罩公司於2019年4月27日向智慧財產局申請新型專利，並於2019年12月31日被授予新型專利。請問新型專利之專利期間為下列何者？　(A)2019年12月31日至2029年4月26日　(B)2019年12月31日至2031年4月26日　(C)2019年4月27日至2029年12月30日　(D)2019年12月31日至2029年12月30日。

(　　) **10** A公司與B公司皆於2020年8月8日向智慧財產局申請相同專利，下列何者正確？　(A)不須協議，皆可准予專利　(B)須協議，協議不成，均不予專利　(C)不須協議，以出價較高者准予專利　(D)不須協議，兩者共有該專利。

(　　) **11** 關於專利之國際優先權，下列何者有誤？　(A)此制度主要目的在保障發明人不致於在某一會員國申請專利後，公開、實施或被他人搶先在其他會員國申請該發明，以致不符合專利要件，無法取得其他會員國之專利保護　(B)發明人得主張國際優先權之期間：發明或新型專利為在第一次申請專利之日起12個月　(C)發明人得主張國際優先權之期間：設計專利為在第一次申請專利之日起6個月　(D)當專利權主張被認可時，專利權之期限以優先權日起算。

(　　) **12** 關於專利權之延長，下列何者正確？　(A)專利權人不得申請延長專利權期間　(B)申請專利權期間延長以兩次為限　(C)於取得第一次許可證後半年內，向智慧局提出　(D)取得許可證期間超過五年者，其延長期間仍以五年為限。

(　　) **13** 提神飲料廣告「你累了嗎？」係屬下列何種商標？　(A)顏色商標　(B)圖像商標　(C)聲音商標　(D)立體商標。

(　　) **14** 若以產銷班名義申請商標註冊，下列敘述何者有誤？　(A)產銷班並非法人，不得為權利主體　(B)應以代表人名義申請　(C)應以產銷班及代表人名義共同提出申請　(D)代表人變更時因權利主體變更，應辦理移轉登記。

(　　) **15** 申請人於本國取得商標權後，下列何者非屬商標權人取得之權利？　(A)專屬使用權　(B)轉讓商標權　(C)排除他人使用權　(D)排除境外使用之權利。

(　　) **16** 下列何者通常可以被認為屬營業秘密者？　(A)國防機密　(B)已經在期刊上發表過之技術或其他資訊　(C)政黨之選戰策略　(D)顧客名單。

( ) **17** 下列關於營業秘密之歸屬，何者有誤？　(A)就職務上所產生之營業祕密而言，原則上歸屬於雇主　(B)非職務上之營業祕密，則歸受雇人所有　(C)若其營業祕密係利用雇用人之資源或經驗者，雇用人得於支付合理報酬後，於該事業使用其營業祕密　(D)出資聘人研究或開發之情形，營業祕密法規定原則上依契約之約定決定其歸屬；若未約定，則歸受聘人所有，出資人不得於業務上使用該營業祕密。

( ) **19** 下列何者不屬於營業秘密？　(A)客戶名單　(B)內部的營運計畫方案　(C)失敗實驗紀錄　(D)具廣告性質的交易價格。

( ) **20** 依我國現行法之規範，下列何種智慧財產權的侵權是沒有刑事責任的處罰？　(A)專利權　(B)商標權　(C)著作權　(D)營業秘密。

( ) **21** 依我國現行法之規範，對於發明專利、新型專利、設計專利的專利權期限各是為何？　(A)15年、12年、10年　(B)20年、15年、10年　(C)20年、10年、12年　(D)20年、10年、15年。

( ) **22** 在我國現行專利法規範下，下列關於發明專利與新型專利的敘述，何者有誤？　(A)發明專利保護對象通常較廣，包括物品物質、製程技術方法、物品物質的用途，新型專利保護對象較有限，多限於物品　(B)發明專利是在保護利用自然法則的技術思想，可涵蓋有形或無形的各種創新成果，新型專利是保護自然法則技術思想下有形物品的空間型態　(C)發明專利的取得是經過實體審查，新型專利的取得則是為形式審查，發明人申請時僅得選擇其中一種專利類型申請　(D)發明專利取得的技術門檻通常較高，新型專利取得的技術門檻通常較低。

( ) **23** 「質量守恆定律」不能授予專利的原因何者正確？　(A)不是專利適格標的　(B)缺乏新穎性　(C)缺乏進步性　(D)缺乏產業利用性。

( ) **24** 公司在申請專利時，雖然所申請的內容並非公知或公用的技術思想，但卻是所屬技術領域中具有通常知識者依申請前的先前技術所能輕易完成，則此公司的專利申請案最有可能因為不符合下列何項要件而被智慧財產局駁回？　(A)專利適格性　(B)新穎性　(C)進步性　(D)產業利用性。

(　　) **25** 商標權人從何時候開始取得商標權？　(A)商標註冊公告當日　(B)完成商標設計時　(C)商標使用時　(D)商標提出申請註冊時。

(　　) **26** 下列何項不屬於商標法保護之權利？　(A)商標權　(B)服務標章權　(C)證明標章權　(D)團體商標權。

(　　) **27** 關於商標權的保護期間，下列何者有誤？　(A)商標權期間為十年　(B)商標停止使用二年會被廢止註冊，喪失商標權　(C)商標權期間得申請延展，每次延展為十年　(D)商標權期間申請延展的次數無限制。

(　　) **28** 「今晚，我想來點」指定使用於食品遞送等服務，可被認定是屬於下列何種識別性？　(A)先天識別性　(B)不具識別性　(C)後天識別性　(D)預見識別性。

(　　) **29** 「GOOGLE」使用於搜尋引擎服務，是屬於下列何種先天識別性的商標？　(A)獨創性標識　(B)任意性標識　(C)暗示性標識　(D)實用性標識。

(　　) **30** 申請註冊商標，要主張國際優先權，應於與我國有相互承認優先權之國家第一次申請日後多久以內，向經濟部智慧財產局提出申請？　(A)三年內　(B)二年內　(C)一年內　(D)六個月內。

(　　) **31** 關於肖像與商標，下列何者有誤？　(A)可以用自己的肖像申請商標註冊　(B)以他人肖像申請商標註冊應先取得同意　(C)以他人寵物申請商標註冊，不會侵害肖像權　(D)以公眾人物的肖像申請商標註冊才需取得同意。

(　　) **32** 著作人從何時開始，就其著作享有著作權？　(A)著作完成時　(B)著作公開時　(C)著作申請註冊時　(D)著作獲准註冊時。

(　　) **33** 下列何項不屬於著作人格權？　(A)公開發表權　(B)公開展示權　(C)姓名表示權　(D)禁止不當改變權。

(　　) **34** 將著作透過網路公開，是屬於何種著作財產權的範圍？　(A)公開演出權　(B)公開上映權　(C)公開傳輸權　(D)公開口述權。

（　）**35** 在辦公室同事的line群組裡轉貼具有著作權之早安圖，需要取得下列何種授權？　(A)公開演出　(B)公開上映　(C)公開傳輸　(D)不必取得授權。

（　）**36** 畫家將自己的畫賣給收藏家，下列何項是收藏家不可以做的事？　(A)公開展示　(B)轉賣　(C)出租　(D)在line群組公開。

（　）**37** 下列何者不受著作權保護？　(A)幼兒園小朋友的牆上塗鴉　(B)專門職業及技術人員高等考試會計師考試的試題　(C)失智者的畫　(D)色情影片。

（　）**38** 出錢請攝影師拍婚紗攝影，如果沒有特別約定，下列何者有誤？　(A)攝影師是照片的著作人　(B)攝影師是照片的著作財產權人　(C)出錢的新人可以授權他人使用照片　(D)出錢的新人可以使用照片。

（　）**39** 有關著作人格權保護期間，下列何者正確？　(A)永久保護　(B)著作人終身　(C)保護到著作財產權期間屆滿　(D)保護到著作人將著作財產權讓給他人時。

（　）**40** 關於照片的著作財產權保護期間，下列何者正確？　(A)永久保護　(B)著作人終身　(C)著作人終身加五十年　(D)照片公開發表後五十年。

（　）**41** 員工工作上完成的著作，如果沒有特別約定，下列何者有誤？　(A)員工是著作人　(B)公司是著作財產權人　(C)公司董事長不是著作人　(D)員工可以自由利用該著作。

（　）**42** 下列各項智慧財產權的法律規範，何者在我國是最晚才制定施行的？　(A)著作權法　(B)商標法　(C)營業秘密法　(D)專利法。

（　）**43** 在台灣現行規範下，下列何種智慧財產權的類型在受到侵害時，可能面臨最嚴重的刑事處罰？　(A)專利權　(B)著作權　(C)商標權　(D)營業秘密。

（　）**44** 下列何者並非營業秘密的要件？　(A)進步性　(B)秘密性　(C)價值性　(D)採取合理保密措施。

（　）**45** 在我國的規範下，營業秘密的最長保護年限何者正確？　(A)自申請日起20年　(B)自取得權利後50年　(C)自取得權利後70年　(D)無限期，至不再具備要件為止。

（　）**46** 下列何種資訊，可以作為我國規範下的營業秘密？　(A)生產資訊　(B)銷售資訊　(C)經營資訊　(D)以上皆可成為營業秘密。

（　）**47** 某大飯店的名廚A，將其拿手料理的配方公佈在網路上，並將烹調技巧作成教學影片，放在網站上供大家觀賞，另也開班授課傳授技能。在這種情形下，名廚A的料理配方及烹調技巧，最有可能因為失去了下列何項要件，而無法成為營業秘密？　(A)進步性　(B)秘密性　(C)價值性　(D)原創性。

（　）**48** 某生技公司X，公司內部會標明文件機密等級，對重要區域進行監控，網路傳輸設備也會列管。則X公司此些文件、場所、設備管理措施，是要符合下列何項營業秘密的要件？　(A)秘密性　(B)價值性　(C)採取合理保密措施　(D)以上皆非。

（　）**49** 下列關於職業道德之敘述，何者正確？　(A)評價人員得明知而不阻止助理人員誤導他人　(B)評價之助理人員毋須遵循職業道德規範　(C)若接受外部專家之協助，評價人員應提供資訊以促請其遵循評價準則公報第二號「職業道德準則」　(D)以上皆正確。

（　）**50** 下列何者可為委任案件？　(A)評價案件　(B)評價複核案件　(C)其他涉及價值決定之案件　(D)以上皆是。

---

### 解答及解析

**1 (C)**。評價準則公報第二十二條：「評價人員執行評價工作及報告評價結果時，包括獲取適當文件、運用相關資訊、設定合理假設、選用適當評價方法及撰寫評價報告等，均應盡專業上應有之注意。」

**2 (D)**

**3 (C)**。評價報告日係指評價人員出具評價報告之日期，該日期可能與評價基準日相同或不相同。

**4 (C)**。評價準則公報第二號：「評價人員若接受仲介而承接業務，應向

委任人書面揭露仲介人及支付仲介費之事實。」

**5 (A)　　6 (B)　　7 (B)**

**8 (C)**。1.專利法第52條第3項：「發明專利權期限，自申請日起算二十年屆滿。」
2.專利法第114條：「新型專利權期限，自申請日起算十年屆滿。」
3.專利法第135條：「設計專利權期限，自申請日起算十五年屆滿；衍生設計專利權期限與原設計專利權期限同時屆滿。」

**9 (A)**。專利法第114條：「新型專利權期限，自申請日起算十年屆滿。」

**10 (B)**。 專利法第31條：「I.相同發明有二以上之專利申請案時，僅得就其最先申請者准予發明專利。但後申請者所主張之優先權日早於先申請者之申請日者，不在此限。
II.前項申請日、優先權日為同日者，應通知申請人協議定之；協議不成時，均不予發明專利。」

**11 (D)**。 (A)經濟部智慧財產局出版之「認識專利」第45頁。
(B) 經濟部智慧財產局出版之「認識專利」第45頁。
(C)經濟部智慧財產局出版之「認識專利」第45頁。
(D)專利權之期限以在我國提出申請之申請日起算，經濟部智慧財產局出版之「認識專利」第45頁。

**12 (D)**。 專利法第53條第2項：「前項核准延長之期間，不得超過為向中央目的事業主管機關取得許可證而無法實施發明之期間；取得許可證期間超過五年者，其延長期間仍以五年為限。」

**13 (C)**。 (C)所稱聲音商標，係指任何可用文字、簡譜或五線譜方式表達，足以使相關消費者區別商品或服務來源之聲音。例如：具識別性之簡短的廣告歌曲、旋律、人說話的聲音、鐘聲、鈴聲或動物的叫聲等。（資料來源：經濟部智財局）

**14 (B)**。 (B)產銷班非法人組織，故並無代表人。

**15 (D)**。 (D)申請人須於境外申請商標後才能排除他人使用。

**16 (D)**。 營業秘密法第2條：「本法所稱營業秘密，係指方法、技術、製程、配方、程式、設計或其他可用於生產、銷售或經營之資訊，而符合左列要件者：
一、非一般涉及該類資訊之人所知者。
二、因其秘密性而具有實際或潛在之經濟價值者。
三、所有人已採取合理之保密措施者。」

**17 (D)**。 營業秘密法第4條：「出資聘請他人從事研究或開發之營業秘密，其營業秘密之歸屬依契約之約定；契約未約定者，歸受聘人所有。但出資人得於業務上使用其營業秘密。」

**18 (D)**

**19 (D)**。 營業秘密法第2條：「本法所稱營業秘密，係指方法、技術、製程、配方、程式、設計或其他可用於生產、銷售或經營之資訊，而符合左列要件者：
一、非一般涉及該類資訊之人所知者。
二、因其秘密性而具有實際或潛在之經濟價值者。
三、所有人已採取合理之保密措施者。」

**20 (A)**。 (B)商標法第95條至第98條
(C)著作權法第91條第103條
(D)營業秘密法第13條之1第14條之5

**21 (D)**。 1.專利法第52條第3項：「發明專利權期限，自申請日起算二十年屆滿。」
2.專利法第114條：「新型專利權期限，自申請日起算十年屆滿。」
3.專利法第135條：「設計專利權期限，自申請日起算十五年屆滿；衍生設計專利權期限與原設計專利權期限同時屆滿。」

**22 (C)**。 (C)發明專利、新型專利可同時申請。

**23 (A)**。 質量守恆定律、能量不滅定律、萬有引力定律等自然法則或科學原理，如本身並未被利用而表現成發明之技術內容，原屬於自然法則本身，故不屬於發明之類型。（參酌經濟部智財局官網）

**24 (C)**。 (C)進步性：雖然申請專利之發明與先前技術有差異，但該發明之整體係該發明所屬技術領域中具有通常知識者依申請前之先前技術所能輕易完成時，稱該發明不具進步性。進步性係取得發明專利的要件之一，申請專利之發明是否具進步性，應於其具新穎性（包含擬制喪失新穎性）之後始予審查，不具新穎性者，無須再審究其進步性。（參酌經濟部智財局官網）

**25 (A)**。 商標法第33條第1項：「商標自註冊公告當日起，由權利人取得商標權，商標權期間為十年。」

**26 (B)**。 (A)商標法第1條：「為保障商標權、證明標章權、團體標章權、團體商標權及消費者利益，維護市場公平競爭，促進工商企業正常發展，特制定本法。」

**27 (B)**。 商標法第63條第1項第2款：「商標註冊後有下列情形之一，商標專責機關應依職權或據申請廢止其註冊：二、無正當事由迄未使用或繼續停止使用已滿三年者。但被授權人有使用者，不在此限。」

**28 (C)**。後天識別性：後天識別性則指標識原不具有識別性，但經由在市場上之使用，其結果使相關消費者得以認識其為商品或服務來源的標識，即具有商標識別性，因此時該標識除原來的原始意涵外，尚產生識別來源的新意義，所以後天識別性又稱為第二意義。（參酌經濟部智財局商標識別性審查基準第1頁）

**29 (A)**。 (A)獨創性標識：「獨創性標識」指運用智慧獨創所得，非沿用既有的詞彙或事物，其本身不具特定既有的含義，該標識創作的目的即在於以之區別商品或服務的來源。因其為全新的創思，對消費者而言，並未傳達任何商品或服務的相關資訊，僅具指示及區別來源的功能，故其識別性最強。核准案例：「GOOGLE」使用於搜尋引擎服務。（參酌經濟部智財局商標識別性審查基準第1頁）

**30 (D)**。 商標法第20條第1項：「在與中華民國有相互承認優先權之國家或世界貿易組織會員，依法申請註冊之商標，其申請人於第一次申請日後六個月內，向中華民國就該申請同一之部分或全部商品或服務，以相同商標申請註冊者，得主張優先權。」

**31 (D)**。 商標法第30條第1項第13款：「商標有下列情形之一，不得註冊：……十三、有他人之肖像或著名之姓名、藝名、筆名、稱號者。但經其同意申請註冊者，不在此限。」

**32 (A)**。 著作權法第10條：「著作人於著作完成時享有著作權。但本法另有規定者，從其規定。」

**33 (B)**。 著作人格權包括：公開發表權（第15條）、姓名表示權（第16條）、禁止不當修改權（第17條）三種。此外，著作權法第87條第1款規定，以侵害著作人名譽之方法利用其著作者，視為侵害著作權，這也是屬於著作人格權保護的一環。（參酌經濟部智慧財產局：https://www.tipo.gov.tw/tw/cp-180-219595-56bdc-1.html）

**34 (C)**。 著作權法第3條第1項第10款：「本法用詞，定義如下：……十、公開傳輸：指以有線電、無線電之網路或其他通訊方法，藉聲音或影像向公眾提供或傳達著作內容，包括使公眾得於其各自選定之時間或地點，以上述方法接收著作內容。」

**35 (C)**。 著作權法第3條第1項第10款：「本法用詞，定義如下：……十、公開傳輸：指以有線電、無線電之網路或其他通訊方法，藉聲音或影像向公眾提供或傳達著作內容，包括使公眾得於其各自選定之時間或地點，以上述方法接收著作內容。」

**36 (D)**。 著作權法第3條第1項第10款：「本法用詞，定義如下：……十、公開傳輸：指以有線電、無線電之網路或其他通訊方法，藉聲音或影像向公眾提供或傳達著作內容，包括使公眾得於其各自選定之時間或地點，以上述方法接收著作內容。」以上公開傳輸的權利須另行授權。

**37 (B)**。 著作權法第9條第1項第5款：「下列各款不得為著作權之標的：……五、依法令舉行之各類考試試題及其備用試題。」

**38 (C)**。 (C)出錢的新人須另行付費才可授權他人使用。

**39 (A)**。 著作權法第18條：「著作人死亡或消滅者，關於其著作人格權之保護，視同生存或存續，任何人不得侵害。但依利用行為之性質及程度、社會之變動或其他情事可認為不違反該著作人之意思者，不構成侵害。」

**40 (D)**。 著作權法第34條第1項：「攝影、視聽、錄音及表演之著作財產權存續至著作公開發表後五十年。」

**41 (D)**。 著作權法第11條：「I.受雇人於職務上完成之著作，以該受雇人為著作人。但契約約定以雇用人為著作人者，從其約定。
II.依前項規定，以受雇人為著作人者，其著作財產權歸雇用人享有。但契約約定其著作財產權歸受雇人享有者，從其約定。
III.前二項所稱受雇人，包括公務員。」

**42 (C)**。 (A)中華民國十七年五月十四日國民政府第212號令制定公布全文40條。
(B)中華民國十九年五月六日國民政府制定公布。
(C)中華民國八十五年一月十七日總統（85）華總字第8500008780號令制定公布全文16條。
(D)中華民國三十三年五月二十九日國民政府制定公布全文133條。

**43 (D)**。 (A)專利法無刑事處罰。
(B)著作權法第95條：「違反第一百十二條規定者，處一年以下有期徒刑、拘役，或科或併科新臺幣二萬元以上二十五萬元以下罰金。」
(C)商標法第95條：「未得商標權人或團體商標權人同意，有下列情形之一，處三年以下有期徒刑、拘役或科或併科新臺幣二十萬元以下罰金：……」
(D)營業秘密法第14條之4第1項：「違反偵查保密令者，處三年以下有期徒刑、拘役或科或併科新臺幣一百萬元以下罰金。」

**44 (A)**。 營業秘密法第2條：「本法所稱營業秘密，係指方法、技術、製程、配方、程式、設計或其他可用於生產、銷售或經營之資訊，而符合左列要件者：
一、非一般涉及該類資訊之人所知者。
二、因其秘密性而具有實際或潛在之經濟價值者。
三、所有人已採取合理之保密措施者。」

**45 (D)**。 營業秘密的保護沒有期限，只要相關技術或商業經營的「資訊」，符合營業秘密三要件，就能一直是營業秘密而受到保護。（資料來源：經濟部智財局https://www.tipo.gov.tw/tw/cp-207-910443-570a9-1.html）

**46 (D)**。 營業秘密法第2條：「本法所稱營業秘密，係指方法、技術、製程、配方、程式、設計或其他可用於生產、銷售或經營之資訊，而符合左列要件者：
一、非一般涉及該類資訊之人所知者。

二、因其秘密性而具有實際或潛在之經濟價值者。

三、所有人已採取合理之保密措施者。」

**47 (B)**。 依營業秘密法第2條：「本法所稱營業秘密，係指方法、技術、製程、配方、程式、設計或其他可用於生產、銷售或經營之資訊，而符合左列要件者：

一、非一般涉及該類資訊之人所知者。

二、因其秘密性而具有實際或潛在之經濟價值者。

三、所有人已採取合理之保密措施者。」承前規定，因已公開在網路上，故失其秘密性。

**48 (C)**。 依營業秘密法第2條：「本法所稱營業秘密，係指方法、技術、製程、配方、程式、設計或其他可用於生產、銷售或經營之資訊，而符合左列要件者：

一、非一般涉及該類資訊之人所知者。

二、因其秘密性而具有實際或潛在之經濟價值者。

三、所有人已採取合理之保密措施者。」承前規定，因題目指出該公司有採取網路傳輸設備列管之措施，故符合採取合理保密措施之要件。

**49 (C)**　　**50 (D)**

# NOTE

# NOTE

# 信託業務｜銀行內控｜
# 初階授信｜初階外匯｜
# 理財規劃｜保險人員推薦用書

**暢銷上榜好書**

| 2F021121 | 初階外匯人員專業測驗重點整理+模擬試題 | 蘇育群 | 510元 |
|---|---|---|---|
| 2F031111 | 債權委外催收人員專業能力測驗重點整理+模擬試題 <br> ♛ 榮登金石堂暢銷榜 | 王文宏 <br> 邱雯瑄 | 470元 |
| 2F041101 | 外幣保單證照 7日速成 | 陳宣仲 | 430元 |
| 2F051131 | 無形資產評價管理師(初級、中級)能力鑑定速成(含無形資產評價概論、智慧財產概論及評價職業道德) <br> ♛ 榮登博客來、金石堂暢銷榜 | 陳善 | 550元 |
| 2F061131 | 證券商高級業務員(重點整理+試題演練) | 蘇育群 | 670元 |
| 2F071121 | 證券商業務員(重點整理+試題演練) <br> ♛ 榮登金石堂暢銷榜 | 金永瑩 | 590元 |
| 2F081101 | 金融科技力知識檢定(重點整理+模擬試題) | 李宗翰 | 390元 |
| 2F091121 | 風險管理基本能力測驗一次過關 | 金善英 | 470元 |
| 2F101121 | 理財規劃人員專業證照10日速成 | 楊昊軒 | 390元 |
| 2F111101 | 外匯交易專業能力測驗一次過關 | 蘇育群 | 390元 |

| 編號 | 書名 | 作者 | 定價 |
|---|---|---|---|
| 2F141121 | 防制洗錢與打擊資恐(重點整理+試題演練) | 成琳 | 630元 |
| 2F151121 | 金融科技力知識檢定主題式題庫(含歷年試題解析) 👑 榮登博客來暢銷榜 | 黃秋樺 | 470元 |
| 2F161121 | 防制洗錢與打擊資恐7日速成 👑 榮登金石堂暢銷榜 | 艾辰 | 550元 |
| 2F171131 | 14堂人身保險業務員資格測驗課 👑 榮登博客來、金石堂暢銷榜 | 陳宣仲 李元富 | 490元 |
| 2F181111 | 證券交易相關法規與實務 | 尹安 | 590元 |
| 2F191121 | 投資學與財務分析 👑 榮登金石堂暢銷榜 | 王志成 | 570元 |
| 2F201121 | 證券投資與財務分析 | 王志成 | 460元 |
| 2F211121 | 高齡金融規劃顧問師資格測驗一次過關 👑 榮登博客來暢銷榜 | 黃素慧 | 450元 |
| 2F621131 | 信託業務專業測驗考前猜題及歷屆試題 👑 榮登金石堂暢銷榜 | 龍田 | 590元 |
| 2F791131 | 圖解式金融市場常識與職業道德 👑 榮登博客來、金石堂暢銷榜 | 金融編輯小組 | 530元 |
| 2F811131 | 銀行內部控制與內部稽核測驗焦點速成+歷屆試題 👑 榮登金石堂暢銷榜 | 薛常湧 | 近期出版 |
| 2F851121 | 信託業務人員專業測驗一次過關 | 蔡季霖 | 670元 |
| 2F861121 | 衍生性金融商品銷售人員資格測驗一次過關 | 可樂 | 470元 |
| 2F881121 | 理財規劃人員專業能力測驗一次過關 👑 榮登金石堂暢銷榜 | 可樂 | 600元 |
| 2F901131 | 初階授信人員專業能力測驗重點整理+歷年試題解析二合一過關寶典 👑 榮登金石堂暢銷榜 | 艾帕斯 | 近期出版 |
| 2F911131 | 投信投顧相關法規(含自律規範)重點統整+歷年試題解析二合一過關寶典 | 陳怡如 | 480元 |
| 2F951131 | 財產保險業務員資格測驗(重點整理+試題演練) | 楊昊軒 | 530元 |
| 2F121121 | 投資型保險商品第一科7日速成 | 葉佳洺 | 590元 |
| 2F131121 | 投資型保險商品第二科7日速成 | 葉佳洺 | 570元 |
| 2F991081 | 企業內部控制基本能力測驗(重點統整+歷年試題) 👑 榮登金石堂暢銷榜 | 高瀅 | 450元 |

**千華數位文化股份有限公司**

■新北市中和區中山路三段136巷10弄17號　■千華公職資訊網 http://www.chienhua.com.tw
■TEL: 02-22289070　FAX: 02-22289076

國家圖書館出版品預行編目(CIP)資料

(IPAS)無形資產評價管理師(初級、中級)能力鑑定速成/陳

善編著. -- 第三版. -- 新北市：千華數位文化股份有限

公司, 2023.12

　　面；　公分

ISBN 978-626-380-156-1 (平裝)

1.CST: 財務管理　2.CST: 資產管理

494.7　　　　　　　　　　　112019987

# 無形資產評價管理師
[IPAS] (初級、中級)能力鑑定速成

編 著 者：陳 善

發 行 人：廖 雪 鳳
登 記 證：行政院新聞局局版台業字第 3388 號
出 版 者：千華數位文化股份有限公司
地址／新北市中和區中山路三段 136 巷 10 弄 17 號
電話／ (02)2228-9070 傳真／ (02)2228-9076
郵撥／第 19924628 號 千華數位文化公司帳戶
千華公職資訊網：http://www.chienhua.com.tw
千華網路書店：http://www.chienhua.com.tw/bookstore
網路客服信箱：chienhua@chienhua.com.tw

法律顧問：永然聯合法律事務所
編輯經理：甯開遠
主 編：甯開遠
執行編輯：尤家瑋
校 對：千華資深編輯群
排版主任：陳春花
排 版：林婕瀅

**出版日期：2023 年 12 月 20 日 第三版／第一刷**

本書如有勘誤或其他補充資料，
將刊於千華公職資訊網 http://www.chienhua.com.tw
歡迎上網下載。